软件开发人才培养系列丛书

Spring
开发实战
视频讲解版

李兴华 马云涛 / 编著

人民邮电出版社
北京

图书在版编目（CIP）数据

Spring开发实战：视频讲解版 / 李兴华，马云涛编著. -- 北京：人民邮电出版社，2023.3
（软件开发人才培养系列丛书）
ISBN 978-7-115-60087-5

Ⅰ．①S… Ⅱ．①李… ②马… Ⅲ．①JAVA语言—程序设计—教材 Ⅳ．①TP312.8

中国版本图书馆CIP数据核字(2022)第176695号

内 容 提 要

Spring是目前Java开发之中被大规模采用的开发框架，在该框架的基础上扩展出了无数个技术分支，这些技术分支与Spring一起被技术界称为"Spring全家桶"。开发者在掌握Java与Java Web的基础上可以进行Spring框架的学习。

本书从零开始为读者详细地进行Spring开发框架的原理分析，并且通过一系列的案例讲解Spring前世今生、Spring控制反转、Bean管理与依赖注入、Spring资源管理、Spring表达式语言、Spring核心源代码解读、AOP、Spring JDBC与事务处理、Spring Data JPA、Spring整合缓存服务和Spring整合AMQP消息服务等内容。

除核心技术实现之外，本书也对当前Java开发人员面试中常见的问题进行总结，同时从功能设计的角度对Spring的核心源代码进行解读，帮助读者为后续学习SSM、Spring Boot、Spring Cloud打下坚实的基础。

本书附有配套视频、源代码、习题、教学课件等资源。为了帮助读者更好地学习，编者还提供在线答疑服务。本书适合作为高等教育本科、专科院校计算机相关专业的教材，也可供广大计算机编程爱好者自学使用。

◆ 编　著　李兴华　马云涛
责任编辑　刘　博
责任印制　王　郁　焦志炜

◆ 人民邮电出版社出版发行　北京市丰台区成寿寺路11号
邮编　100164　电子邮件　315@ptpress.com.cn
网址　https://www.ptpress.com.cn
三河市君旺印务有限公司印刷

◆ 开本：787×1092　1/16
印张：23.75　　　　　　　　2023年3月第1版
字数：663千字　　　　　　　2023年3月河北第1次印刷

定价：99.80元

读者服务热线：(010)81055256　印装质量热线：(010)81055316
反盗版热线：(010)81055315
广告经营许可证：京东市监广登字 20170147 号

自　　序

从最早接触计算机编程到现在，已经过去 24 年了，其中有 17 年的时间，我在一线讲解编程开发。我一直在思考一个问题：如何让学生在有限的时间里学到更多、更全面的编程知识？最初我并不知道答案，于是只能大量挤占每天的非教学时间，甚至连节假日都给学生补课。因为当时的我想法很简单：通过多花时间去追赶技术发展的脚步，争取教给学生更多的技术，让学生在找工作时游刃有余。但是这对于我和学生来讲都实在过于痛苦了，毕竟我们都只是普通人，当我讲到精疲力尽，当学生学到头昏脑涨，我知道自己需要改变了。

技术正在发生不可逆转的变革，在软件行业中，最先改变的一定是就业环境。很多优秀的软件公司或互联网企业已经由简单的需求招聘变为能力招聘，要求从业者不再是培训班"量产"的学生。此时的从业者如果想顺利地进入软件行业，获取自己心中的理想职位，就需要有良好的技术学习方法。换言之，学生不能只是被动地学习，而是要主动地努力钻研技术，这样才可以具有更扎实的技术功底，才能够应对各种可能出现的技术挑战。

于是，怎样让学生们学到最有用的知识，就成了我思考的核心问题。对于我来说，教育两个字是神圣的，既然是神圣的，就要与商业运作有所区分。教育提倡的是付出与奉献，而商业运作讲究的是盈利。所以我拿出几年的时间，安心写作，把我近 20 年的教学经验融入这套编程学习丛书，也将多年积累的学生学习问题如实地反映在这套丛书中，丛书架构如图 0-1 所示。希望这样一套方向明确的编程学习丛书，能让读者学习 Java 不再迷茫。

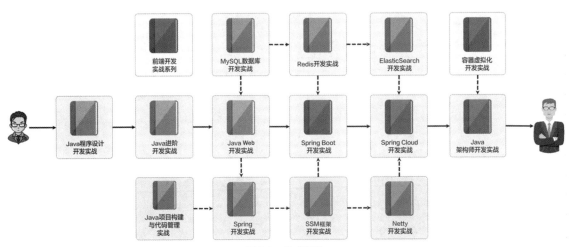

图 0-1　丛书架构

我的体会是，编写一本讲解透彻的图书真的很不容易。在写作过程中我翻阅了大量图书，发现有些书的内容竟然是和其他图书重复的，网上的资料也有大量重复内容，这让我认识到"原创"的重要性。但是原创的路途上满是荆棘，这也是我编写一本书需要很长时间的原因。

仅仅做到原创就可以让学生学会吗？很难。计算机编程图书中有大量晦涩难懂的专业性词汇，不能默认所有的初学者都清楚地掌握了这些词汇的概念，如果那样，可以说就已经学会了编程。为了帮助读者扫除学习障碍，我在书中绘制了大量图形来进行概念的解释，此外还提供了与章节内容相符的视频资料，所有视频讲解中出现的代码全部为现场编写。我希望用这一次又一次的重复劳动，帮助大家理解代码，学会编程。本套丛书所提供的配套资料非常丰富，可以说抵得上花高额学费上培训班的课程。本套丛书的配套视频累计上万分钟，对比培训班老师的实际讲课时间，相信读者能体会到我付出的心血。我希望通过这样的努力给大家带来一套有助于学懂、学会的图书，帮助大家解决学习和就业难题。

李兴华

2023 年 2 月

前　　言

Java 的发展离不开大量的开发框架，而在这些开发框架中较为著名的就是 Spring 开发框架。准备编写 Spring 相关图书的时候我自己也犹豫过，毕竟"Spring 全家桶"包含太多技术，我又想兼顾面试、开发与学习的需要，很明显这不是一本书可以囊括的，即便写完了，可能页数也将达到上千页。

为了帮助读者更加全面地掌握 Spring 开发技术，我把 Spring 的核心知识分为 4 本书进行讲解，如图 0-2 所示。本书是学习后续 Spring 技术的基础，读者学习完 Spring Boot 就具备了就业能力。

图 0-2　Spring 相关图书架构

本书是一本系统讲解 Spring 相关知识的技术图书，书中的核心思想来自 Spring 官方文档，同时又追加了我个人对 Spring 技术的理解。本书共 11 章，具体的安排如下。

第 1 章 Spring 前世今生　全面分析传统 Java、Java Web，以及 Java EE 开发中的种种弊端，并介绍 Spring 开发框架的主要特点，以及框架的设计架构。

第 2 章 Spring 控制反转　通过一个基础的 Java 程序的使用，进行 Spring 设计思想的分析，并基于 Gradle 实现项目的构建，通过具体的应用案例分析 IoC 的使用特点、Spring Test 测试整合，以及 Logback 日志处理。

第 3 章 Bean 管理与依赖注入　全面分析依赖注入技术的使用特点，包括 Bean 对象的实例化处理、对象依赖注入管理操作，同时分析如何使用基于 Annotation 扫描的配置方式实现 Bean 依赖管理。

第 4 章 Spring 资源管理　为了简化 I/O 操作，Spring 提供了资源管理支持，通过资源管理操作可以实现字符串路径的匹配处理。

第 5 章 Spring 表达式语言　Spring 为了增强字符串处理能力，提供了 SpEL 支持。本章主要分析 SpEL 的基本使用方法、解读核心源代码，并基于其表达式的语法实现 Profile 资源注入的处理。

第 6 章 Spring 核心源代码解读　考核 Spring 的核心源代码是目前 Java 开发人员面试中必备的一项。为了帮助读者更好地理解源代码，本章从功能设计的角度对源代码进行层层剖析，采用由浅入深的方式实现对 Spring 启动过程的分析，以及注解配置分析。

第 7 章 AOP　Spring 支持动态代理，可以基于 AspectJ 表达式实现代理配置。本章通过 AOP 的源代码分析 JDK 动态代理与 CGLib 动态代理在 Spring 中的实现。

第 8 章 Spring JDBC 与事务处理　JDBC 是项目开发的核心，Spring JDBC 对已有的 JDBC 进行了轻量级的封装，同时提供了对 HikariCP 数据库连接池的支持。本章分析如何使用 JdbcTemplate 实现数据 CRUD 处理，并重点分析 Sping 的事务组成，以及如何基于 AOP 方式实现声明式事务管理。

第 9 章 Spring Data JPA　JPA 是 Java EE 的数据层开发技术标准，可以基于 Hibernate 组件实

现。本章完整地分析此标准的实现，并通过具体的案例分析讲解 JPA 查询、JPA 缓存、JPA 锁、JPA 数据关联，并在最后全面分析 Spring Data JPA 的实现特点，以及如何使用 Spring Data JPA 简化数据层开发定义。

第 10 章 Spring 整合缓存服务 开发中会存在多种不同的数据源，而为了更加方便地实现缓存管理，Spring 框架扩展了 Spring Cache 服务组件。本章分析 Caffeine 缓存组件的使用方法，由于缓存牵扯的许多算法会在面试中出现，因此本章又对 Caffeine 的核心设计思想进行了分析，最后分别讲解 ConcurrentHashMap 缓存、Caffeine 缓存，以及 Memcached 缓存在 Spring Cache 中的整合处理。

第 11 章 Spring 整合 AMQP 消息服务 为了实现"削峰填谷"功能，项目开发中一般会引入消息组件。本章讲解稳定、可靠的 RabbitMQ 组件，从该组件的安装、配置一直讲解到其应用，并通过 Spring 对 AMQP 的支持实现了消息生产者与消息消费者程序的开发。

本书特色

本书讲解 Spring 的核心组成，并基于该组成进行常用应用结构的分析。书中讲解的技术都是当今软件企业中流行的开发技术，对于每一位 Java 程序人员都非常重要。除了内容详尽，本书还具有如下特色。

（1）图示清晰：为了帮助读者轻松地跨过技术学习的难关，更好地理解架构的思想及技术的本质，本书采用大量的图形进行分析，平均每小节 0.8 个图示。

（2）注释全面：初学者在技术上难免有空白点，为了便于读者理解程序代码，书中的代码注释覆盖率达到了 99%，真正达到了为学习者扫除障碍的目的。

（3）案例实用：所有的案例均来自实际项目开发中的应用架构，不仅方便读者学习，还可为工作带来全面帮助。

（4）层次分明：每一节的技术知识都根据需要划分为"掌握""理解" 2 个层次，便于读者安排学习顺序。

（5）关注就业需求：Spring 源代码实现部分及概念的使用部分涉及大量的面试问题，我们对这些知识进行了反向设计，增加了对应的章节，可以说本书就是 Spring 开发人员的"面试宝典"。

（6）视频全面：除了"本章概览"，每小节都包含一个完整的视频，读者通过手机扫码可以观看视频讲解，解决学习中出现的各种问题。

（7）结构清晰：本书按照知识点的作用进行结构设计，充分考虑学生认知模式的特点，降低学习难度。

（8）架构领先：基于 Gradle 架构工具与 IDEA 开发工具进行讲解，符合当今企业技术的使用标准。

（9）无障碍阅读：对可能产生的疑问、相关概念的扩展，都会通过"提示""注意""问答"进行说明。

（10）教学支持：高校教师凭借教师资格可以向出版社申请教学 PPT、教学大纲，以及教学自测习题。

（11）代码完整：每一节均配有代码文件或项目文件，并保证代码可以正常运行。

由于技术类的图书所涉及的内容很多，同时考虑到读者对于一些知识的理解盲点与认知偏差，我在编写图书时设计了一些特色栏目和表示方式，现说明如下。

（1）提示：对于一些核心知识内容的强调以及与之相关的知识点的说明，这样做的目的是帮助读者扩大知识面。

（2）注意：点明在对相关知识进行运用时有可能出现的种种"深坑"，这样做的目的是帮助读者节约理解技术的时间。

（3）问答：对核心概念理解的补充，以及可能存在的一些理解偏差的解读。

（4）分步讲解：清楚地标注每一个开发步骤。技术开发需要严格的实现步骤，我们不仅要教授知识，更要提供完整的学习指导。由于在实际项目中会利用Gradle或Maven这样的工具来进行模块拆分，因此我们在每一个开发步骤前会使用"【项目或子模块名称】"这样的标注方式，这样读者在实际开发演练时就会更加清楚当前代码的编写位置，提高代码的编写效率。

配套资源

读者如果需要获取相关的课程资源，可以登录人邮教育社区（www.ryjiaoyu.com）下载，也可以登录沐言优拓的官方网站通过资源导航获取下载链接，如图0-3所示。

图0-3 资源下载

答疑交流

2019年我们创办了"沐言科技"，希望可以打造出全新的教学理念。我们发现，仅仅依靠简单的技术教学是不能够让学生走上技术岗位的，现在的技术招聘更多强调学生的自学能力，所以我们也秉持着帮助学生自学以提升技术的理念进行图书的编写，同时我们也会在抖音（ID：muyan_lixinghua）与"B站"（ID：YOOTK沐言优拓）直播间进行各种技术课程的公益直播。对于每次直播的课程内容及技术话题，我也会在我个人的微博（ID：YOOTK李兴华）进行发布。希望广大读者在不同的平台找到我们并与我们互动，也欢迎广大读者将我们的视频上传到各个平台，把我们的教学理念传播给更多有需要的人。让我们一起进步，打造出适合学生学习的教学模式。

本书是原创的技术类图书，书中难免存在不妥之处，如果读者发现问题，欢迎将信息发到我的邮箱（784420216@qq.com），我们会及时修改。

欢迎各位读者加入图书交流群（QQ群号码为649571271，群满时请根据提示加入新的交流群）进行沟通、互动。

最后我想说的是，因为写书与各类技术公益直播，我错过了许多与家人欢聚的时光，我感到非常愧疚。希望在不久的将来我能为我的孩子编写一套属于他的编程类图书，帮助所有有需要的孩子进步。我喜欢研究编程技术，也勇于自我突破，如果你也是这样的一位软件工程师，也希望你加入我们这个公益直播的行列。让我们抛开所有商业模式的束缚，一起将自己学到的技术传播给更多的爱好者，以我们的微薄之力推动行业的技术发展。

李兴华
2023年2月

目 录

第 1 章 Spring 前世今生 ················· 1
1.1 Java 与 Web 开发 ················ 1
1.2 Java EE 标准架构 ················· 2
1.3 Spring 简介 ·························· 3
1.4 Spring 设计架构 ··················· 5
1.5 本章概览 ······························ 6

第 2 章 Spring 控制反转 ················· 7
2.1 Java 原生实例化对象管理 ······ 7
    2.1.1 工厂设计模式与对象实例化 ······ 9
    2.1.2 基于配置文件管理和使用类 ······ 10
2.2 Spring 编程起步 ·················· 12
    2.2.1 编写第一个 Spring 应用 ·········· 15
    2.2.2 Spring Test 运行测试 ··············· 17
    2.2.3 Spring 整合 Logback 日志组件 ···· 18
2.3 本章概览 ···························· 20

第 3 章 Bean 管理与依赖注入 ········ 21
3.1 Bean 的依赖注入 ················ 21
    3.1.1 使用 p 命名空间实现依赖
           注入 ······································· 23
    3.1.2 构造方法注入 ························· 24
    3.1.3 自动装配 ································ 26
    3.1.4 原型模式 ································ 27
    3.1.5 Bean 延迟初始化 ···················· 29
3.2 注入数据集合 ···················· 30
    3.2.1 注入 Set 集合 ························· 32
    3.2.2 注入 Map 集合 ······················· 32
    3.2.3 注入 Properties 集合 ··············· 34
3.3 Annotation 自动装配 ········· 34
    3.3.1 基于 Annotation 实现 Bean
           注册 ······································· 36
    3.3.2 @Configuration 注解 ············· 38
    3.3.3 @Qualifier 注解 ····················· 39
    3.3.4 @DependsOn 注解 ················· 41
    3.3.5 @Conditional 注解 ················· 42
    3.3.6 @Profile 注解 ························· 43
    3.3.7 @ComponentScan 注解 ·········· 45
3.4 本章概览 ···························· 46

第 4 章 Spring 资源管理 ················ 47
4.1 资源读取 ···························· 47
    4.1.1 Resource 资源读取 ················· 48
    4.1.2 ClassPathResource ················· 49
    4.1.3 WritableResource ··················· 51
    4.1.4 资源读写与 NIO 支持 ············· 51
4.2 ResourceLoader ·················· 53
    4.2.1 Resource 资源注入 ················· 54
    4.2.2 路径通配符 ···························· 55
4.3 本章概览 ···························· 56

第 5 章 Spring 表达式语言 ············ 57
5.1 定义并使用 Spring 表达式语言 ······ 57
    5.1.1 SpEL 解析原理 ······················ 58
    5.1.2 ParserContext 与表达式
           边界符 ··································· 60
5.2 SpEL 基础表达式 ··············· 61
    5.2.1 SpEL 字面表达式 ··················· 61
    5.2.2 SpEL 数学表达式 ··················· 62
    5.2.3 SpEL 关系表达式 ··················· 62
    5.2.4 SpEL 逻辑表达式 ··················· 63
    5.2.5 SpEL 三目运算符 ··················· 63
    5.2.6 SpEL 字符串处理表达式 ········ 64
5.3 Class 表达式 ······················· 65
5.4 表达式变量操作 ················· 66
5.5 List 集合表达式 ·················· 68
5.6 Map 集合表达式 ················ 70
5.7 SpEL 整合 Spring 配置 ······ 72

目录

- 5.7.1 基于 Annotation 使用 SpEL ……… 73
- 5.7.2 Profile 配置与 SpEL 处理 ……… 74
- 5.8 本章概览 ……… 75

第 6 章 Spring 核心源代码解读 ……… 76

- 6.1 Spring 属性管理 ……… 77
  - 6.1.1 PropertySource 属性源 ……… 77
  - 6.1.2 PropertySources 属性源管理 ……… 78
  - 6.1.3 PropertyResolver 属性解析 ……… 80
- 6.2 Spring 运行环境管理 ……… 82
  - 6.2.1 ConfigurableEnvironment 配置环境管理 ……… 82
  - 6.2.2 Environment 与 Profile 管理 ……… 83
  - 6.2.3 ConversionService 转换服务 ……… 85
- 6.3 ApplicationContext 结构分析 ……… 86
  - 6.3.1 EnvironmentCapable ……… 88
  - 6.3.2 ApplicationEventPublisher 事件发布器 ……… 89
  - 6.3.3 MessageSource 与国际化资源管理 ……… 91
  - 6.3.4 PropertyEditor 属性编辑器 ……… 93
- 6.4 Bean 生命周期管理 ……… 96
  - 6.4.1 InitializingBean 和 DisposableBean ……… 97
  - 6.4.2 JSR 250 注解管理生命周期 ……… 99
  - 6.4.3 Lifecycle 生命周期处理规范 ……… 100
  - 6.4.4 SmartLifecycle 生命周期扩展 ……… 102
  - 6.4.5 SmartInitializingSingleton 回调处理 ……… 103
- 6.5 BeanDefinitionReader ……… 105
  - 6.5.1 XmlBeanDefinitionReader ……… 106
  - 6.5.2 ResourceEntityResolver ……… 107
  - 6.5.3 BeanDefinition ……… 108
  - 6.5.4 BeanDefinitionParserDelegate ……… 109
- 6.6 BeanFactory ……… 111
  - 6.6.1 ListableBeanFactory 配置清单 ……… 112
  - 6.6.2 ConfigurableBeanFactory 获取单例 Bean ……… 113
  - 6.6.3 Bean 创建 ……… 114
  - 6.6.4 ObjectProvider ……… 116
  - 6.6.5 FactoryBean ……… 118
- 6.7 BeanFactoryPostProcessor ……… 120
  - 6.7.1 BeanFactoryPostProcessor 结构解析 ……… 121
  - 6.7.2 EventListenerMethodProcessor 自定义事件处理 ……… 122
  - 6.7.3 CustomEditorConfigurer 属性编辑器配置 ……… 124
  - 6.7.4 PropertySourcesPlaceholderConfigurer 属性源配置 ……… 125
  - 6.7.5 ConfigurationClassPostProcessor 配置类解析 ……… 126
- 6.8 BeanPostProcessor 初始化处理 ……… 128
  - 6.8.1 Bean 初始化流程 ……… 129
  - 6.8.2 Aware 依赖注入管理 ……… 130
  - 6.8.3 ApplicationContextAwareProcessor ……… 132
- 6.9 Spring 容器启动分析 ……… 133
  - 6.9.1 刷新 Spring 上下文 ……… 137
  - 6.9.2 StartupStep ……… 138
  - 6.9.3 prepareRefresh()刷新预处理 ……… 140
  - 6.9.4 obtainFreshBeanFactory() 获取 BeanFactory ……… 141
  - 6.9.5 prepareBeanFactory()预处理 BeanFactory ……… 143
  - 6.9.6 initMessageSource()初始化消息资源 ……… 145
  - 6.9.7 initApplicationEventMulticaster() 初始化事件广播 ……… 146
  - 6.9.8 registerListeners()注册事件监听器 ……… 147
  - 6.9.9 finishBeanFactoryInitialization() 初始化完成 ……… 148
- 6.10 Annotation 扫描注入源代码解读 ……… 149
  - 6.10.1 ClassPathBeanDefinitionScanner 扫描处理 ……… 150
  - 6.10.2 AnnotatedBeanDefinitionReader 配置类处理 ……… 151

6.10.3	BeanDefinitionReaderUtils	153
6.11	本章概览	153

第7章 AOP 155
7.1 AOP 模型 155
- 7.1.1 AOP 简介 156
- 7.1.2 AOP 切面表达式 ... 157
- 7.1.3 AOP 基础实现 158

7.2 AOP 配置深入 160
- 7.2.1 通知参数接收 161
- 7.2.2 后置通知 162
- 7.2.3 环绕通知 163
- 7.2.4 基于 Annotation 实现 AOP 配置 165

7.3 AOP 源代码解读 ... 167
- 7.3.1 @EnableAspectJAutoProxy 注解 168
- 7.3.2 AspectJAutoProxyRegistrar ... 169
- 7.3.3 AnnotationAwareAspectJAutoProxyCreator 172
- 7.3.4 createProxy()创建代理对象 ... 174

7.4 本章概览 175

第8章 Spring JDBC 与事务处理 ... 177
8.1 Spring JDBC 177
- 8.1.1 DriverManagerDataSource ... 179
- 8.1.2 HikariCP 数据库连接池 ... 180

8.2 JdbcTemplate 操作模板 ... 182
- 8.2.1 JdbcTemplate 数据更新操作 ... 183
- 8.2.2 KeyHolder 185
- 8.2.3 数据批处理 186
- 8.2.4 RowMapper 188

8.3 Spring 事务管理 ... 191
- 8.3.1 Spring 事务处理架构 ... 192
- 8.3.2 编程式事务控制 ... 193

8.4 Spring 事务组成分析 ... 194
- 8.4.1 事务隔离级别 197
- 8.4.2 事务传播机制 200
- 8.4.3 只读事务控制 203

8.5 Spring 声明式事务管理模型 ... 204
- 8.5.1 @Transactional 注解 ... 204
- 8.5.2 AOP 切面事务管理 ... 206
- 8.5.3 Bean 事务切面配置 ... 208

8.6 本章概览 209

第9章 Spring Data JPA ... 210
9.1 JPA 简介 210
- 9.1.1 JPA 编程起步 212
- 9.1.2 JPA 连接工厂 215
- 9.1.3 DDL 自动更新 ... 217
- 9.1.4 JPA 主键生成策略 ... 218

9.2 JPA 数据操作 221
- 9.2.1 JPQL 语句 223
- 9.2.2 JPQL 数据更新 ... 227
- 9.2.3 SQL 原生操作 ... 228
- 9.2.4 Criteria 数据操作 ... 229

9.3 JPA 数据缓存 234
- 9.3.1 JPA 一级缓存 234
- 9.3.2 JPA 对象状态 236
- 9.3.3 JPA 二级缓存 238
- 9.3.4 JPA 查询缓存 241
- 9.3.5 CacheMode 242

9.4 JPA 锁机制 244
- 9.4.1 JPA 悲观锁 244
- 9.4.2 JPA 乐观锁 247

9.5 JPA 数据关联 248
- 9.5.1 一对一数据关联 ... 248
- 9.5.2 一对多数据关联 ... 251
- 9.5.3 多对多数据关联 ... 255

9.6 Spring Data JPA ... 258
- 9.6.1 Spring Data JPA 编程起步 ... 260
- 9.6.2 Repository 数据接口 ... 264
- 9.6.3 Repository 方法映射 ... 267
- 9.6.4 CrudRepository 数据接口 ... 269
- 9.6.5 PagingAndSortingRepository 数据接口 ... 270
- 9.6.6 JpaRepository 数据接口 ... 272

9.7 本章概览 273

第 10 章　Spring 整合缓存服务 ·············· 274
10.1　Caffeine 缓存组件 ················ 274
10.1.1　手动缓存 ························ 276
10.1.2　缓存同步加载 ················ 277
10.1.3　异步缓存 ························ 279
10.1.4　缓存数据驱逐 ················ 280
10.1.5　缓存数据删除与监听 ···· 285
10.1.6　CacheStats ······················ 286
10.2　Caffeine 核心源代码解读 ······ 287
10.2.1　Caffeine 数据存储结构 ···· 290
10.2.2　缓存数据存储源代码分析 ···· 292
10.2.3　频次记录源代码分析 ···· 294
10.2.4　缓存驱逐源代码分析 ···· 297
10.2.5　TimerWheel ···················· 300
10.3　Spring Cache ··························· 302
10.3.1　ConcurrentHashMap 缓存管理 ························ 305
10.3.2　@Cacheable 注解 ·········· 306
10.3.3　Caffeine 缓存管理 ········ 308
10.4　Spring Cache 管理策略 ·········· 309
10.4.1　缓存更新策略 ················ 309
10.4.2　缓存清除策略 ················ 310
10.4.3　多级缓存策略 ················ 311
10.5　Memcached 分布式缓存 ······· 313
10.5.1　Memcached 数据操作命令 ···· 315
10.5.2　Spring 整合 Memcached ···· 317
10.5.3　Spring Cache 整合 Memcached 缓存服务 ························· 319
10.6　本章概览 ································ 322

第 11 章　Spring 整合 AMQP 消息服务 ·············· 323
11.1　AMQP 与 RabbitMQ ············· 323
11.1.1　配置 wxWidgets 组件库 ···· 325
11.1.2　配置 Erlang 开发环境 ···· 326
11.1.3　RabbitMQ 安装与配置 ···· 328
11.2　RabbitMQ 程序开发 ·············· 329
11.2.1　创建消息生产者 ············ 330
11.2.2　创建消息消费者 ············ 332
11.2.3　消息应答 ························ 333
11.2.4　消息持久化 ···················· 335
11.2.5　虚拟主机 ························ 336
11.3　发布订阅模式 ·························· 338
11.3.1　广播模式 ························ 338
11.3.2　直连模式 ························ 340
11.3.3　主题模式 ························ 342
11.4　Spring 整合 RabbitMQ ··········· 344
11.4.1　RabbitMQ 消费端 ·········· 346
11.4.2　RabbitMQ 生产端 ·········· 349
11.4.3　消费端注解配置 ············ 352
11.4.4　对象消息传输 ················ 353
11.4.5　消息批处理 ···················· 355
11.5　RabbitMQ 集群服务 ··············· 357
11.5.1　搭建 RabbitMQ 服务集群 ···· 359
11.5.2　RabbitMQ 集群镜像配置 ···· 361
11.5.3　RabbitMQ 集群程序开发 ···· 362
11.6　本章概览 ································ 364

视频目录

第1章 Spring 前世今生
0101_【理解】Java 与 Web 开发 1
0102_【理解】Java EE 标准架构 2
0103_【理解】Spring 简介 3
0104_【理解】Spring 设计架构 5

第2章 Spring 控制反转
0201_【掌握】对象实例化的本质操作 7
0202_【掌握】工厂设计模式与对象
实例化 9
0203_【掌握】基于配置文件管理和
使用类 10
0204_【掌握】搭建 Spring 项目 12
0205_【掌握】编写第一个 Spring 应用 15
0206_【掌握】Spring Test 运行测试 17
0207_【掌握】Spring 整合 Logback
日志组件 18

第3章 Bean 管理与依赖注入
0301_【掌握】Bean 的依赖注入 21
0302_【理解】使用 p 命名空间实现
依赖注入 23
0303_【理解】构造方法注入 24
0304_【理解】自动装配 26
0305_【掌握】原型模式 27
0306_【理解】Bean 延迟初始化 29
0307_【理解】注入数据集合 30
0308_【掌握】注入 Set 集合 32
0309_【掌握】注入 Map 集合 32
0310_【掌握】注入 Properties 集合 34
0311_【掌握】Annotation 自动装配
简介 34
0312_【掌握】基于 Annotation 实现
Bean 注册 36
0313_【掌握】@Configuration 注解 38
0314_【掌握】@Qualifier 注解 39
0315_【掌握】@DependsOn 注解 41
0316_【理解】@Conditional 注解 42
0317_【理解】@Profile 注解 43
0318_【理解】@ComponentScan 注解 45

第4章 Spring 资源管理
0401_【理解】Resource 接口作用分析 47
0402_【掌握】Resource 资源读取 48
0403_【掌握】ClassPathResource 49
0404_【掌握】WritableResource 51
0405_【掌握】资源读写与 NIO 支持 51
0406_【掌握】ResourceLoader 53
0407_【掌握】Resource 资源注入 54
0408_【掌握】路径通配符 55

第5章 Spring 表达式语言
0501_【理解】Spring 表达式的基本
使用 57
0502_【理解】SpEL 解析原理 58
0503_【理解】ParserContext 与表达式
边界符 60
0504_【理解】SpEL 字面表达式 61
0505_【理解】SpEL 数学表达式 62
0506_【理解】SpEL 关系表达式 62
0507_【理解】SpEL 逻辑表达式 63
0508_【理解】SpEL 三目运算符 63
0509_【理解】SpEL 字符串处理表
达式 64
0510_【理解】Class 表达式 65
0511_【理解】表达式变量操作 66
0512_【理解】List 集合表达式 68
0513_【理解】Map 集合表达式 70
0514_【理解】配置文件中整合
SpEL 72
0515_【掌握】基于 Annotation 使用
SpEL 73
0516_【掌握】Profile 配置与 SpEL
处理 74

第 6 章　Spring 核心源代码解读

- 0601_【理解】PropertySource 属性源 …… 77
- 0602_【理解】PropertySources 属性源管理 …… 78
- 0603_【理解】PropertyResolver 属性解析 …… 80
- 0604_【理解】ConfigurableEnvironment 配置环境管理 …… 82
- 0605_【理解】Environment 与 Profile 管理 …… 83
- 0606_【理解】ConversionService 转换服务 …… 85
- 0607_【理解】ApplicationContext 继承结构 …… 86
- 0608_【理解】EnvironmentCapable …… 88
- 0609_【理解】ApplicationEventPublisher 事件发布器 …… 89
- 0610_【理解】MessageSource 资源读取 …… 91
- 0611_【理解】PropertyEditor 属性编辑器 …… 93
- 0612_【理解】Bean 的初始化与销毁 …… 96
- 0613_【理解】InitializingBean 和 DisposableBean …… 97
- 0614_【理解】JSR 250 注解管理生命周期 …… 99
- 0615_【理解】Lifecycle 生命周期处理规范 …… 100
- 0616_【理解】SmartLifecycle 生命周期扩展 …… 102
- 0617_【理解】SmartInitializingSingleton 回调处理 …… 103
- 0618_【理解】BeanDefinitionReader 简介 …… 105
- 0619_【理解】XmlBeanDefinitionReader …… 106
- 0620_【理解】ResourceEntityResolver …… 107
- 0621_【理解】BeanDefinition …… 108
- 0622_【理解】BeanDefinitionParserDelegate …… 109
- 0623_【理解】BeanFactory …… 111
- 0624_【理解】ListableBeanFactory …… 112
- 0625_【理解】ConfigurableBeanFactory 获取单例 Bean …… 113
- 0626_【理解】Bean 创建 …… 114
- 0627_【理解】ObjectProvider …… 116
- 0628_【理解】FactoryBean …… 118
- 0629_【理解】BeanFactoryPostProcessor …… 120
- 0630_【理解】BeanFactoryPostProcessor 结构解析 …… 121
- 0631_【理解】EventListenerMethodProcessor 自定义事件处理 …… 122
- 0632_【理解】CustomEditorConfigurer 属性编辑器配置 …… 124
- 0633_【理解】PropertySourcesPlaceholderConfigurer 属性源配置 …… 125
- 0634_【理解】ConfigurationClassPostProcessor 配置类解析 …… 126
- 0635_【理解】BeanPostProcessor 初始化处理 …… 128
- 0636_【理解】Bean 初始化流程 …… 129
- 0637_【理解】Aware 依赖注入管理 …… 130
- 0638_【理解】ApplicationContextAwareProcessor …… 132
- 0639_【理解】Spring 配置文件路径处理 …… 133
- 0640_【理解】刷新 Spring 上下文 …… 137
- 0641_【理解】StartupStep …… 138
- 0642_【理解】prepareRefresh() 刷新预处理 …… 140
- 0643_【理解】obtainFreshBeanFactory() 获取 BeanFactory …… 141
- 0644_【理解】prepareBeanFactory() 预处理 BeanFactory …… 143
- 0645_【理解】initMessageSource() 初始化消息资源 …… 145
- 0646_【理解】initApplicationEventMulticaster() 初始化事件广播 …… 146
- 0647_【理解】registerListeners() 注册事件监听器 …… 147
- 0648_【理解】finishBeanFactoryInitialization() 初始化完成 …… 148

0649_【理解】AnnotationConfig ApplicationContext 核心结构 …… 149
0650_【理解】ClassPathBeanDefinition Scanner 扫描处理 …… 150
0651_【理解】AnnotatedBeanDefinition Reader 配置类处理 …… 151
0652_【理解】BeanDefinitionReader Utils …… 153

第 7 章 AOP

0701_【理解】AOP 产生动机 …… 155
0702_【理解】AOP 简介 …… 156
0703_【掌握】AOP 切面表达式 …… 157
0704_【掌握】AOP 基础实现 …… 158
0705_【掌握】AOP 代理实现模式 …… 160
0706_【掌握】通知参数接收 …… 161
0707_【掌握】后置通知 …… 162
0708_【掌握】环绕通知 …… 163
0709_【掌握】基于 Annotation 实现 AOP 配置 …… 165
0710_【掌握】AOP 注解启用 …… 167
0711_【掌握】@EnableAspectJAutoProxy 注解 …… 168
0712_【理解】AspectJAutoProxy Registrar …… 169
0713_【理解】AnnotationAwareAspect JAutoProxyCreator …… 172
0714_【理解】createProxy() 创建代理对象 …… 174

第 8 章 Spring JDBC 与事务处理 …… 177

0801_【理解】Spring JDBC 简介 …… 177
0802_【理解】DriverManagerData Source …… 179
0803_【掌握】HikariCP 数据库连接池 …… 180
0804_【理解】JdbcTemplate 操作模板 …… 182
0805_【掌握】JdbcTemplate 数据更新操作 …… 183
0806_【掌握】KeyHolder …… 185
0807_【掌握】数据批处理 …… 186
0808_【掌握】RowMapper …… 188

0809_【掌握】JDBC 事务控制 …… 191
0810_【掌握】Spring 事务处理架构 …… 192
0811_【掌握】编程式事务控制 …… 193
0812_【掌握】TransactionStatus …… 194
0813_【掌握】事务隔离级别 …… 197
0814_【掌握】事务传播属性 …… 200
0815_【掌握】只读事务控制 …… 203
0816_【掌握】@Transactional 注解 …… 204
0817_【掌握】AOP 切面事务管理 …… 206
0818_【掌握】Bean 事务切面配置 …… 208

第 9 章 Spring Data JPA

0901_【掌握】JPA 简介 …… 210
0902_【掌握】JPA 编程起步 …… 212
0903_【理解】JPA 连接工厂 …… 215
0904_【理解】DDL 自动更新 …… 217
0905_【理解】JPA 主键生成策略 …… 218
0906_【掌握】EntityManager 数据操作 …… 221
0907_【掌握】JPQL 语句 …… 223
0908_【掌握】JPQL 数据更新 …… 227
0909_【掌握】SQL 原生操作 …… 228
0910_【掌握】Criteria 数据查询 …… 229
0911_【掌握】JPA 一级缓存 …… 234
0912_【掌握】JPA 对象状态 …… 236
0913_【掌握】JPA 二级缓存 …… 238
0914_【掌握】JPA 查询缓存 …… 241
0915_【掌握】CacheMode …… 242
0916_【掌握】JPA 数据锁 …… 244
0917_【掌握】JPA 悲观锁 …… 244
0918_【掌握】JPA 乐观锁 …… 247
0919_【理解】一对一数据关联 …… 248
0920_【理解】一对多数据关联 …… 251
0921_【理解】多对多数据关联 …… 255
0922_【掌握】Spring Data JPA 简介 …… 258
0923_【掌握】Spring Data JPA 编程起步 …… 260
0924_【掌握】Repository 数据接口 …… 264
0925_【掌握】Repository 方法映射 …… 267
0926_【掌握】CrudRepository 数据接口 …… 269

0927_【掌握】PagingAndSorting
　　　 Repository 数据接口 270
0928_【掌握】JpaRepository 数据接口 272

第 10 章　Spring 整合缓存服务

1001_【理解】Caffeine 缓存概述 274
1002_【掌握】手动缓存 276
1003_【掌握】缓存同步加载 277
1004_【掌握】异步缓存 279
1005_【掌握】缓存数据驱逐 280
1006_【掌握】缓存数据删除与监听 285
1007_【掌握】CacheStats 286
1008_【掌握】缓存驱逐算法 287
1009_【理解】Caffeine 数据存储结构 ... 290
1010_【理解】缓存数据存储源代码
　　　 分析 292
1011_【理解】频次记录源代码分析 294
1012_【理解】缓存驱逐源代码分析 297
1013_【理解】TimerWheel 300
1014_【掌握】Spring Cache 组件概述 ... 302
1015_【掌握】ConcurrentHashMap
　　　 缓存管理 305
1016_【掌握】@Cacheable 注解 306
1017_【掌握】Caffeine 缓存管理 308
1018_【理解】缓存更新策略 309
1019_【理解】缓存清除策略 310
1020_【理解】多级缓存策略 311
1021_【理解】Memcached 缓存概述 313
1022_【理解】Memcached 数据操作
　　　 命令 315
1023_【理解】Spring 整合 Memcached ... 317
1024_【理解】Spring Cache 整合
　　　 Memcached 缓存服务 319

第 11 章　Spring 整合 AMQP 消息服务

1101_【理解】AMQP 简介 323
1102_【掌握】配置 wxWidgets 组件库 ... 325
1103_【掌握】配置 Erlang 开发环境 326
1104_【掌握】RabbitMQ 安装与配置 ... 328
1105_【掌握】RabbitMQ 开发核心
　　　 结构 329
1106_【掌握】创建消息生产者 330
1107_【掌握】创建消息消费者 332
1108_【掌握】消息应答 333
1109_【掌握】消息持久化 335
1110_【掌握】虚拟主机 336
1111_【掌握】广播模式 338
1112_【掌握】直连模式 340
1113_【掌握】主题模式 342
1114_【掌握】Spring 整合 RabbitMQ 344
1115_【掌握】RabbitMQ 消费端 346
1116_【掌握】RabbitMQ 生产端 349
1117_【掌握】消费端注解配置 352
1118_【掌握】对象消息传输 353
1119_【掌握】消息批处理 355
1120_【掌握】RabbitMQ 集群架构 357
1121_【掌握】搭建 RabbitMQ 镜像
　　　 集群 359
1122_【掌握】RabbitMQ 集群镜像
　　　 配置 361
1123_【掌握】RabbitMQ 集群程序
　　　 开发 362

第1章
Spring 前世今生

本章学习目标
1. 理解传统 Java EE 开发模型标准与存在的问题、缺陷；
2. 理解 Spring 开发框架产生的历史背景，以及所要解决的设计上的问题；
3. 理解 Spring 开发框架的核心。

在当今的 Java 项目开发领域，Spring 成了事实上的开发标准。Java 从业人员如果不能够熟练地运用 Spring 开发框架，将无法满足当前的项目开发需要。Spring 开发框架经历了约 20 年的技术演变，因此本章将通过以往的 Java EE 开发模型逐层分析 Spring 开发框架的特点。

1.1 Java 与 Web 开发

Java 与 Web 开发

视频名称　0101_【理解】Java 与 Web 开发
视频简介　Web 开发是 Java 的主要应用形式，可以充分发挥 Java 的处理性能。本视频带领读者回顾 Web 开发的优势，并分析 Java 与 Web 之间的重要联系。

Web 是现在很多应用项目的主要展现形式，基于 HTTP 编写的 Web 项目不仅便于维护，也适合与不同技术平台进行业务对接，如图 1-1 所示。Java 作为一门"老牌"的编程语言，不仅可以提供高效的应用性能，同时也有强大的技术"生态圈"，所以成了大型项目开发中的首选技术平台，也是国内很多互联网公司使用最多的编程语言之一。

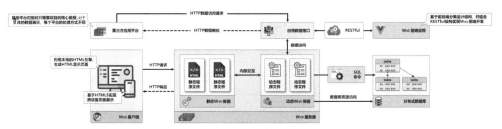
图 1-1　Web 设计与开发

> 💡 **提示：RESTful 为当今主流的设计架构。**
>
> RESTful 是一种数据的展现设计结构，在现代开发之中有着很重要的设计地位。本书讲解 Spring MVC 时会对其进行介绍，本系列图书中的《Spring Boot 开发实战（视频讲解版）》一书会扩展 RESTful 架构，而 RESTful 的全方面使用会在本系列图书的《Spring Cloud 开发实战（视频讲解版）》一书中进行服务架构设计时讲解，所以对此概念不理解不影响本部分知识的学习，随着技术学习的深入，读者可以慢慢领会其设计思想。

随着技术的发展，Web 开发也发生了翻天覆地的变化。有的项目采用了单 Web 应用的形式，将页面显示与业务逻辑处理放在了一个 Web 服务器之中，这样浏览器只需要按照传统的方式发送 HTTP 请求，然后通过浏览器执行引擎进行 HTML 页面展示即可。即便现在的开发中存在移动端设备，基于 HTML5 编写的 Web 页面也可以自动实现页面适配显示。

如果开发者认为将动态 Web 程序与静态 Web 程序保存在一起会造成代码维护的困难，也可以基于前后端分离的设计结构，由后端 Web 服务器开放指定的服务接口，而前端开发人员基于接口的描述实现数据的获取，并利用 MVVM 开发框架进行接口数据的接收与页面显示。由于此时的页面显示是一个单独的服务，因此这种方式可以提高项目的处理性能，增加 Web 应用的灵活性。

项目全部基于 HTTP/HTTPS 进行服务调用，就能减小不同应用平台之间对接的难度。利用开放的数据接口，不同的平台可以方便地实现数据的交互处理，增加 Web 应用的可扩展性。

Web 应用已经有几十年的发展历史，随着硬件技术水平与网络传输性能的逐步提升，Web 的开发技术也在不断地更新，由早期的静态 Web 发展到了当今的动态 Web。而实现动态 Web 开发的技术很多，如 PHP、Python、Java、.NET、Go、Ruby、Node.js 等。考虑到国内的应用环境、语言生态圈等因素，大型项目一般都会以 Java 为首选。Java 在实现动态 Web 处理时，可以依靠其稳定的运行支持、完善的代码结构、高效的 I/O 处理、良好的硬件资源控制等技术特点构建完善的应用服务，如图 1-2 所示。

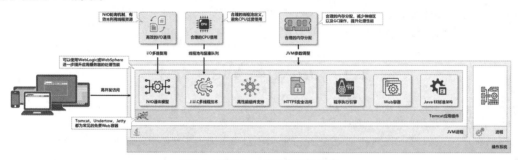

图 1-2　基于 Java 实现的 Web 开发

1.2　Java EE 标准架构

Java EE 标准架构

视频名称　0102_【理解】Java EE 标准架构

视频简介　Java EE 定义了完善的 Web 开发架构，以及符合其运行环境的容器设计标准。本视频为读者讲解 Java EE 标准架构中的核心组件。

Java 开发不限于简单的 JSP 与 Servlet，还包含大量的系统服务，例如，JDBC 数据库编程就属于一种服务。Java 在早期推广时制定了一系列的开发标准，而后不同的厂商根据自身的需要进行该标准的实现，如图 1-3 所示。这样的设计不仅创造了良好的软件生态系统，也便于开发人员编写代码。

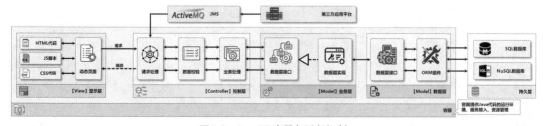

图 1-3　Java EE 容器与运行机制

1.3 Spring 简介

> 提示：Java EE 架构的发展局限性。
>
> Java EE 开发架构提出的时间较早（可以追溯到 2000 年前后），受困于当时的硬件环境、网络带宽以及软件设计理念等因素，其结构不是很完善，要想在现在的项目开发中使用 Java EE 架构，必须进行一些结构上的扩充，如前后端分离项目应用、NoSQL 数据库管理、Stream 消息组件等。
>
> 本书所讨论的 Spring 开发框架实际上也是以 Java EE 架构的标准设计结构为理论基础进行构建的，所以理解 Java EE 的原始架构有助于理解 Spring 框架的产生背景。

所有的 Java EE 项目的开发必须围绕容器展开，容器提供了所有程序代码的运行空间，可以使用 Java EE 中的各种服务（如 JMS 组件、JDBC 服务）进行项目的调用，同时容器还可以帮助开发者管理 JVM 内存空间、CPU 资源调度、线程池分配，或者生成大量的程序代码，以降低用户代码的开发难度。为了进一步明确功能，Java EE 将容器分为 Web 容器与 EJB 容器两类，如图 1-4 所示。

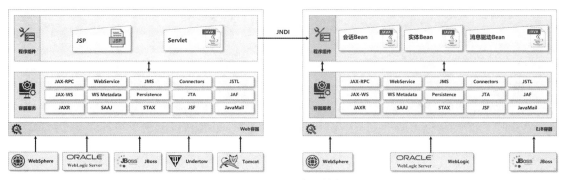

图 1-4 Java EE 容器划分

Java EE 早期的设计标准对业务层与 Web 端进行了有效的拆分，通过 EJB 来定义业务层的实现，而后通过 Web 端实现 EJB 业务中心的调度。相对而言，在项目中 EJB 的重要性是非常明显的，这也造成了 EJB 容器的价格较为昂贵，提高了 EJB 应用的开发与维护成本。另外，由于 EJB 在早期设计时过度地考虑了一些容器代码的维护与管理，造成 EJB 的性能较差，又非常消耗硬件资源，因此它并没有得到良好的发展。但是 EJB 技术的设计理念很好，软件的分层设计也很到位，很多的开发者就在 Web 容器中模拟 EJB 技术实现，所以才有了 Web 中的业务层与数据层定义。

> 提示：EJB 不在本书的讨论范围之内。
>
> EJB（Enterprise Java Bean，企业 Java Bean）技术是 Java 开发行业早期的设计与实现。随着现代应用环境的轻量化，它已经不适合于当今的项目开发了，当今项目开发更多使用 RPC 框架或 RESTful 架构来完成。本系列图书中的《Spring Cloud 开发实战（视频讲解版）》一书会对 EJB 技术的结构进行说明，并深入讲解 RESTful 分布式架构技术的设计与使用，有兴趣的读者可以继续学习。

1.3 Spring 简介

Spring 简介

视频名称　0103_【理解】Spring 简介

视频简介　Spring 是为构建轻量级项目而提供的开发框架。本视频为读者解释轻量级的概念，同时分析 Spring 框架在项目开发中的主要作用。

在实际的项目开发之中，为了有效地控制项目的成本，开发者往往会选择大量的开源服务组件（如 Tomcat 应用组件）实现项目的开发与部署，这样一来很多的 Java 项目就只能运行在 Web 容器之中。而与 EJB 容器的代码自动化机制相比较，Web 容器的功能非常有限，导致开发人员会编写很多重复的代码。这样不仅影响开发效率，也为项目的维护埋下了较多的隐患。所以一些有经验的开发团队会尝试在 Web 容器之中模拟 EJB 容器，通过自定义的开发框架来完成资源调度、线程管理、对象维护等操作，而后开发者基于该框架进行代码的编写，如图 1-5 所示。

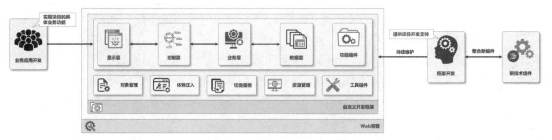

图 1-5　面向框架的设计开发

自定义的开发框架可以规范普通开发人员的代码编写标准，同时也可以极大简化代码的编写过程，使得开发效率大幅度提升。但是随之也会出现一些新的问题，如新技术的整合、框架版本的迭代、框架的应用范围、开发人员的流动等，这些势必会带来很多不可控的因素。而一旦不再维护这样的开发框架，整个项目也将无法得到有效的维护，最终依然会造成代码维护困难。

如果有一个被广泛使用的开发框架，提供类似于 EJB 容器的支持环境，同时能够及时满足新技术的整合需要，那么就会为项目的开发提供良好的生态，这不仅会提高项目的生产效率，也便于项目的维护。Spring 框架就是在这样一种需求环境之中发展起来的。

Spring 是一个面向对象设计层面的开发框架，其本身提供一个完善的设计容器，此容器可以帮助开发者实现对象的管理、线程同步处理、依赖关系的配置。该框架是由 Pivotal 公司提供，由 Rod Johnson 主持设计、开发的，如图 1-6 所示。如果想获取 Spring 开发框架的相关信息，可以登录 Spring 官网，如图 1-7 所示。

图 1-6　Rod Johnson　　　　　　　　　图 1-7　Spring 官网

Spring 开发框架核心的设计理念为"使用最本质的技术进行开发"，所有的开发者不应该关注代码底层的细节处理（如对象管理、线程分配等），而应该只完成代码的核心功能。为了实现这个目标，Spring 开发框架提供了如下两项核心技术。

- IoC（Inversion of Control，控制反转）：实例化对象控制，可以利用依赖注入（Dependency Injection，DI）与依赖查找（Dependency Lookup，DL）实现类对象之间的引用配置。
- AOP（Aspect-Oriented Programming，面向方面的程序设计，又称面向切面编程）：利用切面表达式进行代码的织入处理，实现代理设计。

> 提示：关于 IoC 与 AOP 的简单理解。
>
> 对于 Spring 的主要功能，编者根据多年的使用经验给出如下总结：Spring 核心 = 工厂设计模式+代理设计模式。所以 IoC 可以简单地理解为工厂设计模式，AOP 可以简单地理解为代理设计模式，只不过与原生代码实现相比，利用 Spring 处理会更加方便，功能也更加强大。
>
> 如果开发者想理解 Spring 开发框架的基本设计思想，可参考本系列图书中的《Java Web 开发实战（视频讲解版）》一书，该书通过自定义 MVC 开发框架对 Spring 开发框架的基本设计思想进行了全方面的分析。建议读者学习完自定义框架之后再学习 Spring 开发框架，这样可以得到较好的学习效果。

1.4 Spring 设计架构

视频名称　0104_【理解】Spring 设计架构

视频简介　Spring 开发框架除满足基本的工厂设计与代理设计要求之外，还提供大量的服务组件。本视频通过 Spring 官方文档为读者介绍 Spring 设计架构。

Spring 主要帮助用户简化开发流程以提高代码生产效率，利用合理的配置文件来实现程序的控制，同时为了方便开发者编写，提供了方便的事务处理、第三方组件应用整合。Spring 设计架构如图 1-8 所示。

图 1-8　Spring 设计架构

1. 核心容器（包括 Beans、Core、Context、Expression Language 等模块）
- Beans 模块：提供框架的基础部分，主要实现控制反转（依赖注入）功能。其中 Bean Factory 是容器的核心部分，其本质是"工厂设计模式"，提倡面向接口编程，对象间的关系由框架通过配置关系进行管理，所有的依赖都由 Bean Factory 来维护。
- Core 模块：封装了框架依赖的底层部分，包括资源访问、类型转换和其他的常用工具类。
- Context 模块：以 Core 和 Beans 模块为基础，集成 Beans 模块功能并添加资源绑定、数据验证、国际化、Java EE 支持、容器生命周期等，核心接口是 ApplicationContext。
- Expression Language（EL）模块：表达式语言支持，支持访问和修改属性值、方法调用，支持访问及修改数组、容器和索引器，支持命名变量，支持算术和逻辑运算，支持从 Spring 容器获取 Bean，也支持列表透明、选择和一般的列表聚合等，利用表达式语言可以更加灵活地控制配置文件。

2. 切面编程模块（包括 AOP、Aspects、Instrumentation 等模块）
- AOP 模块：符合 AOP 联盟规范的面向切面编程实现，提供了日志记录、权限控制、性能统计等通用功能和业务逻辑分离技术，并且能动态地把这些功能添加到需要的代码中，这样可以降低业务逻辑和通用模块的耦合度。
- Aspects 模块：提供了 AspectJ 的集成，利用 AspectJ 表达式可以更加方便地实现切面管理。

- Instrumentation 模块：Java 5 提供的新特性。使用 Instrumentation，开发者可以构建一个代理来监测运行在 JVM 上的程序。监测一般是通过在执行某个类文件之前对该类文件的字节码进行适当修改实现的。
3. 数据访问/集成模块（包括 OXM、JDBC、ORM、JMS 和事务管理等模块）
- OXM 模块：提供了"Object / XML"映射实现，可以将 Java 对象映射成 XML 数据，或者将 XML 数据映射成 Java 对象。Object/XML 映射实现包括 JAXB、Castor、XMLBeans 和 XStream。
- JDBC 模块：提供了一些 JDBC 的操作模板，利用这些模板可以消除传统冗长的 JDBC 编码以及必需的事务控制，同时可以使用 Spring 实现事务管理，无须额外控制事务。
- ORM 模块：提供实体层框架的无缝集成，包括 Hibernate、JPA、MyBatis 等，同时可以使用 Spring 实现事务管理，无须额外控制事务。
- JMS 模块：用于 JMS 组件整合，提供一套"消息生产者-消息消费者"处理模型。JMS 可以用于在两个应用程序之间或分布式系统中实现消息处理与异步通信。
- 事务管理模块：该模块用于 Spring 事务管理操作，只要是 Spring 管理的对象都可以利用此模块进行控制，支持编程式事务控制和声明式事务管理。
4. Web / Remoting 模块（包括 Web 实现、MVC 框架、WebFlux、Servlet 等模块）
- Web 实现模块：提供了基础 Web 功能，如多文件上传、集成 IoC 容器、远程过程访问（RMI、Hessian、Burlap），以及 Web Service 支持，并提供 RestTemplate 类实现方便的 RESTful Service 访问。
- MVC 框架模块：提供了与常用 MVC 开发框架的整合，如 Struts、WebWork、JSF 等。
- WebFlux 模块：提供了异步编程的模型实现，提高了项目的处理性能。
- Servlet 模块：提供了一种 Spring MVC 框架实现。Spring MVC 框架提供了基于注解的请求资源注入、更简单的数据绑定、数据验证和一套非常易用的 JSP 标签，与 Spring 其他技术可以完全无缝地协作。
5. Spring Test 模块

该模块不仅支持 JUnit 和 Test 测试框架，而且提供了一些基于 Spring 的测试功能，比如在测试 Web 框架时模拟 HTTP 请求功能，或者启动容器实现依赖注入管理。

1.5　本章概览

1. Spring 框架简化了 Jakarta EE（原名为 Java EE）的开发模型，基于 EJB 容器的设计原理在 Web 中扩展了 Spring 容器，以实现对象状态的维护。

2. Spring 框架的核心技术为 IoC（工厂设计模式）与 AOP（代理设计模式），并基于此进行后期功能扩充。

第 2 章
Spring 控制反转

本章学习目标
1. 掌握对象实例化的各种方式以及每种方式存在的设计缺陷;
2. 掌握 Spring 开发框架中的控制反转设计理念以及具体实现方式;
3. 掌握 Spring 框架的运行流程,并理解基于 XML 配置模式实现 Bean 的定义与加载。

对象是 Java 技术开发的核心,为了便于对象的创建、管理,Java 的原生代码中也有许多设计上的考虑。本章将从对象实例化与管理的角度进行分析,并通过具体的项目开发为读者演示 Spring 框架的基本使用与核心结构分析。

2.1 Java 原生实例化对象管理

对象实例化的本质操作

视频名称　0201_【掌握】对象实例化的本质操作
视频简介　关键字 new 是 Java 提供的一个常用关键字,同时也是在项目开发中使用最多的一个关键字。关键字的使用习惯会影响代码的编写质量和运行稳定性,本视频从宏观的角度分析关键字 new 对象实例化所带来的设计问题。

Java 面向对象编程是以类和对象为基础展开的,而 Java 的语法都是围绕着类结构代码的可重用设计展开的。为了可以更好地表达出不同层次之间的设计,在开发中往往要引入接口与抽象类,所以一个完整的系统开发中往往会出现图 2-1 所示的类结构。

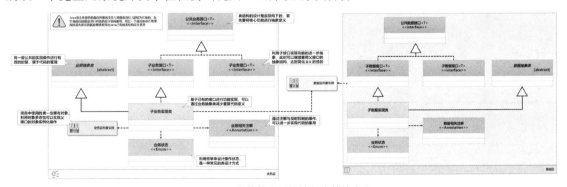

图 2-1　完整的分层设计与类结构定义

在传统的项目开发中,每一个用户请求的线程都有可能会创建多个与业务处理相关的实例化对象。所以线程数量的增加最终也会导致对象数量的暴增,从而影响程序的执行性能,如图 2-2 所示。因此,一个项目除了设计良好的结构类,还需要进行对象的有效管理,例如,有效地实现对象实例化的操作,避免产生过多的对象造成 GC(垃圾回收)操作的频繁触发而影响最终程序的执行性能。

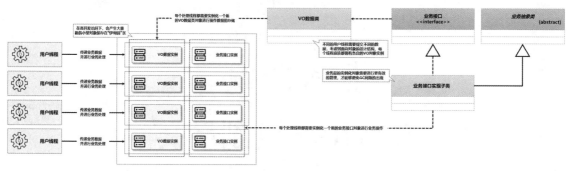

图 2-2 项目中的实例化对象

在 Java 开发之中,最为常见的对象实例化的处理形式使用的就是关键字 new,即通过关键字 new 调用类中的构造方法,随后在堆栈内存中进行内存分配,即可使用该对象进行类结构的处理操作,操作结构如图 2-3 所示。这样的对象创建形式虽然简单,但是直接使用造成代码的耦合度增加。为便于读者分析当前程序中存在的问题,下面通过具体的程序代码进行说明。

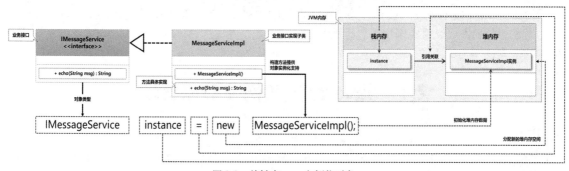

图 2-3 关键字 new 实例化对象

(1) 创建消息业务接口,并定义 echo()抽象方法。

```
package com.yootk.service;
public interface IMessageService {                        // 业务接口
   public String echo(String msg);                        // 消息响应处理
}
```

(2) 创建 IMessageService 业务接口实现子类。

```
package com.yootk.service.impl;
import com.yootk.service.IMessageService;
public class MessageServiceImpl implements IMessageService {  // 业务接口实现子类
   @Override
   public String echo(String msg) {                       // 方法覆写
      return "【ECHO】" + msg;                            // 消息回应
   }
}
```

(3) 定义业务接口调用类。

```
package com.yootk;
import com.yootk.service.IMessageService;
import com.yootk.service.impl.MessageServiceImpl;
public class YootkDemo {
   public static void main(String[] args) {
      IMessageService instance = new MessageServiceImpl();  // 关键字new对象实例化
      System.out.println(instance.echo("沐言科技:www.yootk.com"));  // 调用业务方法
   }
}
```

程序执行结果:

【ECHO】沐言科技:www.yootk.com

以上程序通过关键字 new 直接实例化了 MessageServiceImpl 子类对象，随后利用对象自动向上转型的多态性操作特点，成功获得了 IMessageService 接口的实例化对象，这样就可以调用接口中的 echo() 方法对消息数据进行处理。

需要注意的是，关键字 new 是 Java 中进行对象实例化操作最常用的关键字，同时该关键字也可以得到 JVM 底层的直接支持，只要调用了此关键字就表示要进行堆内存空间的分配。而使用此关键字最大的问题在于，使用者除了要知道接口的功能，还需要明确地知道具体的子类是哪一个，这样一来整个程序代码会出现与特定子类的耦合，从而丧失程序的灵活性。

2.1.1 工厂设计模式与对象实例化

视频名称 0202_【掌握】工厂设计模式与对象实例化
视频简介 为了实现对接口子类的封装，可以通过工厂设计模式实现子类的隐藏。本视频将探索对象实例化模式的改进，并基于反射实现工厂设计模式。

如果需要对外部隐藏接口的子类实现细节，那么最佳的做法就是引入工厂设计模式，利用工厂类来封装接口子类实例化过程。这样开发者就可以通过工厂类来获取接口实例，从而避免使用类和接口实现子类的耦合问题。但是在进行工厂类设计时，考虑到子类动态配置的需要，最佳的做法是基于反射机制，如图 2-4 所示。

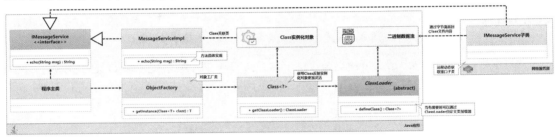

图 2-4 基于反射实现工厂设计模式

任何 Java 类都可以获取 Class 类的实例，可以通过反射调用指定类的构造方法进行对象实例化，这样会使得工厂设计模式更加灵活。同时，使用 Class 方式进行对象实例化操作，也可以通过自定义 ClassLoader 的形式基于网络或文件实现子类对象的动态加载，这样就极大地提高了程序的可扩展性。下面将通过反射结合工厂类对前面的代码进行修改。

范例：使用工厂设计模式

```java
package com.yootk.util;
public class ObjectFactory {                                    // 对象工厂类
    private ObjectFactory() {}                                  // 构造方法私有化
    public static <T> T getInstance(String className,
                Class<T> returnType) {                          // 获取指定类型的实例化对象
        Object instance = null;                                 // 返回对象
        try {
            Class<?> clazz = Class.forName(className);          // 获取反射对象
            instance = clazz.getConstructor().newInstance();    // 反射实例化
        } catch (Exception e) {}
        return (T) instance;                                    // 返回实例化对象
    }
}
```

由于需要考虑所有类对象的实例化处理操作，因此本程序采用泛型方法的形式进行了定义，从而避免了方法调用处的对象强制转型，这样就可以采用如下方式获取 IMessageService 接口实例。

范例：通过工厂类获取接口实例化对象

```
package com.yootk;
import com.yootk.service.IMessageService;
import com.yootk.util.ObjectFactory;
public class YootkDemo {
    public static void main(String[] args) {
        String className = "com.yootk.service.impl.MessageServiceImpl";    // 类名称
        IMessageService instance = ObjectFactory.getInstance(className,
                IMessageService.class);                                     // 对象实例化
        System.out.println(instance.echo("沐言科技：www.yootk.com"));       // 调用业务方法
    }
}
```

程序执行结果：

【ECHO】沐言科技：www.yootk.com

在本程序的接口调用类处，只需要编写类的完整名称，而后就可以通过 ObjectFactory.getInstance()方法获取接口的实例化对象，这样对外部而言就隐藏了具体的子类实现细节，一切都以接口作为执行的标准，体现了良好的面向对象设计特性。

2.1.2 基于配置文件管理和使用类

基于配置文件管理和使用类

视频名称　0203_【掌握】基于配置文件管理和使用类

视频简介　如果想进行有效的对象管理，则可以基于配置文件的方式完成；同时考虑到 JVM 中的 GC 问题，要进行对象的统一管理。本视频对已有的工厂设计模式的应用继续进行修改，重点说明容器在项目中的作用，并利用代码进行简单的实现。

通过反射机制虽然可以解决调用类与接口子类之间的耦合问题，但是直接将类的名称定义在源代码之中，一定会对代码的可维护性造成影响，所以最佳的做法是基于配置文件的方式即 Bean 模式来进行管理，如图 2-5 所示。

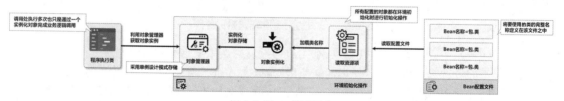

图 2-5　Bean 管理模式

> 提示：配置文件建议使用 XML 文档。
>
> 由于本节的内容以设计的分析为主，因此将以"*.prperties"资源文件代替配置文件。如果读者需要设计、开发更完善的配置文件，则建议使用 XML 文档进行处理。相关的解析已经在本系列图书中的《Java Web 开发实战（视频讲解版）》一书中进行讲解，还未掌握的读者可以自行补充知识。

为了便于所有实例化对象的管理，可以通过配置文件按照"key=类名称"的方式来定义实例化对象，这样在应用程序启动前就可以通过所有加载到的资源文件的信息，利用反射机制进行对象实例化。同时将这些信息保存在对象管理器之中，这样只要当前的 JVM 进程不关闭，所有的对象就都会保存在当前的应用环境之中，需要时可通过对象管理器获取。这样可以有效地减少 JVM 进程中的实例化对象个数，从而降低 GC 的执行频率，使应用得到良好的处理性能。为便于读者理解这种开发模型，下面将通过具体的步骤进行说明。

（1）定义 com.yootk.config.Beans.properties 资源文件，并在此资源文件中配置要实例化的对象名称。

```
messageService=com.yootk.service.impl.MessageServiceImpl
```

(2) 修改 ObjectFactory 类，将该类作为对象管理器，同时在该类中扩充方法以实现配置文件实例化对象的存储。

```java
package com.yootk.util;
import java.io.*;
import java.util.*;
public class ObjectFactory {                                    // 对象工厂类
    private static final Map<String, Object> INSTANCE_POOL_MAP = new HashMap<>();
    static {                                                    // 静态代码块
        String configPath = Thread.currentThread().getContextClassLoader()
                .getResource("").getPath() + "com" + File.separator + "yootk" +
                File.separator + "config" + File.separator + "Beans.properties";
        Properties properties = new Properties();               // 保存属性源
        try {
            properties.load(new FileInputStream(configPath));   // 配置读取
        } catch (IOException e) {}
        for (Map.Entry<Object, Object> entry : properties.entrySet()) {
            String beanName = entry.getKey().toString();        // 获取Bean名称
            try {
                Object object = Class.forName(entry.getValue().toString())
                        .getConstructor().newInstance();        // 反射对象实例化
                INSTANCE_POOL_MAP.put(beanName, object);        // 对象存储
            } catch (Exception e) {}
        }
    }
    private ObjectFactory() {}                                  // 构造方法私有化
    public static <T> T getInstance(String beanName,
                Class<T> returnType) {                          // 获取指定类型的实例化对象
        return (T) INSTANCE_POOL_MAP.get(beanName);             // 返回实例化对象
    }
}
```

整个项目在执行之前必须首先在容器中进行相关对象的实例化处理，所以通过一个静态代码块完成此操作。由于此时的资源文件保存在项目之中，因此必须根据当前的应用路径来动态地进行资源文件的加载。加载成功后利用迭代的形式进行对象的实例化处理，并将结果保存在 Map 集合之中，以后再通过 ObjectFactory.getInstance() 方法获取实例化对象时，实际上就是通过 Map 集合查找实现的。

(3) 修改程序主类，利用 Bean 名称获取 IMessageService 业务接口实例。

```java
package com.yootk;
import com.yootk.service.IMessageService;
import com.yootk.util.ObjectFactory;
import java.util.concurrent.TimeUnit;
public class YootkDemo {
    public static void main(String[] args) throws Exception {
        for (int x = 0; x < 3; x++) {                           // 循环创建线程
            new Thread(() -> {                                  // 定义子线程
                IMessageService instance = ObjectFactory.getInstance("messageService",
                        IMessageService.class);                 // 获取Bean对象
                System.out.printf("{%s} %s%n", instance.toString(),
                        instance.echo(Thread.currentThread().getName()));  // 调用业务方法
            }, "Message处理线程 - " + x).start();                // 线程启动
        }
        TimeUnit.SECONDS.sleep(2);                              // 等待操作完成
    }
}
```

程序执行结果：
```
{com.yootk.service.impl.MessageServiceImpl@da28368}【ECHO】Message处理线程 - 0
{com.yootk.service.impl.MessageServiceImpl@da28368}【ECHO】Message处理线程 - 2
{com.yootk.service.impl.MessageServiceImpl@da28368}【ECHO】Message处理线程 - 1
```

在当前的程序中，通过 ObjectFactory.getInstance() 方法获取指定名称的 Bean 对象，而该对象是在应用启动前自动实例化的，并且在整个应用运行过程之中都会保证只有一个对象，这样即便有多个线程获取该对象，实际上最终也只是获取到了一个实例化对象。

通过以上程序可以发现，容器管理 Bean 的技术特点就是可以将所需要的公共类对象统一实例化和统一存储，但是一个设计完整的容器并不会只有如此简单的功能，还需要考虑到各种引用关联、各类数据对象的注入、线程的管理等一系列问题。而之所以 Spring 框架会在 Java 开发行业如此流行，更多是因为 Spring 提供了一个设计结构优秀的容器，基于该容器又提供了若干项支撑技术，使得代码的编写不仅结构良好，而且简单、方便。

2.2 Spring 编程起步

搭建 Spring 项目

视频名称　0204_【掌握】搭建 Spring 项目

视频简介　为了便于管理 Spring 及与之相关的各种依赖，需要通过构建工具进行项目的搭建。本视频将基于 Gradle 工具为读者讲解如何搭建 Spring 开发环境，同时实现父子项目模块的搭建，为后续开发打下基础。

Spring 开发框架是由一系列不同的模块所组成的，这样的设计主要是便于项目的维护。而在项目的开发过程之中，除了需要引入 Spring 的相关模块依赖，实际上也需要引入不同应用的模块依赖，所以本书建议开发者使用 Maven 或 Gradle 之类的工具来进行项目的开发。考虑到未来的应用环境以及代码维护的需要，本书将采用 Gradle 工具进行 Spring 项目的构建。由于此部分的操作较为烦琐，为便于读者理解，下面将基于 IDEA 工具，采用分步的形式进行说明。

> 提示：新项目建议使用 Gradle 代替 Maven。
>
> 在 Java 开发行业的很长一段时间之中，Maven 是我们构建项目的首选工具。但是随着技术的发展，Maven 的构建性能、配置文件管理都成了很多开发者诟病的地方，所以本系列图书的讲解都是基于 Gradle 工具完成的。如果读者对此部分内容不熟悉，可以参考本系列图书中的《Java 项目构建与代码管理实战（视频讲解版）》一书进行系统化的学习。

（1）【IDEA 工具】建立一个新的空项目，随后在该项目中进行项目模块的创建，而子项目模块的创建需要在项目结构的管理中进行定义，此时需要打开"项目设置"选项中的"项目结构"子项，如图 2-6 所示。

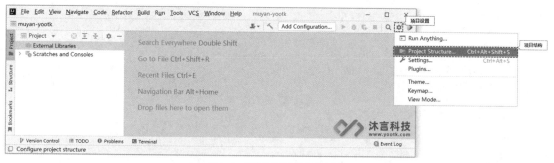

图 2-6　IDEA 项目结构的管理

（2）【IDEA 工具】在项目结构管理中创建一个新的项目模块，如图 2-7 所示。

（3）【IDEA 工具】在进行 Gradle 项目创建时还需要配置相关的信息，本次的配置信息有项目名称（yootk-spring）、项目组织 ID（com.yootk）、项目标识 ID（yootk-spring）、项目版本号（1.0.0），如图 2-8 所示，完成之后就可以在模块管理界面中见到新建的模块信息。

Gradle 项目创建成功之后，可以在 IDEA 界面中见到名称为"yootk-spring"的项目信息，如图 2-9 所示，同时在右侧边栏也会列出与该项目有关的 Gradle 任务供开发者使用。

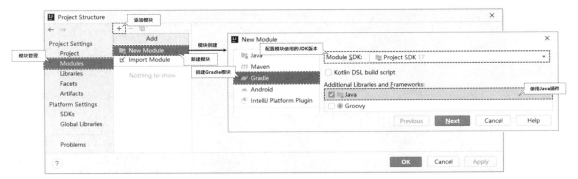

图 2-7 创建 Gradle 模块

图 2-8 配置 Gradle 项目信息

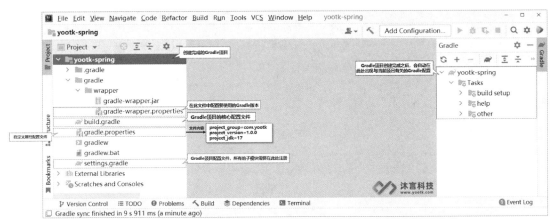

图 2-9 Gradle 项目创建完成后的 IDEA 界面信息

（4）【yootk-spring 项目】在项目的根路径下创建 gradle.properties，将所有的项目的属性内容保存在此文件之中。由于当前的项目为公共父模块，因此本次会将项目的项目组织 ID、版本号、JDK 版本号 3 个信息定义在此文件之中。

```
project_group=com.yootk
project_version=1.0.0
project_jdk=17
```

（5）【yootk-spring 项目】由于本次开发将在 yootk-spring 项目中定义若干子模块，所以需要将一些公共的配置内容在 build.gradle 文件中进行定义，该文件的具体内容如下。

```
group project_group                                          // 组织名称
version project_version                                      // 项目版本
def env = System.getProperty("env") ?: 'dev'                 // 获取env环境属性
subprojects {                                                // 配置子项目
    apply plugin: 'java'                                     // 子模块插件
    sourceCompatibility = project_jdk                        // 源代码版本
```

```groovy
    targetCompatibility = project_jdk                                       // 生成类版本
    repositories {                                                          // 配置Gradle仓库
        mavenLocal()                                                        // Maven本地仓库
        maven{                                                              // 阿里云仓库
            allowInsecureProtocol = true
            url 'http://maven.aliyun.com/nexus/content/groups/public/'}
        maven {                                                             // Spring官方仓库
            allowInsecureProtocol = true
            url 'https://repo.spring.io/libs-milestone'}
        mavenCentral()                                                      // Maven远程仓库
    }
    dependencies {}                                                         // 公共依赖库管理
    sourceSets {                                                            // 源代码目录配置
        main {                                                              // 主函数及相关子目录配置
            java { srcDirs = ['src/main/java'] }
            resources { srcDirs = ['src/main/resources', "src/main/profiles/$env"] }
        }
        test {                                                              // test及相关子目录配置
            java { srcDirs = ['src/test/java'] }
            resources { srcDirs = ['src/test/resources'] }
        }
    }
    test {                                                                  // 配置测试任务
        useJUnitPlatform()                                                  // 使用JUnit测试平台
    }
    task sourceJar(type: Jar, dependsOn: classes) {                         // 源代码的打包任务
        archiveClassifier = 'sources'                                       // 设置文件的扩展名
        from sourceSets.main.allSource                                      // 所有源代码的读取路径
    }
    task javadocTask(type: Javadoc) {                                       // Java文档打包任务
        options.encoding = 'UTF-8'                                          // 设置文件编码
        source = sourceSets.main.allJava                                    // 定义所有的Java源代码
    }
    task javadocJar(type: Jar, dependsOn: javadocTask) {                    // 先生成Java文档再打包
        archiveClassifier = 'javadoc'                                       // 文件标记类型
        from javadocTask.destinationDir                                     // 通过Java文档打包任务找到目标路径
    }
    tasks.withType(Javadoc) {                                               // 文档编码配置
        options.encoding = 'UTF-8'                                          // 定义编码
    }
    tasks.withType(JavaCompile) {                                           // 编译编码配置
        options.encoding = 'UTF-8'                                          // 定义编码
    }
    artifacts {                                                             // 最终打包的操作任务
        archives sourceJar                                                  // 源代码打包
        archives javadocJar                                                 // Java文档打包
    }
    gradle.taskGraph.whenReady {                                            // 在所有的操作准备好后触发
        tasks.each { task ->                                                // 找出所有的任务
            if (task.name.contains('test')) {                               // 如果发现有test任务
                task.enabled = true                                         // 执行测试任务
            }
        }
    }
    [compileJava,compileTestJava, javadoc]*.options*.encoding ='UTF-8'      //编码配置
}
```

yootk-spring 项目中的 build.gradle 配置文件是整个项目的核心配置文件。该文件定义了核心任务的处理、子模块的组成结构、依赖下载仓库，而后所有子模块都可以使用这些公共配置进行创建。

提示：Spring 仓库根据实际情况选择是否配置。

在 build.gradle 配置过程中，读者可以发现除配置了阿里云的镜像仓库之外，还配置了一个 Spring 官方仓库。之所以采用这样的形式，是因为本书所要讲解的 Spring 6.0.0 在编写本书时还未发布到 Maven 官方仓库之中，要想使用只能够通过 Spring 官方仓库获取。而到本书出版时，读者应该就可以在 Maven 官方仓库发现相关依赖库，也就不用重复配置 Spring 仓库地址了。

（6）【yootk-spring 项目】为便于知识的讲解，以及程序代码的管理，本次将以当前的项目作为父项目，并在其内部创建若干子模块。首先要在 yootk-spring 项目上单击鼠标右键，而后新建模块，如图 2-10 所示。随后用户输入模块名称为 base，并且其对应的父项目为 yootk-spring，如图 2-11 所示。

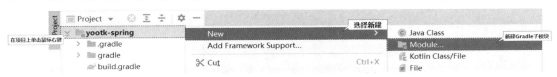

图 2-10　在 yootk-spring 项目中新建子模块

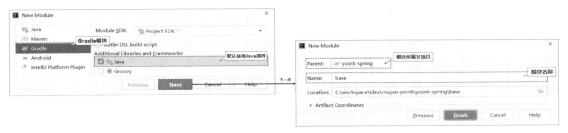

图 2-11　创建 base 子模块

（7）【yootk-spring 项目】修改 build.gradle 配置文件，增加 base 模块的配置项。

```
project(":base") {
    dependencies {}                    // 根据需要进行依赖配置
}
```

此时项目开发完成，而后要根据实际的情况在 build.gradle 中的 subprojects 定义全局依赖库配置，或者在每一个具体的子模块中定义局部依赖库配置。

2.2.1　编写第一个 Spring 应用

编写第一个 Spring 应用

视频名称　0205_【掌握】编写第一个 Spring 应用

视频简介　基于 Gradle 的项目可以方便地实现所需依赖库的配置管理。本视频将通过具体的代码编写实例，为读者讲解一个 Spring 项目的基本结构。

Spring 在运行的过程中提供了一个完整的容器实例，在该实例内部可以有效地进行对象的统一管理。如果想在项目的开发中使用这个 Spring 容器，那么可以通过 Gradle 来引入所需要的依赖库，并依据 Spring 给定的方式运行项目。为了便于读者理解，下面将以图 2-12 所示的结构进行第一个 Spring 应用的代码编写。

（1）【yootk-spring 项目】修改 build.gradle 配置文件，为 base 子模块添加 Spring 的核心依赖库。

```
project(":base") {
    dependencies {  // 根据需要进行依赖配置
        implementation('org.springframework:spring-context:6.0.0-M3')
        implementation('org.springframework:spring-core:6.0.0-M3')
```

```
        implementation('org.springframework:spring-beans:6.0.0-M3')
        implementation('org.springframework:spring-context-support:6.0.0-M3')
    }
}
```

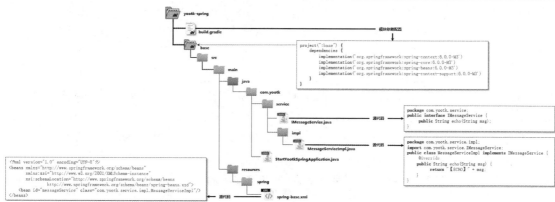

图 2-12　Spring 项目结构

（2）【base 子模块】在 resources 源代码目录中创建 "spring/spring-base.xml" 配置文件，并在此文件中进行 Bean 定义。

```xml
<?xml version="1.0" encoding="UTF-8"?>
<beans xmlns="http://www.springframework.org/schema/beans"
    xmlns:xsi="http://www.w3.org/2001/XMLSchema-instance"
    xsi:schemaLocation="http://www.springframework.org/schema/beans
        http://www.springframework.org/schema/beans/spring-beans.xsd">
    <!-- 在配置文件之中定义名称为 "messageService" 的Bean对象，并设置该对象的类型 -->
    <bean id="messageService" class="com.yootk.service.impl.MessageServiceImpl"/>
</beans>
```

（3）【base 子模块】创建 Spring 应用启动类，通过 spring-base.xml 进行配置加载并获取 IMessageService 接口实例。

```java
package com.yootk.main;
import com.yootk.service.IMessageService;
import org.springframework.context.ApplicationContext;
import org.springframework.context.support.ClassPathXmlApplicationContext;
public class StartYootkSpringApplication {
    public static void main(String[] args) {
        ApplicationContext ctx = new ClassPathXmlApplicationContext(
                "spring/spring-base.xml");   // 加载当前项目中的配置文件
        IMessageService message = ctx.getBean("messageService",
                IMessageService.class);      // 获取实例化对象
        System.out.println(message.echo("沐言科技：www.yootk.com"));  // 调用接口方法
    }
}
```

程序执行结果：

【ECHO】沐言科技：www.yootk.com

本程序通过 ClassPathXmlApplicationContext 类对象加载了资源目录中的 "spring/spring-base.xml" 配置文件，随后会根据在当前配置文件中定义的内容进行 MessageServiceImpl 子类对象的实例化处理，Spring 容器启动完成后，就可以根据配置的 Bean 名称来获取 IMessageService 接口实例并进行方法调用。在整个代码实现过程中，程序运行的主类不再需要使用关键字 new 获取对象，所有的类对象都由 Spring 进行实例化管理，等于是将原生代码中的 new 的控制权交给 Spring，这也就是 Spring 中 IoC 的核心概念。

> **提示：Spring 与 IoC。**
> IoC，严格来讲并不能说是技术，而只能描述为一种设计思想。IoC 的诞生是为了避免关键字 new 的使用，采用统一的容器进行对象管理。IoC 设计重点关注组件的依赖性、配置以及生命周期。使用 IoC 能够降低组件之间的耦合度，最终提高类的重用性，也更利于项目测试，最重要的是便于整个产品或系统的集成和配置。

2.2.2 Spring Test 运行测试

视频名称 0206_【掌握】Spring Test 运行测试
视频简介 完整的项目除了实现功能，还需要保证代码执行的正确性，所以在真实项目中一定要对代码的功能进行测试。本视频为读者讲解 Spring 与 JUnit 5 的整合应用。

Spring 除了提供丰富的管理容器，实际上还考虑到了代码测试的支持。完整的服务代码除了要保证最基础的功能，也需要保证功能的稳定性。在现实的开发中，项目开发完毕后会交由测试人员进行用例测试，以保证程序的业务功能处理的正确性，如图 2-13 所示。

图 2-13 应用测试

在 Java 开发领域中最为常见的用例测试工具就是 JUnit，同时 Spring 也提供了"spring-test"依赖库，开发者只要在项目中再配置 JUnit 5 的相关引用，即可实现 Spring 容器的启动以及配置 Bean 的注入操作。具体实现步骤如下。

（1）【yootk-spring 项目】由于不同的项目模块都可能使用 JUnit 测试环境，因此可以将 JUnit 5 的相关依赖库定义在 subprojects 元素的内部，build.gradle 修改后的配置如下。

```
subprojects {                                   // 配置子项目
    dependencies {                              // 公共依赖库管理
        testImplementation(enforcedPlatform("org.junit:junit-bom:5.8.1"))
        testImplementation('org.junit.jupiter:junit-jupiter-api:5.8.1')
        testImplementation('org.junit.vintage:junit-vintage-engine:5.8.1')
        testImplementation('org.junit.jupiter:junit-jupiter-engine:5.8.1')
        testImplementation('org.junit.platform:junit-platform-launcher:1.8.1')
        testImplementation('org.springframework:spring-test:6.0.0-M3')
    }
}
```

（2）【base 子模块】在"src/test"测试目录中创建 JUnit 5 的测试类。

```
package com.yootk.test;
import com.yootk.service.IMessageService;
import org.junit.jupiter.api.Test;
import org.junit.jupiter.api.extension.ExtendWith;
import org.springframework.beans.factory.annotation.Autowired;
import org.springframework.test.context.ContextConfiguration;
import org.springframework.test.context.junit.jupiter.SpringExtension;
@ContextConfiguration(locations = { "classpath:spring/spring-base.xml" })  // 资源文件定位
@ExtendWith(SpringExtension.class)              // 使用JUnit 5测试工具
public class TestMessageService {               // 编写业务测试类
    @Autowired                                  // 自动注入Bean实例
    private IMessageService messageService;     // 接口实例
    @Test
```

```
public void testEcho() {                              // 测试方法
    System.out.println(this.messageService.echo("沐言科技:www.yootk.com"));
}
}
```

程序执行结果：

【ECHO】沐言科技：www.yootk.com

本程序使用了"@Autowired"注解，该注解的功能是通过 Spring 配置文件进行 Bean 的加载，而后根据类型匹配实现引用关联，这样就可以直接通过 IMessageService 接口实例调用 echo()方法进行功能测试。

2.2.3 Spring 整合 Logback 日志组件

视频名称　0207_【掌握】Spring 整合 Logback 日志组件

视频简介　Spring 本身提供了详细的日志机制，开发者只需要配置正确的日志组件。本视频讲解日志的作用，并通过具体操作实现 Spring 与 Logback 组件整合。

每一个完善的项目应用都需要进行大量的日志记录，这样一旦应用出现了问题，应用开发人员就可以根据日志的内容排查问题，如图 2-14 所示。

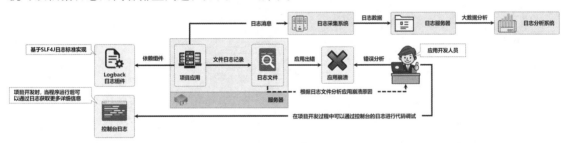

图 2-14　项目应用与日志记录

为了便于日志的管理，Java 提供了一个 SLF4J（Simple Logging Facade for Java，简单日志门面）日志处理标准，而后依据此标准提供了 Log4J、Logback。考虑到实际应用的场景，本次将在 Spring 开发中整合 Logback 日志组件，以获取更加全面的日志数据，具体实现步骤如下。

(1)【yootk-spring 项目】修改 build.gradle 配置文件中的全局模块依赖，增加日志相关依赖配置。

```
implementation('org.slf4j:slf4j-api:1.7.32')                  // 日志处理标准
implementation('ch.qos.logback:logback-classic:1.2.7')        // 日志标准实现
```

(2)【base 子模块】项目中使用 Logback 日志组件，则还需要在"src/main/resources"源代码目录中创建 logback.xml 日志配置文件。本次将通过控制台和文件进行日志的显示，具体定义如下。

```xml
<?xml version="1.0" encoding="UTF-8"?>
<configuration scan="true" scanPeriod="60 seconds" debug="false">
    <property name="LOG_HOME" value="d:/muyan-logs" />           <!-- 日志目录 -->
    <!-- 日志记录时需要有一个明确的日志记录格式，本次将日志数据的格式定义为一个配置属性 -->
    <property name="logging.pattern"
        value="%d{yyyy-MM-dd HH:mm:ss.SSS} [%thread] %-5level %logger{50} - %msg%n"/>
    <!-- 为便于代码调试，在每次应用程序启动时，可以将日志信息显示在控制台中 -->
    <appender name="console" class="ch.qos.logback.core.ConsoleAppender">
        <layout class="ch.qos.logback.classic.PatternLayout">
            <pattern>${logging.pattern}</pattern>                <!-- 格式引用 -->
        </layout>
    </appender>
    <!-- 将每天的日志保存在一个文件之中 -->
    <appender name="file" class="ch.qos.logback.core.rolling.RollingFileAppender">
        <Prudent>true</Prudent>
```

```xml
        <rollingPolicy class="ch.qos.logback.core.rolling.TimeBasedRollingPolicy">
            <FileNamePattern>
                ${LOG_HOME}/%d{yyyy-MM}/yootk_%d{yyyy-MM-dd}.log
            </FileNamePattern>
            <MaxHistory>365</MaxHistory>                    <!-- 删除超过365天的日志 -->
        </rollingPolicy>
        <filter class="ch.qos.logback.classic.filter.ThresholdFilter">
            <level>ERROR</level>                            <!-- ERROR及以上级别日志 -->
        </filter>
        <encoder>
            <Pattern>${logging.pattern}</Pattern>           <!-- 格式引用 -->
        </encoder>
    </appender>
    <root level="DEBUG">                                    <!-- 全局日志级别 -->
        <appender-ref ref="console"/>                       <!-- 控制台日志 -->
        <appender-ref ref="file"/>                          <!-- 文件日志 -->
    </root>
</configuration>
```

进行日志信息输出时一般都会存在 4 种日志级别，按照由高到低的顺序为 ERROR（错误）、WARN（警告）、INFO（信息）、DEBUG（调试）。如果配置了 DEBUG 级别，则表示可以记录 DEBUG 及以上级别（INFO、WARN、ERROR）的日志信息，而如果配置了 INFO 级别，则只能够记录 INFO 及以上级别（WARN、ERROR）的日志信息。

本次的配置分别定义了控制台日志和文件日志的输出，为了便于观察，将默认的日志级别调整为 DEBUG（可以获取到最全面的日志信息）；同时，考虑到日志文件的体积问题，本次只将 ERROR 级别的日志记录在文件中。

（3）【base 子模块】环境配置完成后，可以在代码中通过日志对象进行日志数据的输出。

```java
package com.yootk.test;
// 重复的程序类导入代码，略
import org.slf4j.Logger;
import org.slf4j.LoggerFactory;
@ContextConfiguration(locations = { "classpath:spring/spring-base.xml" })  // 资源文件定位
@ExtendWith(SpringExtension.class)                  // 使用JUnit 5测试工具
public class TestMessageService {                   // 编写业务测试类
    public static final Logger LOGGER = LoggerFactory
                .getLogger(TestMessageService.class);   // 日志记录对象
    @Autowired                                      // 自动注入Bean实例
    private IMessageService messageService;         // 接口实例
    @Test
    public void testEcho() throws Exception {       // 测试方法
        LOGGER.info("echo()调用测试: {}", this.messageService.echo("www.yootk.com"));
        LOGGER.error("echo()调用测试: {}", this.messageService.echo("www.yootk.com"));
        LOGGER.debug("echo()调用测试: {}", this.messageService.echo("www.yootk.com"));
    }
}
```

程序执行结果：

```
[Test worker] INFO com.yootk.test.TestMessageService - echo()调用测试:【ECHO】www.yootk.com
[Test worker] ERROR com.yootk.test.TestMessageService - echo()调用测试:【ECHO】www.yootk.com
[Test worker] DEBUG com.yootk.test.TestMessageService - echo()调用测试:【ECHO】www.yootk.com
```

本程序通过 LoggerFactory.getLogger()工厂方法获取 Logger 实例，这样就可以通过其内部提供的日志记录方法进行日志信息的输出。本次输出了 INFO、ERROR 和 DEBUG 日志。除了可以在控制台中观察到日志，也可以在文件中观察到日志信息（只能观察 ERROR 级别及以上的日志数据）。

2.3 本章概览

1．一个设计良好的应用程序应该能避免代码结构中出现耦合问题，所以可以考虑通过工厂设计模式来进行对象的实例化处理，而为了便于维护者进行代码的更新，一般会通过配置文件的方式定义具体类的使用。

2．为了减少项目中无用对象的产生，可以通过对象管理器的设计思想进行实例化对象的维护，从而提高应用性能。

3．Spring 提供了一个完整的容器，开发者通过该容器可以有效地实现 Bean 对象的管理。

4．Spring 项目要使用众多的依赖库进行开发，建议通过 Maven 或 Gradle 构建工具进行代码编写，首推 Gradle。

5．IoC 是一种设计思想，它可以将一切的对象实例化操作与管理交由统一的容器实现，Spring 就是基于此设计思想实现的。

6．Spring 代码编写完成后可以通过 JUnit 5 进行单元测试，以保证代码的功能正确。

7．为了便于代码调试，可以在项目中引入 Logback 日志组件获取更详细的控制台日志信息。

第 3 章
Bean 管理与依赖注入

本章学习目标
1. 掌握 Spring 中关于 Bean 配置的参数定义；
2. 掌握 Bean 的依赖配置方法，可以通过 Setter、Getter 或构造方法实现 Bean 关联结构的定义；
3. 掌握数据集合（List、Set、Map、Properties）的属性注入操作；
4. 掌握 Annotation 注入管理的操作方法以及主要注解的使用方法。

Spring 开发框架中可基于配置文件或注解实现 Bean 的定义，而除了将 Bean 交由容器管理之外，也可以实现依赖的配置，这一特点在 Spring 中称为依赖注入（Dependency Injection）。本章将为读者讲解这些依赖注入的使用形式，并通过具体的案例进行实现。

 提示：Spring 的开发形式。

在早期的 Spring 开发框架中，所有的配置项是基于 XML 文件格式定义的，Spring 6 以后并不提倡这种配置模式，而是建议开发者采用注解的形式进行配置。不过考虑到读者的实际应用环境，本书会通过 XML 与注解两种方式进行讲解。

3.1 Bean 的依赖注入

视频名称　0301_【掌握】Bean 的依赖注入
视频简介　在项目中会存在不同的 Bean 对象间的耦合关联。本视频为读者分析这种关联存在的形式，并通过具体的配置讲解这类关联在配置文件中的定义。

不同的 Bean 实例之间可以依靠引用来实现关联，在传统的 Java 项目开发中，这都是在应用程序内依靠 Setter 方法调用的形式处理的；但是在 Spring 之中，一切引用都可以基于 XML 文件配置实现。现在假设有图 3-1 所示的类关联结构，下面将通过具体的开发步骤进行关联定义。

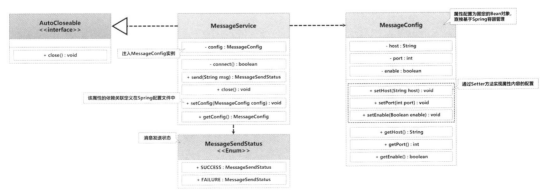

图 3-1　消息服务关联定义

（1）【base 子模块】定义 MessageConfig 类，该类为一个配置存储类，用于保存相关的服务器连接数据。

```java
package com.yootk.config;
public class MessageConfig {
    private String host;                        // 服务器主机名称
    private int port;                           // 服务端口号
    private boolean enable;                     // 服务启用状态
    // Setter、Getter相关代码定义略
}
```

（2）【base 子模块】定义 MessageSendStatus 枚举类，描述消息发送状态。

```java
package com.yootk.service.type;
public enum MessageSendStatus {                 // 消息发送状态
    SUCCESS, FAILURE;
}
```

（3）【base 子模块】定义 MessageService 服务处理类，该类需要通过 MessageConfig 类获取消息服务的连接项。

```java
package com.yootk.service;
public class MessageService implements AutoCloseable {          // 自动关闭
    public static final Logger LOGGER = LoggerFactory.getLogger(MessageService.class);
    private MessageConfig config;                               // 属性配置
    private boolean connect() {                                 // 服务器连接方法
        LOGGER.info("连接消息服务器：{}:{}。", this.config.getHost(), this.config.getPort());
        return this.config.isEnable();                          // 根据状态判断
    }
    public MessageSendStatus send(String msg) {                 // 消息发送
        if (this.connect()) {                                   // 连接消息通道
            LOGGER.info("【消息发送】{}", msg);
            try {
                this.close();                                   // 关闭连接
            } catch (Exception e) {}
            return MessageSendStatus.SUCCESS;                   // 消息发送成功
        }
        LOGGER.error("无法创建消息发送通道，消息发送失败。");
        return MessageSendStatus.FAILURE;                       // 消息发送失败
    }
    public void setConfig(MessageConfig config) {               // 设置配置项
        this.config = config;
    }
    @Override
    public void close() throws Exception {
        LOGGER.info("消息发送完毕，断开消息发送通道。");
    }
}
```

（4）【base 子模块】在 spring/spring-base.xml 配置文件中配置 Bean，并在配置时定义相关属性和依赖。

```xml
<bean id="config" class="com.yootk.config.MessageConfig">
    <property name="host" value="message.yootk.com"/>           <!-- 属性定义 -->
    <property name="port" value="8869"/>                        <!-- 属性定义 -->
    <!-- Spring对布尔型的支持较为方便，可以使用true和false进行描述 -->
    <!-- 也可以使用0（false）和1（true）、off（false）和on（true）等 -->
    <property name="enable" value="on"/>                        <!-- 属性定义 -->
</bean>
<bean id="messageService" class="com.yootk.service.MessageService">
    <property name="config" ref="config"/>                      <!-- 依赖注入 -->
</bean>
```

（5）【base 子模块】编写测试类并注入 MessageService 对象实例。

```java
package com.yootk.test;
```

```
@ContextConfiguration(locations = { "classpath:spring/spring-base.xml" })    // 配置文件
@ExtendWith(SpringExtension.class)                                           // 使用JUnit 5测试工具
public class TestMessageService {                                            // 编写业务测试类
   @Autowired                                                                // 自动注入Bean实例
   private MessageService messageService;                                    // 对象实例
   @Test
   public void testSend() throws Exception {                                 // 测试方法
      this.messageService.send("沐言科技: www.yootk.com");                    // 消息发送
   }
}
```

程序执行结果：

```
[main] INFO com.yootk.service.MessageService - 连接消息服务器: message.yootk.com:8869。
[main] INFO com.yootk.service.MessageService - 【消息发送】沐言科技: www.yootk.com
[main] INFO com.yootk.service.MessageService - 消息发送完毕，断开消息发送通道。
```

本程序依据 Spring 配置文件实现了 Bean 及相关属性的定义，而后利用配置文件实现了不同 Bean 之间的依赖配置。Spring 基于配置文件提供了更加丰富的 Bean 管理形式和依赖注入形式。

> **提示**：Spring 的核心原理依然是反射机制。
>
> 《Java 程序设计开发实战（视频讲解版）》一书曾经对反射机制的使用以及具体的案例进行详细的分析。实际上 Spring 框架中的一系列属性设置和关联设置都是依靠反射实现 Setter 方法来调用的，所以理解了反射应该就理解了 Spring 开发框架的运行机制。

3.1.1 使用 p 命名空间实现依赖注入

使用 p 命名空间实现依赖注入

视频名称　0302_【理解】使用 p 命名空间实现依赖注入

视频简介　为了简化 Spring 配置文件定义，Spring 提供了 p 命名空间支持。本视频通过具体的操作实例为读者分析 p 命名空间的作用以及具体实现。

在 Spring 开发中所有 Bean 的结构关系都可以直接通过 XML 文件中的"<bean>"元素进行配置，而后所有 Bean 对象的属性定义则需要使用"<property>"元素完成。但是传统的配置方式需要采用子元素的形式完成，这容易造成 XML 文件过大，而为了解决这一问题，Spring 提供了一个 p 命名空间来进行配置的简化处理。

p 命名空间在使用时需要结合"<bean>"元素，而在配置时可以采用"p:属性名称=内容"的形式为指定的属性赋值，在设置引用关联时可以采用"p:属性名称-ref=引用 Bean 名称"的方式进行定义。下面的范例演示了 p 命名空间的具体应用。

范例：使用 p 命名空间配置

```xml
<?xml version="1.0" encoding="UTF-8"?>
<beans xmlns="http://www.springframework.org/schema/beans"
    xmlns:xsi="http://www.w3.org/2001/XMLSchema-instance"
    xmlns:p="http://www.springframework.org/schema/p"
    xsi:schemaLocation="http://www.springframework.org/schema/beans
        http://www.springframework.org/schema/beans/spring-beans.xsd">
    <bean id="config" class="com.yootk.config.MessageConfig"
            p:host="message.yootk.com" p:port="8869" p:enable="true"/>
    <bean id="messageService" class="com.yootk.service.MessageService"
            p:config-ref="config"/>
</beans>
```

相比原始的"<property>"元素的配置，使用 p 命名空间定义属性内容较为简洁，同时可以缩减配置文件定义的长度，但是需要在配置文件之中引用一个 p 命名空间才可以使用。

提示:p 命名空间主要用于完善开源项目。

读者可以发现,使用 p 命名空间虽然看起来配置项少了许多,但是却不如直接使用传统 Bean 配置清晰,而这种属性的定义模式是否使用也要看个人的需求。此类模式的出现实际上也属于开源项目最大的弊端:考虑到所有开发者的感受,尽可能满足一切需求。实际上 Spring 里还有许多这样功能类似但语法形式不同的配置处理,是否使用就看开发者自身的需求了。

3.1.2 构造方法注入

视频名称 0303_【理解】构造方法注入
视频简介 构造方法可以实现对象实例的属性初始化配置,所以 Spring 也提供了用构造方法注入来代替 Setter 注入的操作形式。本视频通过具体的代码进行该实现的分析。

在 Java 面向对象设计中,一个类对象实例化时可以通过构造方法进行相关属性的定义;Java 反射机制为了解决调用这种构造方法的形式问题,提供了 Constructor 类对象,以实现对象实例化操作中的构造调用。Spring 在设计的初期考虑到了各种可能存在的对象实例化因素,所以除了通过 Setter 注入,也可以基于构造方法实现注入。为便于读者理解,下面将对前面使用的 MessageConfig 类进行修改,取消类中的 Setter 方法,并基于构造方法进行属性配置。

(1)【base 子模块】修改 MessageConfig 类的定义,利用构造方法实现属性配置。

```java
package com.yootk.config;
public class MessageConfig {
    private String host;                    // 服务器主机名称
    private int port;                       // 服务端口号
    private boolean enable;                 // 服务启用状态
    public MessageConfig(String host, int port, boolean enable) {
        this.host = host;                   // 属性初始化
        this.port = port;                   // 属性初始化
        this.enable = enable;               // 属性初始化
    }
    // 本类不提供无参构造方法,Getter 相关代码定义略
}
```

(2)【base 子模块】修改 spring/spring-base.xml 文件,通过构造方法配置属性内容。

```xml
<bean id="config" class="com.yootk.config.MessageConfig">    <!-- Bean定义 -->
    <constructor-arg value="message.yootk.com"/>             <!-- 设置构造第一个参数内容 -->
    <constructor-arg value="8869"/>                          <!-- 设置构造第二个参数内容 -->
    <constructor-arg value="1"/>                             <!-- 设置构造第三个参数内容 -->
</bean>
```

由于 MessageConfig 类中没有提供无参构造方法以及属性的 Setter 方法,所以本程序在 Spring 配置文件中无法进行 Bean 对象实例化,也就无法通过"<property>"元素定义属性内容。这时只能够利用"<constructor-arg>"元素进行构造方法的调用,需要注意的是,"<constructor-arg>"元素定义的顺序与构造方法的参数顺序相同。

 提示:使用 index 属性定义构造方法参数顺序。

如果此时类构造方法所需的参数很多,为了防止定义的混乱,可以在"<constructor-arg>"元素中使用 index 属性强制性地规定参数顺序。

范例:通过 index 属性配置构造参数顺序

```xml
<bean id="config" class="com.yootk.config.MessageConfig">
    <constructor-arg index="2" value="1"/>
    <constructor-arg index="1" value="8869"/>
```

```xml
<constructor-arg index="0" value="message.yootk.com"/>
</bean>
```

此时的程序没有按照构造方法的参数的自然顺序进行定义,但是使用了 index 来手动配置参数的索引,从而达到同样的配置效果。

虽然在 Spring 中可以利用 "<constructor-arg>" 元素配置的参数顺序进行构造方法的内容设置,但是依然会有很多开发者觉得这样的配置不够清晰,尤其在参数内容较多时,问题的排查就比较麻烦了。为了满足设计需要,在 Spring 中可以通过构造参数的名称实现构造方法调用。这时的操作不仅需要在 XML 配置文件中定义,还需要在类的构造方法中使用 "@ConstructorProperties" 注解进行配置,实现结构如图 3-2 所示,具体实现步骤如下。

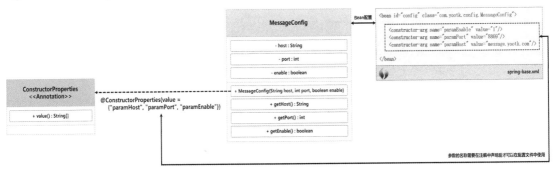

图 3-2 通过参数名称配置构造方法数据

(1)【base 子模块】修改 MessageConfig 配置类,在构造方法处进行参数名称定义。

```java
package com.yootk.config;
import java.beans.ConstructorProperties;
public class MessageConfig {
    private String host;                    // 服务器主机名称
    private int port;                       // 服务端口号
    private boolean enable;                 // 服务启用状态
    @ConstructorProperties(value = {"paramHost", "paramPort", "paramEnable"})
    public MessageConfig(String host, int port, boolean enable) {
        this.host = host;                   // 属性初始化
        this.port = port;                   // 属性初始化
        this.enable = enable;               // 属性初始化
    }
    // 本类不提供无参构造方法,Getter相关代码定义略
}
```

(2)【base 子模块】修改 spring/spring-base.xml 文件定义,利用参数名称配置构造方法参数内容。

```xml
<bean id="config" class="com.yootk.config.MessageConfig">  <!-- Bean定义 -->
    <constructor-arg name="paramEnable" value="1"/>
    <constructor-arg name="paramPort" value="8869"/>
    <constructor-arg name="paramHost" value="message.yootk.com"/>
</bean>
```

此时的配置通过注解定义的参数名称进行属性内容的定义,由于有了参数名称可供匹配,因此不再依靠定义顺序进行设置,整个代码结构看起来更加直观,代码可读性较强。

> 提示:建议使用 Setter 配置属性内容。
>
> 在反射机制中我们为读者详细地分析过无参构造方法对于反射操作的重要意义,虽然 Java 的反射机制和 Spring 都支持有参构造方法的调用,但是这并不意味着这样的操作属于推荐做法,本书还是建议读者通过 Setter 方法实现属性内容的设置。

3.1.3 自动装配

视频名称　0304_【理解】自动装配

视频简介　考虑到配置简化的问题，Spring 支持引用类型的自动装配处理，可以根据名称、类型实现自动配置依赖。本视频为读者分析自动装配的实现操作，同时讲解如何实现优先启用。

依赖是 Spring 提供的重要技术支持，传统的做法是通过 "<property>" 元素中的 "ref" 属性实现结构关联，但是如果此时项目中配置的 Bean 过多，就可以利用 Spring 提供的自动装配的形式进行引用的处理，如图 3-3 所示。

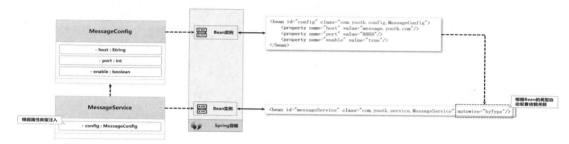

图 3-3　根据类型自动配置依赖

范例：根据类型自动配置依赖

```
<bean id="config" class="com.yootk.config.MessageConfig">    <!-- Bean定义 -->
    <property name="host" value="message.yootk.com"/>        <!-- 属性定义 -->
    <property name="port" value="8869"/>                     <!-- 属性定义 -->
    <property name="enable" value="true"/>                   <!-- 属性定义 -->
</bean>
<bean id="messageService" class="com.yootk.service.MessageService" autowire="byType"/>
```

此时由于 MessageService 类中有 MessageConfig 类型的属性，所以当使用 "autowire="byType"" 属性定义时，程序就会自动找到 Spring 容器中与之匹配的 Bean 实现装配处理。

由于 Spring 容器启动后所有的 Bean 对象都在 Spring 容器中保存，因此可能会出现一个类存在多个 Bean 配置的场景。此时可以利用自动装配中的名称匹配模式，自动将类属性名称与指定的 Bean 标识进行关联，从而实现注入操作，如图 3-4 所示。

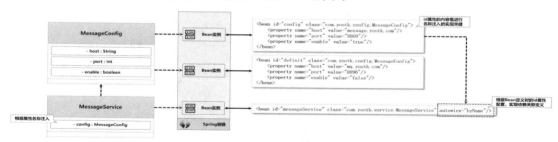

图 3-4　根据 Bean 定义的名称配置依赖

范例：根据 Bean 名称自动匹配

```
<bean id="config" class="com.yootk.config.MessageConfig">    <!-- Bean定义 -->
    <property name="host" value="message.yootk.com"/>        <!-- 属性定义 -->
    <property name="port" value="8869"/>                     <!-- 属性定义 -->
    <property name="enable" value="true"/>                   <!-- 属性定义 -->
</bean>
<bean id="definit" class="com.yootk.config.MessageConfig">   <!-- Bean定义 -->
    <property name="host" value="mq.yootk.com"/>             <!-- 属性定义 -->
    <property name="port" value="8896"/>                     <!-- 属性定义 -->
```

```xml
    <property name="enable" value="false"/>              <!-- 属性定义 -->
</bean>
<bean id="messageService" class="com.yootk.service.MessageService" autowire="byName"/>
```

Spring 容器提供了两个 MessageConfig 类的 Bean 实例配置，会根据 MessageService 中的属性名称实现 Bean 的自动关联注入。

> **提问：名称不匹配时如何解决？**
>
> 假设在 Spring 容器之中存在两个 MessageConfig 类的 Bean 配置，ID 的设置分别为"config"与"definit"，但是此时的 MessageService 类中定义的属性为"messageConfig"，代码如下所示。
>
> **范例：修改 MessageService 类定义**
>
> ```java
> public class MessageService implements AutoCloseable { // 自动关闭
>     private MessageConfig messageConfig;               // 属性配置
> }
> ```
>
> 此时在 Spring 中存在两个 MessageConfig 实例，如何实现自动装配？
>
> **回答：依据候选形式选择。**
>
> 此时可以通过两种方式实现自动装配，一种是基于主要候选，另一种是排除候选。这两种方式的具体实现如下。
>
> 方式一：使用 primary 属性定义主要候选。
>
> ```xml
> <bean id="config" class="com.yootk.config.MessageConfig" primary="true">
>     <property name="host" value="message.yootk.com"/>
>     <property name="port" value="8869"/>
>     <property name="enable" value="true"/>
> </bean>
> <bean id="definit" class="com.yootk.config.MessageConfig">
>     <property name="host" value="mq.yootk.com"/>
>     <property name="port" value="8896"/>
>     <property name="enable" value="false"/>
> </bean>
> <bean id="messageService" class="com.yootk.service.MessageService"
>       autowire="byType"/>
> ```
>
> 方式二：排除候选。
>
> ```xml
> <bean id="config" class="com.yootk.config.MessageConfig">
>     <property name="host" value="message.yootk.com"/>
>     <property name="port" value="8869"/>
>     <property name="enable" value="true"/>
> </bean>
> <bean id="definit" class="com.yootk.config.MessageConfig"
>       autowire-candidate="false">
>     <property name="host" value="mq.yootk.com"/>
>     <property name="port" value="8896"/>
>     <property name="enable" value="false"/>
> </bean>
> <bean id="messageService" class="com.yootk.service.MessageService"
>       autowire="byType"/>
> ```
>
> 以上的两种方式都可以在 Bean 类型相同的时候，通过唯一的候选类型 Bean 进行注入处理，但是从实际的开发来讲，应尽量优先选择根据名称的方式注入，这样便于代码的开发与维护。

3.1.4 原型模式

原型模式

视频名称　0305_【掌握】原型模式

视频简介　原型模式是一种高效的对象创建管理方式，其基于对象克隆技术实现。本视频为读者分析原型模式的实现结果，并基于 Spring 实现原型配置模型。

在传统的 Java 语法的使用过程中，每一次都需要通过关键字 new 进行对象的实例化处理，而后再为该对象配置属性内容，如图 3-5 所示。如果此时要产生很多个实例化对象，那么必然会造成严重的性能问题。

在 Spring 之中，由于需要通过配置文件定义所有的 Bean 实例，因此在进行 Bean 获取时，都会有相应的数据。在默认情况下 Spring 会基于单例（Singleton）模式进行这些 Bean 的管理，如图 3-6 所示。不管从外部对此 Bean 进行多少次引用，最终也只会获取一个对象实例，这样的设计可以极大地减少堆内存空间的占用，并减少对象实例化所带来的重复性能开支。

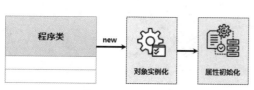

图 3-5 原始 Java 对象实例化管理

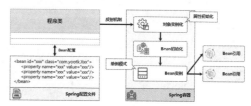

图 3-6 单例模式管理

但是不同的用户在使用 Spring 框架的过程中会有不同的需求，例如，用户不希望对某些 Bean 对象采用单例模式进行管理，即每次获取该对象时都要求存在一个不同的 Bean 实例，这样一来就不能够使用默认的单例模式，同时为了尽可能地提升新对象的创建性能，就需要使用原型（Prototype）模式，以一个已经完全初始化的 Bean 为原型进行对象的克隆处理，如图 3-7 所示。

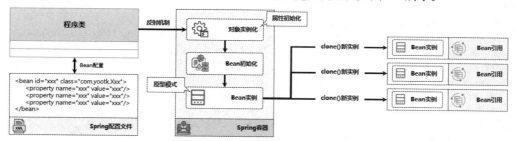

图 3-7 原型模式

Spring 在进行 Bean 配置时，可以通过 scope 属性进行模式的选择，默认的模式为"Singleton"，如果需要修改为原型模式，则将该选项定义为"Prototype"即可。为了说明问题，下面通过一个具体的案例进行讲解，开发步骤如下。

(1)【base 子模块】创建 Dept 程序类。

```
package com.yootk.vo;
public class Dept {                             // 部门信息类
   private Long deptno;                         // 成员属性定义
   private String dname;                        // 成员属性定义
   private String loc;                          // 成员属性定义
   // Setter方法、Getter方法、无参构造方法定义略
   @Override
   public String toString() {                   // 返回对象信息
      return "【部门信息 - " + super.hashCode() + "】编号：" + this.deptno +
             "、名称：" + this.dname + "、位置：" + this.loc;
   }
}
```

(2)【base 子模块】创建 Emp 程序类，该类包含 Dept 对象引用。

```
package com.yootk.vo;
public class Emp {                              // 雇员信息类
   private Long empno;                          // 成员属性定义
   private String ename;                        // 成员属性定义
   private Dept dept;                           // Bean依赖
```

```
   // Setter方法、Getter方法、无参构造方法定义略
   @Override
   public String toString() {
      return "【雇员信息 - " + super.hashCode() + "】编号: " + this.empno + "、姓名: " + this.ename;
   }
}
```

(3)【base 子模块】在 spring/spring-base.xml 文件中分别定义 Emp 和 Dept 两个类的 Bean 配置项。

```
<!-- scope的默认配置项为"singleton", 也可以明确使用"scope="singleton""进行单例模式标记 -->
<bean id="dept" class="com.yootk.vo.Dept" scope="prototype">   <!-- 原型模式定义Bean -->
   <property name="deptno" value="10"/>                         <!-- 设置属性内容 -->
   <property name="dname" value="教学部"/>                       <!-- 设置属性内容 -->
   <property name="loc" value="北京"/>                           <!-- 设置属性内容 -->
</bean>
<bean id="emp" class="com.yootk.vo.Emp" scope="prototype">     <!-- 原型模式定义Bean -->
   <property name="empno" value="7369"/>                        <!-- 设置属性内容 -->
   <property name="ename" value="李兴华"/>                       <!-- 设置属性内容 -->
   <property name="dept" ref="dept"/>                           <!-- 设置属性引用 -->
</bean>
```

(4)【base 子模块】编写测试类，注入 ApplicationContext 接口实例，并采用 getBean()方法手动获取 Bean 实例。

```
package com.yootk.test;
@ContextConfiguration(locations = { "classpath:spring/spring-base.xml" })   // 资源文件定位
@ExtendWith(SpringExtension.class)                      // 使用JUnit 5测试工具
public class TestPrototype {                            // 编写业务测试类
   public static final Logger LOGGER = LoggerFactory
         .getLogger(TestPrototype.class);               // 日志记录对象
   @Autowired                                           // 自动注入Bean实例
   private ApplicationContext context;                  // 接口实例
   @Test
   public void testPrototype() {                        // 测试方法
      Emp empA = this.context.getBean(Emp.class);       // 获取Bean实例
      LOGGER.info("{} - {}", empA, empA.getDept());
      Emp empB = this.context.getBean(Emp.class);       // 获取Bean实例
      LOGGER.info("{} - {}", empB, empB.getDept());
   }
}
```

程序执行结果：
```
【雇员信息 - 1811942924】编号: 7369、姓名: 李兴华 -
【部门信息 - 209360767】编号: 10、名称: 教学部、位置: 北京
【雇员信息 - 450589816】编号: 7369、姓名: 李兴华 -
【部门信息 - 988179589】编号: 10、名称: 教学部、位置: 北京
```

本程序采用原型模式定义了 Emp 与 Dept 两个 Bean 对象，这样在每次进行对象获取时，都会根据已经定义的配置项的设置，返回新的对象实例。

> 提示：Spring 的原型模式采用了深克隆技术。
>
> 《Java 进阶开发实战（视频讲解版）》一书重点分析过对象克隆技术的使用，Object 类中提供的 clone()方法采用了浅克隆的模式，所以引用的结构是无法克隆的，而深克隆是需要由开发者自行实现的。通过当前的执行结果可以发现，程序克隆的是 Emp 对象实例，但是其引用的 Dept 对象实例数据也被成功克隆了，所以当前采用的是深克隆。

3.1.5 Bean 延迟初始化

Bean 延迟初始化

视频名称　0306_【理解】Bean 延迟初始化

视频简介　为了提升 Spring 的启动性能，可以对暂时不需要的 Bean 进行延迟化处理。Spring 配置文件提供了专属的 lazy-init 属性，本视频通过范例说明该属性的作用。

Spring 容器在启动时会对所有配置的 Bean 实例进行初始化管理,同时所有初始化的 Bean 也都会保存在 Spring 容器中供开发者使用。如果项目中的 Bean 过多,那么为了减少 Spring 容器初始化时的负担,可以选择在第一次使用时进行 Bean 的实例化处理,为此 Spring 在 "<bean>" 元素的配置中提供了 "lazy-init" 属性。如果该属性配置为 true,则表示启用延迟初始化管理。

范例:Bean 的延迟初始化

```xml
<bean id="dept" class="com.yootk.vo.Dept" lazy-init="true">    <!-- 延迟初始化 -->
    <property name="deptno" value="10"/>                       <!-- 设置属性内容 -->
    <property name="dname" value="教学部"/>                    <!-- 设置属性内容 -->
    <property name="loc" value="北京"/>                        <!-- 设置属性内容 -->
</bean>
```

如果此时用户仅仅创建了 ApplicationContext 对象实例,那么 Dept 对象是不会进行实例化处理的,只有在通过 getBean() 方法或依赖注入配置时才会进行 Bean 的实例化操作。

3.2　注入数据集合

注入数据集合

视频名称　0307_【掌握】注入数据集合
视频简介　Spring 中设置了数据集合的注入管理操作,可以通过数组或 List 集合实现接收。本视频通过具体的实例讲解数据集合的注入操作。

在 Spring 配置文件之中除了可以实现普通单数据的属性内容配置,也可以进行数据集合的配置注入。例如,现在 MessageService 类中需要同时保存多个 MessageConfig 的配置,则按照当前的需要,此时的类修改如下。

(1)【base 子模块】MessageService 保存数据集合。

```java
package com.yootk.service;
public class MessageService implements AutoCloseable {                // 自动关闭
    public static final Logger LOGGER = LoggerFactory.getLogger(MessageService.class);
    private List<MessageConfig> configs;                              // 属性配置
    private MessageConfig currentConfig;                              // 当前配置
    private boolean connect() {                                       // 服务器连接方法
        LOGGER.info("连接消息服务器,服务器主机:{}:{}。", this.currentConfig.getHost(),
                this.currentConfig.getPort());
        return this.currentConfig.isEnable();                         // 根据状态判断
    }
    public MessageSendStatus send(String msg) {                       // 消息发送
        try {
            Iterator<MessageConfig> iterator = this.configs.iterator();
            while (iterator.hasNext()) {
                this.currentConfig = iterator.next();                 // 获取当前配置项
                if (this.connect()) {                                 // 连接消息通道
                    LOGGER.info("【消息发送】{}", msg);
                    this.close();                                     // 关闭连接
                } else {
                    LOGGER.error("无法创建消息发送通道,消息发送失败。");
                }
            }
            return MessageSendStatus.SUCCESS;                         // 消息发送成功
        } catch (Exception e) {
            return MessageSendStatus.FAILURE;                         // 消息发送失败
        }
    }
    public void setConfigs(List<MessageConfig> configs) {             // 集合注入
```

```java
        this.configs = configs;
    }
    @Override
    public void close() throws Exception {              // 通道关闭
        LOGGER.info("消息发送完毕，断开消息发送通道。");
    }
}
```

MessageService 要同时管理多个消息通道的配置，所以使用了 List 集合进行全部配置的保存。这样一来在配置文件定义时就需要在"<property>"子元素的内部利用"<list>"子元素进行配置，而配置的内容可以是普通的数值或其他 Bean 的引用。本次的配置定义如图 3-8 所示。

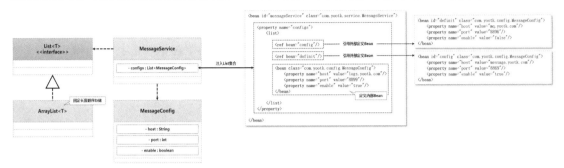

图 3-8 注入 List 集合

（2）【base 子模块】在 spring/spring-base.xml 文件中注入 List 集合。

```xml
<bean id="config" class="com.yootk.config.MessageConfig">      <!-- Bean定义 -->
    <property name="host" value="message.yootk.com"/>          <!-- 属性定义 -->
    <property name="port" value="8869"/>                        <!-- 属性定义 -->
    <property name="enable" value="true"/>                      <!-- 属性定义 -->
</bean>
<bean id="definit" class="com.yootk.config.MessageConfig">     <!-- Bean定义 -->
    <property name="host" value="mq.yootk.com"/>                <!-- 属性定义 -->
    <property name="port" value="8896"/>                        <!-- 属性定义 -->
    <property name="enable" value="false"/>                     <!-- 属性定义 -->
</bean>
<bean id="messageService" class="com.yootk.service.MessageService">
    <property name="configs">                                   <!-- 属性注入 -->
        <list>                                                   <!-- 属性类型为List集合 -->
            <ref bean="config"/>                                 <!-- Bean引用 -->
            <ref bean="definit"/>                                <!-- Bean引用 -->
            <bean class="com.yootk.config.MessageConfig">        <!-- 内部Bean定义 -->
                <property name="host" value="logs.yootk.com"/>   <!-- 属性定义 -->
                <property name="port" value="8899"/>             <!-- 属性定义 -->
                <property name="enable" value="true"/>           <!-- 属性定义 -->
            </bean>
        </list>
    </property>
</bean>
```

本程序在配置 configs 属性时，采用"<list>"元素定义了若干个 MessageConfig 对象的注入，利用"<ref>"元素实现了其他 Bean 对象的定义。也可以在内部使用"<bean>"元素定义内部配置。

> 提示：<array>与<list>元素。
>
> 在 Spring 开发框架之中，数组与 List 集合的配置是相通的。如果此时的属性是一个 List 集合，那么使用"<list>"和"<array>"定义集合项的最终结果是相同的，反之亦然，所以注入的 List 集合所使用的实现类为 ArrayList 子类。

3.2.1 注入 Set 集合

注入 Set 集合

视频名称　0308_【掌握】注入 Set 集合
视频简介　Spring 提供了方便的集合注入管理，除 List 之外也可以实现 Set 集合的注入。本视频对已有代码进行修改，通过 Set 类型实现配置类对象的存储。

Java 类集中的 List 子接口可以存储相同的数据，而 Set 子接口只能够存储不同的数据项。所以在 Spring 开发框架中进行集合管理时，除了可以注入 List 集合，也可以注入 Set 集合。

(1)【base 子模块】修改 MesssageService 类，使其利用 Set 存储 MessageConfig 对象集合。

```
package com.yootk.service;
public class MessageService implements AutoCloseable {         // 自动关闭
    public static final Logger LOGGER = LoggerFactory.getLogger(MessageService.class);
    private Set<MessageConfig> configs;                         // 属性配置
    private MessageConfig currentConfig;                        // 当前配置
    // 后续部分的代码实现不再重复列出，略
    public void setConfigs(Set<MessageConfig> configs) {        // 集合注入
        this.configs = configs;
    }
}
```

(2)【base 子模块】修改 spring/spring-base.xml 配置文件，使用"<set>"元素代替"<list>"元素。

```
<bean id="messageService" class="com.yootk.service.MessageService">
    <property name="configs">                           <!-- 属性注入 -->
        <set>                                           <!-- 属性类型为Set集合 -->
            <!-- 其他Bean对象引用与内部Bean定义代码相同，略 -->
        </set>
    </property>
</bean>
```

此时只需要在配置文件中使用与类属性相同的元素即可进行集合类型的更换。由于 Spring 在进行集合注入时需要考虑配置的顺序问题，因此当前使用的 Set 接口的实现子类为 java.util.LinkedHashSet。

3.2.2 注入 Map 集合

注入 Map 集合

视频名称　0309_【掌握】注入 Map 集合
视频简介　Map 集合实现了二元偶对象集合存储。本视频对已有的操作代码进行修改，基于 Map 集合实现数据集合的注入操作。

Java 类集中可以依靠 Map 实现二元偶对象的集合存储，在 Spring 开发框架里针对此结构的存储也是可以基于配置文件的方式来实现注入管理的，在配置时需要基于"<map>"与"<entry>"子元素实现定义，如图 3-9 所示。

(1)【base 子模块】修改 MessageService 程序类，通过 Map 集合接收 MessageConfig 配置类。

```
package com.yootk.service;
public class MessageService implements AutoCloseable {                 // 自动关闭
    public static final Logger LOGGER = LoggerFactory.getLogger(MessageService.class);
    private Map<String, MessageConfig> configs;                        // 属性配置
    private MessageConfig currentConfig;                               // 当前配置
    private boolean connect() {                                        // 服务器连接方法
        LOGGER.info("连接消息服务器，服务器主机：{}:{}。", this.currentConfig.getHost(),
                this.currentConfig.getPort());
        return this.currentConfig.isEnable();                          // 根据状态判断
    }
    public MessageSendStatus send(String msg) {                        // 消息发送
        try {
```

```
            Iterator<Map.Entry<String, MessageConfig>> iterator = this.configs
                  .entrySet().iterator();                       // 获取Iterator对象
            while (iterator.hasNext()) {                        // 集合迭代
               Map.Entry<String, MessageConfig> entry = iterator.next();  // 获取集合项
               this.currentConfig = entry.getValue();           // 获取当前配置项
               if (this.connect()) {                            // 连接消息通道
                  LOGGER.info("【消息发送】〖通道key：{}〗{}", entry.getKey(), msg);
                  this.close();                                 // 关闭连接
               } else {
                  LOGGER.error("无法创建消息发送通道，消息发送失败。");
               }
            }
            return MessageSendStatus.SUCCESS;                   // 消息发送成功
         } catch (Exception e) {
            return MessageSendStatus.FAILURE;                   // 消息发送失败
         }
      }
      public void setConfigs(Map<String, MessageConfig> configs) { // 集合注入
         this.configs = configs;
      }
      @Override
      public void close() throws Exception {                    // 通道关闭
         LOGGER.info("消息发送完毕，断开消息发送通道。");
      }
   }
```

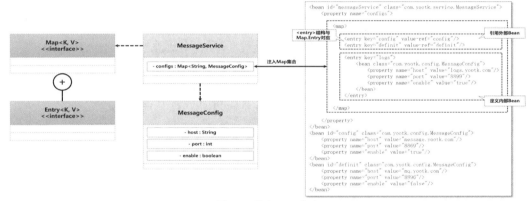

图 3-9　注入 Map 集合

（2）【base 子模块】修改 spring/spring-base.xml 配置文件，定义 Map 集合。

```xml
<bean id="messageService" class="com.yootk.service.MessageService">
   <property name="configs">                                    <!-- 属性注入 -->
      <map>                                                     <!-- 属性类型为Map集合 -->
         <entry key="config" value-ref="config"/>               <!-- Bean引用 -->
         <entry key="definit" value-ref="definit"/>             <!-- Bean引用 -->
         <entry key="logs">                                     <!-- 内部Bean -->
            <bean class="com.yootk.config.MessageConfig">       <!-- 内部Bean定义 -->
               <property name="host" value="logs.yootk.com"/>   <!-- 属性定义 -->
               <property name="port" value="8899"/>             <!-- 属性定义 -->
               <property name="enable" value="true"/>           <!-- 属性定义 -->
            </bean>
         </entry>
      </map>
   </property>
</bean>
```

本程序实现了 configs 属性的注入。该属性为一个 Map 集合，对应的 key 为 String 类型，value 为 MessageConfig 类型，所以字符串可以直接通过"<entry>"元素中的"key"属性注入，而 MessageConfig 则需要通过"value-ref"引入其他的 Bean，或者基于内部定义的形式定义内部 Bean。

3.2.3 注入 Properties 集合

注入 Properties 集合

视频名称 0310_【掌握】注入 Properties 集合
视频简介 属性是一种特殊的集合，可以实现相关配置项的定义。本视频讲解 Spring 中属性的配置以及 Properties 对象实例的注入。

java.util.Properties 是属性操作类，该类可以通过 I/O 流实现属性的读写操作。由于所有的属性都是 String 类型的数据，因此在一些项目的开发中可以通过该类实现配置项的定义。Spring 开发框架也支持该类型的对象注入操作，下面通过具体的步骤进行这一功能的实现。

(1)【base 子模块】创建 MessageProperties 类，保存所有的消息属性。

```java
package com.yootk.config;
import java.util.Properties;
public class MessageProperties {                    // 消息属性类
    private String subject;                         // 消息主题
    private Properties attribute;                   // 消息属性
    // Setter、Getter、无参构造方法略
}
```

(2)【base 子模块】在 spring/spring-base.xml 文件中增加 Bean 配置。

```xml
<bean id="messageProperties" class="com.yootk.config.MessageProperties">
    <property name="subject" value="沐言科技消息中心"/>   <!-- 属性定义 -->
    <property name="attribute">                           <!-- 属性定义 -->
        <props>                                           <!-- 配置属性 -->
            <prop key="muyan">沐言科技：www.yootk.com</prop>
            <prop key="edu">李兴华高薪就业编程训练营：edu.yootk.com</prop>
            <prop key="book">就业编程实战系列图书：book.yootk.com</prop>
        </props>
    </property>
</bean>
```

(3)【base 子模块】编写业务测试类，输出 MessageProperties 属性内容。

```java
package com.yootk.test;
@ContextConfiguration(locations = { "classpath:spring/spring-base.xml" })  // 资源文件定位
@ExtendWith(SpringExtension.class)                       // 使用JUnit 5测试工具
public class TestMessageProperties {                     // 编写业务测试类
    private static final Logger LOGGER = LoggerFactory.getLogger(
            TestMessageProperties.class);                // 日志对象
    @Autowired                                           // 自动注入Bean实例
    private MessageProperties messageProperties;         // 注入对象实例
    @Test
    public void testPrint() throws Exception {           // 测试方法
        LOGGER.info("【消息属性】消息主题：{}、消息属性：{}",
                this.messageProperties.getSubject(), this.messageProperties.getAttribute());
    }
}
```

程序执行结果：

```
[main] INFO com.yootk.test.TestMessageProperties - 【消息属性】消息主题：沐言科技消息中心、消息属性：
{edu=李兴华高薪就业编程训练营：edu.yootk.com, book=就业编程实战系列图书：book.yootk.com, muyan=沐言科技：
www.yootk.com}
```

3.3 Annotation 自动装配

Annotation 自动装配简介

视频名称 0311_【掌握】Annotation 自动装配简介
视频简介 Annotation 自动装配是一种更加灵活的配置形式，基于扫描包与注解可以减少配置文件的使用。本视频为读者分析传统 Spring 项目开发的问题与解决方案。

3.3 Annotation 自动装配

在 Spring 早期的项目开发之中，所有的程序类都需要先在 Spring 配置文件之中进行 Bean 注册，才可以实现对象实例化以及依赖配置管理的操作，如图 3-10 所示。但是随着项目规模的逐步增大，采用这样的开发模式就会出现配置文件过大的问题，这不仅会给项目的开发带来不便，也会为项目的维护带来极大的麻烦。

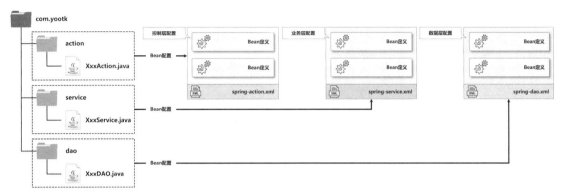

图 3-10　基于 XML 实现的 Spring 配置

为了解决这一设计问题，Spring 2.5 开始推出基于注解方式的配置，该操作需要在类定义时追加 Spring 开发的注解。开发者只需要在 Spring 配置文件之中引入 context 命名空间，设置扫描包的路径后就可以直接实现指定包中所有类的自动注册，这极大地降低了开发者的配置难度，也减小了 Spring 配置文件的体积，如图 3-11 所示。

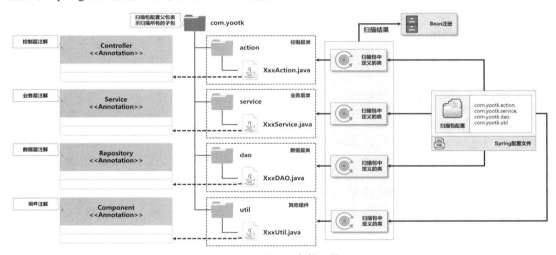

图 3-11　Spring 扫描配置

在扫描配置的过程中，最重要的是 org.springframework.stereotype 包中的 4 个核心注解，分别为 Controller（控制层注解）、Service（业务层注解）、Repository（数据层注解）、Component（组件注解），4 个注解的定义如图 3-12 所示。通过注解定义的源代码可以发现，这 4 个注解所描述的功能相同，使用不同的注解名称主要是为了便于代码维护。

范例：为 Spring 开启扫描注册配置项

```xml
<?xml version="1.0" encoding="UTF-8"?>
<beans xmlns="http://www.springframework.org/schema/beans"
    xmlns:xsi="http://www.w3.org/2001/XMLSchema-instance"
    xmlns:context="http://www.springframework.org/schema/context"
    xsi:schemaLocation="http://www.springframework.org/schema/beans
        http://www.springframework.org/schema/beans/spring-beans.xsd
        http://www.springframework.org/schema/context
```

```
    http://www.springframework.org/schema/context/spring-context.xsd">
<context:annotation-config/>           <!-- 启用Annotation支持 -->
<!-- 扫描包配置，多个包名称之间使用","分隔，为防止重复扫描注册，尽量使用子包 -->
<context:component-scan
 base-package="com.yootk.service,com.yootk.dao,com,com.yootk.config"/>
</beans>
```

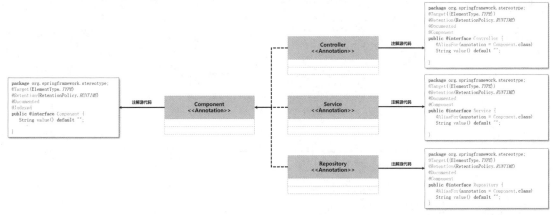

图 3-12　Bean 相关注解

本程序通过"<context:annotation-config/>"开启了注解扫描包配置（新版本即便不配置也可以扫描处理），同时利用"<context:component-scan>"元素实现了扫描包的定义，这样就会在容器启动时自动找到相关注解定义的 Bean，从而实现 Bean 的自动注册。

3.3.1　基于 Annotation 实现 Bean 注册

基于 Annotation
实现 Bean 注册

| 视频名称 | 0312_【掌握】基于 Annotation 实现 Bean 注册 |
| 视频简介 | 实现注解自动配置的最佳做法，是基于原始的设计分层的方式进行说明。本视频通过一套完整的实例，为读者分析 Bean 扫描注册的实现。|

为便于读者理解注解自动配置的具体操作，下面将模拟一个基本的业务逻辑调用。本次操作将分别创建数据层与业务层，数据层和业务层的实现子类分别使用"@Repository"和"@Service"注解进行定义，并结合"@Autowired"注解实现依赖注入管理，代码结构如图 3-13 所示。需要说明的是，考虑到当前的应用环境，本次暂时不考虑控制层的定义，而是通过测试类进行模拟，具体实现步骤如下。

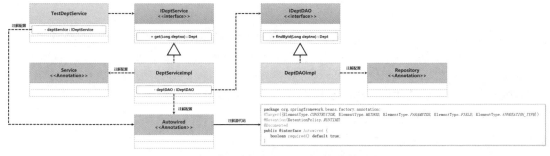

图 3-13　基于注解实现 Bean 注册与依赖配置

（1）【base 子模块】创建描述部门信息的 VO 类。

```
package com.yootk.vo;
```

```java
public class Dept {                                           // 部门信息
    private Long deptno;                                      // 部门编号
    private String dname;                                     // 部门名称
    private String loc;                                       // 部门位置
    // Setter、Getter、无参构造方法略
}
```

(2)【base 子模块】创建 IDeptDAO 数据层接口。

```java
package com.yootk.dao;
import com.yootk.vo.Dept;
public interface IDeptDAO {                                   // 部门数据层接口
    public Dept findById(Long deptno);                        // 根据部门编号查询部门数据
}
```

(3)【base 子模块】创建 DeptDAOImpl 数据层接口实现子类,在该类定义中使用"@Repository"注解进行 Bean 注册配置。

```java
package com.yootk.dao.impl;
import com.yootk.dao.IDeptDAO;
import com.yootk.vo.Dept;
import org.springframework.stereotype.Repository;
@Repository                                                   // Bean配置,ID为deptDAOImpl
public class DeptDAOImpl implements IDeptDAO {                // 数据层接口实现子类
    @Override
    public Dept findById(Long deptno) {                       // 模拟部分查询
        Dept dept = new Dept();                               // 实例化部门对象
        dept.setDeptno(deptno);                               // 设置部门编号
        dept.setDname("沐言科技教学研发部");                    // 设置部门名称
        dept.setLoc("北京");                                   // 设置部门位置
        return dept;                                          // 返回部门数据
    }
}
```

本程序通过"@Repository"注解实现了包扫描下的 Bean 注册配置。需要注意的是,在配置每一个 Bean 的时候一般都会存在一个 ID 属性,通过注解配置时,ID 属性的内容为类名称(第一个字母小写),本次的类名称为 DeptDAOImpl,则自动使用"deptDAOImpl"作为 Bean 标识进行注册。

(4)【base 子模块】创建 IDeptService 业务层接口。

```java
package com.yootk.service;
import com.yootk.vo.Dept;
public interface IDeptService {                               // 部门业务层接口
    public Dept get(Long deptno);                             // 查询部门信息
}
```

(5)【base 子模块】创建 DeptServiceImpl 业务层接口实现子类,并使用"@Service"注解进行标注。

```java
package com.yootk.service.impl;
@Service                                                      // Bean注册
public class DeptServiceImpl implements IDeptService {        // 部门业务层接口实现子类
    @Autowired                                                // 依赖注入或通过Setter实现
    private IDeptDAO deptDAO;                                 // 数据层接口
    @Override
    public Dept get(Long deptno) {                            // 部门查询
        if (deptno == null) {                                 // 部门编号为空
            return null;                                      // 返回空对象
        } else {                                              // 部门编号不为空
            return this.deptDAO.findById(deptno);             // 数据层处理
        }
    }
}
```

(6)【base 子模块】创建业务层测试类,注入 IDeptService 接口实例并调用业务方法。

```
package com.yootk.test;
@ContextConfiguration(locations = {"classpath:spring/spring-base.xml"})   // 资源文件定位
@ExtendWith(SpringExtension.class)                                        // 使用JUnit 5测试工具
public class TestDeptService {                                            // 编写业务测试类
   private static final Logger LOGGER = LoggerFactory.getLogger(TestDeptService.class);
   @Autowired                                                             // 自动注入Bean实例
   private IDeptService deptService;                                      // 接口实例
   @Test
   public void testGet() throws Exception {                               // 测试方法
      Dept dept = this.deptService.get(10L);                              // 调用业务方法
      if (dept != null) {                                                 // 有查询结果
         LOGGER.info("【查询部门数据】部门编号 = {}、部门名称 = {}、部门位置 = {}",
               dept.getDeptno(), dept.getDname(), dept.getLoc());
      } else {                                                            // 无查询结果
         LOGGER.error("【查询部门数据】操作失败，无法获取到编号为"10"的部门数据。");
      }
   }
}
```

程序执行结果：

[main] INFO com.yootk.test.TestDeptService - 【查询部门数据】部门编号 = 10、部门名称 = 沐言科技教学研发部、部门位置 = 北京

在应用程序中，开发者可以直接基于注解和扫描包的配置实现 Bean 的自动注册处理，整个操作过程避免了大规模 Bean 配置文件的出现，从而实现了配置的简化。

3.3.2 @Configuration 注解

@Configuration
注解

视频名称　0313_【掌握】@Configuration 注解

视频简介　在 Spring 中要想彻底取代配置文件，还要提供自定义 Bean 的注册操作。本视频为读者讲解如何通过配置类，并结合"@Configuration"与"@Bean"两个注解实现 Bean 的手动配置与注册。

虽然自动扫描注册可以减少 Bean 配置文件的定义，但是在实际的项目开发过程中依然有一些属性配置需要。例如，在前面讲解的 MessageService 与 MessageConfig 结构中，开发者就需要在定义 MessageConfig 时提供多个属性的配置。这时就可以考虑通过"@Configuration"与"@Bean"注解来实现，同时通过该配置定义的 Bean 也可以依据配置方法的参数实现依赖的自动引用，如图 3-14 所示。

 提示：Spring 6.x 开始抛弃 XML 配置。

Spring 开发框架过去一直都是以 XML 配置为主进行开发实现的，但是从 Spring 6.x 开始，官方宣称要逐步抛弃 XML 配置模式。这样做的优势在于减小 Spring 项目的体积，同时也便于开发者无缝衔接 Spring Boot 或 Spring Cloud 开发技术。所以本书在后续章节中，将围绕注解的方式进行 Spring 知识的讲解。

范例：【base 子模块】创建一个 YootkConfig 的配置 Bean

```
package com.yootk.config;
@Configuration                                                            // 配置Bean
public class YootkConfig {                                                // 配置类
   // 如果没有使用name属性定义，则会自动将当前类的名称作为Bean的注册ID
   @Bean(name = "messageConfig")                                          // Bean注册
   public MessageConfig messageConfig() {                                 // 返回Bean实例
      MessageConfig config = new MessageConfig();                         // 实例化消息配置类对象
      config.setHost("message.yootk.com");                                // 设置属性内容
      config.setEnable(true);                                             // 设置属性内容
      config.setPort(8869);                                               // 设置属性内容
      return config;                                                      // 返回配置Bean实例
```

```
}
// 提示：在进行Bean配置时如果没有配置Bean名称，则会使用当前的方法名称作为Bean名称
@Bean                                                        // Bean注册
public MessageService messageService(MessageConfig config) { // 返回Bean实例
    MessageService messageService = new MessageService();    // 对象实例化
    Map<String, MessageConfig> map = new HashMap<>();        // 实例化Map集合
    map.put("config", config);                               // 保存Map集合
    messageService.setConfigs(map);                          // 设置属性内容
    return messageService;                                   // 返回Bean实例
}
}
```

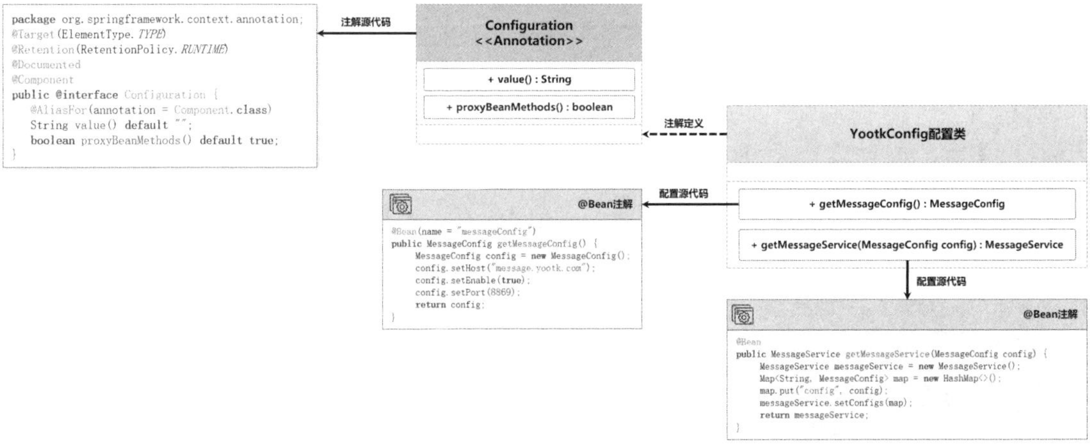

图 3-14 手动注册 Bean 实例

以上程序通过"@Configuration"定义了一个手动配置的类，而后在该类中利用方法进行了实例化对象的相关配置，同时通过"@Bean"注解实现了容器的注册操作。

> 提示：proxyBeanMethods 属性作用。
>
> Configuration 注解类中有一个 proxyBeanMethods 属性，该属性的默认值为 true，表示将当前的配置类通过 CGLib 生成一个代理类。这样在 Spring 容器中就可以使用单例模式进行管理，在一个配置类中多次调用 Bean 配置方法也不会重复生成对象。
>
> 而如果将此属性设置为 false，则表示不使用 CGLib 生成代理类，在调用时不通过 Spring 容器获取。这样的处理形式提高了性能，但是每一次调用 Bean 配置方法都会产生一个新的实例化对象，这样就成了原型模式。

需要注意的是，在该配置类定义的模式下可以利用方法参数实现其他 Bean 的自动注入处理，而如果有需要也可以在参数前使用"@Autowired"注解进行明确的依赖注入定义，代码如下所示。

```
@Bean                                                        // Bean注册
public MessageService getMessageService(
    @Autowired MessageConfig config) {}                      // 注入MessageConfig实例
```

3.3.3 @Qualifier 注解

@Qualifier 注解

视频名称　0314_【掌握】@Qualifier 注解

视频简介　Spring 容器中经常会因不同的配置环境而产生相同类型的 Bean 实例，这样就会在注入时出现无法准确匹配的问题。本视频为读者分析此种情况对项目的影响，并讲解如何通过"@Qualifier"和"@Primary"注解来解决此类问题。

在 Spring 容器之中管理的类可以依靠"@Autowired"注解进行注入操作，该注解在进行注入时首先会根据属性名称（byName）进行 Bean 标识匹配，如图 3-15 所示；而当名称不匹配时将

根据属性类型（byType）进行 Bean 标识匹配，如图 3-16 所示。

图 3-15　根据属性名称注入　　　　　　　　图 3-16　根据属性类型注入

如果此时 Spring 容器之中同一类型的对象实例可能有多个，并且被注入对象的名称无法匹配，程序就会产生错误。为了解决这个问题，Spring 开发框架提供了"@Qualifier"注解，可以设置引用 Bean 的名称。需要注意的是，该注解需要与"@Autowired"注解同时使用才可以实现准确的注入。为便于理解，下面通过具体的程序进行展示。

（1）【base 子模块】修改 YootkConfig 程序类，该类中有两个类型相同但是名称不同的 Bean 实例。

```java
package com.yootk.config;
@Configuration                                                  // 配置Bean
public class YootkConfig {
    @Bean(name = "messageConfig")                               // Bean注册
    public MessageConfig getMessageConfig() {                   // 返回Bean实例
        MessageConfig config = new MessageConfig();             // 实例化消息配置类对象
        config.setHost("message.yootk.com");                    // 设置属性内容
        config.setEnable(true);                                 // 设置属性内容
        config.setPort(8869);                                   // 设置属性内容
        return config;                                          // 返回配置Bean实例
    }
    @Bean("messageService")                                     // Bean注册
    public MessageService getMessageService(
            MessageConfig config) {                             // 注入MessageConfig实例
        MessageService messageService = new MessageService();   // 对象实例化
        Map<String, MessageConfig> map = new HashMap<>();       // 实例化Map集合
        map.put("config", getMessageConfig());                  // 保存Map集合
        messageService.setConfigs(map);                         // 设置属性内容
        return messageService;                                  // 返回Bean实例
    }
    @Bean("messageBack")                                        // Bean注册
    public MessageService getMessageBack() {
        MessageConfig config = new MessageConfig();             // 实例化消息配置类对象
        config.setHost("mq.yootk.com");                         // 设置属性内容
        config.setEnable(false);                                // 设置属性内容
        config.setPort(8896);                                   // 设置属性内容
        MessageService messageService = new MessageService();   // 对象实例化
        Map<String, MessageConfig> map = new HashMap<>();       // 实例化Map集合
        map.put("definit", getMessageConfig());                 // 保存Map集合
        messageService.setConfigs(map);                         // 设置属性内容
        return messageService;                                  // 返回Bean实例
    }
}
```

（2）【base 子模块】在 TestMessageService 中进行名称为"messageService"的 Bean 注册。

```java
package com.yootk.test;
@ContextConfiguration(locations = { "classpath:spring/spring-base.xml" })   // 资源文件定位
@ExtendWith(SpringExtension.class)                              // 使用JUnit 5测试工具
public class TestMessageService {                               // 编写业务测试类
    private static final Logger LOGGER = LoggerFactory.getLogger(TestMessageService.class);
    @Autowired                                                  // 自动注入Bean实例
    @Qualifier("messageService")                                // 指定注册名称
```

```
      private MessageService messageBO;                    // 对象名称任意编写
      @Test
      public void testSend() throws Exception {            // 测试方法
         this.messageBO.send("沐言科技：www.yootk.com");    // 消息发送
      }
   }
```

程序执行结果：

```
INFO  com.yootk.service.MessageService - 连接消息服务器，服务器主机: message.yootk.com:8869。
INFO  com.yootk.service.MessageService - 【消息发送】【通道key: config】沐言科技: www.yootk.com
INFO  com.yootk.service.MessageService - 消息发送完毕，断开消息发送通道。
```

此时测试类中提供的 MessageService 对象名称为 "messageBO"，该名称与 YootkConfig 类中提供的两个 Bean 的名称未能匹配，如果直接使用 "@Autowired" 注解将无法准确地进行注入，这就需要通过 "@Qualifier" 注解配置要注入的 Bean 名称。

> 提示：使用 "@Primary" 注解优先注入。
>
> 在 Spring 中如果注入的 Bean 对象有多个，那么可以在优先使用的 Bean 操作方法中利用 "@Primary" 注解配置优先选择。
>
> 范例：定义优先选择 Bean
>
> ```
> package com.yootk.config;
> @Configuration                                     // 配置Bean
> public class YootkConfig {
>    @Bean("messageService")                         // Bean注册
>    public MessageService getMessageService(MessageConfig config) {}
>    @Primary                                        // 优先选择
>    @Bean("messageBack")                            // Bean注册
>    public MessageService getMessageBack() {}
> }
> ```
>
> "messageBack" Bean 对象添加完 "@Primary" 注解之后，在注入处只需要使用 "@Autowired" 一个注解即可直接实现该 Bean 对象的注入处理。

3.3.4 @DependsOn 注解

@DependsOn 注解

视频名称　0315_【掌握】@DependsOn 注解
视频简介　在一些特殊环境下，不同的 Bean 之间会有依赖关系的定义，所以 Spring 提供了 "@DependsOn" 注解以实现先后关系的配置。本视频讲解该注解的具体使用。

在默认情况下，一个配置类中所定义的 "@Bean" 注册操作都是根据代码的定义顺序执行的，但是如果此时一个配置类中的 Bean 配置过多，并且会由不同的使用者修改，那么就有可能导致 Bean 实例化顺序改变，从而影响程序的正确执行。为了解决此类问题，Spring 提供了 "@DependsOn" 注解，该注解表示当前 Bean 配置必须在指定 Bean 配置完成后再处理。

范例：使用 "@DependsOn" 注解进行配置顺序的定义

```
package com.yootk.config;
@Configuration
public class YootkMessageConfig {
   private static final Logger LOGGER = LoggerFactory.getLogger(YootkMessageConfig.class);
   @Bean("secondMessageConfig")                              // Bean注册
   @DependsOn("firstMessageConfig")                          // 等待firstMessageConfig注册完成
   public MessageConfig getSecondMessageConfig() {           // Bean注册处理方法
      LOGGER.info("【Second - MessageConfig实例化】Bean名称 = firstMessageConfig");
      return new MessageConfig();
   }
   @Bean("firstMessageConfig")                               // Bean注册
   public MessageConfig getFirstMessageConfig() {            // Bean注册处理方法
```

```
        LOGGER.info("【First - MessageConfig实例化】Bean名称 = firstMessageConfig");
        return new MessageConfig();
    }
}
```

配置类中的两个 Bean 配置方法在没有使用"@DependsOn"注解时会按照定义的顺序执行，而使用该注解之后 getSecondMessageConfig()配置方法要在 getFirstMessageConfig()配置方法之后执行。

3.3.5 @Conditional 注解

@Conditional 注解

视频名称　0316_【理解】@Conditional 注解

视频简介　Spring 配置的 Bean 之间一般会存在注入关联，在注入关联时也需要动态地考虑是否存在指定关联 Bean 的问题，所以 Spring 提供了"@Conditional"注解。本视频通过具体的实例讲解该注解的使用。

在 Spring 中，所有在配置类中定义的注册 Bean 方法，都会自动地注册到 Spring 容器之中。如果某些 Bean 在满足一定的条件后才可以注册，那么这个时候就要通过 Condition 接口来定义条件处理逻辑，如图 3-17 所示。

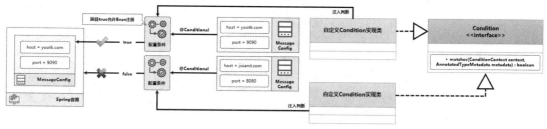

图 3-17　条件判断

Condition 接口中有一个 matches()方法，Spring 容器会依据该方法的返回结果选择性地进行当前 Bean 的注册，如果方法返回 true 则注册，返回 false 则不注册。下面通过一个具体的程序来对这一操作进行说明，实现步骤如下。

（1）【base 子模块】创建 BookCondition 实现类。
```
package com.yootk.condition;
import org.springframework.context.annotation.*;
import org.springframework.core.type.AnnotatedTypeMetadata;
public class BookCondition implements Condition {         // 条件配置
    @Override
    public boolean matches(ConditionContext context, AnnotatedTypeMetadata metadata) {
        return false;                                     // 不启用
    }
}
```

（2）【base 子模块】创建 EduCondition 实现类。
```
package com.yootk.condition;
import org.springframework.context.annotation.*;
import org.springframework.core.type.AnnotatedTypeMetadata;
public class EduCondition implements Condition {         // 条件配置
    @Override
    public boolean matches(ConditionContext context, AnnotatedTypeMetadata metadata) {
        return true;                                      // 启用
    }
}
```

（3）【base 子模块】创建一个配置类，根据条件注册合适的 MessageConfig 实例。
```
package com.yootk.config;
@Configuration                                            // 配置类
```

```
public class NetworkConfig {
   @Conditional({BookCondition.class})              // 条件注册
   @Bean("bookMC")                                   // Bean注册
   public MessageConfig bookMessageConfig() {
      MessageConfig config = new MessageConfig();   // 属性配置类
      config.setPort(9090);                         // 属性设置
      config.setHost("yootk.com");                  // 属性设置
      return config;                                // 返回Bean实例
   }
   @Conditional({EduCondition.class})               // 条件注册
   @Bean("eduMC")                                   // Bean注册
   public MessageConfig eduMessageConfig() {
      MessageConfig config = new MessageConfig();   // 属性配置类
      config.setPort(8080);                         // 属性设置
      config.setHost("jixianit.com");               // 属性设置
      return config;                                // 返回Bean实例
   }
}
```

(4)【base 子模块】编写业务测试类，注入 MessageConfig 对象实例。

```
package com.yootk.test;
@ContextConfiguration(locations = {"classpath:spring/spring-base.xml"}) // 资源文件定位
@ExtendWith(SpringExtension.class)                   // 使用JUnit 5测试工具
public class TestMessageConfig {                     // 编写业务测试类
   private static final Logger LOGGER = LoggerFactory.getLogger(TestMessageConfig.class);
   @Autowired                                        // 自动注入Bean实例
   private MessageConfig config;                     // 消息配置
   @Test
   public void testConfig() throws Exception {       // 测试方法
      LOGGER.info("【MessageConfig】host = {}", this.config.getHost());
   }
}
```

程序执行结果：

```
INFO com.yootk.test.TestMessageConfig - 【MessageConfig】host = jixianit.com
```

通过执行结果可以发现，由于在配置 bookMessageConfig()方法时，其对应的"@Conditional"注解中的 BookCondition 类的方法返回了 false，因此该方法提供的 Bean 不会在 Spring 中注册。

3.3.6 @Profile 注解

@Profile 注解

视频名称　0317_【理解】@Profile 注解
视频简介　为便于管理不同的运行环境，Spring 直接提供了 Profile 配置支持。本视频为读者分析 Profile 配置的意义，并且通过具体的操作对这一功能进行展示。

一个完整的项目除了代码编写，还需要经过测试，才能够进行生产环境的部署。一个项目有可能会处于不同的项目应用环境。为了便于管理应用环境，Spring 提供了 Profile 配置支持。这样开发者就可以在不同的应用环境下进行不同的 Profile 配置，从而保证项目的正确运行，如图 3-18 所示。

以消息服务为例，要想通过 MessageService 类实现消息的发送操作，则一定要有正确的服务器配置环境。此时实现 Profile 切换的核心环境就是 MessageConfig 属性内容，所以可以分别针对不同的环境定义 MessageConfig 对象实例，从而保证 MessageService 操作的正确调用。为了便于读者理解这种操作，下面将通过具体的步骤进行实现。

(1)【base 子模块】创建开发环境（profile=dev）下的配置类。

```
package com.yootk.config.dev;
@Configuration
@Profile("dev")                                      // Profile标记
```

```java
public class YootkMessageConfig {                                    // 配置类
    @Bean("messageConfig")                                           // Bean注册
    public MessageConfig devMessageConfig() {                        // Bean注册处理方法
        MessageConfig config = new MessageConfig();                  // 实例化消息配置类对象
        config.setHost("dev.message.yootk.com");                     // 设置属性内容
        config.setEnable(true);                                      // 设置属性内容
        config.setPort(8869);                                        // 设置属性内容
        return config;                                               // 返回配置Bean实例
    }
}
```

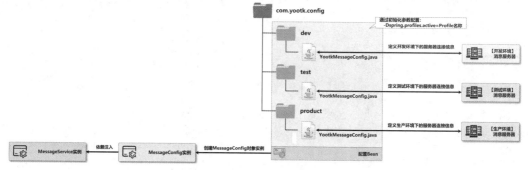

图 3-18 多环境下的 Profile 配置

(2)【base 子模块】创建测试环境（profile=test）下的配置类。

```java
package com.yootk.config.test;
@Configuration
@Profile("test")                                                     // Profile标记
public class YootkMessageConfig {                                    // 配置类
    @Bean("messageConfig")                                           // Bean注册
    public MessageConfig testMessageConfig() {                       // Bean注册处理方法
        MessageConfig config = new MessageConfig();                  // 实例化消息配置类对象
        config.setHost("test.message.yootk.com");                    // 设置属性内容
        config.setEnable(true);                                      // 设置属性内容
        config.setPort(8896);                                        // 设置属性内容
        return config;                                               // 返回配置Bean实例
    }
}
```

(3)【base 子模块】创建生产环境（profile=product）下的配置类。

```java
package com.yootk.config.product;
@Configuration
@Profile("product")                                                  // Profile标记
public class YootkMessageConfig {                                    // 配置类
    @Bean("messageConfig")                                           // Bean注册
    public MessageConfig productMessageConfig() {                    // Bean注册处理方法
        MessageConfig config = new MessageConfig();                  // 实例化消息配置类对象
        config.setHost("product.message.yootk.com");                 // 设置属性内容
        config.setEnable(true);                                      // 设置属性内容
        config.setPort(6988);                                        // 设置属性内容
        return config;                                               // 返回配置Bean实例
    }
}
```

(4)【base 子模块】编写业务测试类并注入 MessageConfig 对象实例。由于此时已经准备了多个不同的环境，因此需要通过"@ActiveProfiles"注解去激活一个环境，程序才可以正确执行。

```java
package com.yootk.test;
@ContextConfiguration(locations = {"classpath:spring/spring-base.xml"})   // 资源文件定位
@ExtendWith(SpringExtension.class)                                   // 使用JUnit 5测试工具
@ActiveProfiles("test")                                              // 激活测试环境
public class TestMessageConfig {                                     // 编写业务测试类
```

```
   private static final Logger LOGGER = LoggerFactory.getLogger(TestMessageConfig.class);
   @Autowired                                              // 自动注入Bean实例
   private MessageConfig messageConfig;                    // 消息配置
   @Test
   public void testConfig() throws Exception {             // 测试方法
      LOGGER.info("【MessageConfig】host = {}、port = {}、enable = {}",
               this.messageConfig.getHost(), this.messageConfig.getPort(),
               this.messageConfig.isEnable());
   }
}
```

程序执行结果：

```
[main] INFO com.yootk.test.TestMessageConfig - 【MessageConfig】host = test.message.yootk.com、
port = 8896、enable = true
```

（5）【base 子模块】所有启用的 Profile 信息都可以利用 ApplicationContext 环境获取。

```
package com.yootk.test;
@ContextConfiguration(locations = {"classpath:spring/spring-base.xml"})  // 资源文件定位
@ExtendWith(SpringExtension.class)                          // 使用JUnit 5测试工具
@ActiveProfiles("test")                                     // 激活测试环境
public class TestContext {                                  // 编写业务测试类
   private static final Logger LOGGER = LoggerFactory.getLogger(TestContext.class);
   @Autowired                                              // 自动注入Bean实例
   private ApplicationContext context;
   @Test
   public void testProfiles() throws Exception {            // 测试方法
      LOGGER.info(Arrays.toString(context.getEnvironment().getActiveProfiles()));
   }
}
```

程序执行结果：

```
[main] INFO com.yootk.test.TestContext - [test]
```

（6）【base 子模块】如果现在不希望程序固定一个 Profile 名称信息，那么也可以在代码执行时利用初始化参数的形式进行动态的设置，具体配置如下。

激活 test 环境：

`-Dspring.profiles.active=test`

激活 dev 环境：

`-Dspring.profiles.active=dev`

激活 product 环境：

`-Dspring.profiles.active=product`

本程序可以在每次应用启动前，利用"spring.profiles.active"参数的形式进行动态的 Profile 名称定义，这样就可以根据需要对应用环境进行动态配置。

> 提示：Profile 环境配置形式。
>
> 现在的项目大都使用 Maven 或 Gradle 进行项目构建，这类构建工具内部本身就自带 Profile 打包支持，但是这种打包每次只能够在项目中保存一种 Profile 配置项。而使用 Spring 原生的 Profile 处理会在打包后的应用中保存全部的 Profile 配置项，每次切换环境时不需要重新打包，直接利用一个参数的配置即可实现，相对来讲会更加灵活。

3.3.7 @ComponentScan 注解

@ComponentScan 注解

视频名称　0318_【掌握】@ComponentScan 注解

视频简介　扫描注册是 Spring 项目开发中最为重要的技术，所以在 Spring 内部也可以通过配置类提供的"@ComponentScan"注解来实现。本视频为读者分析这一机制的具体应用。

在直接使用 Spring 开发框架进行项目开发的过程中，大部分开发者都是直接在 XML 配置文件中进行 Spring 扫描包配置的，但是考虑到"零配置"的设计需要，Spring 在内部提供了"@ComponentScan"注解，利用该注解也可以实现扫描包配置，使用形式如图 3-19 所示。

要使用包扫描注解，必须结合配置类的形式，同时还需要在 Spring 配置文件中进行配置类所在包的扫描，具体的代码实现如下。

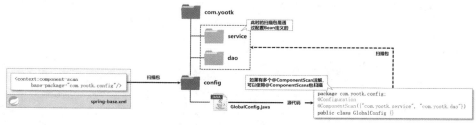

图 3-19 包扫描注解

（1）【base 子模块】修改 spring/spring-base.xml 配置文件中的扫描包配置。

```
<context:component-scan base-package="com.yootk.config"/>
```

（2）【base 子模块】创建 GlobalConfig 配置类。

```
package com.yootk.config;
@Configuration                                                    // 配置类
@ComponentScan({"com.yootk.service", "com.yootk.dao"})            // 定义扫描包
public class GlobalConfig {}
```

以上程序利用全局配置类定义了扫描包，这样就可以在 Spring 容器启动时自动进行 Bean 的注册与依赖配置。最终实现的效果与直接在 Spring 配置文件中定义的结构相似。这类注解一般在 SpringBoot 开发框架中较为常用。

3.4 本章概览

1．Spring 有依赖注入的配置支持，基于 XML 配置的形式可以通过 Setter 实现 Bean 的直接引用。

2．为了简化配置文件定义长度，Spring 提供了 p 命名空间的支持。

3．Spring 中充满了依赖结构，Spring 所以提供了根据类型和根据名称的自动依赖注入形式。

4．默认情况下 Spring 容器管理的 Bean 都以单例的形式存在，考虑到不同用户的需要也可以使用原型模式。原型模式需要开发者手动开启。

5．在 Spring 中配置的 Bean 默认都会在容器启动时自动初始化，开发者也可以通过"lazy-init"配置项或"@Lazy"注解进行延迟实例化处理。

6．Spring 对 List 集合与数组采用了相同形式的设计。

7．Annotation 自动装配是当前 Spring 开发所采用的主流模式，使用此模式时开发者需要配置扫描包，并在类的声明中使用"@Component"注解，才可以实现 Bean 的注册，而所有注册的 Bean 依靠"@Autowired"进行依赖注入。

8．当 Spring 容器中存在名称不同但是类型相同的 Bean 实例时，可以通过"@Qualifier"注解进行注入 Bean 名称标记。

9．如果需要通过特定的逻辑来决定 Bean 的注册管理，可以通过 Condition 接口与"@Conditional"注解实现。

10．Spring 默认提供 Profile 的支持，可以通过"@Profile"注解设置不同的环境配置，并利用"@ActiveProfiles("test")"注解实现环境配置切换。

11．项目中可以在配置类上定义"@ComponentScan"注解，以实现注解配置扫描包的定义。

第 4 章
Spring 资源管理

本章学习目标
1. 掌握项目中资源读取操作的意义以及实现上的各种困难；
2. 掌握 Resource 接口的使用方法，并可以通过该接口实现资源数据的读取；
3. 掌握 ResourceLoader 接口的使用方法，并可以利用该接口实现不同位置的资源读取处理；
4. 掌握资源数据的注入操作方法，并可以基于 Spring 容器与资源类别标记实现多种注入资源配置；
5. 掌握资源通配符的使用方法，并可以通过该通配符实现一组资源数据的注入管理。

资源是项目的重要组成部分，但是项目应用部署及运行环境的差异有可能会引起资源定位的问题。为了解决这一问题，Spring 开发框架提供了 Resouce 资源访问接口以及 ResourceLoader 管理接口。本章将为读者分析这两个接口的使用，并结合 Spring 内部提供的支持实现不同资源的读取处理。

4.1 资源读取

Resource 接口作用分析

视频名称　0401_【理解】Resource 接口作用分析

视频简介　在实际的项目中，很多的项目资源不一定会保存在应用之中，而是有可能存在于各个位置。本视频为读者带来项目应用过程中对于资源读取的思考，并分析 Spring 框架所提供的 Resource 接口的组成。

在一个完整的项目应用中，经常会存在读取资源数据文件的需要，这些资源数据文件可能存在于当前项目应用之中，也可能存在于本地磁盘之中，还可能保存在远程服务器之中，如图 4-1 所示。

图 4-1　Spring 资源读取

在原生 Java 项目开发之中，文件资源可以通过 java.io.File 类进行定位，而网络资源可以利用 java.net.URL 类进行定位，但是项目中的资源（CLASSPATH 资源），或者说是 JAR 文件中的资源读取就不这么方便了。为了解决资源读取的统一管理问题，Spring 开发框架对这一功能进行了抽象，提供了 org.springframework.core.io.Resource 接口。该接口提供的资源读取方法如表 4-1 所示。

表 4-1 Resource 接口提供的资源读取方法

序号	方法	类型	描述
1	public long contentLength() throws IOException	普通	获取资源长度
2	public boolean exists()	普通	资源是否存在
3	public File getFile() throws IOException	普通	返回资源对应的 File 对象
4	public String getFilename()	普通	获取文件的名称
5	public URL getURL() throws IOException	普通	获取资源的完整网络路径
6	public URI getURI() throws IOException	普通	获取资源的相对路径
7	public default boolean isOpen()	普通	文件是否已经被打开
8	public default boolean isFile()	普通	给定的路径是否有文件
9	public InputStream getInputStream() throws IOException	普通	获取资源的输入数据流
10	public ReadableByteChannel readableChannel() throws IOException	普通	获取读取通道实例
11	public long lastModified()	普通	最后一次修改时间

4.1.1 Resource 资源读取

Resource 资源读取

视频名称　0402_【掌握】Resource 资源读取
视频简介　资源读取是项目的核心,为了解决资源读取问题,Resource 接口提供了相关的实现子类。本视频为读者分析这些子类的作用,并通过具体的代码实现内存资源、文件资源以及网络资源数据的读取。

Resource 提供的是一个资源读取的接口标准,而具体的资源读取位置是由 Resource 接口子类所定义的,该接口的常用子类如图 4-2 所示。该接口提供了获取 InputStream 对象实例的处理方法,利用此方法就可以实现数据的读取。为便于读者直观地理解 Resource 的设计,下面对几个常见的资源进行读取分析。

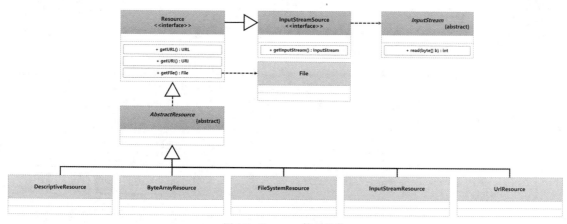

图 4-2 Resource 接口子类

（1）【base 子模块】使用 ByteArrayResource 读取内存资源。

```
package com.yootk;
import org.springframework.core.io.*;
import java.io.*;
public class YootkDemo {
    public static void main(String[] args) throws Exception {
        byte data[] = "沐言科技:www.yootk.com".getBytes();   // 数据资源
        Resource resource = new ByteArrayResource(data);    // 内存资源读取
        InputStream input = resource.getInputStream();      // 获取输入流
```

```
ByteArrayOutputStream bos = new ByteArrayOutputStream();   // 内存输出流
int temp = 0;                                              // 接收字节数据
while ((temp = input.read()) != -1) {                      // 数据读取
    if (temp >= 'a' && temp <= 'z') {                      // 小写字母
        bos.write(Character.toUpperCase(temp));            // 小写转大写
    } else {                                               // 不是字母
        bos.write(temp);                                   // 直接保存
    }
}
input.close();                                             // 输入流关闭
bos.close();                                               // 输出流关闭
System.out.println(bos);                                   // 获取数据
```

程序执行结果：

沐言科技：WWW.YOOTK.COM

本程序利用 ByteArrayResource 类实例化了 Resource 接口，这样该接口就表示进行内存资源的管理。程序调用 getInputStream()方法会返回一个 java.io.ByteArrayInputStream 对象实例，并利用该输入流实现内存数据读取。

（2）【base 子模块】使用 FileSystemResource 子类实现文件资源读取。

```
package com.yootk;
public class YootkDemo {
    public static void main(String[] args) throws Exception {
        String path = "h:" + File.separator + "message.txt";   // 文件路径
        Resource resource = new FileSystemResource(path);      // 内存资源读取
        // 后续数据读取代码略
    }
}
```

程序执行结果：

沐言科技：WWW.YOOTK.COM

本程序采用与内存资源相同的结构实现了文件资源的数据读取操作，而此时通过 getInputStream()方法返回的输入流对象类型为 sun.nio.ch.ChannelInputStream 类对象实例。

（3）【base 子模块】使用 UrlResource 子类实现网络资源读取。

```
package com.yootk;
public class YootkDemo {
    public static void main(String[] args) throws Exception {
        String path = "http://tomcat-server/message.html";     // 文件路径
        Resource resource = new UrlResource(path);             // 内存资源读取
        // 后续数据读取代码略
    }
}
```

程序执行结果：

沐言科技：WWW.YOOTK.COM

网络资源的获取需要使用 UrlResource 子类，这样会自动建立服务器的 Socket 连接，随后通过 InputStream 的方式实现数据读取。需要注意的是，此时 InputStream 对象类型为 sun.net.www. protocol.http.HttpURLConnection.HttpInputStream。

4.1.2 ClassPathResource

ClassPathResource

视频名称　0403_【掌握】ClassPathResource

视频简介　应用的外部资源即便不使用 Spring 也是便于读取的，但是读取应用的内部资源非常麻烦，而这正是 Spring 资源操作的优势所在。本视频通过实例为读者分析 ClassPathResource 子类的使用及其实现形式。

第 4 章 Spring 资源管理

一个完整的项目应用中除了有程序代码，也可能存在若干个数据文件。这些文件由于都保存在项目应用环境下，因此被统一称为 CLASSPATH 资源。对于这类资源的读取可以通过 ClassPathResource 子类实现。本次操作的项目结构如图 4-3 所示。

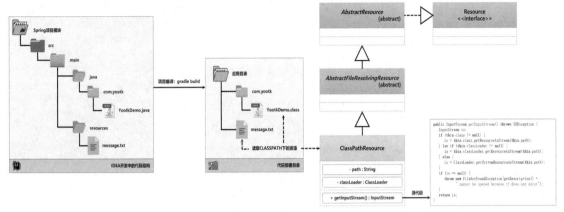

图 4-3 读取 CLASSPATH 资源

范例：使用 ClassPathResource 子类读取资源

```
package com.yootk;
public class YootkDemo {
    public static void main(String[] args) throws Exception {
        Resource resource = new ClassPathResource("message.txt"); // 内存资源读取
        // 后续数据读取代码略
    }
}
```

项目打包后，由于所有的资源文件会直接保存在根路径之中（如果有目录，则根目录也会保存在项目应用的根目录之中），这样就可以直接根据资源名称来获取当前的 CLASSPATH 下的资源路径，并实现资源加载。

> **提示：Java 资源读取路径解析。**
>
> 对于 Web 容器下的应用，可以直接通过 ServletContext 对象所提供的 getRealPath()方法来获取当前应用保存的磁盘路径。但是如果应用是一个独立的 Java 应用程序，则要想获取当前路径一般有两种方式，一种是通过系统属性，另一种就是通过 ClassLoader。
>
> **范例：获取当前项目应用路径**
>
> ```
> package com.yootk;
> public class YootkDemo {
>     public static void main(String[] args) throws Exception {
>         System.out.println("项目路径: " + System.getProperty("user.dir"));
>         System.out.println("项目路径: " +
>                 YootkDemo.class.getClassLoader().getResource(""));
>     }
> }
> ```
>
> 程序执行结果：
>
> 项目路径：H:\idea-muyan\yootk
> 项目路径：file:/H:/idea-workspace/yootk/yootk-spring/base/build/classes/java/main/
>
> 使用 System.getProperty("user.dir")获取到的是当前工作路径，但是如果当前工作路径和项目模块的存储路径不同，则无法准确获取。
>
> 如果使用的是 ClassLoader 类中的 getResource()方法，那么可以获取到真实的资源路径，而 ClassPathResource 子类在进行资源加载时采用的就是此类方式。

4.1.3 WritableResource

视频名称 0404_【掌握】WritableResource
视频简介 为了进一步实现 Resource 资源管理，Spring 3.x 以后提供了 WritableResource 写入资源管理的统一支持。本视频通过具体的案例为读者讲解该接口的使用。

Spring 在早期设计时，为了便于资源的统一读取而提供了 Resource 接口，开发者可以利用该接口获取指定资源的 InputStream 对象实例。但是随着后期版本的更新以及实际的需要，在 Spring 3.x 之后，Spring 提供了一个 WritableResource 资源写入接口，该接口为 Resource 子接口，并且提供了 OutputStream 实例获取方法，继承结构如图 4-4 所示。

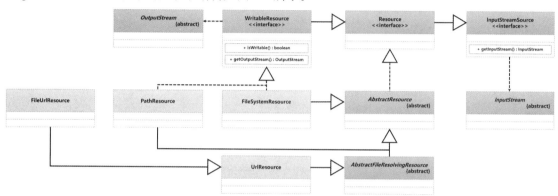

图 4-4 WritableResource 继承结构

范例：使用 FileSystemResource 实现文件输出

```
package com.yootk;
public class YootkDemo {
    public static void main(String[] args) throws Exception {
        String path = "h:" + File.separator + "muyan" + File.separator + "yootk" +
                File.separator + "message.txt";           // 文件路径
        File file = new File(path);                        // 获取File实例
        if (!file.getParentFile().isFile()) {              // 父路径不存在
            file.getParentFile().mkdirs();                 // 创建父路径
        }
        WritableResource resource = new FileSystemResource(file); // 获取写入资源
        OutputStream output = resource.getOutputStream();  // 获取输出流
        for (int x = 0; x < 10; x++) {                     // 循环操作
            output.write("沐言科技：www.yootk.com\r\n".getBytes()); // 数据写入
        }
        output.close();                                    // 关闭输出流
    }
}
```

本程序直接使用 FileSystemResource 子类获取了 WritableResource 接口实例，这样就可以通过该接口获取到文件输出流的 OutputStream 对象实例，并利用 write() 方法进行数据输出。

4.1.4 资源读写与 NIO 支持

视频名称 0405_【掌握】资源读写与 NIO 支持
视频简介 随着性能的话题被越来越多地提及，Spring 开发框架对资源的管理也进行了 NIO 的改造，提供了与 NIO 相关的处理方法。本视频为读者分析 Resource 与 Channel 的关系，并通过具体的代码讲解实例开发。

在Spring 4.x之后，为了进一步提升资源读写的处理性能，Spring提供了与NIO（New Input/Output）的连接，相关结构如图4-5所示。Spring在Resource接口之中提供了一个readableChannel()方法，该方法可以返回一个ReadableByteChannel接口实例；而在WritableResource子接口之中也提供了一个writableChannel()方法，用于返回WritableByteChannel接口实例。利用这两个接口实例即可实现NIO通道的读写操作。

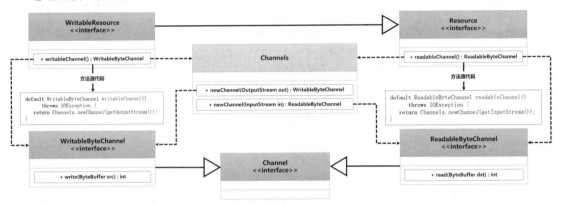

图 4-5 Resource 与 NIO 关联

（1）【base 子模块】利用 WritableByteChannel 写入文件资源。

```
package com.yootk;
public class YootkDemo {
    public static void main(String[] args) throws Exception {
        String path = "h:" + File.separator + "muyan" + File.separator + "yootk" +
                File.separator + "message.txt";            // 文件路径
        File file = new File(path);                         // 获取File实例
        if (!file.getParentFile().isFile()) {               // 父路径不存在
            file.getParentFile().mkdirs();                  // 创建父路径
            file.createNewFile();                           // 创建新文件
        }
        WritableResource resource = new FileSystemResource(file); // 获取写入资源
        WritableByteChannel channel = resource.writableChannel(); // 获取写入通道
        byte data[] = "沐言科技：www.yootk.com".getBytes();   // 输出数据
        ByteBuffer buffer = ByteBuffer.wrap(data);          // 字节缓冲区
        channel.write(buffer);                              // 缓冲区输出
        channel.close();                                    // 关闭通道
    }
}
```

本程序不再使用传统 java.io 中的 OutputStream，而是直接通过 WritableByteChannel 将数据写入通道并结合字节缓冲区实现数据输出。与传统进程 I/O 的用户态与内核态的数据复制相比，此种方式更加高效。

（2）【base 子模块】利用 ReadableByteChannel 读取文件资源。

```
package com.yootk;
public class YootkDemo {
    public static void main(String[] args) throws Exception {
        String path = "h:" + File.separator + "muyan" + File.separator + "yootk" +
                File.separator + "message.txt";            // 文件路径
        File file = new File(path);                         // 获取File实例
        if (!file.exists()) {                               // 文件不存在
            return;                                         // 结束调用
        }
        WritableResource resource = new FileSystemResource(file); // 获取写入资源
        ReadableByteChannel channel = resource.readableChannel(); // 获取读取通道
        ByteBuffer buffer = ByteBuffer.allocate(30);        // 字节缓冲区
```

```
        channel.read(buffer);                          // 数据读取
        buffer.flip();                                 // 缓冲区翻转
        byte data[] = new byte[30];                    // 开辟数组
        int foot = 0;                                  // 数组角标
        while (buffer.hasRemaining()) {                // 是否还有数据
            data[foot++] = buffer.get();               // 获取并保存数据
        }
        System.out.println(new String(data, 0, foot)); // 数据输出
        channel.close();                               // 关闭通道
    }
}
```

程序执行结果：

沐言科技：www.yootk.com

本程序通过 Resource 接口提供的 readableChannel()方法，获取了 ReadableByteChannel 实例，并将数据读取到了 ByteBuffer 缓冲区之中，随后将缓冲区的数据保存到字节数组后，通过字符串实现了所读取数据的输出。

4.2 ResourceLoader

视频名称　0406_【掌握】ResourceLoader

视频简介　为了进一步体现 Spring 解耦合的设计思想，Spring 提供了 ResourceLoader。利用该接口可以实现 Resource 接口实例的获取，同时可以基于字符串的方式来进行资源操作的标记。本视频为读者分析 ResourceLoader 的作用与具体应用。

Spring 提供的 Resource 接口是一个资源操作标准实现，开发者如果需要读取不同位置的资源，只需要使用其特定的子类。但是这样的做法明显会造成代码的耦合度增加，不符合当前的主流设计思想。那么此时最佳的做法是通过一个工厂类的形式来实现 Resource 的资源管理，所以 Spring 提供了 ResourceLoader 接口。该接口可以直接根据特定的资源定位标记来实现不同资源的读取，其继承结构如图 4-6 所示。为了便于读者理解，下面将通过几个具体的资源读取操作进行功能展示。

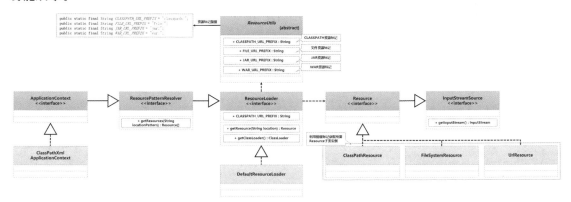

图 4-6　ResourceLoader 继承结构

（1）【base 子模块】读取文件资源。

```
package com.yootk;
import org.springframework.core.io.*;
public class YootkDemo {
    public static void main(String[] args) throws Exception {
        ResourceLoader loader = new DefaultResourceLoader();   // 获取ResourceLoader实例
        Resource resource = loader.getResource("file:h:/message.txt");  // 文件资源
        // 后续数据读取操作代码略
```

```
     }
}
```
程序执行结果：
沐言科技：WWW.YOOTK.COM

(2)【base 子模块】读取 CLASSPATH 资源。
```
Resource resource = loader.getResource("classpath:message.txt");
```
(3)【base 子模块】读取网络资源。
```
Resource resource = loader.getResource("http://tomcat-server/message.html");
```

以上程序对 3 种不同资源进行读取，可以清楚地发现，只需要根据资源类型的前缀定义完整的字符串路径，就可以直接获取到相应的 Resource 接口实例。此时的客户端不再关注 Resource 具体的子类，具体子类 ResourceLoader 工厂类获取。

4.2.1 Resource 资源注入

视频名称　0407_【掌握】Resource 资源注入
视频简介　ResourceLoader 提供了资源匹配符的统一解析处理，这样就可以基于 Spring 的 Bean 管理机制实现资源的注入配置。本视频通过实例讲解如何通过 XML 配置文件实现 Resource 接口实例的注入操作。

在项目开发之中很多的资源都是需要通过外部配置的，但是在有了 Resource 接口之后，项目就可以对资源读取的功能进行统一的处理。而这一点最明显的优势在于，可以直接通过 XML 配置文件的形式实现资源注入，如图 4-7 所示。

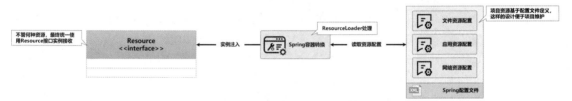

图 4-7　通过 XML 配置注入资源

由于 ApplicationContext 属于 ResourceLoader 的子接口，因此开发者只要在配置文件之中将所需要的资源以字符串的形式配置，即可将其注入相应的 Resource 接口之中，从而实现资源读取。下面将通过具体的步骤实现这一功能的使用。

(1)【base 子模块】创建一个消息资源读取工具类。
```
package com.yootk.resource;
import org.springframework.core.io.Resource;
public class MessageResource {                                  // 消息资源
   private Resource resource;                                   // 数据资源
   public void setResource(Resource resource) {                 // 资源设置
      this.resource = resource;
   }
   public Resource getResource() {                              // 资源获取
      return resource;
   }
}
```

(2)【base 子模块】在 spring/spring-base.xml 文件中进行资源配置，下面的配置项任选一个配置即可。

注入应用资源：
```
<bean id="messageResource" class="com.yootk.resource.MessageResource">
   <property name="resource" value="classpath:message.txt"/>
</bean>
```

4.2 ResourceLoader

注入文件资源：
```
<bean id="messageResource" class="com.yootk.resource.MessageResource">
   <property name="resource" value="file:h:/message.txt"/>
</bean>
```
注入网络资源：
```
<bean id="messageResource" class="com.yootk.resource.MessageResource">
   <property name="resource" value="http://tomcat-server/message.html"/>
</bean>
```

(3)【base 子模块】编写测试类。
```
package com.yootk.test;
@ContextConfiguration(locations = {"classpath:spring/spring-base.xml"})    // 资源文件定位
@ExtendWith(SpringExtension.class)                                          // 使用JUnit 5测试工具
public class TestMessageResource {                                          // 编写业务测试类
   private static final Logger LOGGER = LoggerFactory.getLogger(
           TestMessageResource.class);                                      // 实例化日志对象
   @Autowired                                                               // 自动注入Bean实例
   private MessageResource messageResource;                                 // 消息资源
   @Test
   public void testConfig() throws Exception {                              // 测试方法
      InputStream input = this.messageResource.getResource().getInputStream();
      byte data[] = new byte[50];                                           // 开辟字节数组
      int length = input.read(data);                                        // 数据读取
      LOGGER.info("【资源内容】{}", new String(data, 0, length));            // 日志输出
   }
}
```

程序执行结果：
```
INFO com.yootk.test.TestMessageResource - 【资源内容】沐言科技：www.yootk.com
```

此时在 XML 配置文件中，字符串定义的资源会根据其对应的前缀找到与之相关的 Resource 接口子类。开发者不再关注资源读取细节，只需要根据业务功能利用 Resource 读取所需的数据即可。

> 💡 **提示**：测试类中的配置文件加载。
>
> 前面编写的 Spring 测试类在类定义上使用了以下注解：
> ```
> @ContextConfiguration(locations = {"classpath:spring/spring-base.xml"})
> ```
> 实际上此时采用的就是资源定位字符串实现的配置文件加载，可以说正是 Spring 对资源访问的统一设计，才使得字符串在 Spring 中包含更多的处理信息。

4.2.2 路径通配符

视频名称　0408_【掌握】路径通配符
视频简介　除了可以实现单个资源定位，Spring 也提供了路径通配符来实现一组资源的定位处理。本视频为读者讲解 Ant 路径通配符在 Spring 资源定位中的使用方法，并通过具体的操作实现所有 JAR 文件中的资源匹配处理。

使用 Resource 接口可以明确地表示一个具体的资源，但是在一个项目之中程序有可能会同时读取若干个相关的资源。例如，在一个日志目录之中可能会同时存在几十个日志文件，所有的日志文件都使用".log"作为扩展名，在进行资源定位操作的时候就需要针对每一个文件编写一个资源字符串，这样很明显是有问题的。

为了便于资源的定位与读取，Spring 开发框架引用了 Ant 构建工具中所定义的路径通配符，以实现不同层级或者名称匹配的资源加载，开发者可以使用如下几种通配符。

- "?"：表示匹配任意的零位或一位字符，例如，"spring?.xml"表示匹配"spring1.xml""springa.xml""spring.xml"。
- "*"：表示匹配零位、一位或多位字符，例如，"spring-*.xml"表示匹配"spring-service.xml"

"spring-action.xml"等。
- "**":表示匹配任意目录。

在使用路径通配符匹配之后,可能要读取的资源就会有多个,这个时候就需要通过数组实现Resource接口实例的接收。下面实现CLASSPATH之中所有"META-INF"目录下的"*.MF"文件的读取,具体实现步骤如下。

(1)【base子模块】修改MessageResource类定义,使用Resource数组接收全部读取到的资源。

```java
package com.yootk.resource;
import org.springframework.core.io.Resource;
public class MessageResource {                              // 消息资源
    private Resource[] resources;                           // 数据资源
    public void setResources(Resource[] resources) {        // 设置资源集合
        this.resources = resources;
    }
    public Resource[] getResources() {                      // 获取资源集合
        return resources;
    }
}
```

(2)【base子模块】在spring/spring-base.xml配置文件中利用路径通配符定义加载资源。由于此时要匹配的是JAR文件中的资源文件,所以需要采用"classpath*"路径通配前缀进行定义。

```xml
<bean id="messageResource" class="com.yootk.resource.MessageResource">
    <property name="resources">                             <!-- 资源集合 -->
        <array>                                             <!-- 数组配置 -->
            <value>classpath*:**/META-INF/*.MF</value>      <!-- 路径通配符 -->
        </array>
    </property>
</bean>
```

(3)【base子模块】编写业务测试类实现资源集合的读取。

```java
package com.yootk.test;
@ContextConfiguration(locations = {"classpath:spring/spring-base.xml"})  // 资源文件定位
@ExtendWith(SpringExtension.class)                          // 使用JUnit 5测试工具
public class TestMessageResource {                          // 编写业务测试类
    private static final Logger LOGGER = LoggerFactory.getLogger(
            TestMessageResource.class);
    @Autowired                                              // 自动注入Bean实例
    private MessageResource messageResource;                // 消息资源
    @Test
    public void testConfig() throws Exception {             // 测试方法
        for (Resource resource : this.messageResource.getResources()) {
            LOGGER.info("【资源】{}", resource);             // 日志输出
        }
    }
}
```

4.3 本章概览

1. Spring为便于资源的统一读取管理提供了Resource接口。该接口继承自InputStreamSource父接口,可以直接通过其内部提供的getInputStream()方法获取InputStream对象实例。

2. 为便于资源写入的统一管理,在Spring 3.x之后,Spring提供了WritableResource子接口。

3. 在Spring 4.x之后,为了进一步提升资源读写的性能,Spring提供了与NIO相关的支持,该支持是基于Channels工具类的InputStream与OutputStream的转换机制实现的。

4. ResourceLoader可以根据资源匹配的前缀自动实例化Resource相关子类,从而实现资源的统一注入配置。

5. Spring支持Ant构建工具的路径通配符,可以方便地实现一组资源的注入定义。

第 5 章
Spring 表达式语言

本章学习目标
1. 掌握 Spring 表达式语言的特点及使用方法；
2. 掌握 Spring 表达式语言与资源注入管理之间的联系；
3. 理解 Spring 表达式语言的程序处理流程；
4. 理解 Spring 表达式语言中的各种运算符的使用，并实现集合处理操作；
5. 理解 Spring 表达式与 Spring 配置文件之间的关联，并基于注解实现配置读取。

Spring 开发框架的核心思想就是进行应用开发的解耦合设计，而在解耦合设计的过程中，字符串发挥了极为重要的作用。为了进一步加强字符串的支持能力，Spring 提供了对表达式的支持，利用该技术可以直接通过字符串编写各种运算逻辑及对象操作方法。本章将为读者全面地讲解 Spring 表达式语言的使用方法及处理流程。

5.1 定义并使用 Spring 表达式语言

Spring 表达式的
基本使用

视频名称　0501_【理解】Spring 表达式的基本使用
视频简介　Spring 表达式拥有一套完整的处理机制，不仅需要字符串的配合，也需要相关的工具类的支持。本视频直接利用 Spring 内置的表达式处理类讲解 Spring 表达式的基本使用方法，并展示相关支持类的操作特点。

Spring 表达式语言（Spring Expression Language，SpEL）是 Spring 开发框架提供的一种提高字符串计算、处理能力的工具，使开发者可以打破传统的 Java 编码方式，实现更加丰富的功能。下面首先来看一下 SpEL 的基本使用。

范例：Spring 表达式的定义与执行

```
package com.yootk;
public class YootkDemo {
    public static void main(String[] args) {
        String str = "(\"www.\" + \"yootk.com\").substring(#start, #end).toUpperCase()";
        // 1.定义一个专属的表达式解析工具，用于表达式字符串拆分
        ExpressionParser parser = new SpelExpressionParser();   // 定义Spring表达式解析器
        // 2.字符串拆分完成后得到一个完整的表达式对象，通过该对象实现计算
        Expression exp = parser.parseExpression(str);           // 从字符串里面解析出内容
        // 3.定义表达式解析上下文，所有的表达式在此处进行计算处理
        EvaluationContext context = new StandardEvaluationContext();
        context.setVariable("start", 4);                        // 设置变量内容
        context.setVariable("end", 9);                          // 设置变量内容
        // 4.通过表达式并结合解析上下文进行最终结果的计算
        System.out.println("SpEL处理结果：" + exp.getValue(context));
    }
}
```

程序执行结果:
SpEL处理结果: YOOTK

本程序利用字符串定义了一个完整的表达式,首先通过"+"实现了两个子字符串的连接,而后通过 substring()方法实现指定位置字符串的截取(截取索引是基于表达式变量的形式配置的),最后通过 toUpperCase()实现了字符串内容的全部大写操作。这些操作形式全部由 Java 中的语法支持,然而却可以通过字符串的方式直接定义,这不仅降低了原始代码开发的烦琐度,同时也使字符串的功能更加强大。而整个处理的背后是一系列 Spring 开发类的支持,这些类之间的关联如图 5-1 所示。

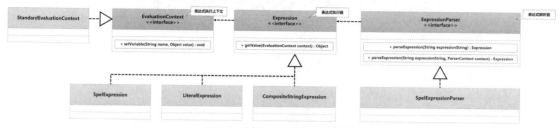

图 5-1 SpEL 表达式处理类结构

5.1.1 SpEL 解析原理

SpEL 解析原理

视频名称　0502_【理解】SpEL 解析原理
视频简介　Spring 中的表达式语言编程功能十分强大,考虑到代码的维护效果,也进行了层次上的设计。本视频通过一个简单的表达式计算范例,为读者分析 SpEL 的解析与执行处理流程。

SpEL 的处理是以字符串为核心展开的,这样在进行表达式处理前就需要对字符串的结构进行拆分,而后依据字符串中提供的表达式来实现最终的计算操作。一个表达式处理的基本操作流程如图 5-2 所示。

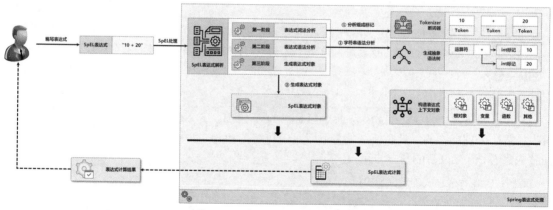

图 5-2 Spring 表达式处理的基本操作流程

在进行表达式处理时,Spring 首先会对给定的字符串结构进行解析,通过断词器对表达式中的不同结构进行拆分,随后将这些拆分后的结果保存在语法树之中。在计算时,如果发现表达式内部有变量定义,则会进行变量内容的替换,并最终得到计算结果。

范例: 表达式实现加法计算

```
package com.yootk;
public class YootkDemo {
    public static void main(String[] args) {
        String str = "10 + 20";                                    // 表达式定义
        ExpressionParser parser = new SpelExpressionParser();      // 定义一个Spring表达式解析器
        Expression exp = parser.parseExpression(str);              // 从字符串里面解析出内容
```

```
        EvaluationContext context = new StandardEvaluationContext();   // 解析上下文
        System.out.println("SpEL处理结果: " + exp.getValue(context));   // 结果返回
    }
}
```

程序执行结果：

SpEL处理结果: 30

本程序采用了与前面相同的模式实现了"10 + 20"计算表达式的处理，而整个处理流程之中，需要关注两个重要的操作步骤，分别是"parser.parseExpression(str)"和"exp.getValue (context)"，下面分别讨论。

（1）表达式解析处理："parser.parseExpression(str)"调用。

表达式解析处理主要依靠的是 ExpressionParser 接口，该接口提供了 SpelExpression Parser（Spring 表达式解析类）与 InternalSpelExpressionParser（内部 Spring 表达式解析类）两个子类。考虑到子类与接口之间的适配管理，这两个子类同时继承 TemplateAwareExpressionParser 父抽象类，如图 5-3 所示。最终的解析是由 InternalSpelExpressionParser 子类中的 doParseExpression()方法完成的，该方法中会使用 Tokenizer 类进行字符串的词法分析处理。

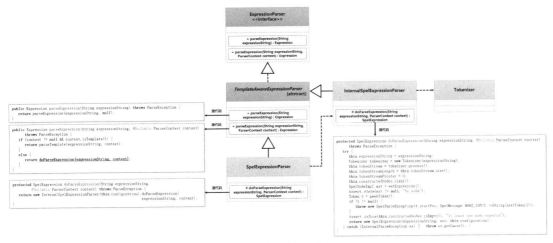

图 5-3　表达式解析处理

（2）表达式计算处理："exp.getValue(context)"调用。

表达式的计算处理由于可能包含部分变量定义，因此在计算前需要先构建 EvaluationContext 接口实例，并进行变量内容的配置；而具体的计算处理将根据表达式拆分后的结果来操作，所以要使用 SpelNode 接口之中的 getValue()方法来实现计算处理，如图 5-4 所示。

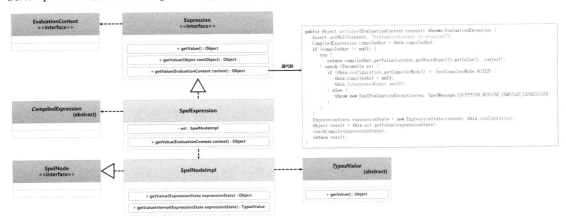

图 5-4　表达式计算处理

5.1.2 ParserContext 与表达式边界符

视频名称 0503_【理解】ParserContext 与表达式边界符
视频简介 为了便于表达式的编写，往往需要定义边界符。考虑到用户需求的不同，SpEL 支持自定义边界符，并提供了 ParserContext 接口。本视频为读者说明该接口的作用，并通过 ExpressionParser 整合自定义边界符的定义。

由于表达式字符串的定义较为烦琐，同时也需要专门的处理工具类来进行解析计算，因此在标准的设计开发中，开发者往往会对这类字符串进行一些前后边界符的配置，这样可以使表达式的定义更加清晰。在 Spring 表达式开发中，边界符的配置是由 ParserContext 接口实现的，类关联结构如图 5-5 所示。而一旦定义了边界符，在使用 ExpressionParser 接口进行表达式解析时就必须明确地传入 ParserContext 接口实例。

图 5-5 边界符配置的类关联结构

范例：自定义表达式边界符

```
package com.yootk;
public class YootkDemo {
    public static void main(String[] args) {
        String str = "#[10 + 20]";                          // 表达式定义
        ExpressionParser parser = new SpelExpressionParser(); // 定义一个Spring表达式解析器
        Expression exp = parser.parseExpression(str, new ParserContext() { // 表达式边界
            @Override
            public boolean isTemplate() {
                return true;                                // 返回true表示模板启用
            }
            @Override
            public String getExpressionPrefix() {           // 边界开始符号
                return "#[";
            }
            @Override
            public String getExpressionSuffix() {           // 边界结尾符号
                return "]";
            }
        });
        EvaluationContext context = new StandardEvaluationContext(); // 解析上下文
        System.out.println("SpEL处理结果：" + exp.getValue(context)); // 结果返回
    }
}
```

程序执行结果：

SpEL处理结果：30

本程序使用 ParserContext 接口自定义了一个表达式的解析模板实现类，在该实现之中表达式必须保存在"#[]"这样的结构内部才可以被正确地解析处理。需要注意的是，ParserContext 接口也提供了一个 Spring 内置的模板，其使用的结构为"#{}"，一般情况下，建议直接使用其内置的模板进行开发。

5.2 SpEL 基础表达式

在程序开发中,很多程序代码都具有直观性,例如,定义一个整型常量"1"时,可以直接观察到其内容,结合一些数学或关系运算符也能够进行各种运算。SpEL 在设计时充分地考虑到了各种 Java 语法的使用,所以也提供了一系列的表达式定义。本节将分类对这些表达式进行讲解。

5.2.1 SpEL 字面表达式

SpEL 字面表达式

视频名称　0504_【理解】SpEL 字面表达式
视频简介　字面表达式指的就是字符串之中直接定义的内容,该内容可能是各种类型,也可以是各种数学表达式的缩写。本视频通过范例分析这些字面表达式的使用。

在 SpEL 表达式编程之中,开发者往往会定义一些常量数据项,这些内容被称为字面表达式。这些字面表达式可以明确地表示出具体的数据项,其类型可能是字符串、数值型、布尔型或者是 null 描述,如表 5-1 所示。

表 5-1　SpEL 字面表达式

序号	表达式	操作范例	计算结果
1	字符串	`String content = "'Muyan ' + 'Yootk'" ;`	Muyan Yootk
		`String content = "\"Muyan \" + \"Yootk\"" ;`	
2	数值型	`String content = "1" ;`	1
		`String content = "1.1" ;`	1.1
		`String content = "1.1E10" ;`	11000000000.00
3	布尔型	`String content = "true" ;`	true
4	null 描述	`String content = "null" ;`	null

范例:字面表达式处理

```
package com.yootk;
public class YootkDemo {
    public static void main(String[] args) {
        System.out.println("字符串连接: " + spel("#{ 'Muyan ' + 'Yootk' }"));
        System.out.println("科学记数法: " + spel("#{ 1.1E10 }"));
    }
    public static Object spel(String content) {                    // SpEL处理方法,后续不再列出
        ExpressionParser parser = new SpelExpressionParser();      // SpEL解析器
        Expression exp = parser.parseExpression(content,
                ParserContext.TEMPLATE_EXPRESSION);                // 表达式工具
        EvaluationContext context = new StandardEvaluationContext(); // 表达式上下文
        return exp.getValue(context);                              // 表达式计算
    }
}
```

程序执行结果:
字符串连接: Muyan Yootk
科学记数法: 1.1E10

本程序直接使用字面表达式进行了字符串的定义,以及数字的科学记数法表示,同时为了简化后续的 SpEL 表达式的使用,定义了一个 spel() 方法,并且使用 "ParserContext.TEMPLATE_EXPRESSION" 定义表达式的分界标记。

5.2.2 SpEL 数学表达式

SpEL 数学表达式

视频名称 0505_【理解】SpEL 数学表达式
视频简介 数学计算是一种常见的表达式操作,SpEL 支持 Java 提供的数学表达式。本视频通过范例为读者演示这些数学计算表达式的使用。

程序中的数学表达式主要进行加、减、乘、除及求模等计算,这些运算符都已经被 SpEL 实现,开发者可以直接基于表 5-2 所给出的范例利用字符串定义数学表达式。

表 5-2 SpEL 数学表达式

序号	表达式	操作范例		计算结果
1	四则运算	`String content = "1 + 2 - 3 * 4 / 5";`		1
2	求模	`String content = "10 % 3";`		1
		`String content = "10 mod 3";`	`String content = "10 MOD 3";`	
3	幂运算	`String content = "10 ^ 3";`		1000
4	整除	`String content = "10 DIV 3";`		3

范例:数学表达式

```java
public static void main(String[] args) {
    System.out.println("数学计算: " + spel("#{ 1 + 2 - 3 * 4 / 5 }"));
    System.out.println("数学计算: " + spel("#{ (1 + 2 - 3) * 4 / 5 }"));
    System.out.println("数学计算: " + spel("#{ 10 mod 3 }"));
    System.out.println("数学计算: " + spel("#{ 10 ^ 3 }"));
}
```

程序执行结果:

```
数学计算:1
数学计算:0
数学计算:1
数学计算:1000
```

5.2.3 SpEL 关系表达式

SpEL 关系表达式

视频名称 0506_【理解】SpEL 关系表达式
视频简介 关系表达式可以直接进行字面值的大小比较,SpEL 对关系表达式也提供了全面的实现标记。本视频通过具体的范例为读者讲解 SpEL 关系表达式的使用。

关系表达式主要进行内容的大小或相等判断,在 SpEL 中,除了常见的运算符标记,也可以使用字母标记进行判断,这些字母标记如表 5-3 所示。

表 5-3 SpEL 关系表达式

序号	表达式	操作范例	计算结果
1	相等判断	`String content = "10 == 10";`	true
		`String content = "10 EQ 10";`	
2	不等判断	`String content = "10 != 10";`	false
		`String content = "10 NE 10";`	
3	大于	`String content = "10 > 10";`	false
		`String content = "10 GT 10";`	
4	大于或等于	`String content = "10 >= 10";`	true
		`String content = "10 GE 10";`	

续表

序号	表达式	操作范例	计算结果
5	小于	String content = "10 < 10"; String content = "10 LT 10";	false
6	小于或等于	String content = "10 <= 10"; String content = "10 LE 10";	true
7	区间判断	String content = "10 BETWEEN {5, 20}";	true

范例：使用关系表达式计算

```
public static void main(String[] args) {
   System.out.println("关系比较：" + spel("#{ 30 != 20 }"));
   System.out.println("关系比较：" + spel("#{ 'muyan' > 'Muyan' }"));
   System.out.println("关系比较：" + spel("#{ 10 + 20 eq 30 }"));
}
```

程序执行结果：
关系比较：true
关系比较：true
关系比较：true

5.2.4 SpEL 逻辑表达式

SpEL 逻辑表达式

视频名称　0507_【理解】SpEL 逻辑表达式
视频简介　逻辑表达式可以实现多个关系表达式的结果连接，SpEL 对 Java 的逻辑表达式提供了处理支持。本视频通过具体的范例对这些逻辑表达式进行讲解。

SpEL 提供了对逻辑表达式的处理支持，直接实现了与 Java 相关的与、或、非这 3 种逻辑处理，如表 5-4 所示。这些逻辑表达式可以与关系表达式一起实现多个结果的统一计算。

表 5-4 SpEL 逻辑表达式

序号	表达式	操作范例	计算结果
1	与操作	String content = "'a' == 'a' && 10 > 5"; String content = "'a' == 'a' AND 10 > 5";	true
2	或操作	String content = "'a' == 'a' || 10 > 5"; String content = "'a' == 'a' OR 10 > 5";	true
3	非操作	String content = "NOT('a' == 'a' && 10 > 5)";	false

范例：使用逻辑表达式计算

```
public static void main(String[] args) {
   System.out.println("逻辑运算：" + spel("#{ 30 != 20 || 10 EQ 10 }"));
   System.out.println("逻辑运算：" + spel("#{ 'muyan' > 'Muyan' AND 'Yootk' LT 'yootk' }"));
}
```

程序执行结果：
逻辑运算：true
逻辑运算：true

5.2.5 SpEL 三目运算符

SpEL 三目运算符

视频名称　0508_【理解】SpEL 三目运算符
视频简介　Java 中的三目运算符是简化的赋值运算符，也是较为常用的运算符，SpEL 也提供了三目运算符的使用支持。本视频分析传统的三目运算符及 Elivis 运算符的改进操作。

三目运算符在项目开发中可以基于逻辑表达式的处理结构进行动态的赋值操作，从而有效地解决代码中 if 语句过多的问题。SpEL 提供了对三目运算符的支持，同时也可以基于其字面表达式的内容进行判断，如表 5-5 所示。

表 5-5 SpEL 三目运算符

序号	表达式	操作范例	计算结果
1	基础三目	`String str = "1 > 2 ? 'Muyan' : \"Yootk\"";`	Yootk
2	null 处理	`String str = "null == null ? 'Muyan' : \"Yootk\"";`	Muyan
3	true 处理	`String str = "true ? 'Muyan' : \"Yootk\"";`	Muyan

范例：使用三目运算符赋值

```
public static void main(String[] args) {
   System.out.println("三目运算: " + spel(
              "#{ 'muyan' != null ? 'www.yootk.com' : 'edu.yootk.com' }"));
}
```

程序执行结果：

```
三目运算：www.yootk.com
```

本程序利用三目运算符实现了判断与赋值处理。除了这种三目运算符，SpEL 还从 Groovy 语言引入了用于简化三目运算符的"Elivis 运算符"，其基本结构为"表达式 1?:表达式 2"，当表达式 1 为非 null 时则返回表达式 1，当表达式 1 为 null 时则返回表达式 2。

范例：使用 Elivis 运算符

```
public static void main(String[] args) {
   System.out.println("Elivis运算: " + spel("#{ null ?: 'www.yootk.com' }"));
   System.out.println("Elivis运算: " + spel("#{ 'yootk' ?: 'www.yootk.com' }"));
}
```

程序执行结果：

```
Elivis运算：www.yootk.com
Elivis运算：yootk
```

5.2.6 SpEL 字符串处理表达式

SpEL 字符串处理表达式

视频名称　0509_【理解】SpEL 字符串处理表达式

视频简介　字符串是 Java 应用最广泛的数据类型，Java 也提供多种字符串的处理方法。SpEL 可以通过表达式来直接实现字符串操作方法的定义，极大地简化字符串的处理方式。本视频将通过具体的范例进行常用操作的讲解。

在 Java 项目开发之中，开发者经常需要进行数据的输入与输出处理，而为了简化这一过程，往往会使用字符串数据类型进行数据处理。SpEL 可以直接利用字符串来进行 String 类方法的调用，下面通过几个操作来了解其使用。

（1）获取字符串中指定索引的字符。

```
public static void main(String[] args) {
   System.out.println("获取索引字符: " + spel("#{ 'www.yootk.com'[8] }"));
}
```

程序执行结果：

```
获取索引字符：k
```

本程序通过 SpEL 表达式定义了字符串处理操作，采用索引的方式获取了一个字符串中指定位置的字符，而此操作实际上就等同于调用了 String 类中的 charAt()方法。

（2）截取指定索引范围的子字符串。

```
public static void main(String[] args) {
   System.out.println("截取子字符串: " + spel("#{ 'www.yootk.com'.substring(4, " +
```

```
            "'www.yootk.com'.length()) }"));
}
```

程序执行结果:

```
截取子字符串: yootk.com
```

本程序首先利用 length()方法计算了字符串的总长度,然后以此数据作为截取的结束索引,最后利用 substring()方法实现了指定索引范围的子字符串截取操作。

(3) 字符串替换操作。

```
public static void main(String[] args) {
    System.out.println("字符串替换: " + spel(
        "#{ 'www.yootk.com'.replaceAll('www', 'edu') }"));
    System.out.println("字符串匹配: " + spel(
        "#{ 'www.yootk.com'.matches('\\w+\\.\\w+\\.\\w+') }"));
    System.out.println("字符串匹配: " + spel(
        "#{ 'muyan@yootk.com' matches '\\w+@\\w+\\.\\w+' }"));
}
```

程序执行结果:

```
字符串替换: edu.yootk.com
字符串匹配: true
字符串匹配: true
```

本程序使用 String 中正则的 replaceAll()方法实现了字符串替换,使用 matches()方法实现了正则匹配。需要注意的是,在 SpEL 里面也可以直接采用"字符串 matches 正则标记"的形式实现正则匹配。

5.3 Class 表达式

Class 表达式

视频名称　0510_【理解】Class 表达式
视频简介　反射是 Java 语言设计的"灵魂"所在,而 Spring 可以基于字符串的形式实现反射机制的相关操作。本视频通过范例为读者讲解该操作。

反射是 Java 重要的技术组成,为了进行有效的解耦合,用户也会大量地使用反射机制进行开发。SpEL 在设计时考虑到了反射的处理,可以直接基于字符串的形式定义与反射相关的表达式,这些操作如表 5-6 所示。

表 5-6　SpEL 反射表达式

序号	表达式	操作范例	计算结果
1	获取 Class	`String str = "T(java.lang.String)";`	Class\<String>
		`String str = "T(java.util.Date)";`	Class\<Date>
2	静态属性	`String str = "T(Integer).MAX_VALUE";`	2147483647
3	静态方法	`String str = "T(Integer).parseInt('919')";`	919
4	对象实例化	`String str = "new java.util.Date()";`	Tue Oct 19 10:31:35 CST 2035
5	instanceof	`String str = "'yootk.com' instanceof T(String)";`	true

可以发现,在 SpEL 中,基于反射的对象实例化操作直接使用 new 标记即可完成。下面利用这一特点来进行一个自定义类对象实例化的操作,同时利用有参构造实现属性初始化。

范例: 反射对象实例化 (注: 本书程序中的书名与价格仅为示例)

```
package com.yootk;
class Book {
    private String title;                        // 成员属性
    private double price;                        // 成员属性
```

```java
    public Book(String title, double price) {            // 双参构造方法
        this.title = title;                              // 属性设置
        this.price = price;                              // 属性设置
    }
    @Override
    public String toString() {                           // 对象内容
        return "【图书】名称 = " + this.title + "、价格 = " + this.price;
    }
}
public class YootkDemo {
    public static void main(String[] args) {
        System.out.println(spel("#{ new com.yootk.Book('Spring开发实战', 79.8) }"));
    }
    public static Object spel(String content) { … }
}
```

程序执行结果：

【图书】名称 = Spring开发实战、价格 = 79.8

本程序自定义的 Book 类中没有提供无参构造方法，如果此时使用传统的反射机制，则需要进行构造方法实例获取，而后才能够完成对象实例化的操作。在 SpEL 中可以基于字符串的形式直接按照传统 Java 对象实例化的语句格式获取实例化对象，整体的实现更加简单。

5.4 表达式变量操作

表达式变量操作

视频名称　0511_【理解】表达式变量操作
视频简介　SpEL 表达式的灵活之处在于可以直接进行变量的定义，并可利用变量实现不同数据内容的设置。本视频为读者分析自定义变量、根变量的作用，并通过一系列具体的案例分析变量如何实现内容替换、反射处理、null 处理。

为了进一步提高表达式开发的灵活性，在每一个表达式之中可以进行若干个变量的定义，随后在计算前利用环境上下文进行变量的设置。由于 Java 之中的数据类型较为丰富，因此开发者可以根据需要为表达式中的变量设置任意的数据类型，如 String、Integer、Method 等。下面通过几个具体的范例对这一操作进行说明。

范例：在表达式中定义变量

```java
package com.yootk;
public class YootkDemo {
    public static void main(String[] args) {
        String content = "#{ #varA + #varB }";                     // 定义表达式变量
        ExpressionParser parser = new SpelExpressionParser();      // SpEL表达式解析器
        Expression exp = parser.parseExpression(content,
                ParserContext.TEMPLATE_EXPRESSION);                // 表达式工具
        EvaluationContext context = new StandardEvaluationContext(); // 表达式上下文
        context.setVariable("varA", "Hello ");                     // 设置变量内容
        context.setVariable("varB", "YOOTK.com");                  // 设置变量内容
        String resultA = exp.getValue(context, String.class);      // 表达式计算
        System.out.println("字符串连接结果：" + resultA);             // 计算结果输出
        context.setVariable("varA", 10.2);                         // 设置变量内容
        context.setVariable("varB", 20.3);                         // 设置变量内容
        double resultB = exp.getValue(context, Double.class);      // 表达式计算
        System.out.println("数字加法计算：" + resultB);              // 计算结果输出
    }
}
```

程序执行结果：

字符串连接结果：Hello YOOTK.com
数字加法计算：30.5

5.4 表达式变量操作

本程序在定义 SpEL 表达式字符串时，使用"#变量名称"的形式定义了两个变量，并且基于"+"运算符进行了两个变量的计算处理。在每次调用变量时，可以动态地依据当前的需要进行变量内容的设置。如果传入的变量内容为字符串，则完成的是字符串的连接操作；而如果传入的变量内容为数字，则完成的就是数学加法运算。

在每一个 SpEL 表达式之中，除了用户自定义变量，还隐藏着一个名称为"root"的根变量。开发者可以通过 EvaluationContext 类的构造方法传递根变量的内容，进行表达式的计算处理。

范例：使用默认根变量

```
package com.yootk;
public class YootkDemo {
    public static void main(String[] args) {
        String content = "#{ #root.contains('yootk') }";        // 使用根变量
        ExpressionParser parser = new SpelExpressionParser();    // SpEL表达式解析器
        Expression exp = parser.parseExpression(content,
                ParserContext.TEMPLATE_EXPRESSION);              // 表达式工具
        EvaluationContext context = new StandardEvaluationContext("yootk.com"); // 变量值
        boolean result = exp.getValue(context, Boolean.class);   // 表达式计算
        System.out.println("子字符串查询结果：" + result);         // 计算结果输出
    }
}
```

程序执行结果：
子字符串查询结果：true

本程序利用 SpEL 表达式定义了一个字符串内容的查询操作，而要查询的字符串通过根变量 root 进行设置，根变量的具体内容则是在获取 EvaluationContext 接口实例时设置的。

在 SpEL 的开发过程中，除了可以使用字符串和数值型等常见数据类型进行变量内容配置，也可以使用各种引用数据类型，例如，传递一个描述方法的 Method 对象，就可以实现方法引用传递的处理机制。

范例：方法引用

```
package com.yootk;
public class YootkDemo {
    public static void main(String[] args) throws Exception {
        String content = "#{ #convert('919') }";                 // 定义表达式变量
        Method method = Integer.class.getMethod("parseInt", String.class) ;  // 方法对象
        ExpressionParser parser = new SpelExpressionParser(); // SpEL表达式解析器
        Expression exp = parser.parseExpression(content,
                ParserContext.TEMPLATE_EXPRESSION);              // 表达式工具
        EvaluationContext context = new StandardEvaluationContext(); // 表达式上下文
        context.setVariable("convert", method);                  // 方法引用
        int result = exp.getValue(context, Integer.class);       // 表达式计算
        System.out.println("字符串转整型：" + result);            // 计算结果输出
    }
}
```

程序执行结果：
字符串转整型：919

本程序在表达式中定义了一个 convert 变量，该变量是基于方法的调用形式定义的，所以在使用前就需要为其设置一个 Method 对象实例。本次实现了 Integer.parseInt()方法对象设置，所以表达式在计算时就实现了字符串转整型的操作。

基于面向对象封装性的设计原则，在 Java 的类中，如果某些属性需要被外部访问，则可以通过 Getter 方法完成。针对此特点，在 SpEL 中定义的普通类属性会在调用时自动找到其对应的 Getter 方法。

范例：获取对象成员属性内容

```
package com.yootk;
public class YootkDemo {
    public static void main(String[] args) throws Exception {
        String content = "#{ #var.time }";                    // 定义表达式变量
        ExpressionParser parser = new SpelExpressionParser(); // SpEL表达式解析器
        Expression exp = parser.parseExpression(content,
                ParserContext.TEMPLATE_EXPRESSION);           // 表达式工具
        EvaluationContext context = new StandardEvaluationContext(); // 表达式上下文
        context.setVariable("var", new java.util.Date());     // 设置变量内容
        Long result = exp.getValue(context, Long.class);      // 表达式计算
        System.out.println("日期数字表示: " + result);         // 计算结果输出
    }
}
```

程序执行结果：

日期数字表示：1738954323733

本程序的 SpEL 表达式在变量后面定义了一个名为 time 的成员属性，而该成员属性对应了 java.util.Date 类中的 getTime()方法，所以在获取表达式内容时，Spring 会自动让其匹配 Getter 方法并返回最终的结果。

> ⓘ 注意：使用 Groovy 表达式解决未设置变量内容的问题。
>
> 如果在进行类属性调用时没有设置变量的内容，那么代码执行时会出现如下错误信息：
>
> Exception in thread "main" org.springframework.expression.spel.SpelEvaluationException: EL1007E: Property or field 'time' cannot be found on null
>
> 如果想解决此类问题，可以直接使用 Groovy 提供的表达式 "#var?.time"，这样在没有设置 var 变量内容时，也不会产生异常，而是直接返回 null。

5.5　List 集合表达式

List 集合表达式

视频名称　0512_【理解】List 集合表达式

视频简介　List 集合可以实现待输出数据的存储处理，在 SpEL 之中可以通过字符串定义 List 集合，也可以实现外部 List 集合数据修改操作。本视频通过范例对这一功能进行讲解。

List 集合是项目开发中最为常见的一种数据形式，在 Spring 项目开发中，可以通过 SpEL 表达式将一个字符串中定义的数据按照指定的格式转为 List 集合来存储，具体的实现形式如下。

范例：创建 List 集合

```
package com.yootk;
public class YootkDemo {
    public static void main(String[] args) {
        String content = "#{ {'www.YOOTK.com', 'edu.YOOTK.com', 'muyan.YOOTK.com'} }";
        ExpressionParser parser = new SpelExpressionParser(); // SpEL表达式解析器
        Expression exp = parser.parseExpression(content,
                ParserContext.TEMPLATE_EXPRESSION);           // 表达式工具
        EvaluationContext context = new StandardEvaluationContext(); // 表达式上下文
        List<String> result = exp.getValue(context, List.class);      // 表达式计算
        System.out.println(result.stream().map((str) -> str.toLowerCase())
                .collect(Collectors.toList()));               // 集合处理
    }
}
```

程序执行结果：

[www.yootk.com, edu.yootk.com, muyan.yootk.com]

本程序在 SpEL 表达式中以数组的方式定义了若干个数据项，而后经过 SpEL 处理，就可以将

这些数据全部转为 List 集合保存。本程序还通过 Stream 的处理形式将 List 集合中的全部数据转为了小写字母。

> 提示：Spring 中 List 等同于数组。
> 在以上代码中，SpEL 表达式定义的是一个字符串数组，这样在进行表达式处理时，也可以直接使用 "String[].class" 的形式进行接收。另外需要提醒读者注意的是，在 SpEL 中，也可以采用同样的代码进行 Set 集合的处理。

在 SpEL 中除了可以定义 List 集合，也可以利用变量绑定的形式将其与外部集合的引用绑定，这样在表达式中对集合所做的修改可以直接影响原始集合，如图 5-6 所示。

图 5-6 外部集合与 SpEL 绑定

范例：访问外部集合

```
package com.yootk;
public class YootkDemo {
    public static void main(String[] args) {
        List<String> data = List.of("www.yootk.com", "edu.yootk.com", "muyan.yootk.com");
        String content = "#{ #all[0] }";                             // 定义表达式变量
        ExpressionParser parser = new SpelExpressionParser(); // SpEL表达式解析器
        Expression exp = parser.parseExpression(content,
                ParserContext.TEMPLATE_EXPRESSION);                  // 表达式工具
        EvaluationContext context = new StandardEvaluationContext(); // 表达式上下文
        context.setVariable("all", data);                            // 变量设置
        System.out.println("获取集合索引数据: " + exp.getValue(context, String.class));
    }
}
```

程序执行结果：

获取集合索引数据：www.yootk.com

本程序利用 List.of() 方法创建了一个静态的 List 集合，随后将其与 SpEL 表达式中的变量 "all" 绑定，这样就可以利用 "all[索引]" 的形式访问 List 集合中对应的数据。

范例：修改指定索引的数据

```
package com.yootk;
public class YootkDemo {
    public static void main(String[] args) {
        List<String> data = new ArrayList<>();               // 创建List集合
        Collections.addAll(data, "www.yootk.com", "edu.yootk.com", "muyan.yootk.com");
        String content = "#{ #all[2]='book.yootk.com' }"; // 定义表达式变量
        ExpressionParser parser = new SpelExpressionParser(); // SpEL表达式解析器
        Expression exp = parser.parseExpression(content,
                ParserContext.TEMPLATE_EXPRESSION);                  // 表达式工具
        EvaluationContext context = new StandardEvaluationContext(); // 表达式上下文
        context.setVariable("all", data);                            // 变量设置
        System.out.println("修改后的数据: " + exp.getValue(context, String.class));
        System.out.println("修改后的集合: " + data);         // 表达式计算
    }
}
```

程序执行结果：

修改后的数据：book.yootk.com
修改后的集合：[www.yootk.com, edu.yootk.com, book.yootk.com]

本程序由于需要进行集合数据的修改，因此通过 ArrayList 子类实例化了 List 接口，并使用 Collections.addAll() 方法向集合中添加了若干条数据。在该 List 集合与 SpEL 中的变量 all 绑定后，就可以使用"#变量[索引]=新内容"的方式进行集合的修改。修改操作执行后会返回新的修改内容，同时也会影响原始 List 集合的数据。

List 集合的使用除索引操作外，最重要的是数据迭代处理。SpEL 表达式支持迭代操作，开发者可以基于此形式对集合中的每一个数据进行处理，最终返回一个新的处理后的 List 集合。

范例：迭代修改 List 集合

```
package com.yootk;
public class YootkDemo {
    public static void main(String[] args) {
        List<String> data = new ArrayList<>();                          // 创建List集合
        Collections.addAll(data, "www.yootk.com", "edu.yootk.com", "muyan.yootk.com");
        String content = "#{ #all.![ '学习资源: ' + #this ] }";         // 定义表达式变量
        ExpressionParser parser = new SpelExpressionParser();           // SpEL表达式解析器
        Expression exp = parser.parseExpression(content,
                ParserContext.TEMPLATE_EXPRESSION);                     // 表达式工具
        EvaluationContext context = new StandardEvaluationContext();    // 表达式上下文
        context.setVariable("all", data);                               // 变量设置
        System.out.println("新的List集合: " + exp.getValue(context, List.class));
    }
}
```

程序执行结果：

新的List集合: [学习资源: www.yootk.com, 学习资源: edu.yootk.com, 学习资源: muyan.yootk.com]

本程序将外部的 List 集合与 SpEL 表达式的变量 all 绑定后，利用"!"符号实现了集合迭代处理，在每次迭代时通过"#this"表示当前迭代的集合内容。本程序是在 List 集合的每一个元素之前添加了一个字符串的前缀，由于迭代后会形成一个新的集合，因此迭代不影响原始集合数据。

5.6　Map 集合表达式

Map 集合表达式

视频名称　0513_【理解】Map 集合表达式

视频简介　Map 集合实现了二元偶对象的存储，SpEL 中的表达式变量可以与外部 Map 集合建立关联，随后采用 key 的形式进行内容的获取与修改。本视频使用一系列的范例对 SpEL 的 Map 集合操作进行讲解。

在项目开发中可以基于 Map 集合实现数据的查询功能，传统的代码开发都是直接通过 Map 集合提供的方法实现数据处理的，而在 SpEL 中可以通过字符串来进行 Map 集合的数据获取、数据修改，以及迭代操作，如图 5-7 所示。

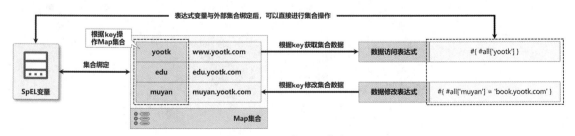

图 5-7　SpEL 与 Map 集合

范例：访问 Map 集合数据

```
package com.yootk;
```

5.6 Map 集合表达式

```java
public class YootkDemo {
    public static void main(String[] args) {
        Map<String, String> map = Map.of("yootk", "www.yootk.com",
                "edu", "edu.yootk.com", "muyan", "muyan.yootk.com"); // 创建Map集合
        String content = "#{ #all['yootk'] }";                  // 定义表达式变量
        ExpressionParser parser = new SpelExpressionParser();   // SpEL表达式解析器
        Expression exp = parser.parseExpression(content,
                ParserContext.TEMPLATE_EXPRESSION);             // 表达式工具
        EvaluationContext context = new StandardEvaluationContext(); // 表达式上下文
        context.setVariable("all", map);                        // 变量设置
        System.out.println("获取指定key数据: " + exp.getValue(context, String.class));
    }
}
```

程序执行结果：

获取指定key数据：www.yootk.com

本程序利用 Map.of() 方法创建了一个静态的 Map 集合，这样该集合只允许查询，不允许进行内容的修改。在与 SpEL 中的变量 all 绑定后，就可以通过集合 key 获取到对应的数据内容，如果有需要也同样可以根据 key 修改内容。

范例：修改 Map 集合数据

```java
package com.yootk;
public class YootkDemo {
    public static void main(String[] args) {
        Map<String, String> map = new HashMap<>();              // 创建Map集合
        map.put("yootk", "www.yootk.com");                      // 保存集合数据
        map.put("edu", "edu.yootk.com");                        // 保存集合数据
        map.put("muyan", "muyan.yootk.com");                    // 保存集合数据
        String content = "#{ #all['muyan'] = 'book.yootk.com' }"; // 定义表达式变量
        ExpressionParser parser = new SpelExpressionParser();   // SpEL表达式解析器
        Expression exp = parser.parseExpression(content,
                ParserContext.TEMPLATE_EXPRESSION);             // 表达式工具
        EvaluationContext context = new StandardEvaluationContext(); // 表达式上下文
        context.setVariable("all", map);                        // 变量设置
        System.out.println("新的数据项: " + exp.getValue(context, String.class));
        System.out.println("外部Map集合: " + map);               // 原始集合
    }
}
```

程序执行结果：

新的数据项：book.yootk.com
外部Map集合：{edu=edu.yootk.com, muyan=book.yootk.com, yootk=www.yootk.com}

本程序由于需要通过 SpEL 进行集合的修改，所以通过 HashMap 子类实例化了 Map 接口，随后在 SpEL 中采用 "#变量[key]=新内容" 的形式修改了指定 key 的数据，并且在表达式执行后会返回修改后的新内容，该修改操作也将影响外部的 Map 集合。

在 SpEL 中绑定的 Map 集合也同样支持数据的迭代操作功能，而根据 Java 类集中的概念，每次获取到的 Map 迭代数据都属于 Map.Entry 接口的实例，所以在编写 SpEL 代码时就可以根据该接口提供的 getKey() 与 getValue() 方法获取数据。

范例：SpEL 迭代 Map 集合

```java
package com.yootk;
public class YootkDemo {
    public static void main(String[] args) {
        Map<String, String> map = new HashMap<>();              // 创建Map集合
        map.put("yootk", "www.yootk.com");                      // 保存集合数据
        map.put("edu", "edu.yootk.com");                        // 保存集合数据
        map.put("muyan", "muyan.yootk.com");                    // 保存集合数据
        String content = "#{ #all.![#this.key + \" - \" + #this.value] }"; // 定义表达式
```

```
        ExpressionParser parser = new SpelExpressionParser();       // SpEL表达式解析器
        Expression exp = parser.parseExpression(content,
            ParserContext.TEMPLATE_EXPRESSION);                      // 表达式工具
        EvaluationContext context = new StandardEvaluationContext(); // 表达式上下文
        context.setVariable("all", map);                             // 变量设置
        System.out.println("处理后的集合: " + exp.getValue(context, List.class));
    }
}
```

程序执行结果：

处理后的集合：[edu - edu.yootk.com, muyan - muyan.yootk.com, yootk - www.yootk.com]

本程序依然采用"!"符号实现集合的迭代处理，在每次迭代时通过"#this"获取当前迭代数据。由于该数据类型为 Map.Entry，因此可以直接通过该接口的 key 和 value 属性调用对应的数据（属性调用时自动匹配 Getter 方法）。

> **提示：使用"?"实现 Map 过滤。**
>
> 在 Map 集合迭代处理中，如果需要对集合中的数据进行筛选，则可以在表达式中使用"?"运算符，同时设置一个筛选的条件，代码片段如下所示。
> ```
> String content = "#{ #all.?[#this.key.contains('yootk')] }"
> ```
> 以上代码是对 key 包含"yootk"字符串的集合进行筛选，筛选出来的结果依然是一个 Map 集合。

5.7 SpEL 整合 Spring 配置

配置文件中整合 SpEL

视频名称　0514_【理解】配置文件中整合 SpEL
视频简介　SpEL 极大地丰富了字符串的代码功能，同时也可以在配置文件中使用。本视频基于 Spring 配置文件实现属性的注入，并基于 SpEL 实现属性内容的处理。

使用 Spring 开发的项目可以通过 Spring 配置文件进行配置 Bean 的属性定义，而在使用"<property>"元素进行属性内容配置时，也可以使用 SpEL 表达式对字符串的内容处理后再实现注入操作，如图 5-8 所示。下面通过具体的操作步骤对这一机制进行实现。

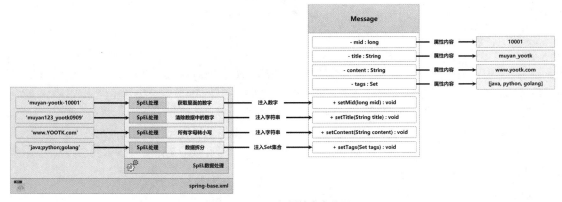

图 5-8　SpEL 与属性内容处理

（1）【base 子模块】创建一个消息类。

```java
package com.yootk.vo;
import java.util.Set;
public class Message {
    private long mid;              // 消息ID
    private String title;          // 消息标题
    private String content;        // 消息内容
```

```
    private Set<String> tags;                    // 消息标签
    // 构造方法、Setter、Getter、toString()等,代码略
}
```

(2)【base 子模块】修改 spring/spring-base.xml 配置文件,使用 SpEL 进行数据处理后注入。

```xml
<bean id="message" class="com.yootk.vo.Message">
    <property name="mid" value="#{'muyan-yootk-10001'.split('-')[2]}"/>
    <property name="title" value="#{'muyan123_yootk0909'.replaceAll('\d+','')}"/>
    <property name="content" value="#{'www.YOOTK.com'.toLowerCase()}"/>
    <property name="tags" value="#{'java;python;golang'.split(';')}"/>
</bean>
```

本程序在配置文件中定义的属性内容分别依据最终设置的环境进行了数据的处理,可见在有了 SpEL 支持后,属性的配置会更加灵活。

(3)【base 子模块】编写测试类注入 Message 对象实例并进行属性内容的获取。

```java
package com.yootk.test;
@ContextConfiguration(locations = {"classpath:spring/spring-base.xml"})  // 资源文件定位
@ExtendWith(SpringExtension.class)                                       // 使用JUnit 5测试工具
public class TestMessage {                                               // 编写业务测试类
    private static final Logger LOGGER = LoggerFactory.getLogger(TestMessage.class);
    @Autowired                                                           // 自动注入Bean实例
    private Message message;
    @Test
    public void testProfiles() throws Exception {                        // 测试方法
        LOGGER.info("【消息】ID = {}、title = {}、content = {}、tags = {}",
                this.message.getMid(), this.message.getTitle(),
                this.message.getContent(), this.message.getTags());      // 日志输出
    }
}
```

程序执行结果:

【消息】ID = 10001、title = muyan_yootk、content = www.yootk.com、tags = [java, python, golang]

5.7.1 基于 Annotation 使用 SpEL

基于 Annotation 使用 SpEL

视频名称 0515_【掌握】基于 Annotation 使用 SpEL
视频简介 为了简化 Spring 配置文件的代码,SpEL 也可以直接结合"@Value"注解进行内容处理后的属性注入操作。本视频通过具体的范例为读者讲解这一功能的使用。

现代的 Spring 应用开发更提倡基于注解的方式来进行配置,因此可以在 Bean 类的属性上使用"@Value"进行内容的配置,同时该内容也可以直接使用 SpEL 进行处理,具体的实现步骤如下。

(1)【base 子模块】本次将基于注解的方式实现 Bean 注册,所以要修改扫描包定义。

```xml
<context:component-scan base-package="com.yootk.config,com.yootk.vo"/>
```

(2)【base 子模块】修改 Message 类并利用注解注入配置项。

```java
package com.yootk.vo;
@Component                                                               // Bean注册
public class Message {
    @Value("#{'muyan-yootk-10001'.split('-')[2]}")
    private long mid;                                                    // 消息ID
    @Value("#{'muyan沐言tec科技nice'.replaceAll('\\d+','')}")
    private String title;                                                // 消息标题
    @Value("#{'www.YOOTK.com'.toLowerCase()}")
    private String content;                                              // 消息内容
    @Value("#{'java;python;golang'.split(';')}")
    private Set<String> tags;                                            // 消息标签
    // 构造方法、Setter、Getter、toString()等,代码略
```

}

本程序的 Message 类中使用了"@Component"注解进行 Bean 的扫描注册，随后对每一个属性都使用了"@Value"注解进行定义，并且这一注解也可以通过 SpEL 进行字符串处理。

5.7.2 Profile 配置与 SpEL 处理

Profile 配置与 SpEL 处理

视频名称　0516_【掌握】Profile 配置与 SpEL 处理
视频简介　Profile 是使项目能够在不同环境下运行的重要配置资源，Spring 支持资源配置项的导入与读取处理。本视频将这一功能与 SpEL 整合以实现属性的动态配置。

前面的程序为读者清晰地展示了 SpEL 与属性配置之间的关联操作，但是以上的所有数据内容都是静态的，所以不具有任何实际开发意义。在真实的项目开发中，往往会配置不同的 Profile 环境，而后每一个 Profile 环境中会存在 key 相同但是内容不同的配置项。程序进行配置读取时，可以采用"${资源 key}"的模式进行资源文件配置项的加载，随后利用 SpEL 进行该内容的处理，实现结构如图 5-9 所示。下面通过具体的步骤实现这一功能。

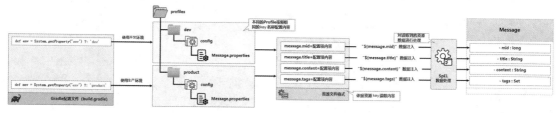

图 5-9　Profile 管理配置数据

（1）【base 子模块】创建 src/main/profiles/dev/config/Message.properties 资源文件。

```
message.mid=muyan-yootk-10001
message.title=muyan123_yootk0909
message.content=www.YOOTK.com
message.tags=java;python;golang
```

（2）【base 子模块】创建 src/main/profiles/product/config/Message.properties 资源文件。

```
message.mid=edu-lixinghua-91915
message.title=90991lixinghua_889edu666
message.content=EDU.YOOTK.com
message.tags=java;python;bigdata;
```

（3）【base 子模块】修改 spring-base.xml 配置文件，追加资源文件注入配置。

```xml
<context:property-placeholder location="classpath:config/*.properties"/>
```

（4）【base 子模块】修改 Message 程序类，使用"${}"读取资源项。

```java
package com.yootk.vo;
@Component                                              // Bean注册
public class Message {
    @Value("#{'${message.mid}'.split('-')[2]}")
    private long mid;                                   // 消息ID
    @Value("#{'${message.title}'.replaceAll('\\d+','')}")
    private String title;                               // 消息标题
    @Value("#{'${message.content}'.toLowerCase()}")
    private String content;                             // 消息内容
    @Value("#{'${message.tags}'.split(';')}")
    private Set<String> tags;                           // 消息标签
    // 构造方法、Setter、Getter、toString()等，代码略
}
```

（5）【Gradle 命令】在每次执行时可以通过 Gradle 传入一个当前的 Profile 属性标记。
dev 环境：

```
def env = System.getProperty("env") ?: 'dev'
```
product 环境：
```
def env = System.getProperty("env") ?: 'product'
```

本程序会根据当前的 env 环境属性来决定使用哪一个 Profile 配置，而在进行项目打包时，可以通过 Gradle 命令动态配置"-Denv=Profile 名称"执行属性，来切换不同的 Profile 环境。

5.8 本章概览

1．Spring 表达式扩展了字符串应用的实现场景，使字符串在 Spring 中可以拥有更多的表达式处理功能。

2．Spring 表达式中的前缀和后缀可以基于 PaserContext 自定义。

3．Spring 表达式默认提供了根变量支持，用户也可以根据自己的需要进行变量的定义。

4．Spring 表达式可以将字符串的内容自动转为 List 集合或 Map 集合。

5．Spring 表达式可以与 Annotation 结合，并对 Profile 配置的资源进行处理后的注入。

第 6 章
Spring 核心源代码解读

本章学习目标

1. 理解 Spring 中关于属性源的管理机制，可以区分 PropertySource、PropertySources、PropertyResolver 的作用；
2. 理解 Spring 中 Environment 环境管理的使用，并可以基于 Environment 实现 Profile 切换管理；
3. 理解 ConfigurableEnvironment 接口与环境属性源之间的关联，以及相关属性的获取处理机制；
4. 理解 ConversionService 转换功能接口的使用，以及 Converter 接口的相关子类的定义；
5. 掌握 ApplicationContext 接口的主要作用和其相关继承子类的使用方法；
6. 理解 MessageSource 消息源与国际化资源获取机制；
7. 理解 Spring 中自定义事件处理机制的扩展结构，并理解 Spring 源代码中关于事件发布的处理流程；
8. 理解 Spring 中 Bean 生命周期管理，并掌握 InitializingBean、DisposableBean、Lifecycle 等接口的使用方法；
9. 理解 SmartLifecycle 扩展生命周期接口的使用，并可以通过 Phaser 实现多个生命周期 Bean 实例的执行顺序配置；
10. 理解 BeanFactory 接口在对象实例获取中的使用；
11. 理解 ListableBeanFactory 接口的作用，并可以通过该接口获取 Spring 容器中的 Bean 存储信息；
12. 理解 BeanFactoryPostProcessor 接口与 Bean 实例更新操作的实现机制；
13. 理解 BeanPostProcessor 与 Bean 初始化的操作，以及它与 BeanFactoryPostProcessor 处理的区别；
14. 理解 Aware 接口与依赖注入之间的关联，并理解其与 BeanPostProcessor 结合设计的意义；
15. 理解 ObjectProvider 接口的使用，及其与 BeanFactory 接口在注入上的区别和联系；
16. 理解 BeanDefinition、BeanDefinitionReader、ResourceEntityResolver 接口的作用；
17. 理解 BeanDefinitionParserDelegate 工具类的使用，并可以结合 BeanDefinition 接口实现配置 Bean 的获取；
18. 理解 ClassPathXmlApplicationContext 子类中关于配置解析与 Bean 注册的处理流程；
19. 理解 Spring 上下文刷新的作用，以及核心源代码的实现；
20. 理解 Annotation 配置上下文核心源代码的实现，以及与 Spring 容器配置的启动关联。

为了更好地管理容器上下文的运行环境，Spring 内部提供了大量的接口与实现类。为了满足读者深入理解 Spring 工作原理及面试的需求，本章将对 Spring 核心源代码进行解读，并对与核心源代码有关的接口和实现类进行分析。

6.1 Spring 属性管理

一个标准的 Java 应用程序的编写，应该尽量做到代码结构设计的低耦合，为此，开发者需要维护大量的属性信息。Spring 针对这一基本需求进行了新的结构设计，即采用属性源实现属性管理。本节将对属性源的相关类进行说明。

6.1.1 PropertySource 属性源

视频名称　0601_【理解】PropertySource 属性源
视频简介　项目中资源是重要的数据存储结构，为了便于所有资源的统一获取，Spring 框架提供了 PropertySource 属性源。本视频为读者分析这一设计的意义，并通过具体的范例讲解该类的使用。

在项目开发中，为了保持项目设计的灵活性，开发者会利用属性源文件来实现一些配置项的定义。这样应用程序就可以根据属性源文件配置的不同，达到不同的运行效果。同时程序在启动时有可能会进行一些初始化的环境数据的处理，为了便于这些环境数据的后续操作，也会将其保存在内存中。这样不同属性的数据就需要使用不同的类型来进行处理，如图 6-1 所示，从而造成项目中存在若干个不同的属性数据存储结构，造成使用的混乱。

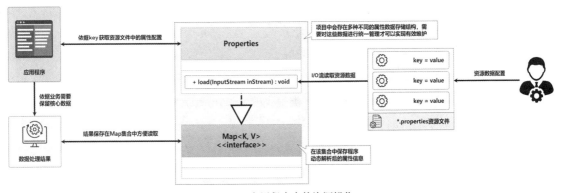

图 6-1　应用程序中的资源操作

为了便于属性源操作的统一管理，Spring 提供了 PropertySource 抽象类。该类可实现对所有属性源的管理，可以根据名称获取指定的数据源对象实例供开发者进行数据处理。该类定义的方法如表 6-1 所示。

表 6-1　PropertySource 抽象类定义的方法

序号	方法	类型	描述
1	public PropertySource(String name)	构造	设置属性名称，属性源为空
2	public PropertySource(String name, Tsource source)	构造	设置属性名称与属性源实例
3	public String getName()	普通	获取属性名称
4	public T getSource()	普通	获取属性源实例

在实际开发中，属性源可能是一个 Properties，也可能是一个 Map 集合类型，所以 PropertySource 采用了抽象类的结构进行定义，同时对于属性源的定义采用了泛型声明。在项目开发的过程中，开发者可以根据当前业务的需要，选择一个子类进行 PropertySource 类对象的实例化处理，该抽象类的常用子类如图 6-2 所示。

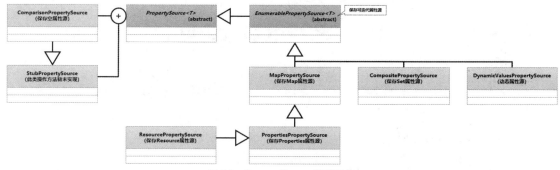

图 6-2 PropertySource 继承结构

范例：MapPropertySource 资源读取

```
package com.yootk.main;
public class SpringPropertySource {
    public static final Logger LOGGER = LoggerFactory
            .getLogger(SpringPropertySource.class);          // 日志记录对象
    public static void main(String[] args) {
        // 定义Map集合，在数据存储时对应的value类型必须为Object
        Map<String, Object> data = Map.of("yootk", "www.yootk.com",
                "muyan", "edu.yootk.com");                    // 定义Map集合
        PropertySource propertySource = new MapPropertySource("url", data); // 属性源存储
        // 所有保存在PropertySource实例中的资源都可以通过一个方法获取指定属性名称对应的数据
        LOGGER.info("属性源获取。yootk = {}", propertySource.getProperty("yootk"));
    }
}
```

程序执行结果：

属性源获取。yootk = www.yootk.com

本程序创建了一个 Map 集合，随后通过 MapPropertySource 子类封装了此 Map 集合，这样该集合中的所有属性都可以通过 PropertySource 类提供的 getProperty()方法统一获取。

6.1.2 PropertySources 属性源管理

视频名称 0602_【理解】PropertySources 属性源管理
视频简介 为便于多个不同属性源的统一操作，Spring 提供了 PropertySources 操作接口。本视频将对此接口的使用进行分析，同时利用具体的代码进行范例展示。

在一个完整的应用项目中，有可能存在若干个不同的属性源（PropertySource 对象实例）。为了便于应用程序资源的获取，Spring 提供了 PropertySources 接口，所有的 PropertySource 对象实例向此接口注册后，就可以根据指定的名称获取一个 PropertySource 对象实例，从而实现属性源的统一管理，如图 6-3 所示。

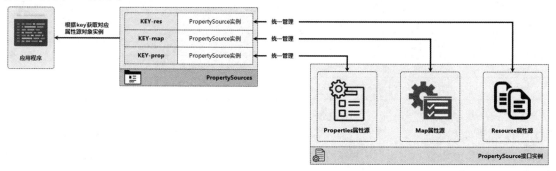

图 6-3 PropertySource 与 PropertySources

6.1 Spring 属性管理

PropertySources 接口中定义了资源的获取方法，而具体的资源存储处理是由 MutablePropertySources 子类实现的，该类的继承结构如图 6-4 所示。该类会将所有注册的资源保存在 List 集合中。同时，考虑到并发数据存储的安全问题，该集合使用了 CopyOnWriteArrayList 实现子类，该类提供的常用操作方法如表 6-2 所示。

图 6-4 PropertySources 继承结构

表 6-2 MutablePropertySources 类常用方法

序号	方法	类型	描述
1	public MutablePropertySources()	构造	创建一个空的属性源集合
2	public void addFirst(PropertySource<?> propertySource)	普通	在集合头部添加属性源
3	public void addLast(PropertySource<?> propertySource)	普通	在集合尾部添加属性源
4	public boolean contains(String name)	普通	判断是否存在指定名称的属性源
5	public PropertySource<?> get(String name)	普通	根据名称查询属性源
6	public Iterator<PropertySource<?>> iterator()	普通	获取属性源迭代对象
7	public void addBefore(String relativePropertySourceName, PropertySource<?> propertySource)	普通	在指定名称的属性源之前保存新的属性源
8	public void addAfter(String relativePropertySourceName, PropertySource<?> propertySource)	普通	在指定名称的属性源之后保存新的属性源
9	public PropertySource<?> remove(String name)	普通	移除指定名称的属性源
10	public void replace(String name, PropertySource<?> propertySource)	普通	替换指定名称的属性源
11	public int size()	普通	返回存储属性源的数量

在使用 MutablePropertySources 对象实例添加 PropertySource 对象实例时，程序会自动将当前 PropertySource 对象实例的名称作为属性源集合的名称进行存储，这样在使用时更加方便。为便于读者理解，下面通过一个具体的范例进行该操作的使用说明。

范例：使用 PropertySources 管理属性源

```
package com.yootk.main;
public class SpringPropertySources {
    public static final Logger LOGGER = LoggerFactory
            .getLogger(SpringPropertySources.class);          // 日志记录对象
    public static void main(String[] args) {
        Map<String, Object> data = Map.of("yootk", "www.yootk.com",
                "muyan", "edu.yootk.com");                    // 定义Map集合
        PropertySource mapSource = new MapPropertySource("url", data); // 属性源
        Properties prop = new Properties();                   // Properties属性集合
        prop.put("java", "Java就业编程实战");                 // 保存属性项
        prop.put("redis", "Redis就业编程实战");               // 保存属性项
        PropertySource propSource = new PropertiesPropertySource("book", prop); // 属性源
        MutablePropertySources sources = new MutablePropertySources(); // 创建属性源集合
```

```
        sources.addLast(mapSource);                            // 保存属性源
        sources.addLast(propSource);                           // 保存属性源
        // 所有保存在PropertySource实例中的资源都可以通过一个方法获取指定属性名称对应的数据
        LOGGER.info("属性源获取。java = {}", sources.get("book").getProperty("java"));
    }
}
```

程序执行结果：

```
属性源获取。java = Java就业编程实战
```

本程序创建了两个 PropertySource 对象实例，随后将这两个对象实例保存在 PropertySources 集合中，在进行资源获取时，将根据名称获取指定的 PropertySource 对象实例，而后根据属性 key 获取属性内容。

6.1.3 PropertyResolver 属性解析

视频名称 0603_【理解】PropertyResolver 属性解析

视频简介 Spring 中需要解析处理的文本有多种类型，而为了统一解析操作，Spring 提供了专属的 PropertyResolver 接口。本视频为读者分析该接口的使用方法，这是后续解读 Spring 核心源代码时用到的核心知识。

Spring 开发框架的设计充分考虑到了各种可能存在的资源读取状况，如用户配置资源、属性文件配置资源、动态表达式配置资源等。所以为了统一资源的读取处理，Spring 提供了 PropertyResolver 资源解析接口，该接口可以根据当前传入的字符串文本的类型不同（可能是普通的文本，也可能是带有 "${}" 结构的表达式读取）来决定资源读取的形式。该接口提供的常用方法如表 6-3 所示。

表 6-3 PropertyResolver 接口常用方法

序号	方法	类型	描述
1	public boolean containsProperty(String key)	普通	判断是否有指定的属性
2	public String getProperty(String key)	普通	根据 key 获取对应属性内容，不存在时返回 null
3	public String getProperty(String key, String defaultValue)	普通	根据 key 获取对应属性内容，不存在时返回配置的默认值
4	public <T> T getProperty(String key, Class<T> targetType)	普通	根据 key 获取属性及属性类型，不存在时返回 null
5	public <T> T getProperty(String key, Class<T> targetType, T defaultValue)	普通	获取指定类型的属性，不存在时返回默认值
6	public String getRequiredProperty(String key) throws IllegalStateException	普通	获取指定 key 对应的属性，如果 key 不存在则抛出异常
7	public <T> T getRequiredProperty(String key, Class<T> targetType) throws IllegalStateException	普通	按照指定类型，获取指定 key 对应的属性内容，如果 key 不存在则抛出异常
8	public String resolvePlaceholders(String text)	普通	解析 "${}" 定义的占位符，会自动忽略无法解析的占位符，即按照原始定义字符串返回
9	public String resolveRequiredPlaceholders(String text) throws IllegalArgumentException	普通	解析 "${}" 定义的占位符，如果出现无法解析的占位符，则抛出异常

由于项目中的属性可能保存在不同的属性源中，因此 PropertyResolver 接口提供的方法主要是根据属性 key 字符串或表达式实现属性内容的读取，这样一来就进一步达到了属性源读取操作的统一。而要想使用 PropertyResolver 接口，则可以借助于 PropertySourcesPropertyResolver 子类，该子类的相关继承结构如图 6-5 所示。

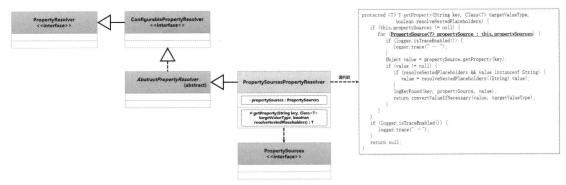

图 6-5 PropertySourcesPropertyResolver 子类的继承结构

在 PropertySourcesPropertyResolver 子类中会保存一个 PropertySources 属性源集合，而程序在每次获取属性内容时，都会对属性源集合进行迭代，这样就可以只通过一个方法实现不同属性源的数据获取了。下面通过一个具体的范例进行 PropertyResolver 使用的展示。

范例：解析属性源

```
package com.yootk.main;
public class SpringPropertyResolver {
   public static final Logger LOGGER = LoggerFactory
         .getLogger(SpringPropertyResolver.class);         // 日志记录对象
   public static void main(String[] args) throws Exception {
      Map<String, Object> data = Map.of("yootk", "www.yootk.com",
            "muyan", "edu.yootk.com");                     // 定义Map集合
      PropertySource mapSource = new MapPropertySource("url", data); // 属性源
      Properties prop = new Properties();                  // Properties属性集合
      prop.put("java", "Java就业编程实战");                 // 保存属性项
      prop.put("redis", "Redis就业编程实战");               // 保存属性项
      PropertySource propSource = new PropertiesPropertySource("book", prop); // 属性源
      MutablePropertySources sources = new MutablePropertySources(); // 创建属性源集合
      sources.addLast(mapSource);                          // 保存属性源
      sources.addLast(propSource);                         // 保存属性源
      PropertyResolver resolver = new PropertySourcesPropertyResolver(sources);
      LOGGER.info("资源表达式解析处理。 yootk = {}",
            resolver.resolveRequiredPlaceholders("${yootk}")); // 获取解析结果
      LOGGER.info("资源表达式解析处理。 yootk = {}",
            resolver.resolvePlaceholders("${java}"));     // 获取解析结果
      // 由于"lee"的资源key不存在，在使用resolveRequiredPlaceholders()方法时就会出现错误
      // 而使用resolvePlaceholders()方法解析时，会自动忽略该错误，只会以文本的形式返回结果
      LOGGER.info("资源表达式解析处理。 yootk = {}",
            resolver.resolvePlaceholders("${lee}"));      // 获取解析结果
      LOGGER.info("资源表达式解析处理。 yootk = {}、yootk = {}",
            resolver.resolvePlaceholders("yootk"),
            resolver.resolveRequiredPlaceholders("yootk")); // 获取解析结果
   }
}
```

程序执行结果：

```
资源表达式解析处理。 yootk = www.yootk.com
资源表达式解析处理。 yootk = Java就业编程实战
资源表达式解析处理。 yootk = ${lee}
```

本程序通过 PropertySources 接口保存了两个 PropertySource 对象实例，为了便于资源获取，实例化了 PropertyResolver 接口实例，并保存了 PropertySources 接口实例。在进行数据查询时，要采用"${key}"的形式进行操作，如果在调用 resolveRequiredPlaceholders()或 resolvePlaceholders()方法时直接输入了普通文本，如"yootk"，则会原样返回该文本内容。

6.2 Spring 运行环境管理

应用程序的内部往往会根据需要有多种不同的配置环境，为此 Spring 提供了 Environment 相关接口，以便于不同运行环境与配置信息的管理。本节将对这些接口进行说明。

6.2.1 ConfigurableEnvironment 配置环境管理

视频名称　0604_【理解】ConfigurableEnvironment 配置环境管理
视频简介　Java SE 中的 System 类实现了整个系统运行属性的管理，为了统一属性源，Spring 提供了 ConfigurableEnvironment 接口。本视频通过范例分析该接口的使用方法。

Spring 是基于 JVM 的一种应用扩展，所以 Spring 框架除了需要维护自身所需要的属性源，还要兼顾本地系统中 JVM 的属性信息。为了简化这一操作的管理，Spring 提供了一个 ConfigurableEnvironment 环境属性管理接口，通过该接口可以直接获取系统属性，如图 6-6 所示。

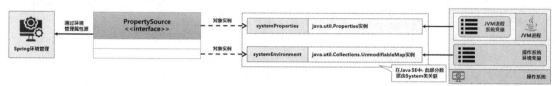

图 6-6　系统属性管理

为便于后续的扩展，ConfigurableEnvironment 采用接口进行定义，继承结构如图 6-7 所示。这样在获取对应的系统属性信息时就需要通过该接口的实现子类 StandardEnvironment 来获取实例化对象，下面通过一个具体的范例进行演示。

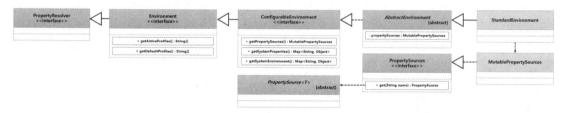

图 6-7　Environment 继承结构

范例：获取操作系统与 JVM 进程有关的变量信息

```
package com.yootk.main;
public class SpringEnvironment {
    public static final Logger LOGGER = LoggerFactory
            .getLogger(SpringEnvironment.class);                // 日志记录对象
    public static void main(String[] args) {
        StandardEnvironment environment = new StandardEnvironment(); // 获取标准环境属性项
        MutablePropertySources sources = environment.getPropertySources(); // 获取属性源
        for (PropertySource source : sources) {                 // 属性源迭代
            LOGGER.info("{}: {}", source.getName(), source.getSource()); // 输出属性源
        }
    }
}
```

程序执行结果：

```
systemProperties : {java.specification.version=17, sun.cpu.isalist=amd64, java.class.version=61.0,...}
```

```
systemEnvironment: {USERDOMAIN_ROAMINGPROFILE...}
```

本程序通过 ConfigurableEnvironment 接口的子类 StandardEnvironment 获取了当前环境对象实例，随后通过 getPropertySources() 获取了当前全部的属性源信息，这样开发者就可以获取所需要的操作系统与 JVM 进程有关的变量信息。

ConfigurableEnvironment 属于 PropertyResolver 子接口，所以 ConfigurableEnvironment 接口还具有属性解析的功能，可以直接根据属性的名称获取其对应的内容。

范例：环境属性解析

```
package com.yootk.main;
public class SpringEnvironment {
   public static final Logger LOGGER = LoggerFactory
        .getLogger(SpringEnvironment.class);                    // 日志记录对象
   public static void main(String[] args) {
      PropertyResolver resolver = new StandardEnvironment();    // 获取环境配置
      LOGGER.info("【获取静态设置的JVM属性】JDK版本 = {}",
               resolver.getProperty("java.specification.version"));
      LOGGER.info("【获取动态设置的JVM属性】yootk = {}", resolver.getProperty("yootk"));
      LOGGER.info("【获取动态设置的JVM属性】edu = {}", resolver.getProperty("edu"));
   }
}
```

程序执行命令：

```
java com.yootk.main.SpringEnvironment
-Dyootk=沐言科技：www.yootk.com -Dedu=李兴华高薪就业编程训练营：edu.yootk.com
```

程序执行结果：

```
【获取静态设置的JVM属性】JDK版本 = 17
【获取动态设置的JVM属性】yootk = 沐言科技：www.yootk.com
【获取动态设置的JVM属性】edu = 李兴华高薪就业编程训练营：edu.yootk.com
```

本程序在启动时通过 "-D 属性名称=属性内容" 的形式设置了两个动态的 JVM 属性项，由于所有的 JVM 属性项都会交由 ConfigurableEnvironment 管理，因此可以直接根据属性名称获取其对应的属性内容。

6.2.2 Environment 与 Profile 管理

Environment 与 Profile 管理

视频名称　0605_【理解】Environment 与 Profile 管理

视频简介　Spring 支持对多环境的管理，而多环境的管理是基于 Environment 接口实现的。本视频通过原生代码的形式，为读者分析基于 Annotation 启动的应用上下文的使用，以及配置类的动态注册与 Profile 切换管理。

为了便于不同运行环境的管理，系统必然会提供不同的 Profile 环境（如开发环境、生产环境等），为了管理这些不同的 Profile 环境，在 Spring 中可通过 "@Profile" 注解提供相关的配置类，而后利用 "@ActiveProfiles" 注解选择默认激活的 Profile 环境，如图 6-8 所示。

图 6-8　Profile 配置

在实际使用中，Spring 一般都会提供一个核心的 Spring 配置文件，而后基于该配置文件启动 Spring 容器。如果此时不希望以配置文件的方式启动，则可以通过 AnnotationConfigApplicationContext 子类启动 Spring 容器，而后通过该容器获取当前的 ConfigurableEnvironment 接口实例，以达到 Profile 配置的目的。为便于读者理解，下面通过具体的步骤对这一功能进行实现。

(1) 本次将通过程序实现一个 Message 类的对象实例的注入，为简化操作，该类只提供一个 path 属性。

```
package com.yootk.bean.vo;
public class Message {
   private String path;
   // Setter、Getter、无参构造方法略
}
```

(2) 定义一个 Bean 配置类，该类提供多个 Message 实例化对象的获取方法，并且为每个方法定义不同的 Profile。

```
package com.yootk.bean;
@Configuration                                      // 自定义Bean配置类
public class YootkProfileConfig {
   @Bean                                            // Bean注册
   @Profile("dev")                                  // Profile配置
   public Message devMessage() {                    // 返回Bean实例
      Message message = new Message();              // 对象实例化
      message.setPath("dev/yootk.com");             // 为对象属性配置数据
      return message;                               // 返回实例化对象
   }
   @Bean                                            // Bean注册
   @Profile("test")                                 // Profile配置
   public Message testMessage() {                   // 返回Bean实例
      Message message = new Message();              // 对象实例化
      message.setPath("product/yootk.com");         // 为对象属性配置数据
      return message;                               // 返回实例化对象
   }
   @Bean                                            // Bean注册
   @Profile("product")                              // Profile配置
   public Message productMessage() {                // 返回Bean实例
      Message message = new Message();              // 对象实例化
      message.setPath("product/yootk.com");         // 为对象属性配置数据
      return message;                               // 返回实例化对象
   }
}
```

(3) 由于采用了注解的形式进行配置处理，不使用 Spring 配置文件，因此对于当前的应用就必须由开发者手动进行配置 Bean 的注册，并在注册完成后刷新当前的 Spring 容器，使配置 Bean 生效。

```
package com.yootk.main;
public class SpringAnnotationProfile {
   public static final Logger LOGGER = LoggerFactory
         .getLogger(SpringAnnotationProfile.class);  // 日志记录对象
   public static void main(String[] args) {
      AnnotationConfigApplicationContext ctx =
            new AnnotationConfigApplicationContext(); // 以注解形式启动Spring容器
      ctx.getEnvironment().setActiveProfiles("dev");  // 设置环境
      ctx.register(YootkProfileConfig.class);         // 加载配置类
      ctx.refresh();                                  // 刷新容器
      Message message = ctx.getBean(Message.class);   // 获取Bean对象
      LOGGER.info("获取message.path属性：{}", message.getPath()); // 属性获取
   }
}
```

程序执行结果：

获取message.path属性：dev/yootk.com

本程序采用手动的方式实现了注解配置类的处理。由于所有 Bean 的配置全部在 YootkProfileConfig 类中定义，因此需要开发者采用 register()方法进行配置类的注册，这样才可以针对不同的 Profile 注入正确的 Message 对象实例。本程序所采用的类的关联结构如图 6-9 所示。

6.2 Spring 运行环境管理

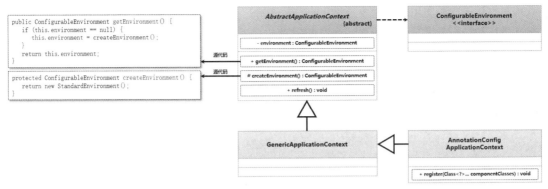

图 6-9　Annotation 管理 Profile 环境

6.2.3　ConversionService 转换服务

ConversionService
转换服务

视频名称　0606_【理解】ConversionService 转换服务
视频简介　在程序的开发中经常需要进行各类数据转换的处理，为便于用户灵活操作，Spring 内置了转换器。本视频为读者分析转换器的作用及相关接口的使用方法。

在进行资源文件、Spring 配置文件操作及注解定义时，所有设置的数据都会以字符串的形式存储。然而在 Spring 运行的过程中，这些字符串的数据都可以自动转为所需要的目标类型，从而实现属性的赋值处理，而这一处理机制的核心就是转换器，如图 6-10 所示。

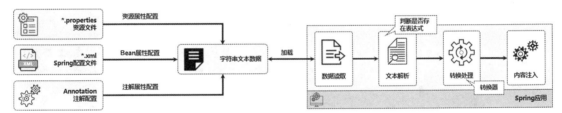

图 6-10　Spring 转换器

Spring 在设计时充分地考虑到了所有常用转换处理形式，为进行所有转换器的统一管理提供了一个 Converter 转换处理接口，而后根据此接口定义的标准提供了一系列的处理子类，如图 6-11 所示。

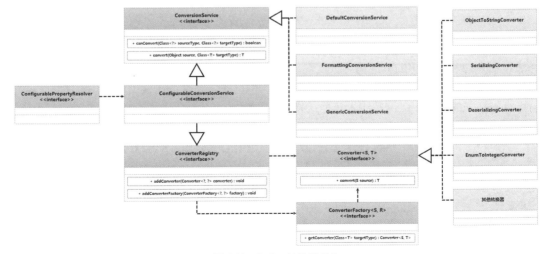

图 6-11　Spring 转换器结构

所有的转换器在使用时都需要通过 ConverterRegistry 接口进行注册，在 Spring 容器启动时，该接口会自动帮用户进行所有内置转换器的注册,同时如果用户有需要也可以创建属于自己的定制转换器。为了便于转换的处理，Spring 框架提供了一个 ConversionService 服务处理接口，利用该接口提供的 convert()方法即可实现转换操作。

范例：数据转换处理

```
package com.yootk.main;
public class SpringConversionService {
    public static final Logger LOGGER = LoggerFactory
            .getLogger(SpringConversionService.class);         // 日志记录对象
    public static void main(String[] args) {
        ConfigurableEnvironment environment = new StandardEnvironment();  // 实例化环境对象
        // LOGGER.info("Spring内置转换器: {}",
        //             environment.getConversionService());    // 输出全部的转换器
        Double number = environment.getConversionService()     // 获取转换器
                .convert("6.5", Double.class);                 // 数据转换
        LOGGER.info("数据转换后的数学计算: {}", number * 2);      // 数据输出
    }
}
```

程序执行结果：

数据转换后的数学计算：7.0

开发者可以通过 GenericConversionService 子类或 DefaultConversionService 子类来获取 ConversionService 接口的实例化对象，也可以通过 StandardEnvironment 中提供的 getConversionService()方法来获取。本程序直接通过环境对象获取了转换业务接口实例，并通过该接口提供的 convert()方法将字符串中的数字转为 double 数据类型。本程序所采用的类的关联结构如图 6-12 所示。

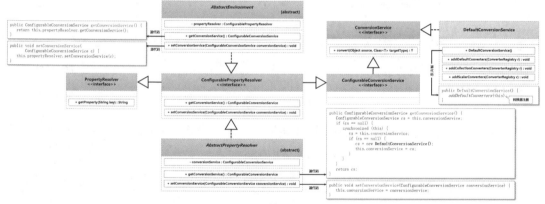

图 6-12 ConversionService 接口实例管理

通过图 6-12 中所给出的类结构可以发现，StandardEnvironment 类所获取到的 ConversionService 接口实例，是通过 DefaultConversionService 子类实例化的。同时，在该类对象实例化时，程序会进行默认转换器的注册，以满足注入数据转换处理的需要。

6.3　ApplicationContext 结构分析

ApplicationContext
继承结构

视频名称　0607_【理解】ApplicationContext 继承结构

视频简介　ApplicationContext 接口是 Spring 中的重要处理机制。本视频为读者分析该接口的基本使用流程，并通过 FileSystemApplicationContext 子类实现本地磁盘文件的配置解析。

6.3 ApplicationContext 结构分析

在 Spring 中，所有要使用的 Bean 对象都需要在 XML 文件中进行注册，而后 Spring 容器启动时，会对这些配置项进行解析，同时为了便于容器内的 Bean 对象的使用，会将这些对象存储在一个集合中，这样当用户需要某些对象时就可以利用 getBean()方法实现对象的引用，如图 6-13 所示。

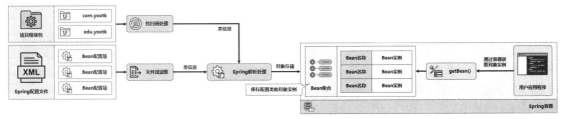

图 6-13 Spring 容器与 Bean 注册

在 Spring 中最为重要的就是其内置的 Spring 容器，而为了便于用户进行容器的处理操作，Spring 提供了 ApplicationContext 应用上下文接口，该接口的继承结构如图 6-14 所示。开发者可以利用该接口提供的方法进行容器相关信息的获取以及存储对象的访问。

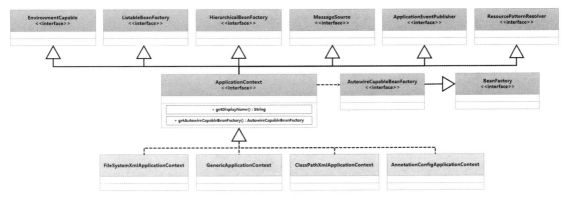

图 6-14 ApplicationContext 继承结构

通过图 6-14 所示的继承结构可以发现，Spring 容器的启动除了可以通过 ClassPathXmlApplicationContext 子类读取项目环境下的配置文件，也可以使用 FileSystemXml ApplicationContext 子类实现本地磁盘上的 Spring 配置文件的读取，如图 6-15 所示。

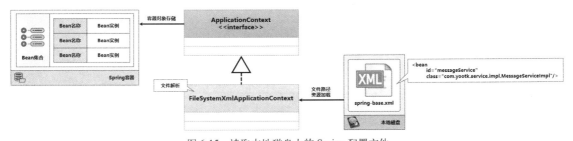

图 6-15 读取本地磁盘上的 Spring 配置文件

范例：读取本地磁盘上的配置文件

```
package com.yootk.main;
public class SpringApplicationContext {
    public static final Logger LOGGER = LoggerFactory
            .getLogger(SpringApplicationContext.class);    // 日志记录对象
    public static void main(String[] args) {
        ApplicationContext ctx = new FileSystemXmlApplicationContext(
                "d:\\spring-base.xml");                    // 读取本地磁盘中的配置文件
        IMessageService message = ctx.getBean("messageService",
```

87

```
            IMessageService.class);                    // 获取实例化对象
    LOGGER.info("调用IMessageService业务接口。{}",
            message.echo("沐言科技：www.yootk.com"));    // 业务调用与日志输出
    }
}
```

程序执行结果：

调用IMessageService业务接口。【ECHO】沐言科技：www.yootk.com

本程序在本地磁盘上实现了 Spring 配置文件的保存。由于此时的配置文件已经不在当前项目路径之中，因此需要通过 FileSystemXmlApplicationContext 类设置文件路径，而后才可以进行 Bean 对象的注册。

Spring 容器的启动和运行会经历一系列的处理步骤，而要想充分地理解这些处理步骤，就需要对 ApplicationContext 操作过程中的有关接口进行使用分析。下面来看每一个具体功能接口及其子类的使用。

6.3.1 EnvironmentCapable

视频名称　0608_【理解】EnvironmentCapable

视频简介　Environment 提供了当前应用环境支持。ApplicationContext 为便于环境的管理提供了 EnvironmentCapable 接口。本视频对这一接口的定义及使用进行分析。

为了便于不同应用环境的管理，Spring 提供了 Environment 等相关环境处理接口；而为了便于 ApplicationContext 管理环境实例，Spring 又提供了一个 EnvironmentCapable 接口，该接口的主要功能是获取 Environment 接口实例，其中相关的接口对象实例化以及继承结构如图 6-16 所示。

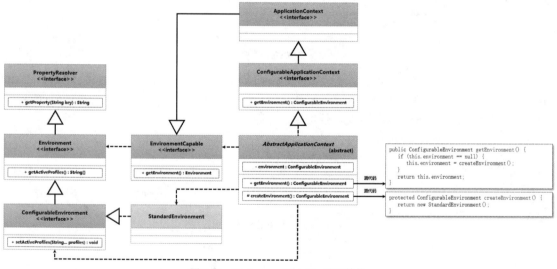

图 6-16　EnvironmentCapable 继承结构

通过图 6-16 所示的继承结构可以发现，AbstractApplicationContext 类覆写了 getEnvironment() 方法，同时在该方法内部通过 createEnvironment() 方法创建了 StandardEnvironment 对象实例并返回，这样就可以在 ApplicationContext 对象中维护 Environment 对象实例。

范例：通过 EnvironmentCapable 获取应用上下文环境

```
package com.yootk.main;
public class SpringApplicationContext {
    public static final Logger LOGGER = LoggerFactory
            .getLogger(SpringApplicationContext.class);    // 日志记录对象
```

```
public static void main(String[] args) throws Exception {
    ConfigurableApplicationContext ctx =
        new ClassPathXmlApplicationContext("spring/spring-base.xml");    // 应用上下文
    ConfigurableEnvironment environment = ctx.getEnvironment();          // 获取环境实例
    LOGGER.info("当前使用的JDK版本：{}",
        environment.getProperty("java.specification.version"));          // 获取系统属性
    }
}
```

程序执行结果：

当前使用的JDK版本：17

由于 ConfigurableApplicationContext 接口对 EnvironmentCapable 接口中的 getEnvironment() 方法进行了覆写，因此本程序通过 ConfigurableApplicationContext 接口保存了上下文对象，这样就可以返回 ConfigurableEnvironment 接口实例，并利用该接口提供的 getProperty() 方法获取当前系统中的 JVM 属性内容。

6.3.2 ApplicationEventPublisher 事件发布器

ApplicationEventPublisher
事件发布器

视频名称　0609_【理解】ApplicationEventPublisher 事件发布器

视频简介　事件型驱动应用是解耦合设计的常见做法，Spring 对 Java 已有的事件处理模型做了进一步的简化处理。本视频将通过 ApplicationEventPublisher 接口对这一扩展功能进行实际范例分析。

为了便于程序结构的扩展，Java 提供了事件处理支持，开发者通过 EventObject 类即可自定义事件类型，随后通过 EventListener 进行事件监听处理。Spring 沿用了此种处理模式，基于 EventObject 扩展了 ApplicationEvent 事件类，基于 EventListener 扩展了 ApplicationListener 事件监听，实现结构如图 6-17 所示。

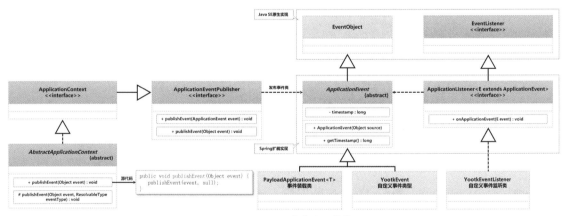

图 6-17　Spring 事件处理结构

在进行事件处理的过程中，核心操作之一是由 AbstractApplicationContext 类定义的 publishEvent() 方法完成的，该方法定义的源代码如下。

范例：AbstractApplicationContext.publishEvent() 方法源代码

```
private Set<ApplicationEvent> earlyApplicationEvents;           // 事件集合
private ApplicationContext parent;                              // 父容器
protected void publishEvent(Object event, @Nullable ResolvableType eventType) {
    ApplicationEvent applicationEvent;                          // 事件类型
    if (event instanceof ApplicationEvent) {                    // 对象类型判断
        applicationEvent = (ApplicationEvent) event;            // 转为事件类型
    } else {                                                    // 不属于ApplicationEvent
        // 将当前获取到的事件保存在PayloadApplicationEvent事件类中（该类为系统提供子类）
```

```
        applicationEvent = new PayloadApplicationEvent<>(this, event, eventType);
        if (eventType == null) {                             // 事件类型为空
            eventType = ((PayloadApplicationEvent<?>) applicationEvent).getResolvableType();
        }
    }
    if (this.earlyApplicationEvents != null) {               // 容器启动时事件集合可能为空
        this.earlyApplicationEvents.add(applicationEvent);   // 事件存储，等待统一广播
    } else {                                                 // 事件发布处理
        getApplicationEventMulticaster().multicastEvent(applicationEvent, eventType);
    }
    if (this.parent != null) {                               // 存在父容器
        if (this.parent instanceof AbstractApplicationContext) {  // 类型判断
            ((AbstractApplicationContext) this.parent).publishEvent(event, eventType);
        } else { this.parent.publishEvent(event); }          // 父容器事件发布
    }
}
```

本程序会根据当前容器的启动状态来进行事件处理。如果发现事件集合不为空，则可以将当前事件保存在集合中，等待后续统一处理。如果此时容器还没有完成初始化，那么earlyApplicationEvents 集合可能为空，则直接通过 ApplicationEventMulticaster 类进行事件发布，相关处理结构如图 6-18 所示。

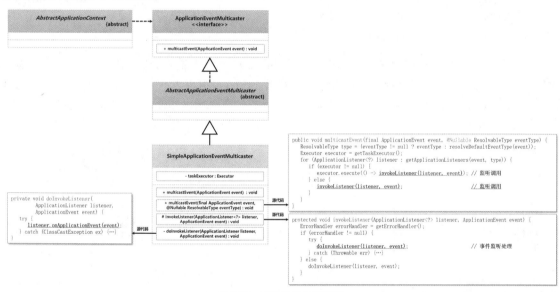

图 6-18 事件监听处理流程

ApplicationEventMulticaster 实现了事件的广播处理，而该接口的实现子类会利用 doInvokeListener()方法进行事件的绑定，绑定处理的方法就是 ApplicationListener 接口提供的 onApplicationEvent()。为便于读者理解事件的具体开发流程，下面通过一段完整的程序代码进行说明，实现步骤如下。

（1）【base 子模块】创建 YootkEvent 事件类。

```
package com.yootk.event;
public class YootkEvent extends ApplicationEvent {           // 自定义事件
    public YootkEvent(Object source) {                       // 传入事件源
        super(source);                                       // 调用父类构造
    }
}
```

（2）【base 子模块】创建事件监听类，每当接收到 YootkEvent，则进行事件处理。

```
package com.yootk.event.listener;
public class YootkEventListener implements ApplicationListener<YootkEvent> {  // 事件监听
```

```
private static final Logger LOGGER = LoggerFactory
        .getLogger(YootkEventListener.class);                    // 日志记录对象
@Override
public void onApplicationEvent(YootkEvent event) {               // 监听处理
    LOGGER.info("事件源：{}", event.getSource());                  // 日志输出
}
}
```

(3)【base 子模块】本次将通过 Annotation 实现 Spring 应用环境配置，定义一个 YootkEventConfig 配置类，在该类中通过"@Bean"注解向 Spring 容器注册一个事件监听类的实例。

```
package com.yootk.event.config;
@Configuration                                                    // 配置Bean
public class YootkEventConfig {
    @Bean                                                         // Bean注册
    public YootkEventListener listener() {                        // 事件监听类
        return new YootkEventListener();                          // 返回Bean实例
    }
}
```

(4)【base 子模块】通过 AnnotationConfigApplicationContext 启动 Spring 容器，并进行事件发布。

```
package com.yootk.main;
public class SpringApplicationContext {
    public static final Logger LOGGER = LoggerFactory
            .getLogger(SpringApplicationContext.class);           // 日志记录对象
    public static void main(String[] args) {
        AnnotationConfigApplicationContext context =
                new AnnotationConfigApplicationContext();         // 注解配置
        context.register(YootkEventConfig.class);                 // 注册配置Bean
        context.refresh();                                        // 刷新容器
        YootkEvent event = new YootkEvent("李兴华高薪就业编程训练营（edu.yootk.com）");
        context.publishEvent(event);                              // 事件发布
    }
}
```

程序执行结果：

事件源：李兴华高薪就业编程训练营（edu.yootk.com）

本程序手动实例化了一个 YootkEvent 事件类，随后通过 ApplicationContext 接口实例进行该事件的发布。在事件发布后，YootkEventListener 事件监听类会匹配该事件并进行相关处理。

6.3.3 MessageSource 与国际化资源管理

MessageSource 资源读取

视频名称　0610_【理解】MessageSource 资源读取

视频简介　为了便于程序的配置管理，开发者在开发中会大量使用资源文件，为此 Spring 提供了 MessageSource 接口以实现资源返回与国际化应用。本视频通过具体的应用范例，为读者分析资源数据读取与国际化资源使用配置。

在程序的设计与开发中，为了满足国际化项目运行的需要，开发者要将应用中的全部文字信息提取为一组资源文件，在使用时根据 key 读取对应的数据项，并且基于不同的区域设置返回不同的文本信息，如图 6-19 所示。

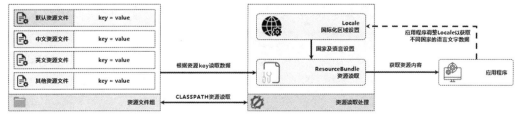

图 6-19　读取国际化资源

传统的 Java 开发使用 ResourceBundle 与 Locale 的整合实现国际化资源读取处理，而 Spring 对这一基础功能进行了包装，提供了 MessageSource 接口，以便统一资源读取操作，如图 6-20 所示。

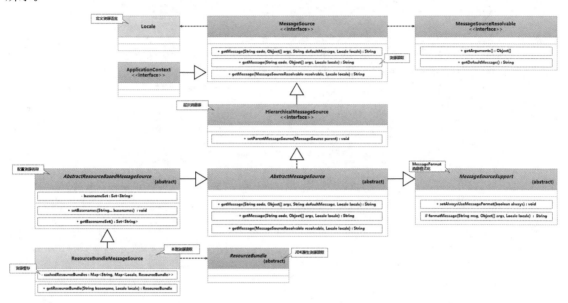

图 6-20　MessageSource 继承结构

MessageSource 之中最为重要的处理方法就是 getMessage()，操作时要通过 ResourceBundleMessageSource 子类进行父接口对象实例化，而最终的读取处理本质上也属于 ResourceBundle 的封装。下面通过具体的步骤进行这一操作的实现。

（1）【base 子模块】在 src/profiles/dev 目录下，创建 i18n.Message 国际化资源，同时为其设置中文资源和英文资源。

```
i18n/Message.properties:
yootk.site = www.yootk.com
i18n/Message_zh_CN.properties:
yootk.site = 沐言优拓：www.yootk.com
i18n/Message_en_US.properties:
yootk.site = YOOTK: www.yootk.com
```

（2）【base 子模块】获取 MessageSource 接口实例化对象，并根据 key 读取数据。

```
package com.yootk.main;
public class SpringApplicationContext {
    public static final Logger LOGGER = LoggerFactory
            .getLogger(SpringApplicationContext.class);      // 日志记录对象
    public static void main(String[] args) throws Exception {
        ResourceBundleMessageSource messageSource = new ResourceBundleMessageSource();
        messageSource.setBasenames("i18n.Message");          // 资源名称
        LOGGER.info("【Message默认资源】yootk.site = {}",
                messageSource.getMessage("yootk.site", null, null));  // 数据读取
        LOGGER.info("【Message中文资源】yootk.site = {}",
                messageSource.getMessage("yootk.site", null, new Locale("zh", "CN")));
        LOGGER.info("【Message英文资源】yootk.site = {}",
                messageSource.getMessage("yootk.site", new String[] {},
                        new Locale("en", "US")));             // 数据读取
    }
}
```

程序执行结果：

```
【Message默认资源】yootk.site = 沐言优拓：www.yootk.com
```

【Message中文资源】yootk.site = 沐言优拓: www.yootk.com
【Message英文资源】yootk.site = YOOTK: www.yootk.com

本程序利用 ResourceBundleMessageSource 实例化对象，首先通过 setBasenames()方法定义了要读取资源的名称，随后通过 key 以及 Locale 的配置实现了不同资源文件的读取。

> **注意**：MessageSource 资源缓存。
>
> 由于资源文件的内容一般不会改变，因此 MessageSource 使用 ConcurrentHashMap 对资源进行了缓存处理，这样可以提升资源返回的处理性能。在修改资源文件时，就需要重新启动 Spring 容器才可以加载新的资源项。

6.3.4 PropertyEditor 属性编辑器

视频名称　0611_【理解】PropertyEditor 属性编辑器
视频简介　属性的注入管理是 Spring 的重要技术支持，但是在实际的开发中属性的配置可能多种多样。为了便于属性内容的处理，Spring 提供了 PropertyEditor 属性编辑器。本视频讲解属性编辑器的作用，并进行具体的资源配置。

为了便于所有 Bean 对象的管理，Spring 开发中一般会使用资源文件来实现 Bean 属性内容的定义，随后在程序中可以利用"@Value(SpEL 表达式)"注解进行指定 key 属性的注入，如图 6-21 所示。如果此时要注入的只是普通的文本，那么直接注入即可；而如果此时为属性注入的文本需要进行处理并基于其他 Bean 的形式注入，那么就需要对当前的属性进行编辑，而后才可以成功注入。

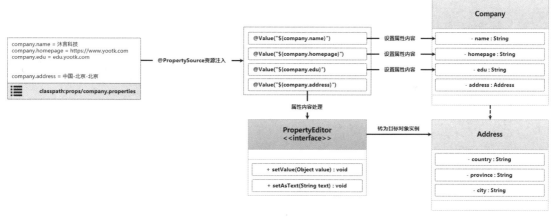

图 6-21　PropertyEditor 接口作用

现在假设在资源文件中定义了 Company 与 Address 这两个 Bean 的属性内容，Company 类包含 Address 类的引用，而在定义 Address 属性内容时采用了"国家-省份-城市"这样的组合结构。此时的数据是无法直接注入的，需要开发人员手动实例化 Address 对象，随后对这一文本数据进行拆分处理与属性赋值，才可以将 Address 对象实例注入 Company 对象实例。这就要对当前读取到的属性进行编辑处理。Spring 为了满足这一设计需求，提供了 PropertyEditor 操作接口，实际应用时的类关联结构如图 6-22 所示。开发者需要自定义属性编辑器处理类，随后利用 PropertyEditorRegistrar 进行属性编辑器的注入，属性编辑器才可以自动生效。为便于读者理解本操作，下面将通过一个完整的案例进行说明，具体实现步骤如下。

（1）【base 子模块】定义 Address 程序类，该类中的属性需要通过属性编辑器处理后注入。

```
package com.yootk.vo;
public class Address {
```

```java
    private String country;                                 // 属性定义（配置数据拆解后实现内容设置）
    private String province;                                // 属性定义（配置数据拆解后实现内容设置）
    private String city;                                    // 属性定义（配置数据拆解后实现内容设置）
    // Setter、Getter、无参构造方法略
    @Override
    public String toString() {
        return "【Address】国家： " + this.country + "、省份： " +
                this.province + "、城市： " + this.city;
    }
}
```

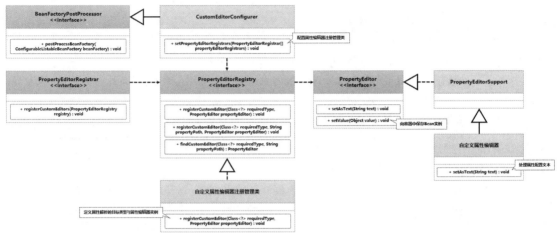

图 6-22 自定义属性编辑器

（2）【base 子模块】定义 Company 程序类，该类除了提供普通属性，还提供 Address 的实例引用。

```java
package com.yootk.vo;
public class Company {
    @Value("${company.name}")                               // Profile资源注入
    private String name;                                    // 属性定义
    @Value("${company.homepage}")                           // Profile资源注入
    private String homepage;                                // 属性定义
    @Value("${company.edu}")                                // Profile资源注入
    private String edu;                                     // 属性定义
    @Value("${company.address}")                            // Profile资源注入
    private Address address;                                // 属性定义
    // Setter、Getter、无参构造方法略
    @Override
    public String toString() {
        return "【Company】公司名称： " + this.name + "、公司主页： " +
                this.homepage + "、编程训练营： " + this.edu;
    }
}
```

（3）【base 子模块】在 src/main/resources 源代码目录下创建 "props/company.properties"。

```
company.name = 沐言科技
company.homepage = https://www.yootk.com
company.edu = edu.yootk.com
company.address = 中国-北京-北京
```

（4）【base 子模块】创建 AddressPropertyEdit 属性编辑器，为简化处理，可以直接继承 PropertyEditorSupport 父类。

```java
package com.yootk.editor;
public class AddressPropertyEdit extends PropertyEditorSupport {    // 属性解析支持
    @Override
```

```java
public void setAsText(String text) throws IllegalArgumentException { // 文本设置
   String result[] = text.split("-");                // 字符串拆分
   Address address = new Address();                  // 实例化Address对象
   address.setCountry(result[0]);                    // 设置国家
   address.setProvince(result[1]);                   // 设置省份
   address.setCity(result[2]);                       // 设置城市
   super.setValue(address);                          // 设置对象数据
  }
}
```

(5)【base 子模块】创建 AddressPropertyEditorRegistrar 属性编辑器注册管理类,并注册 AddressPropertyEdit 属性编辑器。

```java
package com.yootk.editor;
public class AddressPropertyEditorRegistrar implements PropertyEditorRegistrar {
  @Override
  public void registerCustomEditors(PropertyEditorRegistry registry) { // 注册属性编辑器
    registry.registerCustomEditor(Address.class, new AddressPropertyEdit());
  }
}
```

(6)【base 子模块】创建 CompanyConfiguration 配置类,在该类中实现属性编辑器的注册管理。

```java
package com.yootk.config;
@Configuration
@PropertySource("classpath:props/company.properties")    // 资源路径
public class CompanyConfiguration {
  @Bean                                                  // 注册Bean
  public Company company() {
    return new Company();
  }
  @Bean
  public CustomEditorConfigurer customerEditorConfigurer() { // 编辑器配置
    CustomEditorConfigurer customerEditorConfigurer =
             new CustomEditorConfigurer();                   // 编辑器配置类
    customerEditorConfigurer.setPropertyEditorRegistrars(
       new PropertyEditorRegistrar[]{
             new AddressPropertyEditorRegistrar()});         // 注册编辑器
    return customerEditorConfigurer;
  }
}
```

(7)【base 子模块】刷新 Spring 上下文,获取 Company 与 Address 对象实例。

```java
package com.yootk.main;
public class SpringApplicationContext {
  public static final Logger LOGGER = LoggerFactory
          .getLogger(SpringApplicationContext.class);   // 日志记录对象
  public static void main(String[] args) throws Exception {
    AnnotationConfigApplicationContext context =
             new AnnotationConfigApplicationContext();
    context.scan("com.yootk.config");                   // 扫描包
    context.refresh();                                  // 刷新上下文
    Company company = context.getBean(Company.class);   // 获取Bean实例
    LOGGER.info("{}", company);                         // 日志输出
    LOGGER.info("{}", company.getAddress());            // 日志输出
  }
}
```

程序执行结果:
【Company】公司名称:沐言科技、公司主页:https://www.yootk.com、编程训练营:edu.yootk.com
【Address】国家:中国、省份:北京、城市:北京

由于项目中存在属性编辑器,因此在进行指定属性内容注入时,会自动根据属性编辑器中的定义对文本进行处理,并将文本转为目标对象返回,以实现最终的对象注入管理。

6.4 Bean 生命周期管理

Bean 的初始化与销毁

视频名称 0612_【理解】Bean 的初始化与销毁
视频简介 为了便于对象的管理，Spring 扩充了传统 Java 对象的生命周期操作，提供了自定义生命周期的初始化与销毁操作。本视频通过范例为读者讲解如何基于 Spring 配置文件实现自定义生命周期方法的使用与触发管理。

Java 原生语言的设计考虑到了类对象初始化以及对象回收时的资源释放问题，所以提供了构造方法以及回收操作，但是这些处理全部属于 JVM 管理范畴。Spring 框架在设计时，考虑到了 Bean 的管理机制，所以进行了 Bean 生命周期处理形式的扩充，用户可以根据自己的需要定义 Spring 容器下的初始化与回收操作，如图 6-23 所示。

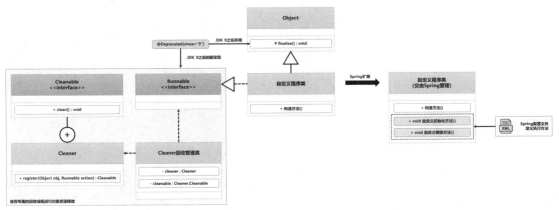

图 6-23 Spring 初始化与回收管理

在 Spring 容器管理下的 Bean 初始化与回收操作，可以由开发者根据自身需要自定义方法，而这些方法要想生效则必须通过 Spring 配置文件进行声明。程序在 ApplicationContext 启动时会自动调用初始化处理，而在容器销毁或关闭时则自动调用销毁方法处理。为了便于读者理解本次操作，下面通过具体的步骤对这一功能进行实现。

(1)【base 子模块】创建一个 MessageListener 工具类，在该类中自定义初始化与销毁方法。

```
package com.yootk.listener;
public class MessageListener {                               // 自定义消息监听处理
    private static final Logger LOGGER = LoggerFactory
        .getLogger(MessageListener.class);                   // 日志记录对象
    public void onReceive(String msg) {                      // 接收到消息
        LOGGER.info("【接收到新消息】{}", msg);                // 日志输出
    }
    public void openChannel() {                              // 开启消息监听通道
        LOGGER.info("【通道连接】服务器消息通道建立成功。");
    }
    public void closeChannel() {                             // 关闭消息监听通道
        LOGGER.info("【通道关闭】断开服务器连接，关闭消息监听服务。");
    }
}
```

(2)【base 子模块】修改 spring/spring-base.xml 配置文件，定义 Bean 的初始化与销毁方法，此时的方法由用户自定义。

```
<bean id="messageListener" class="com.yootk.listener.MessageListener"
    init-method="openChannel" destroy-method="closeChannel"/>
```

(3)【base 子模块】通过 ClassPathXmlApplicationContext 启动 Spring 容器。

6.4 Bean 生命周期管理

```
package com.yootk.main;
public class SpringApplicationContext {
    public static final Logger LOGGER = LoggerFactory
            .getLogger(SpringApplicationContext.class);       // 日志记录对象
    public static void main(String[] args) throws Exception {
        ClassPathXmlApplicationContext context =
                new ClassPathXmlApplicationContext("spring/spring-base.xml");
        MessageListener messageListener = context.getBean(MessageListener.class);
        for (int x = 0; x < 3; x++) {                          // 循环消息处理
            messageListener.onReceive("沐言科技：www.yootk.com");  // 接收消息
            TimeUnit.SECONDS.sleep(1);                         // 操作延迟
        }
        context.registerShutdownHook();                        // 调用销毁处理
        // context.close();                                    // 关闭上下文也调用销毁处理
    }
}
```

程序执行结果：
【通道连接】服务器消息通道建立成功。
【接收到新消息】沐言科技：www.yootk.com
【接收到新消息】沐言科技：www.yootk.com
【接收到新消息】沐言科技：www.yootk.com
【通道关闭】断开服务器连接，关闭消息监听服务。

此时的 MessageListener 由于已经在 spring-base.xml 中配置了初始化与销毁处理方法，因此当 Spring 容器启动时会自动调用 "init-method" 配置项定义的 openChannel() 方法做初始化处理。而在容器关闭（调用 close() 方法）或者执行注册销毁回调操作时（调用 registerShutdownHook() 方法），Spring 容器也会自动调用 close() 方法进行 Bean 的资源释放处理。通过图 6-24 所示的结构可以发现，两个容器销毁方法最终都会执行 doClose() 方法进行容器关闭处理。

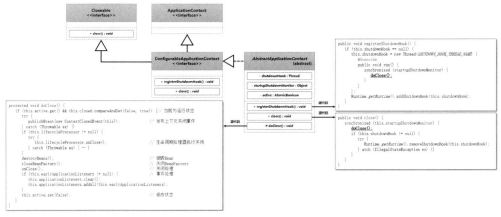

图 6-24 注册关闭回调与容器关闭处理

> 提示："@Bean"注解配置。
>
> @Bean 注解定义中有 initMethod 与 destroyMethod 两个配置属性，这两个属性分别对应着初始化方法与销毁方法，其功能与 XML 配置文件方法相同，有兴趣的读者可以自行实验。

6.4.1 InitializingBean 和 DisposableBean

InitializingBean 和 DisposableBean

视频名称　0613_【理解】InitializingBean 和 DisposableBean

视频简介　XML 配置文件的方式虽然方便简单，但是所定义的初始化和销毁处理并不符合程序开发的规范，所以 Spring 提供了 InitializingBean 初始化接口与 DisposableBean 销毁接口。本视频通过范例为读者分析这两个接口存在的意义与具体使用方法。

Bean 的初始化与销毁操作，极大地丰富了 Bean 的生命周期控制，但是传统的实现方式是基于 XML 文件进行配置定义的。这样的配置方式虽然灵活，但是降低了程序代码的可读性，同时使得代码的维护出现困难。

现代 Spring 开发已经不再提倡基于 XML 的配置方式进行处理了，此时要想实现同样的生命周期控制，就需要使用 InitializingBean（Bean 初始化操作接口）与 DisposableBean（Bean 销毁操作接口），如图 6-25 所示。下面将通过具体的步骤讲解这两个接口的使用方法。

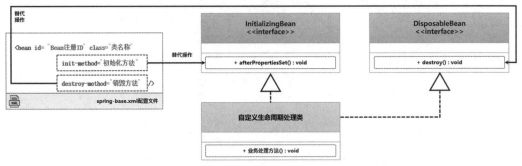

图 6-25　Spring 提供的初始化与销毁操作接口

(1)【base 子模块】使用 Spring 内置接口定义生命周期控制类。

```
package com.yootk.listener;
@Component                                          // Bean注册
public class MessageListener
        implements InitializingBean, DisposableBean {   // 自定义消息监听处理
    private static final Logger LOGGER = LoggerFactory
            .getLogger(MessageListener.class);          // 日志记录对象
    public void onReceive(String msg) {                 // 接收到消息
        LOGGER.info("【接收到新消息】{}", msg);            // 日志输出
    }
    @Override
    public void afterPropertiesSet() throws Exception { // 初始化处理
        LOGGER.info("【通道连接】服务器消息通道建立成功。");
    }
    @Override
    public void destroy() throws Exception {            // 销毁处理
        LOGGER.info("【通道关闭】断开服务器连接，关闭消息监听服务。");
    }
}
```

(2)【base 子模块】通过 AnnotationConfigApplicationContext 启动 Spring 容器，并设置扫描包。

```
package com.yootk.main;
public class SpringApplicationContext {
    public static final Logger LOGGER = LoggerFactory
            .getLogger(SpringApplicationContext.class);     // 日志记录对象
    public static void main(String[] args) throws Exception {
        AnnotationConfigApplicationContext context =
                new AnnotationConfigApplicationContext();   // 注解配置
        context.scan("com.yootk.listener");                 // 定义扫描包
        context.refresh();                                  // 刷新容器
        MessageListener messageListener = context.getBean(MessageListener.class);
        for (int x = 0; x < 3; x++) {                       // 循环消息处理
            messageListener.onReceive("沐言科技：www.yootk.com"); // 消息接收
            TimeUnit.SECONDS.sleep(1);                      // 操作延迟
        }
        context.close();                                    // 容器停止
    }
}
```

程序执行结果：
【通道连接】服务器消息通道建立成功。
【接收到新消息】沐言科技：www.yootk.com
【接收到新消息】沐言科技：www.yootk.com
【接收到新消息】沐言科技：www.yootk.com
【通道关闭】断开服务器连接，关闭消息监听服务。

此时的 MessageListener 基于"@Component"注解实现了 Spring 中的 Bean 注册操作，基于注解方式启动的 Spring 容器就需要通过 scan()设置扫描包，而后程会自动调用 MessageListener 中的 afterPropertiesSet()方法进行 Bean 初始化处理，容器关闭时调用 destroy()释放资源。

6.4.2 JSR 250 注解管理生命周期

JSR 250 注解管理生命周期

视频名称　0614_【理解】JSR 250 注解管理生命周期

视频简介　为了进一步满足解耦合的设计需求，Spring 支持 JSR 250 的注解规范，这样就避免了严格的接口实现要求。本视频通过实际范例为读者分析核心注解的使用方法，同时讲解"@Autowired"与"@Resource"注解的区别。

为了规范生命周期的管理操作，Spring 提供了 InitializingBean 和 DisposableBean 两个接口，参与 Spring 生命周期控制的类需要强制性地实现这两个接口才可以触发相应的生命周期方法，而这样的操作模型是 Spring 的早期实现。JDK 1.5 以后 Spring 增加了注解支持，为类中的某些方法定义注解后，就可以进行生命周期的处理操作。下面通过具体的步骤进行使用说明。

(1)【yootk-spring 项目】JDK 1.8 以后默认不再提供 JSR 250 标准的相关程序库，所以在使用前需要修改 build.gradle 配置文件，为 base 子模块添加新的依赖支持。

```
implementation('jakarta.annotation:jakarta.annotation-api:2.1.0')
```

(2)【base 子模块】修改 MessageListener，在类中相应的方法中添加注解（此时不再需要 spring-base.xml 文件）。

```
package com.yootk.listener;
@Component                                              // Bean注册
public class MessageListener {                          // 自定义消息监听处理
   private static final Logger LOGGER = LoggerFactory
         .getLogger(MessageListener.class);             // 日志记录对象
   public void onReceive(String msg) {                  // 接收到消息
      LOGGER.info("【接收到新消息】{}", msg);              // 日志输出
   }
   @PostConstruct
   public void openChannel() {                          // 开启消息监听通道
      LOGGER.info("【通道连接】服务器消息通道建立成功。");
   }
   @PreDestroy
   public void closeChannel() {                         // 关闭消息监听通道
      LOGGER.info("【通道关闭】断开服务器连接，关闭消息监听服务。");
   }
}
```

(3)【base 子模块】定义启动类，基于 AnnotationConfigApplicationContext 类定义注解配置上下文，并设置扫描包。

```
package com.yootk.main;
public class SpringApplicationContext {
   public static final Logger LOGGER = LoggerFactory
         .getLogger(SpringApplicationContext.class);    // 日志记录对象
   public static void main(String[] args) throws Exception {
      AnnotationConfigApplicationContext context =
            new AnnotationConfigApplicationContext();   // 注解配置
      context.scan("com.yootk.listener");               // 定义扫描包
      context.refresh();                                // 刷新容器
      MessageListener messageListener = context.getBean(MessageListener.class);
```

```
        for (int x = 0; x < 3; x++) {                              // 循环消息处理
            messageListener.onReceive("沐言科技: www.yootk.com");   // 消息接收
            TimeUnit.SECONDS.sleep(1);                              // 操作延迟
        }
        context.close();                                            // 容器关闭
    }
}
```

程序执行结果：

【通道连接】服务器消息通道建立成功。
【接收到新消息】沐言科技：www.yootk.com
【接收到新消息】沐言科技：www.yootk.com
【接收到新消息】沐言科技：www.yootk.com
【通道关闭】断开服务器连接，关闭消息监听服务。

本程序中的 MessageListener 没有强制要求实现任何接口，而是直接使用几个注解方便地实现了生命周期的操作控制，这样的开发结构更加便于程序的维护。

> 提示："@Resource" 与 "@Autowired" 注解的区别。
>
> 在使用 JDK 8 进行 Spring 开发时，Bean 的注入管理可以使用 "@Resource" 注解实现。这个注解最大的优势在于，Bean 类型相同但是名称不同时，可以直接指定注入资源的名称。然而 JDK 9 以后，默认不再提供 JSR 250 规范支持库，所以要使用 "@Autowired + @Qualifier" 注解。

6.4.3 Lifecycle 生命周期处理规范

Lifecycle 生命周期处理规范

视频名称　0615_【理解】Lifecycle 生命周期处理规范
视频简介　Lifecycle 是 Spring 2.0 提出的生命周期控制接口，该接口定义了 Bean 的初始化与销毁操作规范，并且可与 Spring 容器紧密结合。本视频通过实际的应用范例，为读者分析该接口的具体应用。

Bean 的生命周期受容器控制，所以，为了进一步规范这种容器管理的机制，Spring 2.0 增加了 Lifecycle 生命周期控制接口，该接口除了定义初始化与销毁的方法，还提供 Bean 运行状态的判断，而后依据该状态来决定当前的 Bean 是否要执行初始化或销毁的处理，如图 6-26 所示。

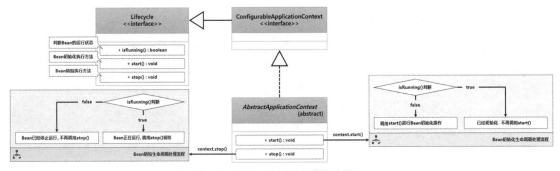

图 6-26　Lifecycle 生命周期控制接口

启动 Spring 容器时使用的 AnnotationConfigApplicationContext 类或 ClassPathXmlApplicationContext 类，本质上都属于 AbstractApplicationContext 抽象类的实现子类。同时 AbstractApplicationContext 也实现了 Lifecycle 生命周期控制方法，通过上下文对象实例调用 start() 方法则会进行 Bean 的初始化处理，而调用 stop() 方法则会进行 Bean 的销毁处理。下面通过具体的代码进行使用分析。

（1）【base 子模块】定义 MessageListener 消息监听类并实现 Lifecycle 接口。

```
package com.yootk.listener;
```

6.4 Bean 生命周期管理

```java
@Component                                              // Bean注册
public class MessageListener implements Lifecycle {     // 自定义消息监听处理
   private static final Logger LOGGER = LoggerFactory
         .getLogger(MessageListener.class);             // 日志记录对象
   private boolean running = false;                     // 运行状态
   public void onReceive(String msg) {                  // 接收到消息
      LOGGER.info("【接收到新消息】{}", msg);            // 日志输出
   }
   @Override
   public void start() {                                // 启动时处理
      LOGGER.info("【通道连接】服务器消息通道建立成功。");
      this.running = true;                              // 设置运行状态
   }
   @Override
   public void stop() {                                 // 关闭时处理
      this.running = false;                             // 修改运行状态
      LOGGER.info("【通道关闭】断开服务器连接，关闭消息监听服务。");
   }
   @Override
   public boolean isRunning() {                         // 运行状态判断
      return this.running;
   }
}
```

为了模拟实际的业务环境，MessageListener 实现类中定义了一个 running 属性。该属性的默认值为 false，所以在 Bean 初始化时，isRunning()返回的内容就是 false，表示要调用 start()方法。而在 Bean 销毁时，也会根据 isRunning()的返回值进行判断，返回 true 表示当前的 Bean 仍在运行，则会通过 stop()方法进行销毁处理。

(2)【base 子模块】此时的 Bean 采用了注解配置，使用 AnnotationConfigApplicationContext 定义 Spring 上下文，随后设置扫描包，并调用 start()方法触发初始化操作。

```java
package com.yootk.main;
public class SpringApplicationContext {
   public static final Logger LOGGER = LoggerFactory
         .getLogger(SpringApplicationContext.class);    // 日志记录对象
   public static void main(String[] args) throws Exception {
      AnnotationConfigApplicationContext context =
            new AnnotationConfigApplicationContext();   // 注解配置
      context.scan("com.yootk.listener");               // 定义扫描包
      context.refresh();                                // 刷新容器
      context.start();                                  // 容器启动
      new Thread(() -> {
         MessageListener messageListener = context.getBean(MessageListener.class);
         while (context.isRunning()) {                  // 容器处于运行状态
            messageListener.onReceive("沐言科技: www.yootk.com");
            try {
               TimeUnit.SECONDS.sleep(1);               // 消息延迟处理
            } catch (InterruptedException e) {}
         }
      }).start();
      TimeUnit.SECONDS.sleep(3);                        // 让子线程运行3s
      context.stop();                                   // 容器停止
   }
}
```

程序执行结果：
【通道连接】服务器消息通道建立成功。
【接收到新消息】沐言科技: www.yootk.com
【接收到新消息】沐言科技: www.yootk.com
【接收到新消息】沐言科技: www.yootk.com

【通道关闭】断开服务器连接，关闭消息监听服务。

为了便于读者理解容器与 Bean 之间的独立关系，本程序使用了一个专属的线程进行 MessageListener 类中的业务方法调用，而主线程通过 start()进行 Bean 初始化的触发，运行一段时间后通过 stop()方法进行 Bean 销毁的触发，在 Bean 销毁后子线程中的操作也将结束。

6.4.4 SmartLifecycle 生命周期扩展

视频名称　0616_【理解】SmartLifecycle 生命周期扩展

视频简介　项目开发中一般会存在若干个不同的 Bean，为了可以对不同的 Bean 进行有效的生命周期维护，Spring 提供了 SmartLifecycle 子接口。本视频分析该接口的组成特点，并且通过具体的范例讲解该接口的具体应用以及与上下文操作方法之间的关联。

Lifecycle 提供了基础的生命周期管理方法，然而在实际的项目中，可能若干个不同的 Bean 都需要生命周期的扩展处理。在这样的情况下，为了更好地编排多个 Bean 的生命周期方法的执行顺序，Spring 3.0 开始提供 SmartLifecycle 子接口，并提供生命周期控制的新方法，如图 6-27 所示。

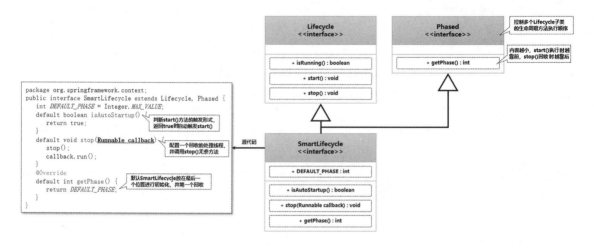

图 6-27　SmartLifecycle 生命周期扩展接口

范例：实现 SmartLifecycle 父接口

```
package com.yootk.listener;
@Component                                                      // Bean注册
public class MessageListener implements SmartLifecycle {        // 自定义消息监听处理
    private static final Logger LOGGER = LoggerFactory
            .getLogger(MessageListener.class);                  // 日志记录对象
    private boolean running = false;                            // 运行状态
    public void onReceive(String msg) {                         // 接收到消息
        LOGGER.info("【接收到新消息】{}", msg);                   // 日志输出
    }
    @Override
    public void start() {                                       // 启动时处理
        LOGGER.info("【start()】服务器消息通道建立成功。");
        this.running = true;                                    // 设置运行状态
    }
    @Override
    public void stop() {                                        // 关闭时处理
        this.running = false;                                   // 修改运行状态
        LOGGER.info("【stop()】断开服务器连接，关闭消息监听服务。");
```

```
}
@Override
public boolean isRunning() {                              // 运行状态判断
    return this.running;
}
@Override
public void stop(Runnable callback) {                     // 设置回收处理线程
    LOGGER.info("【stop(Runnable callback)】Bean销毁处理线程");
    new Thread(callback, "销毁线程").start();              // 线程启动
    this.stop();                                          // 销毁处理
}
@Override
public boolean isAutoStartup() {                          // 是否自动执行start()方法
    // 返回true：上下文对象调用refresh()方法时，会自动执行start()方法
    // 返回false：上下文对象必须显式地通过start()方法启动才会执行start()方法
    return true;
}
@Override   // 如果现在有多个SmartLifecycle处理Bean，则通过此方法来判断执行顺序
public int getPhase() {                                   // 执行阶段（顺序）
    return 1;    // 返回数值越小，start()方法执行时越靠前，stop()方法执行时越靠后
}
}
```

此时的 MessageListener 实现了 SmartLifecycle 扩展生命周期的处理接口，这样 ApplicationContext 对象就会根据当前类中的 isAutoStartup() 方法的返回值来判断是否要自动启动，并且在回收时也会先调用 stop(Runnable callback) 方法，开发者可以在这里指定回收处理线程并调用 stop() 方法进行销毁处理。

6.4.5　SmartInitializingSingleton 回调处理

视频名称　0617_【理解】SmartInitializingSingleton 回调处理

视频简介　SmartInitializingSingleton 接口是一种 Bean 自身的回调处理接口，在 Bean 单例配置的环境下，可以实现 Bean 初始化后的回调处理操作。本视频讲解该接口的具体应用。

在 Bean 对象的实例化生命周期的管理过程之中，由于不同的 Bean 在实例化后可能存在各自特殊的配置处理操作，因此为了统一该功能，Spring 提供了 SmartInitializingSingleton 接口。该接口主要应用于单例 Bean 的管理，开发者只需要在 afterSingletonsInstantiated() 方法中编写所需的回调操作即可自动执行。为便于理解，下面将基于图 6-28 所示的结构对这一接口的功能进行展示，具体实现步骤如下。

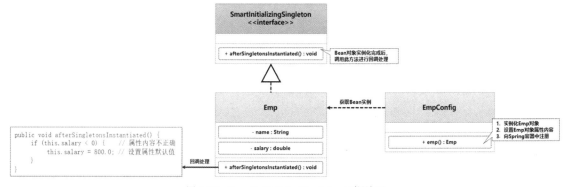

图 6-28　SmartInitializingSingleton 回调处理

> **注意**：SmartInitializingSingleton 只对单例 Bean 有效。
>
> 在 Spring 容器中注册的 Bean 默认情况下都属于单例结构，但是如果此时在 Bean 的定义中采用了原型结构（使用"@Scope("prototype")"注解），那么 SmartInitializingSingleton 接口将无法处理回调操作。

(1)【base 子模块】创建一个 Emp 数据类并实现 SmartInitializingSingleton 接口。

```java
package com.yootk.listener;
public class Emp implements SmartInitializingSingleton {   // 实例化后回调
    private static final Logger LOGGER = LoggerFactory
            .getLogger(Emp.class);                          // 日志记录对象
    private String ename;                                   // 雇员属性
    private double salary;                                  // 雇员属性
    // Setter、Getter、无参构造方法略
    @Override
    public void afterSingletonsInstantiated() {
        LOGGER.info("【属性修改前】salart = {}", this.salary); // 日志输出
        if (this.salary < 0) {                              // 属性内容不正确
            this.salary = 800.0;                            // 设置属性默认值
        }
        LOGGER.info("【属性修改后】salart = {}", this.salary); // 日志输出
    }
    @Override
    public String toString() {
        return "【Emp】姓名：" + this.ename + "、工资：" + this.salary;
    }
}
```

(2)【base 子模块】定义 EmpConfig 配置类，向容器中注册 Emp 类型的 Bean 实例，此时要采用单例模式。

```java
package com.yootk.listener.config;
@Configuration                                              // 配置注解
public class EmpConfig {                                    // 配置类
    @Bean                                                   // 向容器注册
    public Emp emp() {                                      // 返回Bean实例
        Emp emp = new Emp();                                // 对象实例化
        emp.setEname("李兴华");                              // 属性设置
        emp.setSalary(-33.3);                               // 属性设置
        return emp;                                         // 返回实例化对象
    }
}
```

(3)【base 子模块】实例化 Spring 容器并输出 Emp 对象。

```java
package com.yootk.main;
public class SpringApplicationContext {
    public static final Logger LOGGER = LoggerFactory
            .getLogger(SpringApplicationContext.class);     // 日志记录对象
    public static void main(String[] args) {
        AnnotationConfigApplicationContext context =
                new AnnotationConfigApplicationContext();
        context.scan("com.yootk.listener");                 // 扫描包
        context.refresh();                                  // 刷新上下文
        Emp emp = context.getBean(Emp.class);               // 获取Bean实例
        LOGGER.info("{}", emp);                             // 日志输出
    }
}
```

程序执行结果：

```
com.yootk.listener.Emp - 【属性修改前】salart = -33.3
com.yootk.listener.Emp - 【属性修改后】salart = 800.0
com.yootk.main.SpringApplicationContext - 【Emp】姓名：李兴华、工资：800.0
```

通过当前的运行结果可以发现,由于在 EmpConfig 配置类中所设置的 salary 属性不符合规范,因此该内容在 Emp 类中会被 afterSingletonsInstantiated() 回调方法修改。

6.5 BeanDefinitionReader

BeanDefinition
Reader 简介

视频名称　0618_【理解】BeanDefinitionReader 简介
视频简介　基于 XML 配置模式启动的 Spring 容器,需要对 XML 文件进行解析处理,为了实现标准化处理,Spring 提供 BeanDefinitionReader 接口。本视频对该接口的功能进行介绍,同时分析该接口的关联结构以及常用方法。

Spring 在使用 XML 文件进行配置定义时,所有需要注入的 Bean 实例都需要通过"<bean>"标签进行定义,W3C 提供了文档对象模型(Document Object Model,DOM)解析标准,而 Spring 考虑到满足自身要求的 XML 文件读取机制,提供了一套自己的 XML 解析标准,同时该标准兼容 JDK 提供的 DOM 和 XML 简单应用程序接口(Simple API for XML,SAX)解析处理模型。在 Spring 提供的解析标准中最为重要的就是 BeanDefinitionReader 接口,该接口的关联结构如图 6-29 所示。

可以发现,该接口主要与 Resource 资源有关(通过 Resource 绑定要解析的 XML 配置文件),但是该接口并不会完成 XML 配置文件的解析处理,只实现了核心配置项的数量统计,并为具体的解析处理提供必要的支持。该接口定义的方法如表 6-4 所示。

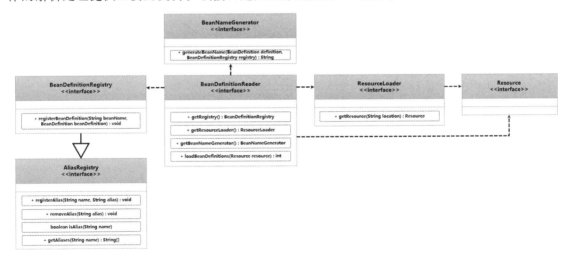

图 6-29　BeanDefinitionReader 关联结构

表 6-4　BeanDefinitionReader 接口定义的方法

序号	方法	类型	描述
1	public BeanDefinitionRegistry getRegistry()	普通	获取 Bean 定义注册器
2	public ResourceLoader getResourceLoader()	普通	返回当前的 ResourceLoader 接口实例
3	public ClassLoader getBeanClassLoader()	普通	返回当前使用的类加载器
4	public BeanNameGenerator getBeanNameGenerator()	普通	返回 Bean 名称生成器实例
5	public int loadBeanDefinitions(Resource resource) throws BeanDefinitionStoreException	普通	通过资源读取 Bean 数据
6	public int loadBeanDefinitions(Resource...resources) throws BeanDefinitionStoreException	普通	读取多个资源中的 Bean 数据

序号	方法	类型	描述
7	int loadBeanDefinitions(String location) throws BeanDefinitionStoreException	普通	根据资源路径读取 Bean 数据
8	int loadBeanDefinitions(String…locations) throws BeanDefinitionStoreException	普通	根据多个资源路径读取 Bean 数据

6.5.1 XmlBeanDefinitionReader

视频名称　0619_【理解】XmlBeanDefinitionReader

视频简介　为便于读者理解 BeanDefinitionReader 接口的具体使用，本视频将利用 Spring 内置的实现子类对该接口的功能进行说明，并通过一个具体的范例实现 Bean 元素处理。

要想进行 XML 资源读取，一般都要使用 XmlBeanDefinitionReader 子类。在进行该类对象实例化时需要提供一个 BeanDefinitionRegistry 接口实例，而我们在前面所使用过的 AnnotationConfigApplicationContext（注解应用上下文），就属于该接口的实现子类。XmlBeanDefinitionReader 子类的继承结构如图 6-30 所示。为便于理解该子类，下面通过一个具体的 XML 配置文件解析操作进行功能讲解。

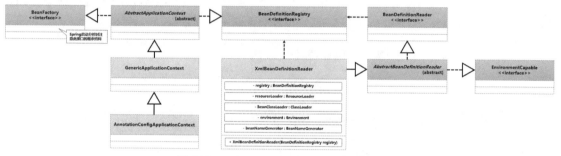

图 6-30　XmlBeanDefinitionReader 继承结构

（1）【base 子模块】在 spring/spring-base.xml 文件中手动定义一个 "<bean>" 配置项。

`<bean id="messageService" class="com.yootk.service.impl.MessageServiceImpl"/>`

（2）【base 子模块】实例化 XmlBeanDefinitionReader 对象实例，并对指定资源进行解析。

```
package com.yootk.main;
public class SpringBeanDefinition {
    public static final Logger LOGGER = LoggerFactory
            .getLogger(SpringBeanDefinition.class);         // 日志记录对象
    public static void main(String[] args) {
        BeanDefinitionRegistry registry = new AnnotationConfigApplicationContext();
        XmlBeanDefinitionReader reader = new XmlBeanDefinitionReader(registry);
        reader.setValidating(true);                         // 启用校验模式
        int count = reader.loadBeanDefinitions(
                "classpath:spring/spring-base.xml");        // 资源读取
        LOGGER.info("Bean定义数量：{}", count);              // 日志输出
    }
}
```

程序执行结果：

`Bean定义数量：1`

本程序在 spring-base.xml 中只定义了一个 "<bean>" 元素，这样在使用 XmlBeanDefinitionReader 类进行该资源解析时，所得到的 Bean 的配置数就是 1。

6.5.2 ResourceEntityResolver

视频名称　0620_【理解】ResourceEntityResolver

视频简介　标准的 XML 解析需要基于文档类型定义（Document Type Definition，DTD）或 XML 模式定义（XML Schema Definition，XSD）规范进行处理，为了支持以上规范，Spring 提供了 Resource EntityResolver 接口。本视频讲解该接口的继承结构，并根据 XML 配置文件提供的 publicId 和 systemId 获取目标 XML 的解析规范。

Spring 中的 XML 配置文件在定义时，必须遵循 XSD 规范进行编写，在进行 XML 配置项解析之前，一般都需要判断当前配置项是否符合 Spring 官方的 XSD 规范要求，所以 Spring 在 XML 处理机制中提供了 Resource EntityResolver 接口，可以通过 publicId 和 systemId 获取指定的 XSD 规范描述（返回的结果为 InputSource 实例）。该接口的继承结构如图 6-31 所示。

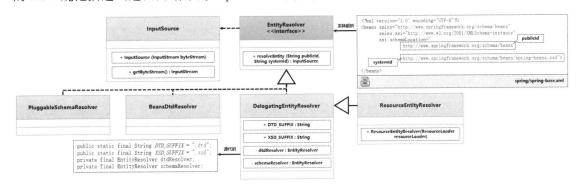

图 6-31　ResourceEntityResolver 继承结构

范例：使用 ResourceEntityResolver 获取解析标准

```java
package com.yootk.main;
public class SpringBeanDefinition {
   public static final Logger LOGGER = LoggerFactory
         .getLogger(SpringBeanDefinition.class);         // 日志记录对象
   public static void main(String[] args) throws Exception {
      BeanDefinitionRegistry registry = new AnnotationConfigApplicationContext();
      XmlBeanDefinitionReader reader = new XmlBeanDefinitionReader(registry);
      ResourceEntityResolver resolver =
            new ResourceEntityResolver(reader.getResourceLoader());   // 资源解析器
      reader.setEntityResolver(resolver);                // 设置解析器
      String publicId = "http://www.springframework.org/schema/beans";
      String systemId = "http://www.springframework.org/schema/beans/spring-beans.xsd";
      InputSource inputSource = resolver.resolveEntity(publicId, systemId); // XSD解析
      Scanner scanner = new Scanner(inputSource.getByteStream());   // Scanner实例化
      scanner.useDelimiter("\n");                        // 设置读取分隔符
      ByteArrayOutputStream bos = new ByteArrayOutputStream();  // 内存输出流
      while (scanner.hasNext()) {                        // 循环读取
         String temp = scanner.next() + "\n";            // 读取数据
         bos.write(temp.getBytes());                     // 写入内存流
      }
      System.out.println(bos);                           // 输出内存流数据
   }
}
```

本程序首先获取了 ResourceEntityResolver 对象实例，而后利用 publicId 和 systemId 获取了指定的规范数据。由于最终返回的是 InputSource 对象实例，因此可以由开发者根据需要选择合适的数据流进行操作。

6.5.3 BeanDefinition

视频名称 0621_【理解】BeanDefinition
视频简介 为了便于所有注册 Bean 的定义,Spring 提供了 BeanDefinition 接口用于描述 Bean 的定义信息。本视频为读者分析该接口的定义结构以及基本使用。

Spring 容器除了会根据用户的配置需要保存 Bean 实例,还会为每一个保存的 Bean 实例分配相应的结构信息,例如,指定的 Bean 是否为单例、Bean 对应的完整类名称等,都保存在 BeanDefinition 接口之中。该接口的继承结构如图 6-32 所示。

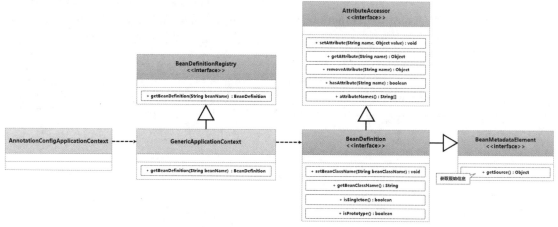

图 6-32 BeanDefinition 继承结构

> 提示:BeanDefinition 用于保存 Bean 信息。
> 不管是基于 XML 文件的配置模式,还是基于注解的扫描模式,所有要被处理的 Bean,都会在 Spring 内部进行统一的配置数据缓存,而配置数据缓存的类型就是 BeanDefinition,而后 Spring 再依据 BeanDefinition 配置的定义实现对象实例化处理。

范例:获取指定名称的 BeanDefinition 实例

```
package com.yootk.main;
public class SpringBeanDefinition {
   public static final Logger LOGGER = LoggerFactory
         .getLogger(SpringBeanDefinition.class);           // 日志记录对象
   public static void main(String[] args) throws Exception {
      AnnotationConfigApplicationContext context =
            new AnnotationConfigApplicationContext();// Spring上下文
      context.scan("com.yootk.service");                   // 扫描包
      context.refresh();                                   // 刷新上下文
      BeanDefinition definition = context.getBeanDefinition("messageServiceImpl");
      LOGGER.info("【Bean信息】类名称:{}", definition.getBeanClassName());
      LOGGER.info("【Bean信息】单例状态:{}、原型状态:{}",
            definition.isSingleton(), definition.isPrototype());
   }
}
```

程序执行结果:
【Bean信息】类名称:com.yootk.service.impl.MessageServiceImpl
【Bean信息】单例状态:true、原型状态:false

本程序利用扫描模式启动了一个 Spring 上下文,而后利用 getBeanDefinition()方法根据指定的 Bean 名称获取了 Bean 定义信息。通过这些信息开发者可以在程序中掌握 Bean 的配置定义以及与该 Bean 有关的原始数据。

6.5.4 BeanDefinitionParserDelegate

视频名称　0622_【理解】BeanDefinitionParserDelegate

视频简介　Spring 中对 XML 文件最为重要的支持就是准确的解析处理，为此 Spring 提供了专属的解析工具类。本视频对这一工具类的使用进行使用结构上的分析，并利用该工具类对给定的资源进行 DOM 解析处理。

基于 XML 配置的 Spring 环境，在上下文启动时，往往都需要定义配置资源路径，这样应用程序才可以对指定的资源数据进行解析处理，所以整个解析流程有两个组成部分，一个是获取 XML 文档，另一个就是进行文档的解析。

W3C 标准中定义了 DOM 的获取流程，但是传统的 DOM 解析处理实在是过于烦琐。为了简化这一操作流程，Spring 提供了一个 DocumentLoader 处理接口，该接口可以根据指定的 XML 数据、EntityResolver 创建 Document 接口实例，从而便于 Spring 的后续解析操作。DocumentLoader 接口的关联结构如图 6-33 所示。

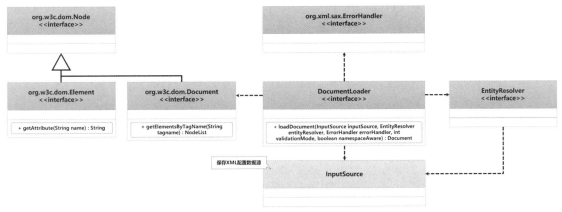

图 6-33　DocumentLoader 关联结构

应用程序获取到 Document 接口实例之后，就需要进行进一步的解析处理。由于整个 XML 配置文件以 "<bean>" 元素的定义为主，所以 Spring 提供了 BeanDefinitionParserDelegate 工具类，该类关联结构如图 6-34 所示。该类提供了一个 parseBeanDefinitionElement() 方法，使用此方法可以将每一个 XML 资源文件指定的 Element 资源实例转为 BeanDefinition 接口实例，从而为下一步的 Bean 实例化做好准备。

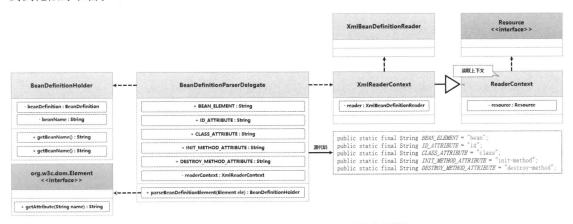

图 6-34　BeanDefinitionParserDelegate 工具类关联结构

范例：解析 Spring 配置项

```java
package com.yootk.main;
public class SpringBeanDefinition {
    public static final Logger LOGGER = LoggerFactory
            .getLogger(SpringBeanDefinition.class);        // 日志记录对象
    public static final String RESOURCE_NAME = "classpath:spring/spring-base.xml";
    public static void main(String[] args) throws Exception {
        BeanDefinitionRegistry registry = new AnnotationConfigApplicationContext();
        XmlBeanDefinitionReader reader = new XmlBeanDefinitionReader(registry);
        int count = reader.loadBeanDefinitions(RESOURCE_NAME); // 读取资源个数
        if (count > 0) {                                   // 存在Bean配置
            Document document = getDocument(reader);       // 获取W3C文档实例
            NodeList nodeList = document.getElementsByTagName("bean"); // XML解析
            BeanDefinitionParserDelegate parserDelegate =
                    new BeanDefinitionParserDelegate(getReaderContext(reader)); // 获取解析实例
            for (int x = 0 ; x < nodeList.getLength() ; x ++) { // W3C处理
                Element element = (Element) nodeList.item(x);  // 获取元素
                BeanDefinitionHolder holder = parserDelegate
                        .parseBeanDefinitionElement(element);  // 元素解析
                BeanDefinition definition = holder.getBeanDefinition(); // 获取Bean定义
                LOGGER.info("【Bean配置】id = {}、class = {}",
                        element.getAttribute("id"), definition.getBeanClassName());
            }
        }
    }
    /**
     * 获取W3C标准中的Document实例，该实例为要使用的XML配置文件
     * @param reader XML数据读取实例
     * @return Document对象实例
     * @throws Exception DOM解析异常
     */
    public static Document getDocument(XmlBeanDefinitionReader reader) throws Exception {
        ResourceEntityResolver resolver =
                new ResourceEntityResolver(reader.getResourceLoader()); // 资源解析器
        reader.setEntityResolver(resolver);                 // 设置解析器
        DocumentLoader documentLoader = new DefaultDocumentLoader(); // 文档加载器
        InputSource inputSource = new InputSource(reader.getResourceLoader()
                .getResource("classpath:spring/spring-base.xml").getInputStream());
        Document document = documentLoader.loadDocument(
                inputSource, resolver, new DefaultHandler(),
                XmlValidationModeDetector.VALIDATION_XSD, true);  // 获取文档
        return document;
    }
    /**
     * 获取XML读取上下文实例
     * @param reader XML数据读取实例
     * @return 返回指定资源的XmlReaderContext对象实例
     */
    public static XmlReaderContext getReaderContext(XmlBeanDefinitionReader reader) {
        XmlReaderContext context = reader.createReaderContext(
                reader.getResourceLoader().getResource(RESOURCE_NAME));
        return context;
    }
}
```

程序执行结果：

【Bean配置】id = messageService、class = com.yootk.service.impl.MessageServiceImpl

本程序实现了 spring-base.xml 配置文件的解析处理。在实现过程中，本程序通过 DocumentLoader 获取了 W3C 标准中的 Document 实例，而后通过 DOM 解析的处理方法获取了

nodeList，最终利用 BeanDefinitionParserDelegate 类将 Element 对象中的配置元素取出，并转为 BeanDefinition 接口实例。

6.6 BeanFactory

视频名称	0623_【理解】BeanFactory
视频简介	BeanFactory 是 Spring 之中 Bean 对象的管理工厂类，所有在 Spring 容器中保存的对象实例均可以通过该接口获取。本视频为读者分析 BeanFactory 的基本实现结构，并对 Spring 中的单例实现进行应用分析。

在 Spring 使用过程中，不管是基于 XML 配置文件的模式，还是基于 Annotation 扫描注解的处理方式，最终所有配置的类都会被 Spring 自动进行实例化处理，而后统一放在 Spring 容器内进行存储，如图 6-35 所示。当用户需要某一个 Bean 对象时，可以通过 getBean()方法手动获取，后者是利用"@Autowired"注解自动注入的，这主要依靠 BeanFactory 接口来提供支持。

图 6-35 Spring 中的 Bean 管理工厂类

BeanFactory 是 Spring 提供的一个 Bean 管理工厂类，开发者可以通过表 6-5 所示的方法，依据 Bean 的名称或类型获取指定的 Bean 实例，或者获取类的相关信息。

表 6-5 BeanFactory 接口常用方法

序号	方法	类型	描述
1	public Object getBean(String name) throws BeansException	普通	根据名称获取 Bean 实例
2	public \<T> T getBean(String name, Class\<T> requiredType) throws BeansException	普通	根据名称获取指定类型的 Bean 实例
3	public \<T> T getBean(Class\<T>requiredType) throws BeansException	普通	获取指定类型的 Bean 实例
4	public boolean containsBean(String name)	普通	判断指定名称的 Bean 是否存在
5	public boolean isSingleton(String name) throws NoSuchBeanDefinitionException	普通	判断 Bean 是否为单例状态
6	public boolean isPrototype(String name) throws NoSuchBeanDefinitionException	普通	判断 Bean 是否为原型状态
7	public Class\<?> getType(String name) throws NoSuchBeanDefinitionException	普通	获取指定名称的 Bean 的类型

范例：获取 Bean 信息

```
package com.yootk.main;
public class SpringBeanFactory {
    public static final Logger LOGGER = LoggerFactory
            .getLogger(SpringBeanFactory.class);          // 日志记录对象
    public static void main(String[] args) {
        AnnotationConfigApplicationContext context =
                new AnnotationConfigApplicationContext();// 上下文实例
        context.scan("com.yootk.service");                // 扫描包
```

```
        context.refresh();                                      // 刷新上下文
        // 为表明BeanFactory的使用,需进行转型(AbstractApplicationContext为BeanFactory子类)
        BeanFactory factory = context;                          // BeanFactory接口实例化
        LOGGER.info("【Bean信息】单例状态:{}",
                factory.isSingleton("messageServiceImpl"));     // 是否为单例状态
        LOGGER.info("【Bean信息】原型状态:{}",
                factory.isPrototype("messageServiceImpl"));     // 是否为原型状态
        LOGGER.info("【Bean信息】实例类型:{}",
                factory.getType("messageServiceImpl"));         // 获取Bean类型
    }
}
```

程序执行结果:

```
【Bean信息】单例状态:true
【Bean信息】原型状态:false
【Bean信息】实例类型:class com.yootk.service.impl.MessageServiceImpl
```

在 Spring 内置的继承结构中,AnnotationConfigApplicationContext 是 BeanFactory 接口的子类。为便于读者理解 BeanFactory 中定义的操作方法,本次进行了子类对象实例向父接口转型的操作,随后利用 BeanFactory 中提供的方法获取了指定名称的 Bean 的相关信息。

6.6.1 ListableBeanFactory 配置清单

视频名称　0624_【理解】ListableBeanFactory

视频简介　Spring 容器中需要维护大量的 Bean 对象,如果想获取这些配置 Bean 的详细信息,则可以使用 ListableBeanFactory 接口。本视频为读者分析该接口的继承结构,并且通过具体的范例分析该接口中主要方法的使用。

为了便于对象依赖注入的配置管理,Spring 容器在启动时必须将所有用到的 Bean 实例保存在容器之中,这样就可以依靠 BeanFactory 接口提供的方法获取指定的 Bean 实例。但是在一些开发场景中,除了 Bean 本身的需求,还需要一些额外的配置信息,如同一类型的 Bean 存在的数量、容器中的 Bean 数量、使用指定注解 Bean 的信息等,如图 6-36 所示。而为了便于这些信息的获取,Spring 提供了一个 ListableBeanFactory 子接口,该接口提供了表 6-6 所示的操作方法。

表 6-6　ListableBeanFactory 接口常用方法

序号	方法	类型	描述
1	public boolean containsBeanDefinition(String beanName)	普通	判断是否包含有指定名称的 Bean 对象
2	public int getBeanDefinitionCount()	普通	获取容器中定义的 Bean 的数量
3	public String[] getBeanDefinitionNames();	普通	获取容器中所有定义的 Bean 的名称
4	public String[] getBeanNamesForType(Class<?> type);	普通	获取指定类型(包括子类)的名称集合
5	public <T> Map<String, T> getBeansOfType(Class<T> type) throws BeansException	普通	根据类型返回 Bean 的名称与其子类的信息集合
6	public String[] getBeanNamesForAnnotation(Class<? extends Annotation> annotationType)	普通	获取拥有指定注解的 Bean 名称
7	public Map<String, Object> getBeansWithAnnotation(Class<? extends Annotation> annotationType) throws BeansException;	普通	获取拥有指定注解的 Bean 集合
8	public <A extends Annotation> A findAnnotationOnBean(String beanName, Class<A> annotationType) throws NoSuchBeanDefinitionException	方法	查找一个指定名称 Bean 上的指定注解

范例:获取容器 Bean 配置清单

```
package com.yootk.main;
public class SpringBeanFactory {
    public static final Logger LOGGER = LoggerFactory
            .getLogger(SpringBeanFactory.class);                // 日志记录对象
```

```
public static void main(String[] args) {
   AnnotationConfigApplicationContext context =
        new AnnotationConfigApplicationContext();       // 上下文实例
   context.scan("com.yootk.service");                    // 扫描包
   context.refresh();                                    // 刷新上下文
   LOGGER.info("Spring容器中保存的Bean数量：{}", context.getBeanDefinitionCount());
   LOGGER.info("Service注解配置集合：{}",
        context.getBeansWithAnnotation(Service.class));
}
```

程序执行结果：

```
Spring容器中保存的Bean数量：6
Service注解配置集合：{messageServiceImpl=com.yootk.service.impl.MessageServiceImpl@5b218417}
```

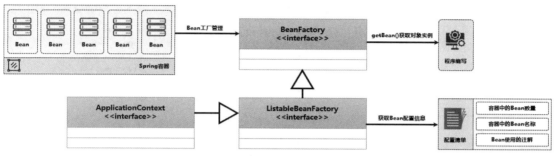

图 6-36 ListableBeanFactory 继承结构

本程序利用 ListableBeanFactory 接口提供的方法获取了 Bean 配置本身的处理信息，包括容器中所存储的 Bean 的数量，以及拥有 Service 注解的全部 Bean 集合信息。

6.6.2 ConfigurableBeanFactory 获取单例 Bean

ConfigurableBeanFactory
获取单例 Bean

视频名称 0625_【理解】ConfigurableBeanFactory 获取单例 Bean
视频简介 Spring 容器中会保存两种类型的 Bean，一个是单例 Bean，另一个是原型 Bean。为了更准确地描述单例结构的管理，Spring 提供了 ConfigurableBeanFactory 接口。本视频分析该接口的继承结构与实际操作。

在 Spring 容器之中存在两种类型的 Bean，一种是基于单例模式的单例 Bean，另一种是基于原型模式的原型 Bean。所有的 Bean 实例都可以通过 BeanFactory 接口定义的 getBean()方法获取，而为了更加规范化地管理 Bean 模式，Spring 提供了一个 ConfigurableBeanFactory 接口，其继承结构如图 6-37 所示。可以发现该接口主要扩展了一个单例 Bean 来注册、管理父接口 SingletonBeanRegistry，而 SingletonBeanRegistry 接口里面有一个 getSingleton()方法，此方法只能够获取单例 Bean，而无法获取原型 Bean。

ApplicationContext 的相关子类并没有直接实现 ConfigurableBeanFactory 父接口，所以 ApplicationContext 对象实例无法直接转型为 ConfigurableBeanFactory 实例。此时开发者可以通过 AbstractApplicationContext 提供的 getBeanFactory()方法获取 ConfigurableListableBeanFactory 接口实例，从而进行单例 Bean 的获取操作。

范例：使用 ConfigurableBeanFactory 获取单例 Bean

```
package com.yootk.main;
public class SpringBeanFactory {
   public static final Logger LOGGER = LoggerFactory
        .getLogger(SpringBeanFactory.class);             // 日志记录对象
   public static void main(String[] args) {
      AnnotationConfigApplicationContext context =
           new AnnotationConfigApplicationContext();
```

```
        context.scan("com.yootk.service");                    // 扫描包
        context.refresh();                                     // 刷新上下文
        ConfigurableBeanFactory beanFactory =
                (ConfigurableBeanFactory) context.getBeanFactory();
        LOGGER.info("【BeanFactory】{}", beanFactory.getBean("messageServiceImpl"));
        LOGGER.info("【ConfigurableBeanFactory】{}",
                beanFactory.getSingleton("messageServiceImpl"));
    }
}
```

程序执行结果：

```
【BeanFactory】com.yootk.service.impl.MessageServiceImpl@7bba5817
【ConfigurableBeanFactory】null
```

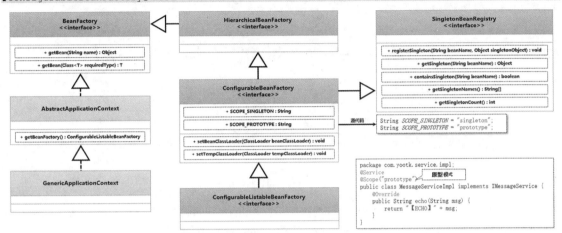

图 6-37 ConfigurableBeanFactory 继承结构

由于此时容器中注册的 MessageServiceImpl 对象实例使用了原型模式，因此无法通过 getSingleton()方法获取指定名称的 Bean，而 BeanFactory 接口提供的 getBean()方法不受此规则的限制。

6.6.3 Bean 创建

Bean 创建

视频名称 0626_【理解】Bean 创建

视频简介 BeanFactory 最为重要的功能就是 Bean 的创建与管理，所以针对 Bean 的创建提供了专属的 AutowireCapableBeanFactory 接口。本视频通过源代码解读的形式，分析该接口提供的 Bean 创建方法的使用。

BeanFactory 接口的核心功能在于 Bean 的管理，所有被解析完成的 Bean 配置，都可以通过 BeanFactory 提供的方法进行注册，这样就可以在容器上下文中保存对应的实例。但是 Spring 在设计时充分考虑到了功能结构的划分，所以在 BeanFactory 接口中只提供了 Bean 的获取操作，而 Bean 的注册操作是由 AutowireCapableBeanFactory 子接口完成的，如图 6-38 所示。

AutowireCapableBeanFactory 接口提供的 createBean()方法需要接收目标类的 Class 实例，由于在实例化前后还需要进行一些 Bean 结构的存储，因此使用 RootBeanDefinition 类进行包装，随后交由 doCreateBean()方法进行对象实例化处理，而此方法的调用结构如图 6-39 所示。

通过图 6-39 所示的结构可以发现，最终实现对象实例化处理的是由 InstantiationStrategy 接口提供的 instantiate()方法，而该方法主要通过一个 BeanUtils 工具类实现对象实例化操作，核心方法的调用流程如下。

范例：BeanUtils 类对象实例化操作

```
public     static     <T>     T    instantiateClass(Constructor<T>     ctor,    Object...args)    throws
BeanInstantiationException {
    try {
```

```
      ReflectionUtils.makeAccessible(ctor);                          // 构造方法可见
      if (KotlinDetector.isKotlinReflectPresent() && KotlinDetector
              .isKotlinType(ctor.getDeclaringClass())) {             // Kotlin实现
          return KotlinDelegate.instantiateClass(ctor, args);
      } else {                                                       // 使用Java原生处理
          Class<?>[] parameterTypes = ctor.getParameterTypes();      // Java反射处理
          Object[] argsWithDefaultValues = new Object[args.length];  // Java反射处理
          for (int i = 0 ; i < args.length; i++) {
              if (args[i] == null) {
                  Class<?> parameterType = parameterTypes[i];        // Java反射处理
                  argsWithDefaultValues[i] = (parameterType.isPrimitive() ?
                      DEFAULT_TYPE_VALUES.get(parameterType) : null);// Java反射处理
              } else {
                  argsWithDefaultValues[i] = args[i];                // Java反射处理
              }
          }
          return ctor.newInstance(argsWithDefaultValues);            // 对象实例化
      }
  }
```

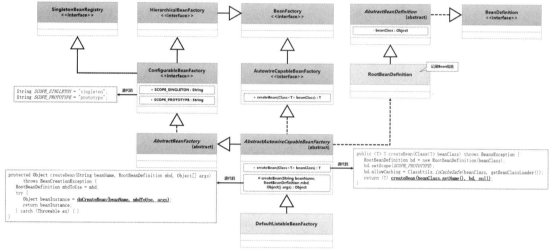

图 6-38 AutowireCapableBeanFactory 继承结构

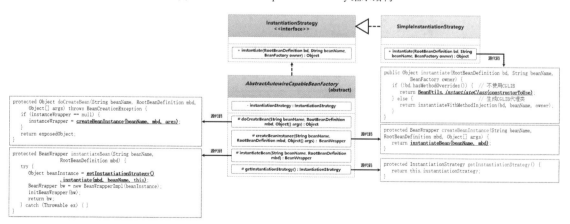

图 6-39 doCreateBean()方法的调用结构

通过以上代码的执行结果可以发现，经过一系列的解析定义之后，最终的对象实例化操作依然是基于Java中的反射机制完成的，而对象成功实例化后该方法会将该对象返回调用处。

> 提示：Spring 三级缓存。
>
> 所有被 Spring 解析生成的 Bean 实例，最终都是保存在 Spring 上下文容器之中的，而具体的存放位置是 DefaultSingletonBeanRegistry 类属性之中。该类提供 3 个核心属性，定义如下。
>
> 范例：DefaultSingletonBeanRegistry 类中的三级缓存
>
> ```java
> /** Cache of singleton objects: bean name to bean instance */
> private final Map<String, Object> singletonObjects =
>         new ConcurrentHashMap<>(256);
> /** Cache of early singleton objects: bean name to bean instance */
> private final Map<String, Object> earlySingletonObjects =
>         new ConcurrentHashMap<>(16);
> /** Cache of singleton factories: bean name to ObjectFactory */
> private final Map<String, ObjectFactory<?>> singletonFactories =
>         new HashMap<>(16);
> ```
>
> 以上提供的 3 个属性的类型统一为 Map 集合，而后考虑到性能以及并发处理问题，分别使用了 HashMap 或 ConcurrentHashMap 子类进行类实例化。这 3 个缓存集合的作用如下。
>
> 1. singletonObjects：一级缓存，保存已经完全初始化成功的 Bean。
> 2. earlySingletonObjects：二级缓存，保存已经完成实例化但是未初始化成功的 Bean，用于解决实际项目中的循环依赖问题。
> 3. singletonFactories：三级缓存，保存缓存工厂，用于解决循环依赖问题。

6.6.4 ObjectProvider

视频名称　0627_【理解】ObjectProvider

视频简介　Spring 中 Bean 的使用往往会通过 BeanFactory 完成，为了便于用户进行 Bean 管理，Spring 提供了 ObjectProvider 功能接口。本视频为读者分析该接口的使用，并且通过具体的操作范例，讲解如何通过 ObjectProvider 获取 Bean 实例。

在 Spring 传统开发中，所有在容器中的 Bean 都可以通过 BeanFactory 接口提供的 getBean()方法进行操作，而在 Spring 4.3 后，为了进一步规范 Bean 的管理机制，Spring 提供了 ObjectProvider 操作接口，该接口的关联结构如图 6-40 所示。

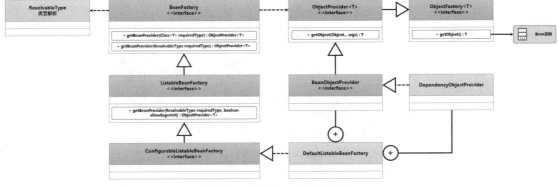

图 6-40　ObjectProvider 关联结构

ObjectProvider 是 ObjectFactory 的子接口，用户获取到 ObjectProvider 之后，就可以利用 getObject()方法获取 Spring 容器中已经保存的、指定类型的 Bean 实例。为了便于读者理解，下面将采用图 6-41 所示的流程进行具体操作的实现。

范例：使用 ObjectProvider 获取对象实例

```
package com.yootk.main;
```

```
public class SpringBeanFactory {
    public static final Logger LOGGER = LoggerFactory
            .getLogger(SpringBeanFactory.class);              // 日志记录对象
    public static void main(String[] args) {
        AnnotationConfigApplicationContext context =
                new AnnotationConfigApplicationContext();     // 上下文实例
        context.scan("com.yootk.service");                    // 扫描包
        context.refresh();                                    // 刷新上下文
        // 当前上下文中存在两个IMessageService子类实例
        ObjectProvider<IMessageService> provider =
                context.getBeanProvider(IMessageService.class); // 获取ObjectProvider
        LOGGER.info("实现类: {}", provider);
        for (IMessageService messageService : provider) {     // 获取全部对象实例
            LOGGER.info("【IMessageService业务调用】{}",
                    messageService.echo("jixianit.com"));     // 业务处理
        }
    }
}
```

程序执行结果：

```
实现类: org.springframework.beans.factory.support.DefaultListableBeanFactory$1@3e08ff24
【IMessageService业务调用】【ECHO】jixianit.com
【IMessageService业务调用】【Proxy】Message Error
```

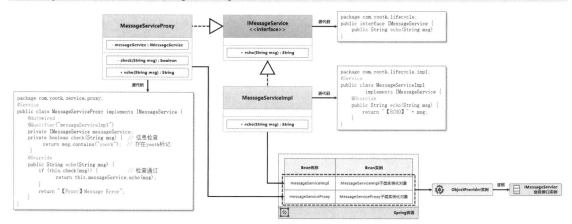

图 6-41 ObjectProvider 获取对象实例流程

本程序并没有通过 BeanFactory 类提供的 getBean()方法获取 Bean 对象实例，而是利用了 ObjectProvider 中的 getObject()方法。用户每次使用 context.getBeanProvider()时都将获得一个新的 ObjectProvider 实例，但是可以获取的 Bean 实例只有一个。

> **提问：ObjectProvider 有什么用处？**
>
> ObjectProvider 在使用时首先需要通过 BeanFactory 接口实例获取指定类型的 Bean 对象实例，而后才可以利用 ObjectProvider 接口提供的 getObject()方法获取 Spring 容器中的 Bean 对象。那么这样的做法有什么实际意义？直接通过 BeanFactory 接口提供的 getBean()方法不是更简单吗？
>
> **回答：ObjectProvider 的用处体现在依赖注入结构上。**
>
> 在进行传统依赖注入的管理过程之中，用户会直接使用 "@Autowired" 注解，但是如果某一个类对象存在两个或两个以上 Bean 实例，或者没有 Bean 实例，调用 BeanFactory.getBean()方法就会产生异常，从而造成依赖注入的错误。ObjectProvider 就是为了解决此类问题而提供的，利用该接口中的 Stream 操作可简化对象获取的操作流程。

> **范例**：ObjectProvider 处理 Bean 注入错误
> ```
> ObjectProvider<IMessageService> provider =
>     context.getBeanProvider(IMessageService.class);    // 具有多个实例
> LOGGER.info("Bean实例: {}", provider.stream().findFirst().orElse(null));
> ```
> 多个实例共存时的执行结果：
> ```
> Bean实例: com.yootk.service.impl.MessageServiceImpl@cecf639
> ```
> 没有实例存在时的执行结果：
> ```
> Bean实例: null
> ```

通过以上处理方式可以发现，当有两个类型相同的 Bean 实例时，程序会自动选择第 1 个 Bean 实例进行注入，而当没有 Bean 实例时则注入 null，所以 ObjectProvider 在进行 Bean 操作时会更加灵活。

6.6.5 FactoryBean

视频名称　0628_【理解】FactoryBean

视频简介　FactoryBean 是进行对象批量获取的工厂接口标准，同时该接口也被 BeanFactory 所管理。本视频为读者分析 FactoryBean 的具体应用形式，并基于 BeanFactory 实现子类中的源代码进行该接口的使用分析。

为了加强 Bean 的管理，同时也为了更好地解决 JVM 的内存占用问题，所有存储在 Spring 容器中的 Bean 默认全部采用单例模式进行存储。虽然这种存储管理满足了大部分的用户需要，但也会存在一些特殊需求无法满足。例如，现在有一个 Dept 信息类，开发者要求在 Spring 容器中保存多个内容不同的 Dept 对象实例，很明显这样的处理机制就无法单纯地依靠 BeanFactory 接口实现，此时就需要使用 FactoryBean 接口，该接口定义如下。

```
package org.springframework.beans.factory;
import org.springframework.lang.Nullable;
public interface FactoryBean<T> {                           // 定义目标对象的泛型类型
    String OBJECT_TYPE_ATTRIBUTE = "factoryBeanObjectType";
    @Nullable
    T getObject() throws Exception;                         // 获取指定泛型类型的实例化对象
    @Nullable
    Class<?> getObjectType();                               // 获取指定泛型类型的Class实例
    default boolean isSingleton() {                         // 判断当前对象是否为单例
        return true;
    }
}
```

在实际的使用过程中，开发者要自定义 FactoryBean 实现子类，而后在 getObject()方法中进行对象的创建处理操作。下面通过一个完整的案例进行使用说明。

(1)【base 子模块】定义部门信息类。

```
package com.yootk.vo;
public class Dept {                                         // 部门信息类
    private String dname;                                   // 成员属性定义
    private String loc;                                     // 成员属性定义
    // Setter方法、Getter方法、无参构造方法定义略
    public Dept(String dname, String loc) {                 // 构造方法初始化
        this.dname = dname;                                 // 属性赋值
        this.loc = loc;                                     // 属性赋值
    }
    @Override
    public String toString() {                              // 返回对象信息
        return "【部门信息 - " + super.hashCode() + "】名称: " + this.dname + "、位置: " + this.loc;
    }
}
```

6.6 BeanFactory

（2）【base 子模块】定义 FactoryBean 接口实现子类，该子类要返回 Dept 实例化对象。

```
package com.yootk.factory;
@Component                                              // Bean扫描注册
public class DeptFactoryBean implements FactoryBean<Dept> {   // 工厂类
   @Override
   public Dept getObject() throws Exception {           // 获取实例
      return new Dept("YOOTK教学部", "北京");            // 返回对象实例
   }
   @Override
   public Class<?> getObjectType() {                    // 返回对象类型
      return Dept.class;                                // 获取Class实例
   }
}
```

（3）【base 子模块】通过 BeanFactory 获取 FactoryBean 接口实例，并通过 FactoryBean 实例创建 Dept 对象。

```
package com.yootk.main;
public class SpringFactoryBean {
   public static final Logger LOGGER = LoggerFactory
         .getLogger(SpringFactoryBean.class);            // 日志记录对象
   public static void main(String[] args) throws Exception {
      AnnotationConfigApplicationContext context =
            new AnnotationConfigApplicationContext();// 应用上下文
      context.scan("com.yootk.factory");                 // 扫描包
      context.refresh();                                 // 刷新上下文
      // 获取FactoryBean对象实例，获取时需要在Bean名称前添加"&"前缀标记
      FactoryBean factoryBean = context.getBean("&deptFactoryBean", FactoryBean.class);
      LOGGER.info("{}", factoryBean.getObject());        // 获取对象实例
      LOGGER.info("{}", factoryBean.getObject());        // 获取对象实例
   }
}
```

程序执行结果：

【部门信息 - 2075809815】名称：YOOTK教学部、位置：北京
【部门信息 - 1000966072】名称：YOOTK教学部、位置：北京

在本程序中定义的 DeptFactoryBean 对象实例统一交由 Spring 容器管理，由于其接口的特殊性，在通过 BeanFactory 接口中的 getBean() 方法获取对象实例时就需要在名称前设置 "&" 前缀标记。用户每一次调用 FactoryBean 接口中的 getObject() 方法时都会返回一个新的 Dept 对象实例，而 "&" 标记是在 BeanFactory 接口中定义的常量，具体的解析处理是由 AbstractBeanFactory 类中的 originalBeanName() 方法实现的，如图 6-42 所示。

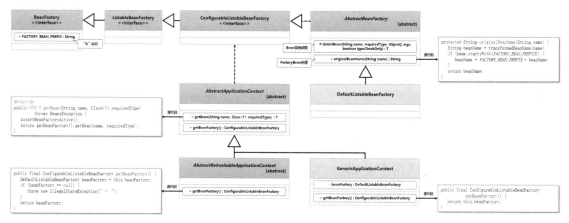

图 6-42 FactoryBean 获取流程

6.7 BeanFactoryPostProcessor

视频名称　0629_【理解】BeanFactoryPostProcessor
视频简介　Spring 中维护的 Bean 实例，在一些特殊的环境下会存在动态修改的逻辑需要，所以 Spring 提供了 BeanFactoryPostProcessor 处理接口。本视频分析该接口的作用，通过具体的范例进行讲解，并分析该操作处理的核心源代码。

Spring 之中会存在大量的 Bean 实例，Bean 实例在进行初始化配置时，一般都只会设置一些基础的信息，某些属性的内容需要进行一些逻辑处理后才可以配置，所以 Spring 提供了 BeanFactoryPostProcessor 处理接口，如图 6-43 所示。

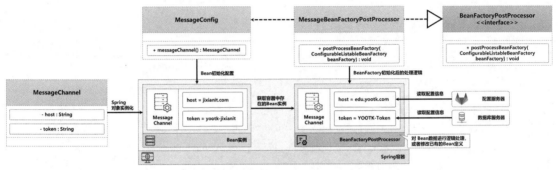

图 6-43　BeanFactoryPostProcessor 处理逻辑

现在假设有一个 MessageChannel 配置类，该类通过 MessageConfig 配置类向 Spring 容器中注册了一个 Bean 对象。由于在注册时其他的 Bean 对象还未准备好，因此只能够设置一些基础的属性内容（或者属性为空）。在 Spring 容器中所有的 Bean 对象已经全部注册完成后，就可以利用 BeanFactoryPostProcessor 接口的子类进行 Bean 的后续处理，例如，通过服务器动态加载一些属性内容，从而实现该 Bean 实例的后续配置。为便于读者理解，下面通过具体的操作步骤进行实现讲解。

（1）【base 子模块】创建 MessageChannel 程序类。

```
package com.yootk.config;
public class MessageChannel {
    private String host;
    private String token;
    // Setter、Getter略
}
```

（2）【base 子模块】定义 MessageConfig 配置类，在该类中实现 MessageChannel 对象实例的注册。

```
package com.yootk.config;
@Configuration                                              // 配置注解
public class MessageConfig {                                // 配置Bean
    @Bean                                                   // Bean注册
    public MessageChannel messageChannel() {                // Bean配置方法
        MessageChannel channel = new MessageChannel();      // 定义消息通道
        channel.setHost("jixianit.com");                    // 主机信息
        channel.setToken("yootk-jixianit");                 // Token信息
        return channel;
    }
}
```

（3）【base 子模块】定义 BeanFactoryPostProcessor 实现子类，对 MessageChannel 对象进行配置更新。

6.7 BeanFactoryPostProcessor

```
package com.yootk.processor;
@Component
public class MessageBeanFactoryPostProcessor implements BeanFactoryPostProcessor {
    private static final Logger LOGGER =
            LoggerFactory.getLogger(MessageBeanFactoryPostProcessor.class);
    @Override
    public void postProcessBeanFactory(ConfigurableListableBeanFactory beanFactory)
            throws BeansException {
        MessageChannel config = beanFactory.getBean(MessageChannel.class);
        LOGGER.info("【默认消息通道配置】服务器主机：{}、访问Token：{}",
                config.getHost(), config.getToken());       // 日志输出
        config.setToken("YOOTK-Token");                     // 模拟Token数据获取
        config.setHost("edu.yootk.com");                    // 动态获取HOST地址
    }
}
```

(4)【base 子模块】启动 Spring 容器并获取 MessageChannel 对象实例信息。

```
package com.yootk.main;
public class SpringBeanFactory {
    public static final Logger LOGGER = LoggerFactory
            .getLogger(SpringBeanFactory.class);            // 日志记录对象
    public static void main(String[] args) {
        AnnotationConfigApplicationContext context =
                new AnnotationConfigApplicationContext();   // 上下文实例
        context.scan("com.yootk.config", "com.yootk.processor"); // 扫描包
        context.refresh();                                  // 刷新上下文
        MessageChannel channel = context.getBean(MessageChannel.class);
        LOGGER.info("【消息通道】服务器主机：{}、访问Token：{}",
                channel.getHost(), channel.getToken());     // 日志输出
    }
}
```

默认的配置项：

【默认消息通道配置】服务器主机：jixianit.com、访问Token：yootk-jixianit

更新后配置项：

【消息通道】服务器主机：edu.yootk.com、访问Token：YOOTK-Token

BeanFactoryPostProcessor 的处理逻辑是在 Spring 容器的内部完成的，只需要将该接口的子类实例注册到 Spring 中即可自动执行，所以用户在通过 ApplicationContext 获取 Bean 对象时，获取到的是更新后的 MessageChannel 实例。

6.7.1 BeanFactoryPostProcessor 结构解析

BeanFactoryPost
Processor
结构解析

视频名称 0630_【理解】BeanFactoryPostProcessor 结构解析

视频简介 BeanFactoryPostProcessor 实现了 BeanFactory 回调处理操作。本视频通过 Spring 源代码为读者分析该操作接口的核心执行流程，并总结其与 SmartInitializingSingleton 接口的区别。

在 Spring 内部，所有关于 BeanFactoryPostProcessor 接口的调用逻辑都是通过 PostProcessorRegistrationDelegate 类中的 invokeBeanFactoryPostProcessors() 方法进行调用的，相关调用流程如图 6-44 所示，此方法的源代码定义如下。

范例：invokeBeanFactoryPostProcessors()方法源代码

```
private static void invokeBeanFactoryPostProcessors(
        Collection<? extends BeanFactoryPostProcessor> postProcessors,
        ConfigurableListableBeanFactory beanFactory) {      // BeanPost处理
    for (BeanFactoryPostProcessor postProcessor : postProcessors) { // 集合迭代
        StartupStep postProcessBeanFactory = beanFactory.getApplicationStartup()
```

```
                .start("spring.context.bean-factory.post-process")
                .tag("postProcessor", postProcessor::toString);
        postProcessor.postProcessBeanFactory(beanFactory);            // 调用BeanPost方法
        postProcessBeanFactory.end();
    }
}
```

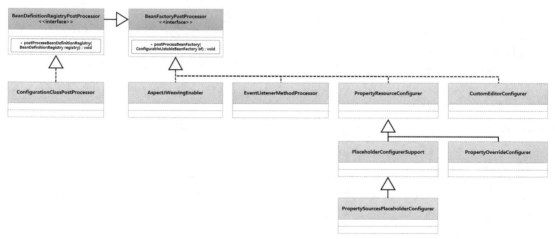

图 6-44　BeanFactoryPostProcessor 调用流程

可以发现 Spring 容器会在内部自动维护一个 BeanFactoryPostProcessor 接口实例的集合，即除用户自定义的实现子类之外，还会提供许多内置的实现子类，这些常用的子类如图 6-45 所示。

> 提示：SmartInitializingSingleton 与 BeanFactoryPostProcessor 优先级。
>
> 在 Spring 中，Bean 管理的回调操作可以使用 SmartInitializingSingleton 与 BeanFactoryPostProcessor 两个接口进行处理。如果同时使用这两个接口操作，在单例模式下 BeanFactoryPostProcessor 执行的优先级会高于 SmartInitializingSingleton，前者是在 BeanFactory 实例化完成后的处理，后者是在 Bean 初始化完成后的处理。

图 6-45　Spring 内置的 BeanFactoryPostProcessor 常用子类

6.7.2　EventListenerMethodProcessor 自定义事件处理

EventListener
MethodProcessor
自定义事件处理

视频名称　0631_【理解】EventListenerMethodProcessor 自定义事件处理

视频简介　事件是 Spring 中重要的解耦合机制。本视频分析 EventListenerMethodProcessor 事件方法处理器的源代码，总结 EventListenerFactory 与 "@EventListener" 注解的关联。

6.7 BeanFactoryPostProcessor

在 Spring 提供的自定义事件管理中,开发者需要通过 ApplicaionListener 接口实现事件监听类的定义,而所有配置的事件监听类最终要想被 Spring 容器管理,就要通过 EventListenerMethodProcessor 类来进行处理。该类关联结构如图 6-46 所示。

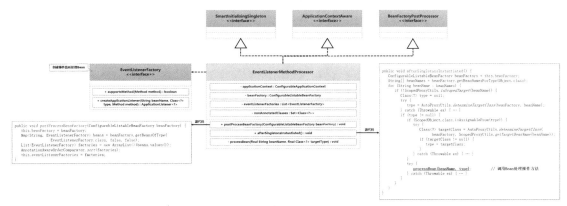

图 6-46 EventListenerMethodProcessor 类关联结构

> **提问:为什么要通过 EventListenerFactory 接口创建监听?**
>
> 在 EventListenerMethodProcessor 中保存了一个 eventListenerFactories 集合,该集合保存的对象类型为 EventListenerFactory,查阅该接口的方法发现可以创建 ApplicationListener 事件监听器。明明 Spring 已经提供了事件监听器的标准接口,为什么此处又要提供创建事件监听器的方法呢?
>
> **回答:事件监听器支持注解配置。**
>
> Spring 提供的事件监听器除了基于 ApplicationListener 接口的实现形式,还可以在任意类的任意方法上,通过 "@EventListener" 注解进行事件监听,这时就需要使用 EventListenerFactory 接口来进行监听处理了。本书以 Spring 的核心基础和原理为主,"@EventListener" 注解的使用可以参考本系列图书中的《Spring Boot 开发实战(视频讲解版)》一书。

EventListenerMethodProcessor 处理类同时实现了 SmartInitializingSingleton 与 BeanFactoryPostProcessor 两个父接口,其首先会在 postProcessBeanFactory()方法中进行事件监听器集合的初始化,而后会在 afterSingletonsInstantiated()方法中对当前的代理结构进行判断,最后会调用 processBean()方法进行所有监听操作的处理。所以 processBean()方法才是整个事件监听器保存的核心操作。该方法的相关源代码定义如下。

范例:processBean()方法源代码

```
private void processBean(final String beanName, final Class<?> targetType) {
  if (!this.nonAnnotatedClasses.contains(targetType) &&
      AnnotationUtils.isCandidateClass(targetType, EventListener.class) &&
      !isSpringContainerClass(targetType)) {            // 注解判断
    Map<Method, EventListener> annotatedMethods = null;
    try {
      annotatedMethods = MethodIntrospector.selectMethods(targetType,
          (MethodIntrospector.MetadataLookup<EventListener>) method ->
              AnnotatedElementUtils.findMergedAnnotation(
                  method, EventListener.class));        // 获取注解定义的监听方法
    } catch (Throwable ex) {}
    if (CollectionUtils.isEmpty(annotatedMethods)) {    // 没有注解方法
      this.nonAnnotatedClasses.add(targetType);         // 非注解集合
    } else {                                             // 没有注解配置的监听类
      ConfigurableApplicationContext context = this.applicationContext;
      // 获取已经创建的EventListenerFactory接口集合(postProcessBeanFactory()已实例化)
      List<EventListenerFactory> factories = this.eventListenerFactories;
```

```
        for (Method method : annotatedMethods.keySet()) {        // 获取全部方法名称
            for (EventListenerFactory factory : factories) {     // 获取事件工厂实例
                if (factory.supportsMethod(method)) {
                    Method methodToUse = AopUtils.selectInvocableMethod(
                            method, context.getType(beanName));  // 获取监听方法
                    ApplicationListener<?> applicationListener =
                        factory.createApplicationListener(beanName,
                            targetType, methodToUse);            // 创建事件监听
                    if (applicationListener instanceof ApplicationListenerMethodAdapter) {
                        ((ApplicationListenerMethodAdapter) applicationListener)
                            .init(context, this.evaluator);      // 事件监听初始化
                    }
                    context.addApplicationListener(applicationListener); // 追加监听器
                    break;
                }
            }
        }
    }
}
```

processBean()方法并不是对实现了 ApplicationListener 接口的监听类进行处理，而是针对自定义类的 "@EventListener" 注解进行事件监听器的保存处理，所有的自定义事件监听类在由 EventListenerFactory 接口实例中的 createApplicationListener()方法创建后保存在 Spring 上下文容器之中。

 提示：ApplicationListener 监听配置分析在 Spring 初始化处讲解。

EventListenerMethodProcessor 类在整个 Bean 初始化完成后才进行调用，所以此处并没有基于 ApplicationListener 接口的事件注册，相应的注册操作会在本章后续部分进行讲解。

6.7.3 CustomEditorConfigurer 属性编辑器配置

CustomEditorConfigurer
属性编辑器配置

视频名称　0632_【理解】CustomEditorConfigurer 属性编辑器配置

视频简介　属性编辑器是 Spring 提供的重要的资源注入扩展功能，而该功能与 BeanFactory 的整合操作，是由 CustomEditorConfigurer 类完成的。本视频分析该类的源代码定义。

考虑到属性资源的注入处理问题，Spring 提供了 PropertyEditor 属性编辑器，所有自定义的属性编辑器都需要通过 CustomEditorConfigurer 类进行注册，而该类属于 BeanFactoryPostProcessor 子类，关联结构如图 6-47 所示。

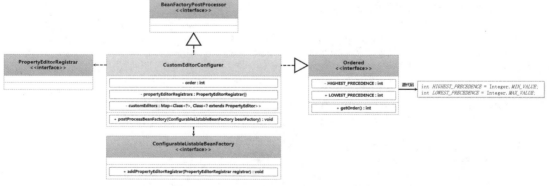

图 6-47　CustomEditorConfigurer 类关联结构

范例：postProcessorBeanFactory()方法源代码

```
package org.springframework.beans.factory.config;
```

6.7 BeanFactoryPostProcessor

```
public class CustomEditorConfigurer implements BeanFactoryPostProcessor, Ordered {
  @Override
  public void postProcessBeanFactory(ConfigurableListableBeanFactory beanFactory)
      throws BeansException {
    if (this.propertyEditorRegistrars != null) {              // 注册器集合不为空
      for (PropertyEditorRegistrar propertyEditorRegistrar :
          this.propertyEditorRegistrars) {                    // 集合迭代
        beanFactory.addPropertyEditorRegistrar(propertyEditorRegistrar); // 保存注册器
      }
    }
    if (this.customEditors != null) {                         // 自定义编辑器不为空
      this.customEditors.forEach(beanFactory::registerCustomEditor); // 注册编辑器
    }
  }
}
```

可以发现,该类覆写的 postProcessBeanFactory()处理方法会对所有的属性编辑器的注册器与属性编辑器进行迭代,随后将每一个获取到的实例保存在 BeanFactory 实例之中。

6.7.4 PropertySourcesPlaceholderConfigurer 属性源配置

视频名称　0633_【理解】PropertySourcesPlaceholderConfigurer 属性源配置
视频简介　Spring 实现了资源文件的直接属性初始化处理,而这些操作都是基于 BeanFactoryPostProcessor 接口的功能实现的。本视频分析资源处理的相关实现类,并分析 BeanDefinitionVisitor 类的使用。

Spring 中可以通过资源文件进行配置项的定义,所有的配置项可以利用"@Value("${资源key}")"注解进行对应资源内容的注入处理。为了实现该操作的解析处理,Spring 提供了 PropertySourcesPlaceholderConfigurer 配置类,此类主要实现资源的解析与属性注入处理,其继承结构如图 6-48 所示。

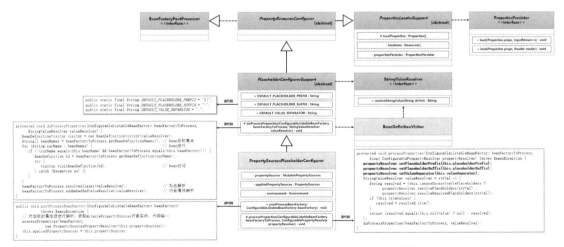

图 6-48　PropertySourcesPlaceholderConfigurer 类继承结构

在 PropertySourcesPlaceholderConfigurer 类中实现的 postProcessBeanFactory()方法,会对所有注入的资源属性进行处理,并将这些属性源保存在 MutablePropertySources 属性源集合之中进行管理,随后调用该类中的 processProperties()方法进行属性的处理。此方法会对资源解析中的"${"前缀和"}"后缀进行配置。由于具体的属性解析需要通过 StringValueResolver 接口处理,因此 Spring 定义了一个匿名内部类,利用 PropertySourcesPropertyResolver 实例实现属性内容的解析处理,而最终属性内容的赋值操作是由 doProcessProperties()方法处理的。

doProcessProperties()方法内部主要利用了 BeanDefinitionVisitor 类，该类实现了一个 Bean 的属性遍历访问与 Properties 资源的填充处理功能。该类首先通过 visitBeanDefinition()方法进行 Bean 相关信息的获取，随后利用该类中的 visitPropertyValues()方法对属性的内容进行解析。由于属性的类型可能有多种，因此在 BeanDefinitionVisitor 类中是通过 resolveValue()方法实现属性内容的解析操作的。这些方法的定义如图 6-49 所示。这样就实现了最终资源内容的读取与属性设置操作。

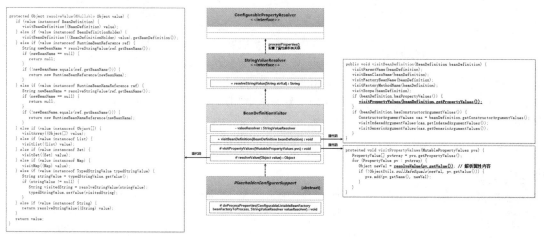

图 6-49　Bean 属性解析处理

6.7.5　ConfigurationClassPostProcessor 配置类解析

视频名称　0634_【理解】ConfigurationClassPostProcessor 配置类解析

视频简介　Spring 支持注解的环境配置，为了便于所有注解的解析操作，Spring 在内部提供了 ConfigurationClassPostProcessor 配置类。本视频为读者分析该类的继承结构，并基于源代码分析 ConfigurationClassParser 类中的注解解析处理。

Spring 支持 Bean 配置注解，在一个 Bean 中可以使用"@Configuration"注解定义配置 Bean，或者直接基于扫描包的定义使用"@Component""@Service""@Repository""@Action"注解实现扫描配置，而实现这些注解配置的处理类就是 ConfigurationClassPostProcessor。该类为 BeanFactoryPostProcessor 接口的子类，其继承结构如图 6-50 所示。

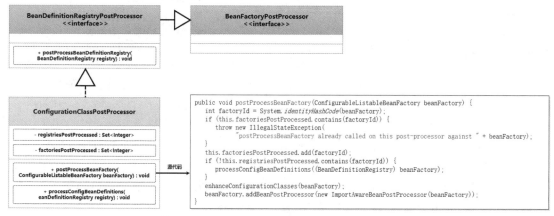

图 6-50　ConfigurationClassPostProcessor 类继承结构

ConfigurationClassPostProcessor 类在定义时继承了 BeanDefinitionRegistryPostProcessor 父类。通过源代码可以发现，该类中覆写了 postProcessBeanFactory()方法，而该方法的内部调用了父类中的 postProcessBeanDefinitionRegistry()方法，这一方法将触发 Bean 解析操作，其中的核心源代码定义如下。

范例：postProcessBeanDefinitionRegistry()方法的核心源代码

```
public void processConfigBeanDefinitions(BeanDefinitionRegistry registry) {
  List<BeanDefinitionHolder> configCandidates = new ArrayList<>(); // Bean配置集合
  String[] candidateNames = registry.getBeanDefinitionNames();      // 获取Bean名称
  for (String beanName : candidateNames) {                          // Bean迭代
    // 检查当前的Bean是否定义了"@Configuration"注解，如果是则追加到configCandidates集合
  }
  if (configCandidates.isEmpty()) {                                 // 没有任何配置类，结束处理
    return;
  }
  // （代码略）1.配置Bean排序（处理拥有"@Order"注解的Bean）
  // （代码略）2.Bean注册，未命名的Bean基于BeanNameGenerator生成名称
  // （代码略）3.通过StandardEnvironment子类获取Environment接口实例
  // 创建配置类解析器对象实例，用于解析每一个"@Configuration"注解定义的类（重点）
  ConfigurationClassParser parser = new ConfigurationClassParser(
      this.metadataReaderFactory, this.problemReporter, this.environment,
      this.resourceLoader, this.componentScanBeanNameGenerator, registry);
  Set<BeanDefinitionHolder> candidates = new LinkedHashSet<>(configCandidates);
  Set<ConfigurationClass> alreadyParsed = new HashSet<>(configCandidates.size());
  do {
    parser.parse(candidates);                                       // Bean解析处理
    // 后续代码略
  } while (!candidates.isEmpty());
}
```

在这一操作方法中，实现所有配置 Bean 的解析处理，最终是由 ConfigurationClassParser 类中的 parse()方法完成的，该类的核心结构如图 6-51 所示。所有的解析处理最终都会调用该类中的 doProcessConfigurationClass()方法，而通过该方法的源代码就可以发现其与 "@Component" "@PropertySource" 等注解的关联。

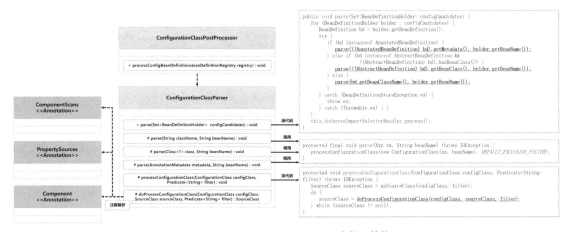

图 6-51 ConfigurationClassParser 类核心结构

范例：doProcessConfigurationClass()方法的核心源代码

```
protected final SourceClass doProcessConfigurationClass(
    ConfigurationClass configClass, SourceClass sourceClass, Predicate<String> filter)
    throws IOException {
  // 处理所有包含"@PropertySource"注解的类
  for (AnnotationAttributes propertySource :
```

```
        AnnotationConfigUtils.attributesForRepeatable(
            sourceClass.getMetadata(), PropertySources.class,
            org.springframework.context.annotation.PropertySource.class)) {}
// 处理所有包含 "@ComponentScan" 注解的类
Set<AnnotationAttributes> componentScans = AnnotationConfigUtils
        .attributesForRepeatable(sourceClass.getMetadata(),
                ComponentScans.class, ComponentScan.class);
// 处理所有包含 "@Import" 注解的类
processImports(configClass, sourceClass, getImports(sourceClass), filter, true);
// 处理所有包含 "@ImportResource" 注解的类
AnnotationAttributes importResource = AnnotationConfigUtils
        .attributesFor(sourceClass.getMetadata(), ImportResource.class);
 // 处理所有包含 "@Bean" 注解的方法
Set<MethodMetadata> beanMethods = retrieveBeanMethodMetadata(sourceClass);
return null;
}
```

通过以上的一系列解析操作，就可以对 Spring 容器中所有与配置类和核心注解有关的类自动进行扫描并将其加载到 Spring 容器之中。

6.8 BeanPostProcessor 初始化处理

BeanPostProcessor
初始化处理

视频名称　0635_【理解】BeanPostProcessor 初始化处理

视频简介　BeanPostProcessor 是针对 Bean 初始化管理结构而设计的拦截机制。本视频为读者介绍该接口的作用与方法功能，并通过一个实际的范例分析该接口与 Spring 容器中全部 Bean 之间的关联。

Spring 容器会管理大量的 Bean 实例，用户定义的所有 Bean 在 Spring 容器之中都可以进行初始化的前后控制处理，如图 6-52 所示。而实现这一功能的就是 BeanPostProcessor 接口，该接口可以在 Bean 初始化的前后自动调用。

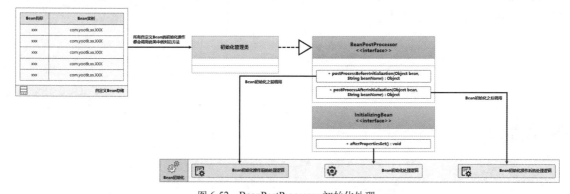

图 6-52　BeanPostProcessor 初始化处理

范例：定义 BeanPostProcessor 实现类

```
package com.yootk.processor;
@Component                                              // 组件自动注册
public class MessageBeanPostProcessor implements BeanPostProcessor {
    public static final Logger LOGGER = LoggerFactory
            .getLogger(MessageBeanPostProcessor.class);  // 日志记录对象
    @Override
    public Object postProcessBeforeInitialization(Object bean, String beanName)
            throws BeansException {                     // Bean初始化之前调用
        LOGGER.info("【Bean初始化之前】BeanName = {}、Bean = {}", beanName, bean);
        return bean;
```

```
}
@Override
public Object postProcessAfterInitialization(Object bean, String beanName)
            throws BeansException {                    // Bean初始化之后调用
    LOGGER.info("【Bean初始化之后】BeanName = {}、Bean = {}", beanName, bean);
    return bean;
}
}
```

此程序组件在 Spring 上下文中注册后，用户创建的所有 Bean 对象在初始化时都会自动调用该类提供的处理方法。在实际的使用中，用户可以根据自身的业务要求定义具体的初始化业务逻辑。

6.8.1 Bean 初始化流程

视频名称 0636_【理解】Bean 初始化流程

视频简介 Spring 提供了 Bean 的统一管理，但是随着 Spring 版本的不断更新，又新增了众多的生命周期控制操作。本视频对我们学习过的生命周期控制操作进行归类，并通过具体的范例分析这些操作的执行顺序。

Spring 开发中需要将所有的 Bean 对象实例统一归纳到 Spring 上下文之中进行管理，这样才可以方便地实现不同 Bean 实例之间的依赖，以及生命周期控制。而 Spring 框架针对生命周期的控制提供了不少的处理操作逻辑，这些逻辑的处理顺序如图 6-53 所示。

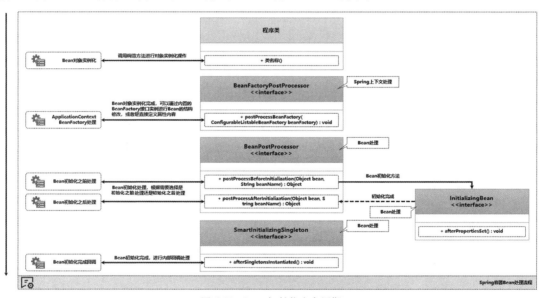

图 6-53 Bean 初始化生命周期

在进行 Bean 初始化的过程中，需要考虑两个部分，一个是 Spring 上下文的初始化操作，另一个就是 Bean 的初始化操作。其中 Spring 上下文初始化操作会调用 BeanFactoryPostProcessor 接口实现类进行处理，而 Bean 的初始化操作会通过 BeanPostProcessor 接口实现类处理。在没有引入其他生命周期控制操作接口时（如 InitializingBean 接口），用户可以随意地在初始化之前或初始化之后的方法中进行 Bean 的初始化定义。

> 注意：BeanPostProcessor 只能够处理未初始化的 Bean。
>
> 现在假设在项目中存在一个 Message 的类，该类的初始化操作要在 BeanPostProcessor 子类中完成，同时在该项目中存在 BeanFactoryPostProcessor 接口子类。如果在 BeanFactoryPostProcessor 中通过 BeanFactory 接口实例获取了 Message 对象实例，则表示 Message 类型的 Bean 已经初始化完成，而在后续处理时将不会调用 BeanPostProcessor 子类定义的初始化方法。

6.8.2 Aware 依赖注入管理

Aware 依赖注入管理

视频名称 0637_【理解】Aware 依赖注入管理
视频简介 Spring 最大的特色在于依赖注入管理结构的使用，而为了可以明确地实现依赖注入管理的配置标记，Spring 提供了 Aware 处理接口。本视频通过具体的范例为读者分析 Aware 接口的实际使用，并介绍 Spring 内置的 Aware 接口实现子类的作用。

在进行传统的操作配置时，所有需要进行依赖注入的操作类都必须使用"@Autowired"注解进行处理，而为了进行更加详细的 Bean 注入配置管理，Spring 提供了一个 Aware 处理接口。利用该接口可以通过自定义的 setXxx() 处理形式获取到指定 Bean 的对象实例，如图 6-54 所示。

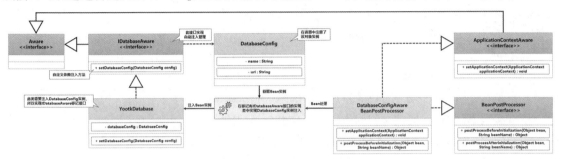

图 6-54 Aware 依赖注入实现

现在假设当前的 Spring 容器维护着一个 DatabaseConfig 类型的 Bean 对象，如果需要注入此 Bean 实例的类（例如，YootkDatabase 类需要 DatabaseConfig 对象实例），就需要实现 IDatabaseAware 接口（此接口为 Aware 子接口），随后基于一个 BeanPostProcessor 的对象类进行最终的对象注入配置处理。为了更好地说明问题，下面基于此结构进行代码的实现，具体的开发步骤如下。

（1）【base 子模块】创建 DatabaseConfig 配置类，定义所需要的配置属性项。

```
package com.yootk.aware.source;
public class DatabaseConfig {                           // 数据库配置类
    private String name;                                // 数据库配置名称
    private String url;                                 // 数据库连接地址
    // Setter、Getter、无参构造方法略
    @Override
    public String toString() {
        return "【DatabaseConfig】name = " + this.name + "、url = " + this.url;
    }
}
```

（2）【base 子模块】定义 DatabaseConfig 对象实例的配置注入标记接口，该接口要继承 Aware 父接口以进行注入标记。

```
package com.yootk.aware.bind;
public interface IDatabaseAware extends Aware {        // 定义数据库配置注入标记接口
    public void setDatabaseConfig(DatabaseConfig config);  // 数据库配置注入方法
}
```

（3）【base 子模块】定义 DatabaseConfig 的注入处理类。

```
package com.yootk.aware.post;
public class DatabaseConfigAwareBeanPostProcessor implements
        BeanPostProcessor, ApplicationContextAware {
    private ApplicationContext applicationContext;      // 应用上下文
    @Override
    public void setApplicationContext(ApplicationContext applicationContext)
            throws BeansException {
        this.applicationContext = applicationContext;   // 保存应用上下文
```

```java
    @Override
    public Object postProcessBeforeInitialization(Object bean, String beanName)
        throws BeansException {                              // Bean初始化注入
      Object config = this.applicationContext.getBean("databaseConfig");
      if (config == null) {                                  // Bean实例为空
        return bean;                                         // 返回当前Bean对象
      }
      if (config instanceof DatabaseConfig &&
              bean instanceof IDatabaseAware) {              // 判断实例类型
         ((IDatabaseAware) bean).setDatabaseConfig((DatabaseConfig) config); // 依赖配置
      }
      return bean;                                           // 返回当前Bean对象
    }
}
```

由于需要通过 Spring 容器获取 Bean 对象，因此在当前配置类中多实现了一个 ApplicationContextAware 接口。Spring 容器检测到此接口的继承结构后，就会自动调用该接口提供的 setApplicationContext()方法进行 Bean 注入。

(4)【base 子模块】创建需要自动注入 DatabaseConfig 实例的程序类，该类通过 IDatabaseAware 父接口进行注入标记。

```java
package com.yootk.aware;
@Component
public class YootkDatabase implements IDatabaseAware {       // DatabaseConfig注入定义
   private DatabaseConfig databaseConfig;                    // 属性内容
   @Override
   public void setDatabaseConfig(DatabaseConfig databaseConfig) {
      this.databaseConfig = databaseConfig;                  // 配置存储
   }
   public DatabaseConfig getDatabaseConfig() {
      return databaseConfig;                                 // 返回配置项
   }
}
```

(5)【base 子模块】定义配置类进行 Bean 定义。

```java
package com.yootk.aware.config;
@Configuration                                               // 配置类
public class AwareMessageConfig {
   @Bean                                                     // Bean注册
   public DatabaseConfig databaseConfig() {                  // 数据库配置Bean
      DatabaseConfig config = new DatabaseConfig();          // 对象实例化
      config.setName("yootk.database");                      // 属性设置
      config.setUrl("www.yootk.com/mysql");                  // 属性设置
      return config;                                         // 配置实例
   }
   @Bean                                                     // Bean注册
   public YootkDatabase yootkDatabase() {                    // 数据库配置应用类
      return new YootkDatabase();                            // 对象实例化
   }
   @Bean                                                     // Bean注册
   public DatabaseConfigAwareBeanPostProcessor databaseConfigAware() { // 配置处理类
      return new DatabaseConfigAwareBeanPostProcessor();     // 对象实例化
   }
}
```

(6)【base 子模块】创建 Spring 启动类以获取 YootkDatabase 对象实例。

```java
package com.yootk.main;
public class SpringAware {
   public static final Logger LOGGER = LoggerFactory
         .getLogger(SpringAware.class);                      // 日志记录对象
   public static void main(String[] args) {
      AnnotationConfigApplicationContext context =
            new AnnotationConfigApplicationContext();        // 注解上下文
      context.scan("com.yootk.aware");                       // 扫描包
```

```
        context.refresh();                                          // 刷新上下文
        YootkDatabase yootkMessage = context.getBean(YootkDatabase.class);
        LOGGER.info("{}", yootkMessage.getDatabaseConfig());        // 日志输出
    }
}
```

程序执行结果：

```
【DatabaseConfig】name = yootk.database、url = www.yootk.com/mysql
```

在 Spring 上下文启动之后，由于 IDatabaseAware 接口的作用，容器会通过配置类实现 YootkDatabase 对象实例相关属性的注入，依照此结构可以更加规范化地标记 Bean 的注入管理。

在 Spring 中，除了用户定义 Bean 的依赖处理，实际上内部也需要进行各种 Bean 的依赖配置，所以 Spring 提供一系列内置的 Aware 子接口（继承结构如图 6-55 所示），其中常用子接口的作用如下。

- ApplicationContextAware：注入 ApplicationContext 应用上下文接口实例。
- ApplicationEventPublisherAware：注入 ApplicationEventPublisher 事件发布器接口实例。
- ApplicationStartupAware：注入 ApplicationStartup 应用启动记录接口实例。
- BeanFactoryAware：注入 BeanFactory 工厂接口实例。
- EnvironmentAware：注入 Environment 环境上下文接口实例。
- BeanNameAware：注入 Bean 名称实例。
- EmbeddedValueResolverAware：处理属性源中由 "${}" 表达式获取的 StringValueResolver 接口实例。
- SchedulerContextAware：注入 QuartZ 调度上下文接口实例。
- LoadTimeWeaverAware：注入 LoadTimeWeaver 代理接口实例。
- MessageSourceAware：注入 MessageSource 资源管理接口实例。
- NotificationPublisherAware：注入 JMX 通知处理接口实例。
- ResourceLoaderAware：注入 ResourceLoader 资源加载接口实例。

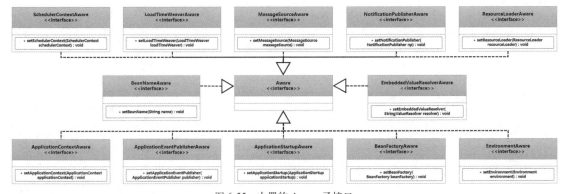

图 6-55 内置的 Aware 子接口

6.8.3 ApplicationContextAwareProcessor

视频名称 0638_【理解】ApplicationContextAwareProcessor

视频简介 Spring 内置了许多的 Aware 子接口，为了解决 BeanPostProcessor 子类定义过多的设计问题，提供了 ApplicationContextAwareProcessor 实现类。本视频通过该类的源代码为读者分析 Bean 实例的注入操作。

为了内置 Bean 的数据处理方便，Spring 提供了一系列的 Aware 子接口，而通过之前的分析可以发现，要想更好地处理每一个 Aware 子接口，往往都需要定义一个与之匹配的 BeanPostProcessor 子类。为了简化这些内置 Bean 的注入管理操作，Spring 提供了一个 ApplicationContext

AwareProcessor 处理子类，该类的关联结构如图 6-56 所示。

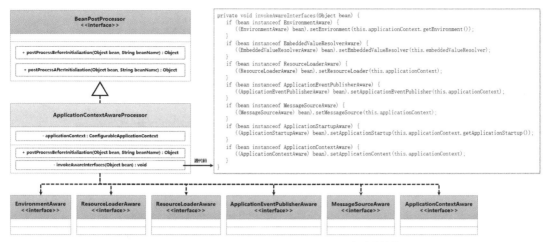

图 6-56 ApplicationContextAwareProcessor 类关联结构

范例：postProcessBeforeInitialization()方法覆写

```
public Object postProcessBeforeInitialization(Object bean, String beanName)
            throws BeansException {
    if (!(bean instanceof EnvironmentAware || bean instanceof EmbeddedValueResolverAware ||
        bean instanceof ResourceLoaderAware ||
        bean instanceof ApplicationEventPublisherAware ||
        bean instanceof MessageSourceAware || bean instanceof ApplicationContextAware ||
        bean instanceof ApplicationStartupAware)) {      // 判断类型
      return bean;
    }
    invokeAwareInterfaces(bean);                          // 接口依赖注入
    return bean;
}
```

通过 ApplicationContextAwareProcessor 子类中覆写的 postProcessBeforeInitialization()方法可以发现，该操作同时支持多个 Aware 子接口的注入判断，而最终 Bean 的依赖注入实现是由 invokeAwareInterfaces()方法完成的，该方法会调用每一个 Aware 子接口中提供的 setXxx()形式的方法实现内置 Bean 的实例注入。

6.9 Spring 容器启动分析

Spring 配置文件路径处理

视频名称　0639_【理解】Spring 配置文件路径处理
视频简介　基于配置文件启动的 Spring 容器十分常见，而这就需要通过特定的类进行处理。本视频为读者解读配置文件解析的源代码。

一个类如果想通过 Spring 容器进行 Bean 对象实例的维护，可以通过 XML 配置文件的形式进行定义，而此配置文件要通过 ClassPathXml ApplicationContext 类或 FileSystemXml ApplicationContext 类解析。要想清楚地知道该操作的解析流程，就需要分析这两个类的继承关系。

范例：Spring 配置文件解析类继承结构

ClassPathXmlApplicationContext（CLASSPATH 下加载 XML 配置文件启动）：

```
public class ClassPathXmlApplicationContext
    extends AbstractXmlApplicationContext {}
```

FileSystemXmlApplicationContext（任意磁盘路径下加载 XML 配置文件启动）：

```
public class FileSystemXmlApplicationContext
    extends AbstractXmlApplicationContext {}
```

通过以上两个类的继承关系可以发现，这两个类同时继承了 AbstractXmlApplicationContext 父类，该类的继承结构如图 6-57 所示。开发者可以根据自身的需要，在不同的位置进行配置文件的存储，在读取时选择不同的子类进行配置读取，最终的解析处理操作是 AbstractXmlApplicationContext 及其父类实现的。

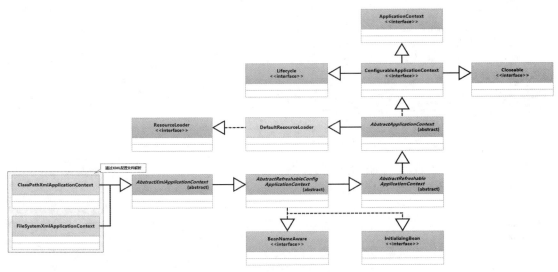

图 6-57　XML 配置文件解析结构

> **提示：本节主要分析以 XML 为主的配置方式**
>
> 通过前面一系列的程序分析，读者可以发现创建 ApplicationContext 接口实例有两种方式，一种是基于 XML 配置文件，另一种是基于注解（随后将为读者讲解）。这两者主要的实现差别在于包扫描的支持，而其核心的实现思想已经在本系列图书中的《Java Web 开发实战（视频讲解版）》一书中系统讲解，有需要的读者可以自行阅读，以便于后续的课程学习。

通过图 6-57 可以发现，AbstractXmlApplicationContext 类涉及多个父类的继承逻辑关系。为便于读者理解，下面将通过 ClassPathXmlApplicationContext 子类的源代码进行配置文件解析的流程分析，首先来观察该类构造方法。

范例：ClassPathXmlApplicationContext 类构造方法

构造方法一：

```
public ClassPathXmlApplicationContext(String configLocation)
    throws BeansException {
  this(new String[] {configLocation}, true, null);        // 调用本类构造
}
```

构造方法二：

```
public ClassPathXmlApplicationContext(
    String[] configLocations, boolean refresh,
    @Nullable ApplicationContext parent) throws BeansException {
  super(parent);                                          // 调用父类构造
  setConfigLocations(configLocations);                    // 配置文件路径
  if (refresh) {
    refresh();                                            // 容器刷新
  }
}
```

在正常使用时，需要通过 ClassPathXmlApplicationContext 类的构造方法定义配置文件的路径，

而最终配置文件的解析与存储都是由 AbstractRefreshableApplicationContext 父类中定义的方法实现的。下面观察该父类中的相关实现方法定义。

范例：AbstractRefreshableApplicationContext 提供的配置路径解析方法

```
setConfigLocations():
public void setConfigLocations(@Nullable String... locations) {
  if (locations != null) {                              // 配置文件不为空
    // 根据传入的配置文件的数量开辟一个新的数组
    this.configLocations = new String[locations.length];
    for (int i = 0; i < locations.length; i++) {        // 配置文件迭代
      // 进行配置文件的完整路径解析
      this.configLocations[i] = resolvePath(locations[i]).trim();
    }
  } else {                                              // 配置文件为空
    this.configLocations = null;
  }
}
resolvePath():
protected String resolvePath(String path) {
  // 根据当前的配置环境进行路径解析
  return getEnvironment().resolveRequiredPlaceholders(path);
}
```

通过此时的代码可以清楚地发现，所有的配置文件在处理后都会保存在 AbstractRefreshableConfigApplicationContext 类的 configLocations 属性之中，并且在保存之前需要进行资源路径的解析处理，这一操作是由 ConfigurableEnvironment 接口提供的方法实现的，操作流程如图 6-58 所示。

范例：获取解析后的配置路径信息

```
package com.yootk.main;
public class SpringConfiguration {
  public static final Logger LOGGER = LoggerFactory
        .getLogger(SpringConfiguration.class);          // 日志记录对象
  public static void main(String[] args) throws Exception {
    AbstractRefreshableConfigApplicationContext ctx =
          new ClassPathXmlApplicationContext("spring/spring-base.xml");
    Class<?> clazz = ctx.getClass();                    // 获取Class实例
    Field field = getFieldOfClass(clazz, "configLocations"); // 获取属性
    field.setAccessible(true);                          // 对外可见
    String[] configLocations = (String[]) field.get(ctx); // 配置文件集合
    LOGGER.info("配置文件存储：{}", Arrays.toString(configLocations)); // 获取配置项
  }
  /**
   * 获取指定类的属性内容，该属性可能存在于任意的父类之中
   * @param clazz 进行反射处理的操作类
   * @param filedName 属性名称
   * @return 属性实例，如果属性不存在则返回null
   */
  public static Field getFieldOfClass(Class<?> clazz, String filedName) {
    Field field = null;                                 // 接收要获取的Field对象实例
    while (field == null) {                             // 获取属性内容
      try {
        field = clazz.getDeclaredField(filedName);      // 读取属性
        break;                                          // 结束循环
      } catch (NoSuchFieldException e) {                // 属性不存在异常
        clazz = clazz.getSuperclass();                  // 获取父类
        if (clazz == null) {                            // 父类不存在
          break;                                        // 结束循环
        }
      }
    }
    return field;
  }
}
```

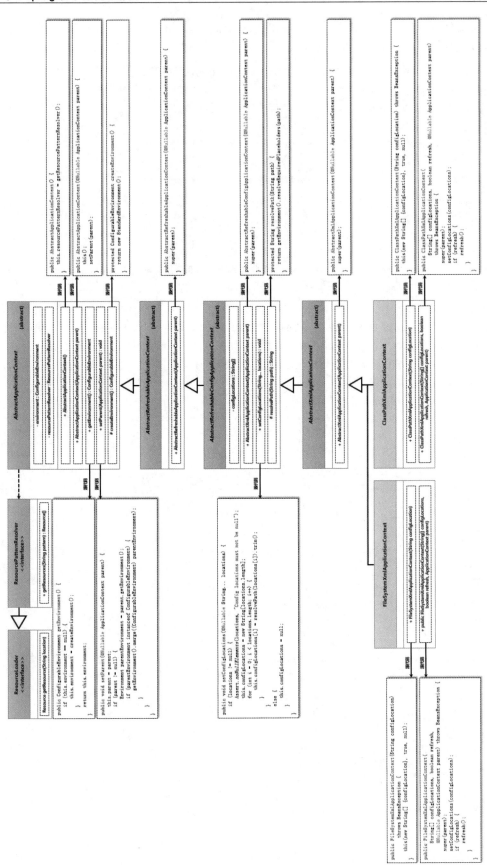

图 6-58 ClassPathXmlApplicationContext 配置路径解析

程序执行结果：

配置文件存储：[spring/spring-base.xml]

configLocations 属性保存在 AbstractRefreshableConfigApplicationContext 类之中，因为该属性的权限为私有，所以必须通过 AbstractRefreshableConfigApplicationContext 类对应的 Class 实例查找。同时由于 ApplicationContext 涉及的子类众多，因此在获取属性时就必须逐层定位属性所属的父类 Class 实例。为简化这一操作，本程序开发了一个 getFieldOfClass() 方法，而通过最终的执行结果可以发现 configLocations 属性会保存全部的路径解析结果。

6.9.1 刷新 Spring 上下文

刷新 Spring 上下文

视频名称　0640_【理解】刷新 Spring 上下文

视频简介　容器刷新是整个 Spring 容器启动的重要一步。本视频为读者宏观地介绍 refresh() 方法的主要作用，并介绍 AbstractApplicationContext 与其他结构之间的关联。

在 Spring 容器中最为重要的就是 AbstractApplicationContext 类中定义的 refresh() 方法，该方法主要实现了 Spring 容器上下文刷新处理。在进行刷新操作的同时，Spring 中的所有环境准备就绪。

范例：refresh() 方法源代码

```java
@Override
public void refresh() throws BeansException, IllegalStateException {
    synchronized (this.startupShutdownMonitor) {          // 同步处理
        StartupStep contextRefresh = this.applicationStartup
                .start("spring.context.refresh");         // 状态标记
        prepareRefresh();                                 // 准备执行上下文刷新处理
        ConfigurableListableBeanFactory beanFactory =
                obtainFreshBeanFactory();                 // 获取BeanFactory实例
        prepareBeanFactory(beanFactory);                  // BeanFactory初始化准备
        try {
            postProcessBeanFactory(beanFactory);          // 配置BeanFactoryPost处理
            StartupStep beanPostProcess = this.applicationStartup
                    .start("spring.context.beans.post-process"); // 状态标记
            invokeBeanFactoryPostProcessors(beanFactory); // 调用BeanFactoryPost处理
            registerBeanPostProcessors(beanFactory);      // 注册BeanPost
            beanPostProcess.end();                        // 处理结束标记
            initMessageSource();                          // 初始化消息资源
            initApplicationEventMulticaster();            // 初始化事件广播
            onRefresh();                                  // 初始化其他特殊类
            registerListeners();                          // 注册监听器
            finishBeanFactoryInitialization(beanFactory); // 实例化剩余单例（非延迟）
            finishRefresh();                              // 事件发布
        } catch (BeansException ex) {
            destroyBeans();                               // 销毁已经创建的单例Bean
            cancelRefresh(ex);                            // 重置刷新标记
            throw ex;                                     // 异常交给调用处理
        } finally {
            resetCommonCaches();                          // 重置Spring缓冲
            contextRefresh.end();                         // 上下文刷新结束
        }
    }
}
```

通过 refresh() 方法的源代码可以发现，该方法执行了许多初始化的处理操作，同时在对应的初始化操作中也使用了不同的接口或类，图 6-59 为读者列出了该方法核心的关联结构，下面将针对这些处理方法的具体使用进行说明。

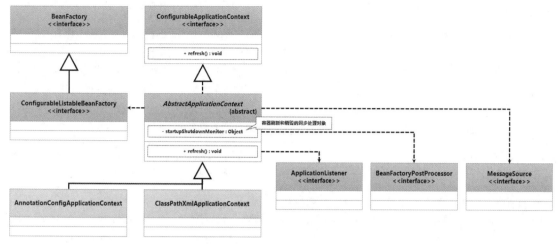

图 6-59　refresh()方法核心的关联结构

6.9.2　StartupStep

视频名称　0641_【理解】StartupStep
视频简介　Spring 提供了 ApplicationStartup 和 StartupStep 应用步骤记录标准。本视频为读者分析该标准的设计目的，并通过具体的范例实现自定义记录器的应用开发。

容器在启动的过程之中，有可能会经历多种不同的处理步骤，同时还有可能需要记录容器启动的时长等各类信息，如图 6-60 所示。这些信息经过统一的收集之后，可以用于日志输出或者是发送到专属的远程服务器进行存储。

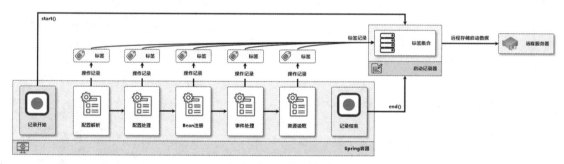

图 6-60　应用启动记录

为了更好地规划这些启动信息的记录管理，Spring 提供了一个 StartupStep 操作接口。该接口可以实现所有启动标签的记录，而要想获取此接口实例，则需依靠 ApplicationStartup 接口中的 start()方法。图 6-61 给出了一个自定义启动步骤的操作实现结构，下面将按照该结构实现启动信息的完整记录。

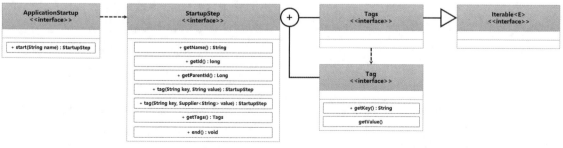

图 6-61　StartupStep 记录启动步骤的操作实现结构

范例：自定义启动步骤记录器

```
package com.yootk.main;
class YootkApplicationStartup implements ApplicationStartup {    // 自定义应用步骤
    private String name;                                          // 记录名称
    private long startTimestamp;                                  // 开始事件
    private YootkTags yootkTags = new YootkTags();                // 数据记录
    public static final Logger LOGGER = LoggerFactory
            .getLogger(YootkApplicationStartup.class);            // 日志记录对象
    @Override
    public StartupStep start(String name) {                       // 步骤开启
        this.name = name;                                         // 保存步骤名称
        this.startTimestamp = System.currentTimeMillis();         // 记录启动时间
        LOGGER.info("【start】"{}" 步骤开始执行", name);            // 日志输出
        return new YootkStartupStep();                            // 返回步骤实例
    }
    class YootkStartupStep implements StartupStep {               // 自定义启动步骤
        @Override
        public String getName() {                                 // 获取步骤名称
            return YootkApplicationStartup.this.name;
        }
        @Override
        public long getId() {                                     // 获取当前步骤ID
            return 3;
        }
        @Override
        public Long getParentId() {                               // 获取父步骤ID
            return null;
        }
        @Override
        public StartupStep tag(String key, String value){         // 创建标签
            YootkApplicationStartup.this.yootkTags.put(key, new YootkTag(key, value));
            return this;
        }
        @Override
        public StartupStep tag(String key, Supplier<String> value) {  // 创建标签
            YootkApplicationStartup.this.yootkTags.put(key,
                    new YootkTag(key, value.get()));
            return this;
        }
        @Override
        public Tags getTags() {                                   // 获取全部标签
            return YootkApplicationStartup.this.yootkTags;
        }
        @Override
        public void end() {                                       // 步骤结束
            LOGGER.info("【end】"{}" 步骤执行完毕，所耗费的时间为：{}",
                YootkApplicationStartup.this.name,
                (System.currentTimeMillis() - YootkApplicationStartup.this.startTimestamp));
        }
    }
    class YootkTags extends LinkedHashMap<String, StartupStep.Tag>
            implements StartupStep.Tags {                         // 顺序存储
        @Override
        public Iterator<StartupStep.Tag> iterator() {             // 获取Iterator实例
            return this.values().stream()
                    .collect(Collectors.toList()).iterator();     // 数据迭代
        }
    }
}
```

```
    class YootkTag implements StartupStep.Tag {              // 自定义标签
        private String key;                                   // 标签key
        private String value;                                 // 标签value
        public YootkTag(String key, String value) {           // 实例化标签
            this.key = key;                                   // 标签key
            this.value = value;                               // 标签value
        }
        @Override
        public String getKey() {                              // 获取标签key
            return this.key;                                  // 返回key属性内容
        }
        @Override
        public String getValue() {                            // 获取标签 value
            return this.value;                                // 返回value属性内容
        }
    }
}
public class SpringContextRefresh {
    public static final Logger LOGGER = LoggerFactory
            .getLogger(SpringContextRefresh.class);           // 日志记录对象
    public static void main(String[] args) throws Exception {
        ApplicationStartup startup = new YootkApplicationStartup();  // 应用步骤
        StartupStep step = startup.start("yootk.application.start"); // 应用启动统计
        for (int x = 0; x < 3; x++) {                         // 循环记录
            step.tag("yootk.start.step." + x, "服务启动逻辑 - " + x);  // 设置标签
            TimeUnit.SECONDS.sleep(1);                        // 模拟启动耗时
        }
        step.end();                                           // 结束处理
        LOGGER.info("YootkApplication启动标签: ");
        for (StartupStep.Tag tag : step.getTags()) {          // 获取日志标签
            LOGGER.info("【启动阶段】{} = {}", tag.getKey(), tag.getValue());  // 获取标签信息
        }
    }
}
```

程序执行结果:

【start】"yootk.application.start" 步骤开始执行
【end】"yootk.application.start" 步骤执行完毕，所耗费的时间为: 3012
YootkApplication启动标签:
　　【启动阶段】yootk.start.step.0 = 服务启动逻辑 - 0
　　【启动阶段】yootk.start.step.1 = 服务启动逻辑 - 1
　　【启动阶段】yootk.start.step.2 = 服务启动逻辑 - 2

本程序根据 Spring 规范定义的 ApplicationStartup 和 StartupStep 接口标准自定义了一个启动信息的记录处理结构。由于所有的标签需要顺序记录，因此程序在实现 Tags 接口时多继承了一个 LinkedHashMap 父类（便于根据标签 key 查找标签 value），这样所存储的标签就会按照操作顺序进行保存。

6.9.3 prepareRefresh()刷新预处理

prepareRefresh()
刷新预处理

视频名称　　0642_【理解】prepareRefresh()刷新预处理
视频简介　　Spring 容器启动的第一步就是对当前的环境做一些准备，所以 Spring 提供了 prepareRefresh()处理方法。本视频对该方法的源代码组成结构进行分析。

Spring 容器是基于 JVM 的一种应用形式，所以在 Spring 容器启动之前往往需要进行一些状态的标记以及环境的处理，为此，AbstractApplicationContext 类提供了 prepareRefresh()刷新处理方法。下面首先来观察该方法的源代码定义。

范例：prepareRefresh()方法源代码

```
protected void prepareRefresh() {
  this.startupDate = System.currentTimeMillis();     // 获取系统启动时间
  this.closed.set(false);                            // 修改状态属性
  this.active.set(true);                             // 修改状态属性
  if (logger.isDebugEnabled()) {                     // 判断日志级别
    if (logger.isTraceEnabled()) {                   // 判断日志级别
      logger.trace("Refreshing " + this);            // 日志跟踪
    } else {                                         // 未启用DEBUG级别
      logger.debug("Refreshing " + getDisplayName()); // DEBUG日志记录
    }
  }
  initPropertySources();                             // 初始化属性源
  getEnvironment().validateRequiredProperties();     // 验证环境属性
  if (this.earlyApplicationListeners == null) {      // 判断事件集合是否为空
    this.earlyApplicationListeners = new LinkedHashSet<>(this.applicationListeners);
  } else {
    this.applicationListeners.clear();               // 清除事件集合
    this.applicationListeners.addAll(this.earlyApplicationListeners); // 集合存储
  }
  this.earlyApplicationEvents = new LinkedHashSet<>(); // 实例化事件集合
}
```

通过当前的源代码定义可以发现，prepareRefresh()方法实现了一些系统状态属性、PropertySources 属性源管理以及事件集合的初始化操作，而这些相关处理方法的源代码如图 6-62 所示。

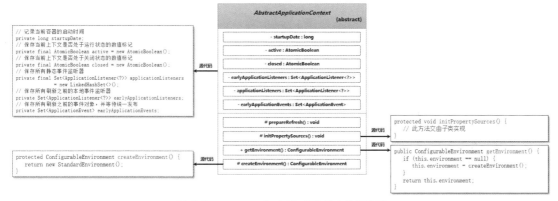

图 6-62 prepareRefresh()相关处理方法源代码

6.9.4 obtainFreshBeanFactory()获取 BeanFactory

视频名称 0643_【理解】obtainFreshBeanFactory()获取 BeanFactory
视频简介 BeanFactory 是 Spring 容器初始化的关键，所以容器启动时需要进行 XML 解析处理，而后才可以实现 Bean 的注册配置。本视频分析 obtainFreshBeanFactory()方法的使用结构，以及与 XmlBeanDefinitionReader 类之间的关联。

BeanFactory 是 Spring 容器之中最为重要的组成结构，Spring 后续的所有操作都是基于 BeanFactory 实现的。AbstractApplicationContext 类提供了 obtainFreshBeanFactory()方法以获取 BeanFactory 实例，下面来观察此方法的定义。

范例：obtainFreshBeanFactory()方法源代码

```
protected ConfigurableListableBeanFactory obtainFreshBeanFactory() {
  refreshBeanFactory();                              // ① 刷新BeanFactory实例
  return getBeanFactory();                           // ② 返回BeanFactory实例
```

```
protected abstract void refreshBeanFactory() throws BeansException, IllegalStateException;
public abstract ConfigurableListableBeanFactory getBeanFactory()
            throws IllegalStateException;
```

通过 obtainFreshBeanFactory()方法的定义可以发现，该方法调用了 refreshBeanFactory()和 getBeanFactory()两个方法进行处理，而这两个方法都被定义为抽象方法，即具体的 BeanFactory 获取是由子类完成的。通过继承结构可以发现，最终实现这两个方法的子类是 AbstractRefreshableApplicationContext。

范例：AbstractRefreshableApplicationContext.refreshBeanFactory()方法源代码

```
protected final void refreshBeanFactory() throws BeansException {
    if (hasBeanFactory()) {                                    // 存在BeanFactory实例
        destroyBeans();                                        // 清除所有的Bean
        closeBeanFactory();                                    // 关闭BeanFactory
    }
    try {
        DefaultListableBeanFactory beanFactory = createBeanFactory();// 获取BeanFactory
        beanFactory.setSerializationId(getId());               // 设置序列化ID
        customizeBeanFactory(beanFactory);                     // BeanFactory配置
        loadBeanDefinitions(beanFactory);                      // 加载Bean定义
        this.beanFactory = beanFactory;                        // 保存BeanFactory实例
    } catch (IOException ex) {
        throw new ApplicationContextException("I/O error parsing bean definition" +
            " source for " + getDisplayName(), ex);
    }
}
protected abstract void loadBeanDefinitions(DefaultListableBeanFactory beanFactory)
        throws BeansException, IOException;                    // 加载Bean信息
```

refreshBeanFactory()方法涉及 AbstractRefreshableApplicationContext 类中多个处理方法，这些方法的源代码如图 6-63 所示。

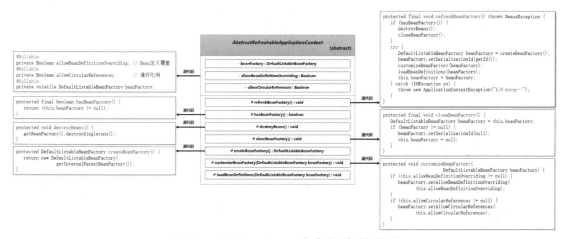

图 6-63　refreshBeanFactory()相关处理方法源代码

AbstractRefreshableApplicationContext 类中定义了一个 loadBeanDefinitions()抽象方法，所以最终要使用的 Bean 数据实际上是由子类加载的，而基于 XML 加载方式的实现子类是 AbstractXmlApplicationContext，该子类中此方法的源代码如下。

范例：AbstractXmlApplicationContext 子类中的 loadBeanDefinitions()方法

```
protected void loadBeanDefinitions(DefaultListableBeanFactory beanFactory)
        throws BeansException, IOException {
    XmlBeanDefinitionReader beanDefinitionReader =
        new XmlBeanDefinitionReader(beanFactory);              // XML配置读取
```

```
beanDefinitionReader.setEnvironment(this.getEnvironment());// 配置环境
beanDefinitionReader.setResourceLoader(this);           // ResourceLoader实例
beanDefinitionReader.setEntityResolver(new ResourceEntityResolver(this)); // 解析类
initBeanDefinitionReader(beanDefinitionReader);         // 初始化读取操作
loadBeanDefinitions(beanDefinitionReader);              // 加载Bean数据
}
```

loadBeanDefinitions()方法，主要依靠 XmlBeanDefinitionReader 类实现了配置文件的加载，以及 Bean 数据的读取。与该方法相关的处理方法的源代码如图 6-64 所示。

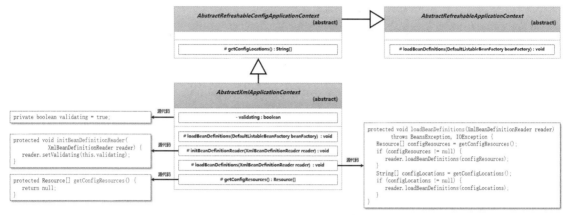

图 6-64 loadBeanDefinitions()相关处理方法源代码

至此，AbstractApplicationContext.refreshBeanFactory()方法的操作结构已经非常清晰了，该方法做好了与 BeanFactory 有关的一切前期准备。一切处理完成后就可以通过 AbstractApplicationContext.getBeanFactory()方法返回一个构造完整的 BeanFactory 接口实例。getBeanFactory()方法的实现较为简单，如图 6-65 所示。

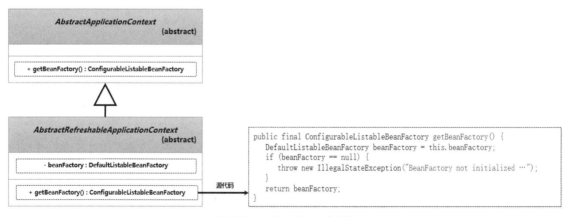

图 6-65 getBeanFactory()方法

6.9.5　prepareBeanFactory()预处理 BeanFactory

prepareBean
Factory()预处
理 BeanFactory

视频名称　0644_【理解】prepareBeanFactory()预处理 BeanFactory
视频简介　Spring 通过 obtainFreshBeanFactory()方法获取到的仅仅是一个 BeanFactory 实例，而整个 Spring 的内部还需要使用 preparBeanFactory()方法进行一些内置的对象实例注册。本视频为读者分析了该方法的源代码。

Spring 容器获取了 BeanFactory 实例之后，还需要对 BeanFactory 的使用环境进行一些配置，例如，是否需要使用特定的类加载器，有哪些接口的实例是需要被忽略的。而这些全部是由prepareBeanFactory()方法处理的。

范例：prepareBeanFactory()方法源代码

```
protected void prepareBeanFactory(ConfigurableListableBeanFactory beanFactory) {
  beanFactory.setBeanClassLoader(getClassLoader());          // 配置类加载器
  if (!shouldIgnoreSpel) {                                   // 是否忽略SpEL
    beanFactory.setBeanExpressionResolver(new StandardBeanExpressionResolver(
            beanFactory.getBeanClassLoader()));              // SpEL解析器
  }
  beanFactory.addPropertyEditorRegistrar(new ResourceEditorRegistrar(
        this, getEnvironment()));                            // 添加属性编辑器
  // 添加BeanPostProcessor子类实例，可以在容器启动后进行配置处理
  beanFactory.addBeanPostProcessor(new ApplicationContextAwareProcessor(this));
  // 在进行注册时，有些内置的接口不需要进行Bean存储，所以设置忽略的配置接口
  beanFactory.ignoreDependencyInterface(EnvironmentAware.class);
  beanFactory.ignoreDependencyInterface(EmbeddedValueResolverAware.class);
  beanFactory.ignoreDependencyInterface(ResourceLoaderAware.class);
  beanFactory.ignoreDependencyInterface(ApplicationEventPublisherAware.class);
  beanFactory.ignoreDependencyInterface(MessageSourceAware.class);
  beanFactory.ignoreDependencyInterface(ApplicationContextAware.class);
  beanFactory.ignoreDependencyInterface(ApplicationStartupAware.class);
  // 注册程序依赖解析时所需要的各个程序类
  beanFactory.registerResolvableDependency(BeanFactory.class, beanFactory);
  beanFactory.registerResolvableDependency(ResourceLoader.class, this);
  beanFactory.registerResolvableDependency(ApplicationEventPublisher.class, this);
  beanFactory.registerResolvableDependency(ApplicationContext.class, this);
  // 注册BeanPostProcessor处理，用于检测Spring容器内部早期的监听处理类
  beanFactory.addBeanPostProcessor(new ApplicationListenerDetector(this));
  if (!NativeDetector.inNativeImage() &&
        beanFactory.containsBean(LOAD_TIME_WEAVER_BEAN_NAME)) {   // AOP织入检测
    beanFactory.addBeanPostProcessor(new LoadTimeWeaverAwareProcessor(beanFactory));
    beanFactory.setTempClassLoader(new ContextTypeMatchClassLoader(
        beanFactory.getBeanClassLoader()));                  // 设置临时类加载器
  }
  // 向BeanFactory之中注入与Environment有关的环境数据
  if (!beanFactory.containsLocalBean(ENVIRONMENT_BEAN_NAME)) {
    beanFactory.registerSingleton(ENVIRONMENT_BEAN_NAME, getEnvironment());
  }
  if (!beanFactory.containsLocalBean(SYSTEM_PROPERTIES_BEAN_NAME)) {
    beanFactory.registerSingleton(SYSTEM_PROPERTIES_BEAN_NAME,
            getEnvironment().getSystemProperties());
  }
  if (!beanFactory.containsLocalBean(SYSTEM_ENVIRONMENT_BEAN_NAME)) {
    beanFactory.registerSingleton(SYSTEM_ENVIRONMENT_BEAN_NAME,
            getEnvironment().getSystemEnvironment());
  }
  if (!beanFactory.containsLocalBean(APPLICATION_STARTUP_BEAN_NAME)) {
    beanFactory.registerSingleton(APPLICATION_STARTUP_BEAN_NAME,
            getApplicationStartup());
  }
}
```

通过prepareBeanFactory()源代码可以发现，该方法实现了类加载器配置、资源属性编辑器配置、忽略依赖接口配置、Bean 依赖解析处理类、环境资源以及一系列的 BeanPostProcessor 子类实例等配置项，这样就完成了上下文环境中的 BeanFactory 接口配置，从而为进一步的后续处理提供方便。prepareBeanFactory()方法的关联结构如图 6-66 所示。

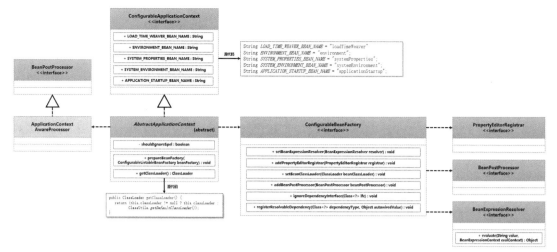

图 6-66 prepareBeanFactory()关联结构

 提示：loadTimeWeaver 与织入模式。

Java 程序开发中一共有 3 种织入方式：编译器织入（通过 Maven 或 Gradle 这类编译工具在构建时处理）、类加载器织入（LTW 模式）以及运行器织入（JDK 动态代理机制或 CGLib 工具包）。

LTW（Load Time Weaver）指的是类加载器织入的处理模式（AspectJ 支持），通过 "-javaagent:xx.jar" 的 JVM 启动参数形式进行配置。Spring 提供的 AOP 技术是基于 AspectJ 实现的，所以 BeanFactory 预处理需要先对当前的应用环境进行判断，再决定是否添加 "LoadTimeWeaverAwareProcessor" 处理器。

6.9.6 initMessageSource()初始化消息资源

视频名称 0645_【理解】initMessageSource()初始化消息资源

视频简介 MessageSource 是 Spring 提供的消息读取接口标准，Spring 容器在启动时会进行该资源接口的实例化处理。本视频为读者分析 initMessageSource()源代码与类实现结构。

Spring 容器默认支持国际化资源的配置与读取，可以利用 MessageSource 接口实例进行处理，而该接口的初始化操作是由 AbstractApplicationContext 类中的 initMessageSource()方法处理的，该方法的源代码定义如下。

范例：initMessageSource()方法源代码

```
protected void initMessageSource() {                                // 初始化消息资源
  ConfigurableListableBeanFactory beanFactory = getBeanFactory();
  if (beanFactory.containsLocalBean(MESSAGE_SOURCE_BEAN_NAME)) { // Bean是否存在
    this.messageSource = beanFactory.getBean(MESSAGE_SOURCE_BEAN_NAME,
            MessageSource.class);
    if (this.parent != null &&
        this.messageSource instanceof HierarchicalMessageSource hms) { // 父资源存在
      if (hms.getParentMessageSource() == null) {
        hms.setParentMessageSource(getInternalParentMessageSource());// 设置资源层次
      }
    }
    if (logger.isTraceEnabled()) {                                // 日志跟踪开启
      logger.trace("Using MessageSource [" + this.messageSource + "]"); // 日志记录
    }
  } else {
    DelegatingMessageSource dms = new DelegatingMessageSource(); // 实例化MessageSource
```

```
    dms.setParentMessageSource(getInternalParentMessageSource());// 设置资源层次
    this.messageSource = dms;                                   // 保存MessageSource实例
    beanFactory.registerSingleton(MESSAGE_SOURCE_BEAN_NAME,
        this.messageSource);                                    // Bean注册
    if (logger.isTraceEnabled()) {                              // 日志跟踪开启
        logger.trace("No '" + MESSAGE_SOURCE_BEAN_NAME +
            "' bean, using [" + this.messageSource + "]");      // 日志记录
    }
  }
}
```

initMessageSource()方法的处理逻辑相对简单，核心的目的就是对 AbstractApplicationContext 类中的 messageSource 属性进行初始化处理。如果此时可以通过容器获取 MessageSource 实例并且该实例来自父容器，那么就进行层级资源的配置；如果不存在父容器，则直接通过 DelegatingMessageSource 子类实例化 MessageSource 接口。本方法对应类的关联结构如图 6-67 所示。

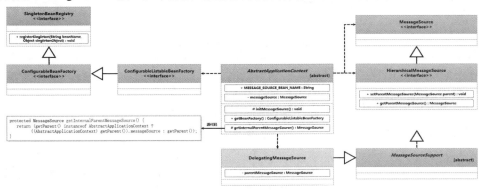

图 6-67　MessageSource 初始化

6.9.7　initApplicationEventMulticaster()初始化事件广播

initApplication
EventMulticaster()
初始化事件广播

视频名称　0646_【理解】initApplicationEventMulticaster()初始化事件广播

视频简介　Spring 中的所有自定义事件都需要进行广播发布处理，所以在 Spring 容器初始化过程中也需要初始化事件广播器。本视频为读者分析 initApplicationEventMulticaster()方法的源代码定义，并对其关联结构类进行说明。

Spring 对已有的 Java 事件处理机制进行了结构上的扩展。在所有的事件处理逻辑中，除了用户定义的事件监听操作，还需要由 Spring 实现事件的广播处理，为此 Spring 提供了 ApplicationEventMulticaster 操作接口。在 Spring 容器初始化的过程中，initApplication EventMulticaster()方法可以对事件广播接口进行初始化处理，其源代码定义如下。

范例：initApplicationEventMulticaster()方法源代码

```
protected void initApplicationEventMulticaster() {              // 初始化事件广播器
  ConfigurableListableBeanFactory beanFactory = getBeanFactory();
  // 判断当前容器之中是否已经存在指定名称的Bean对象
  if (beanFactory.containsLocalBean(APPLICATION_EVENT_MULTICASTER_BEAN_NAME)) {
    this.applicationEventMulticaster =
        beanFactory.getBean(APPLICATION_EVENT_MULTICASTER_BEAN_NAME,
            ApplicationEventMulticaster.class);                 // 获取事件广播接口实例
    if (logger.isTraceEnabled()) {                              // 启用日志跟踪
        logger.trace("Using ApplicationEventMulticaster [" +
            this.applicationEventMulticaster + "]");            // 日志记录
    }
  } else {                                                      // 不存在事件广播接口实例
    this.applicationEventMulticaster =
```

```
        new SimpleApplicationEventMulticaster(beanFactory);  // 对象实例化
    beanFactory.registerSingleton(APPLICATION_EVENT_MULTICASTER_BEAN_NAME,
            this.applicationEventMulticaster);              // Bean注册
    if (logger.isTraceEnabled()) {                           // 日志跟踪启用
      logger.trace("No '" + APPLICATION_EVENT_MULTICASTER_BEAN_NAME +
      "' bean, using " + "[" +
                this.applicationEventMulticaster.getClass().getSimpleName() + "]");
    }
  }
}
```

以上方法操作只有一个核心目的，就是判断当前容器中是否存在事件广播接口实例。如果存在则取出并保存在本类的 applicationEventMulticaster 属性之中，以便于广播处理。如果不存在，则使用 ApplicationEventMulticaster 接口子类进行实例化处理。其关联结构如图 6-68 所示。

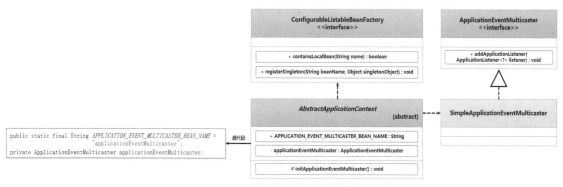

图 6-68　事件广播对象实例化

6.9.8　registerListeners()注册事件监听器

register
Listeners()注册
事件监听器

视频名称　0647_【理解】registerListeners()注册事件监听器
视频简介　监听器在 Spring 中注册后才可以生效。本视频通过 Spring 上下文刷新提供的 registerListeners()方法，为读者分析事件监听器的注册实现机制。

用户所创建的事件监听器在使用前都需要向 Spring 容器注册，而后 Spring 会将这些监听器的信息全部保存在 AbstractApplicationContext 类的 applicationListeners 集合属性之中。所有保存的监听器都需要在事件广播器中进行配置，而后才可以实现最终的事件处理操作。而注册功能就是由 registerListeners()方法实现的。

范例：registerListeners()方法源代码

```
protected void registerListeners() {                                       // 注册事件监听器
  // 首先，要注册Spring容器之中所有静态配置的监听器实例
  for (ApplicationListener<?> listener : getApplicationListeners()) {      // 监听器迭代
    getApplicationEventMulticaster().addApplicationListener(listener);     // 注册
  } // 保存所有常规方式注册的Bean实例，并对这些事件监听器进行注册，此处不要初始化FactoryBean
  String[] listenerBeanNames = getBeanNamesForType(
            ApplicationListener.class, true, false);                       // 获取全部监听器Bean实例
  for (String listenerBeanName : listenerBeanNames) {                      // Bean迭代
    getApplicationEventMulticaster().addApplicationListenerBean(listenerBeanName);
  } // 发布早期应用所产生的程序事件
  Set<ApplicationEvent> earlyEventsToProcess = this.earlyApplicationEvents;
  this.earlyApplicationEvents = null;                                      // 清空待处理事件集合
  if (!CollectionUtils.isEmpty(earlyEventsToProcess)) {                    // 集合不为空
```

```
for (ApplicationEvent earlyEvent : earlyEventsToProcess) {    // 事件迭代
    getApplicationEventMulticaster().multicastEvent(earlyEvent);    // 事件发布
  }
 }
}
```

此方法主要是获取当前容器中已经注册的所有事件类 Bean 实例，并对这些事件监听器进行统一的注册处理，随后对先前所产生的一些系统的应用事件进行广播处理。本方法所涉及的类关联结构如图 6-69 所示。

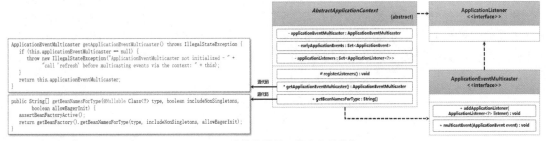

图 6-69　事件注册涉及的类关联结构

6.9.9　finishBeanFactoryInitialization() 初始化完成

视频名称　0648_【理解】finishBeanFactoryInitialization() 初始化完成
视频简介　Spring 中需要通过配置文件进行属性内容的配置，所以在启动时必须为当前的容器提供 ConversionService 和 StringValueResolver 接口实例。本视频对 BeanFactory 初始化的最后一步进行源代码解读。

Spring 上下文容器初始化操作的最后一步是在容器中注册 StringValueResolver、ConversionService 等接口的实例，对额外的代理类进行 Bean 的加载处理，对未加载的 Bean 进行实例化，并清除所使用的临时类加载器。该方法的关联结构如图 6-70 所示。

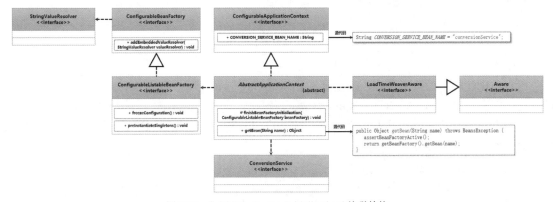

图 6-70　finishBeanFactoryInitialization() 关联结构

范例：finishBeanFactoryInitialization() 方法源代码

```
protected void finishBeanFactoryInitialization(
     ConfigurableListableBeanFactory beanFactory) {          // BeanFactory初始化完成
  // 在当前的Spring容器中初始化ConversionService接口实例，用于数据转换处理
  if (beanFactory.containsBean(CONVERSION_SERVICE_BEAN_NAME) &&
    beanFactory.isTypeMatch(CONVERSION_SERVICE_BEAN_NAME, ConversionService.class)) {
   beanFactory.setConversionService(
      beanFactory.getBean(CONVERSION_SERVICE_BEAN_NAME, ConversionService.class));
  }
```

```
// 如果BeanFactoryPostProcessor中没有配置StringValueResolver接口实例，则进行配置
if (!beanFactory.hasEmbeddedValueResolver()) {
  beanFactory.addEmbeddedValueResolver(
      strVal -> getEnvironment().resolvePlaceholders(strVal));    // 字符串
}
// 初始化LoadTimeWeaverAware配置的代理Bean
String[] weaverAwareNames = beanFactory.getBeanNamesForType(
            LoadTimeWeaverAware.class, false, false);          // 代理Bean初始化
for (String weaverAwareName : weaverAwareNames) {              // 获取代理类名称
  getBean(weaverAwareName);                                    // Bean实例化
}
beanFactory.setTempClassLoader(null);                          // 取消临时类加载器
beanFactory.freezeConfiguration();                             // 缓存所有BeanDefinition
beanFactory.preInstantiateSingletons();                        // 实例化剩余的单例Bean（非懒加载）
}
```

6.10 Annotation 扫描注入源代码解读

视频名称　0649_【理解】AnnotationConfigApplicationContext 核心结构
视频简介　注解扫描配置是当今 Spring 开发中主要采用的形式。本视频通过完整的继承结构，为读者分析 AnnotationConfigApplicationContext 类的基本结构。

从 Spring 3.0 开始，为了简化 XML 配置文件的定义，Spring 提供了 AnnotationConfigApplicationContext 容器启动类，该类可以以注解扫描的方式实现 Spring 容器启动。该类的继承结构如图 6-71 所示。

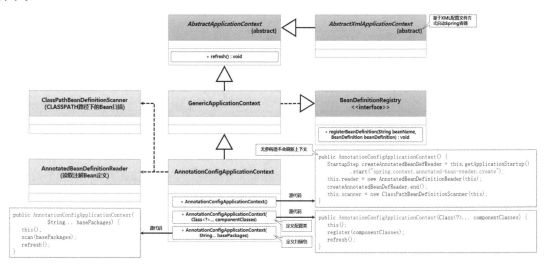

图 6-71　AnnotationConfigApplicationContext 类继承结构

AnnotationConfigApplicationContext 类一共提供了 3 个构造方法，其中无参构造方法的主要功能是对两个核心属性（AnnotatedBeanDefinitionReader 和 ClassPathBeanDefinitionScanner 类对象）进行初始化的处理，而其他两个构造方法一个进行扫描包的定义，另一个进行配置类的定义。在实际的使用过程中，开发者都会调用该类中的 scan()方法或 register()方法，而这两个方法的处理类分别为 ClassPathBeanDefinitionScanner 和 AnnotatedBeanDefinitionReader，源代码定义如图 6-72 所示。研究注解扫描配置的核心就是这两个类的使用。

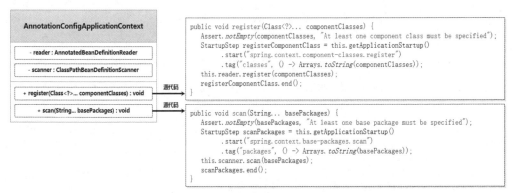

图 6-72 AnnotationConfigApplicationContext 类的扫描和注册方法源代码

6.10.1 ClassPathBeanDefinitionScanner 扫描处理

视频名称　0650_【理解】ClassPathBeanDefinitionScanner 扫描处理

视频简介　AnnotationConfigApplicationContext 在使用时可以通过 scan()方法定义扫描包，而 Spring 为了便于扫描处理提供了 ClassPathBeanDefinitionScanner 类。本视频通过源代码分析 ClassPathBeanDefinitionScanner 类之中 doScan()方法的作用。

注解配置中最为重要的就是扫描包的配置。AnnotationConfigApplicationContext 类提供了 scan()方法，该方法采用可变参数定义，这样用户可以根据需要配置多个不同的扫描包。AnnotationConfigApplicationContext 类中还定义了 scanner 对象实例，该对象实例对应的类型为 ClassPathBeanDefinitionScanner，最终的扫描处理是由该类提供的方法实现的，如图 6-73 所示。

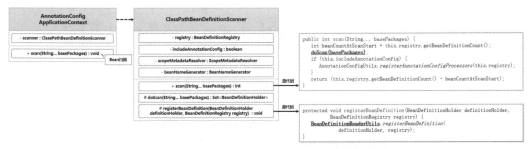

图 6-73 ClassPathBeanDefinitionScanner 类中的扫描处理

ClassPathBeanDefinitionScanner 类中定义的 scan()方法会返回当前扫描配置 Bean 的个数，这是通过"扫描后的 Bean 数量 − 扫描前的 Bean 数量"计算得来的。scan()方法中的核心操作就是调用本类中的 doScan()方法，下面来观察一下该方法的源代码。

范例：doScan()方法源代码

```
protected Set<BeanDefinitionHolder> doScan(String... basePackages) {
   Assert.notEmpty(basePackages, "At least one base package must be specified");
   Set<BeanDefinitionHolder> beanDefinitions = new LinkedHashSet<>(); // Bean处理集合
   for (String basePackage : basePackages) {                // 扫描包迭代
      // 根据当前的扫描包进行资源查询，以获取全部要注册的Bean定义（一个包中会有多个Bean）
      Set<BeanDefinition> candidates = findCandidateComponents(basePackage);
      for (BeanDefinition candidate : candidates) {        // 迭代Bean定义集合
         ScopeMetadata scopeMetadata = this.scopeMetadataResolver
            .resolveScopeMetadata(candidate);              // 获取Scope元数据
   // 设置当前的Scope名称范围（单例或者是原型）
         candidate.setScope(scopeMetadata.getScopeName());
         String beanName = this.beanNameGenerator
```

```
            .generateBeanName(candidate, this.registry);        // 创建Bean名称
        if (candidate instanceof AbstractBeanDefinition) {  // 普通配置Bean
            postProcessBeanDefinition((AbstractBeanDefinition) candidate, beanName);
        }
        if (candidate instanceof AnnotatedBeanDefinition) {  // 注解配置Bean
            AnnotationConfigUtils.processCommonDefinitionAnnotations(
                    (AnnotatedBeanDefinition) candidate);
        }
        if (checkCandidate(beanName, candidate)) {              // 检查Bean是否已注册
            BeanDefinitionHolder definitionHolder = new BeanDefinitionHolder(
                    candidate, beanName);                         // 实例化Bean定义控制器
            definitionHolder =
                    AnnotationConfigUtils.applyScopedProxyMode(scopeMetadata,
                            definitionHolder, this.registry);
            beanDefinitions.add(definitionHolder);              // 保存实例
            registerBeanDefinition(definitionHolder, this.registry);  // 注册
        }
    }
}
return beanDefinitions;                                         // 返回Bean控制器集合
}
```

通过源代码可以清楚地发现，用户所配置的扫描包都会在内部进行迭代操作，每次迭代都会获取当前开发包中的全部 BeanDefinition 实例。为了防止重复配置所造成的冲突，在进行 Bean 注册前要判断 Spring 中是否存在解析到的 BeanDefinition 实例，如果没有则将当前的 BeanDefinition 保存在 beanDefinitions 集合之中，同时利用该类内部提供的 registerBeanDefinition()实现当前 BeanDefinitionHolder 实例的保存，这样 Spring 就可以依照此类实例实现 Bean 的实例化处理。doScan()方法的调用结构如图 6-74 所示。

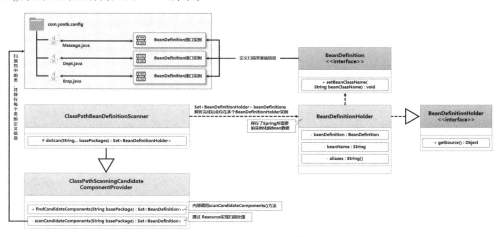

图 6-74　doScan()方法的调用结构

6.10.2　AnnotatedBeanDefinitionReader 配置类处理

AnnotatedBean
DefinitionReader
配置类处理

视频名称　0651_【理解】AnnotatedBeanDefinitionReader 配置类处理

视频简介　为了方便注解配置，可以由开发者根据需要手动进行配置类的定义。本视频分析 AnnotationConfigApplicationContext 类中的 register()方法执行流程。

注解配置除了基于扫描包的方式，也可以由开发者根据需要手动进行配置 Bean 的定义，而这一操作主要是通过 AnnotationConfigApplicationContext 类中的 register()方法完成的。该方法的执行结构如图 6-75 所示。

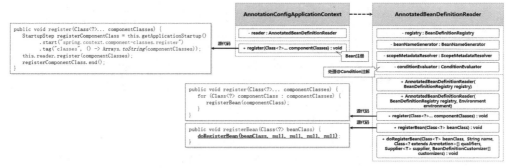

图 6-75 register()方法的执行结构

AnnotationConfigApplicationContext 类中的 register()方法在执行时，主要调用 AnnotatedBeanDefinitionReader 类中定义的 register()方法，而后者又调用了 doRegisterBean()这一核心的注册方法。下面来查看 doRegisterBean()方法的源代码定义。

范例：doRegisterBean()方法源代码

```
// 在调用该方法时，只有beanClass参数有数据，其他参数的内容均为null
private <T> void doRegisterBean(Class<T> beanClass, @Nullable String name,
    @Nullable Class<? extends Annotation>[] qualifiers, @Nullable Supplier<T> supplier,
    @Nullable BeanDefinitionCustomizer[] customizers) {
  // 此时配置的类，是基于注解方式定义的，所以将根据注解保存该Bean中的BeanDefinition数据
  AnnotatedGenericBeanDefinition abd = new AnnotatedGenericBeanDefinition(beanClass);
  if (this.conditionEvaluator.shouldSkip(abd.getMetadata())) {
    return;
  }
  abd.setInstanceSupplier(supplier);
  // 解析当前Bean中定义的Scope配置信息，并将其保存在BeanDefinition接口实例之中
  ScopeMetadata scopeMetadata = this.scopeMetadataResolver.resolveScopeMetadata(abd);
  abd.setScope(scopeMetadata.getScopeName());
  // 根据当前Bean的配置获取注册时使用的Bean名称
  String beanName = (name != null ? name : this.beanNameGenerator
    .generateBeanName(abd, this.registry));
  AnnotationConfigUtils.processCommonDefinitionAnnotations(abd);   // 注解配置处理
  if (qualifiers != null) {                                         // 多个候选Bean配置
    for (Class<? extends Annotation> qualifier : qualifiers) {
      if (Primary.class == qualifier) {                             // Primary注解处理
        abd.setPrimary(true);
      } else if (Lazy.class == qualifier) {                         // Lazy注解处理
        abd.setLazyInit(true);
      } else {
        abd.addQualifier(new AutowireCandidateQualifier(qualifier));
      }
    }
  }
  if (customizers != null) {
    for (BeanDefinitionCustomizer customizer : customizers) {
      customizer.customize(abd);
    }
  }
  // 将当前处理完成的BeanDefinition对象实例保存在BeanDefinitionHolder中以便进行对象实例化
  BeanDefinitionHolder definitionHolder = new BeanDefinitionHolder(abd, beanName);
  definitionHolder = AnnotationConfigUtils.applyScopedProxyMode(
      scopeMetadata, definitionHolder, this.registry);
  BeanDefinitionReaderUtils.registerBeanDefinition(
      definitionHolder, this.registry);                             // 注册
}
```

在单个类的注解注册操作中,程序首先对类中的注解定义进行解析,随后将当前获取到的 BeanDefinition 对象信息保存在 BeanDefinitionHolder 对象之中,这样就可以通过 BeanDefinition ReaderUtils 工具类提供的方法进行注册。

6.10.3 BeanDefinitionReaderUtils

视频名称　0652_【理解】BeanDefinitionReaderUtils
视频简介　在 AnnotationConfigApplicationContext 类提供的 scan()与 register()两个方法中,最终实现 BeanDefintion 注册的类均为 BeanDefinitionReaderUtils。本视频通过该类的核心源代码为读者分析该类中注册方法的实现。

注解扫描的配置形式提供了 AnnotatedBeanDefinitionReader、ClassPathBeanDefinitionScanner 两种不同的 Bean 的注册模式,而这两个类的注册方法中都存在对如下代码的调用。

`BeanDefinitionReaderUtils.registerBeanDefinition(definitionHolder, this.registry);`

所有通过注解类解析出来的 BeanDefinition 最终都会通过 BeanDefinitionReaderUtils 类提供的方法实现注册,如图 6-76 所示。registerBeanDefinition()方法的源代码如下。

范例:registerBeanDefinition()方法源代码

```
// 此时传入的BeanDefinitionRegistry实例类型为AnnotationConfigApplicationContext
public static void registerBeanDefinition(
    BeanDefinitionHolder definitionHolder, BeanDefinitionRegistry registry)
    throws BeanDefinitionStoreException {
  String beanName = definitionHolder.getBeanName();      // 获取注册Bean名称
  registry.registerBeanDefinition(beanName,
      definitionHolder.getBeanDefinition());             // 注册BeanDefinition实例
  String[] aliases = definitionHolder.getAliases();      // 获取别名配置
  if (aliases != null) {
    for (String alias : aliases) {                       // 迭代获取到的别名
      registry.registerAlias(beanName, alias);           // 注册别名
    }
  }
}
```

当前的注册方法通过 BeanDefinitionHolder 获取生成的 beanName 以及对应的 BeanDefinition 实例,随后通过 BeanDefinitionRegistry 接口实例进行注册,而该注册的处理操作会通过 BeanFactory 接口实现,从而实现 Spring 整体的 Bean 注册处理。

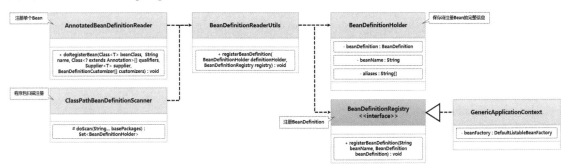

图 6-76　BeanDefinitionReaderUtils 类关联结构

6.11　本章概览

1.为了便于所有属性源的管理,Spring 提供了 PropertySource 抽象类,可以向该类中保存

Properties 或 Map 形式的属性源。

2．为了便于多个属性源的管理，Spring 提供了 PropertySources 接口，利用该接口可以实现多个 PropertySource 对象实例管理。

3．属性源过多会导致资源获取困难，为了解决此类设计问题，Spring 提供了 PropertyResolver 属性解析接口，该接口可以对 PropertySources 进行遍历查询。

4．Spring 在启动时会自动进行所有环境属性的导入，并利用 Environment 保存这些环境资源。

5．为了便于数据转换的处理，Spring 提供了 ConversionService 转换接口。该接口统一封装了 Converter 转换器，并依据转换器接口定义了若干个不同数据类型的转换支持子类。

6．ApplicaionContext 表示 Spring 上下文，该接口的继承结构较为烦琐，在进行 Spring 源代码分析之前应掌握相关接口的用法。

7．Spring 对 Java 的事件处理提供了扩展支持，可以基于 ApplicationEvent 自定义事件，而后利用 ApplicationListener 实现事件监听处理。

8．为了解决国际化数据读取的问题，Spring 提供了 MessageSource 接口，该接口封装了 ResourceBundle，同时利用 Locale 实现国际化资源的读取。

9．项目中可以利用*.properties 文件实现资源属性的配置，而后为了便于这些属性与 Bean 属性结合，Spring 提供了自动注入的功能。为了满足不同的注入需要，Spring 又提供了 PropertyEditor 属性编辑器，可以利用自定义属性编辑器实现属性处理后的 Bean 配置。

10．Spring 扩展了 Bean 的生命周期，早期提供了 InitializingBean 和 DisposableBean 接口，后期又提供了 Lifecycle 生命周期控制接口。

11．为了避免显式地调用容器的 start()方法，Spring 扩展了 SmartLifecycle 生命周期控制方法。

12．Spring 中大部分 Bean 都是以单例的结构存储的，为了便于单例 Bean 的回调处理，Spring 提供了 SmartInitializingSingleton 回调处理接口，该接口可以在 Bean 初始化完成后进行回调操作。

13．基于 XML 文件实现的 Spring 配置，可以直接利用 Spring 提供的 XmlBeanDefinitionReader 接口实现解析处理。

14．每一个在 XML 文件中配置的 Bean 元素都可以通过 BeanDefinitionParserDelegate 并结合 DOM 与 SAX 解析读取配置。

15．BeanFactory 提供了 Bean 的管理工厂，所有处理后的 Bean 都在其中注册。如果用户想获取 Bean 的相关信息，可以通过 ConfigurableBeanFactory 子接口完成。

16．BeanFactory 内部对创建的 Bean 实行三级缓存管理机制，第一级缓存保存已经完全初始化成功的 Bean，第二级缓存保存未初始化成功的 Bean，第三级缓存保存缓存工厂。

17．ObjectProvider 解决了 Bean 依赖处理过程中的 Bean 实例所引发的异常。

18．FactoryBean 解决了同类型多个 Bean 定义的问题，在使用该操作获取 Bean 时需要在名称前追加 "&"。

19．BeanFactoryPostProcessor 实现了 Spring 容器中的 BeanFactory 拦截操作。

20．BeanPostProcessor 实现了 Bean 初始化的拦截操作。

21．为便于注入的明确定义，Spring 提供了 Aware 接口，在使用时需要定义该接口的子类，并利用 BeanPostProcessor 实现所需要的依赖 Bean 注入。

22．基于 Annontation 的配置操作，经过解析后都是利用 BeanDefinitionReaderUtils 类中的方法实现注册处理的，而该注册处理通过 BeanDefinitionRegistry 接口实例完成（内部会由 BeanFactory 实现 Bean 管理）。

第 7 章
AOP

本章学习目标
1. 掌握代理设计模式与 AOP 的设计理念；
2. 掌握 AspectJ 表达式的定义，并可以利用 AspectJ 表达式实现 AOP 切面配置；
3. 掌握 AOP 的基础实现，并可以区分 Spring 的两种 AOP 实现方案；
4. 掌握 AOP 中的前置通知、后置通知、异常通知以及环绕通知的作用与实现；
5. 掌握 "@Advice" 注解的用法，并可以基于相关注解实现 AOP 各种通知处理；
6. 掌握 Spring 框架对 AOP 技术实现的原理，并可以理解核心源代码的设计。

代理是项目开发中较为常见的一种设计模式，Java 也支持动态代理设计模式，但是传统的 Java 开发采用的是硬编码的形式，程序的可维护性不高。而 Spring 开发框架提出了更加方便的 AOP（面向切面编程），同时可以使用 AspectJ 表达式进行方便的配置。本章将为读者全面分析 AOP 的使用方法以及实现机制。

7.1 AOP 模型

| 视频名称 | 0701_【理解】AOP 产生动机 |
| 视频简介 | 技术的产生与发展都有必要的条件，AOP 技术是在代理结构的基础上产生的。为了便于读者理解，本视频将基于 JDK 原生代理模式进行问题分析。|

在一个完善的项目开发过程之中，为了便于对某些公共业务处理逻辑的抽象管理（如数据库事务处理操作），开发者会使用动态代理设计模式，如图 7-1 所示。此时业务调用类需要通过 ServiceProxy 获取封装的业务接口实例，而后基于反射调用的形式在核心业务方法调用的前后采用硬编码的方式来实现代理调用。

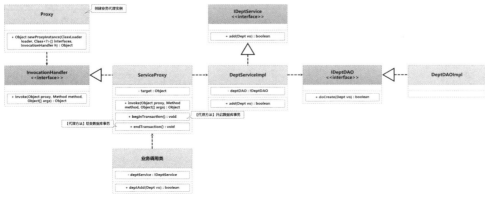

图 7-1 动态代理设计模式

> **提示：动态代理与反射是 Spring 的灵魂。**
>
> Spring 框架有 3 个核心设计模式：工厂设计模式、代理设计模式、单例设计模式。工厂设计模式是基于反射的，是 IoC 和 DI 实现的理论基础。AOP 是基于动态代理设计模式实现的，如果对这部分知识不清楚，强烈建议翻看本系列图书中的《Java 程序设计开发实战（视频讲解版）》一书来巩固基础知识。

虽然动态代理可以对辅助操作的代码功能进行更高级的抽象，但是这样编写出来的代码会引发严重的代码耦合问题，也会对代码的维护造成影响。而 Spring 在动态代理设计模式的基础上进行了包装，提出了 AOP 的实现方案。

7.1.1 AOP 简介

AOP 简介

视频名称 0702_【理解】AOP 简介
视频简介 AOP 是动态代理设计模式的一种实现，也是 Spring 的核心概念。本视频为读者分析 AOP 编程开发之中的相关概念，并介绍 Spring 对 AOP 的两种实现方案。

AOP 本质上属于一种编程范式，强调从另一个角度来考虑程序结构从而完善面向对象程序设计（Object-Oriented Programming，OOP）模型。AOP 是基于动态代理设计模式的一种更高级的应用，其主要的目的是结合 AspectJ 组件利用切面表达式将代理类织入程序，以实现组件的解耦合设计。AOP 主要用于横切关注点分离和织入，因此在 AOP 的处理之中需要关注如下几个核心概念，这些核心概念的结构如图 7-2 所示。

- 关注点：可以认为是所关注的各种东西，如业务接口、支付处理、消息发送处理等。
- 关注点分离：将业务处理逐步拆分后形成的一个个不可拆分的独立组件。
- 横切关注点：实现代理功能，利用代理功能可以将辅助操作在多个关注点上执行，横切关注点可能包括很多种，如事务处理、日志记录、角色或权限检测、性能统计等。
- 织入：将横切关注点分离之后有可能需要确定关注点的执行位置，这称为织入，织入可能在业务方法调用前，也可能在调用后，还可能在产生异常时。

图 7-2 AOP 核心概念的结构

> **提示：AOP 早期是基于接口实现的。**
>
> 在 Spring 1.x 推出的时候，所有的 AOP 机制是基于一系列的 Advice 接口来实现的，例如，要实现调用前的 AOP 处理可以创建 BeforeAdvice 接口子类，要进行调用后的 AOP 处理可以创建 AfterAdvice 接口子类，并基于配置的形式进行处理，如图 7-3 所示。

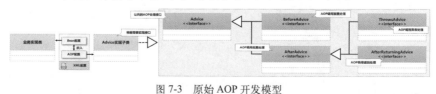

图 7-3 原始 AOP 开发模型

> 以上基于接口的处理方案会对代码的实现产生强制性的继承要求，这样的设计理念已经不再被支持了。本书所讲解的 AOP 形式全部是基于 AspectJ 的。

在 AOP 中，横切关注点的设置与处理是核心所在，横切关注点需要采用横切关注点表达式进行定义，而处理的核心就是具体的代理类。在 AOP 中，可以采用如下通知（Advice）处理形式来实现不同横切关注点的配置。

- 前置通知（Before Advice）：在真正的核心功能调用之前触发代理操作。
- 后置通知（After Advice）：在真正的核心功能调用之后触发代理操作。
    |- 后置返回通知（After Returning Advice）：当执行的核心方法返回数据时处理。
    |- 后置异常通知（After throwing Advice）：在执行核心方法产生异常之后处理。
    |- 后置最终通知（After Finally Advice）：不管是否出现问题都执行此操作。
- 环绕通知（Round Advice）：在方法调用之前和之后自定义各种行为（包括前置通知与后置通知），并且可以决定是否执行连接点处的方法、替换返回值、抛出异常等。

7.1.2 AOP 切面表达式

AOP 切面
表达式

视频名称　0703_【掌握】AOP 切面表达式
视频简介　AOP 实现的前提是有一个代理的切入点机制，而 Spring 使用了 AspectJ 表达式实现切入点配置。本视频为读者分析表达式的核心操作语法结构。

在 AOP 中，切入点的处理是最关键的步骤，如果切入点配置错误，那么所有的通知处理方法将无法进行正常的织入。Spring AOP 支持的主要的 AspectJ 切入点标识符如下。

- execution：定义通知的切入点。
- this：用于匹配当前 AOP 代理对象类型的执行方法。
- target：用于匹配当前目标对象类型的执行方法。
- args：用于匹配传入的参数为指定类型的执行方法。

用 AOP 定义切入点主要依靠"execution"语句，该语句的语法如下。

```
execution(注解匹配 修饰符匹配 方法返回值类型匹配 操作类型匹配 方法名称匹配(参数匹配)) 异常匹配
```

具体说明如下。

- 【可选】注解匹配：匹配方法上指定注解的定义，如@Override。
- 【可选】修饰符匹配：方法修饰符，可以使用 public 或 protected。
- 【必填】方法返回值类型匹配：可以设置任何类型，可以使用"*"匹配所有返回值类型。
- 【必填】操作类型匹配：定义方法所在类的名称，可以使用"*"匹配所有类型。
- 【必填】方法名称匹配：匹配要调用的处理方法，可以使用"*"匹配所有方法。
- 【必填】参数匹配：用于匹配切入方法的参数，有如下几种设计方式。
    |- ()：表示没有参数。
    |- (..)：表示匹配所有参数。
    |- (..,java.lang.String)：以 String 作为最后一个参数，前面的参数个数可以任意设置。
    |- (java.lang.String,..)：以 String 作为第一个参数，后面的参数个数可以任意设置。
    |- (*,java.lang.String)：以 String 作为最后一个参数，前面可以随意设置一个参数。
- 【可选】异常匹配：定义方法中抛出的异常，可以设置多个异常，使用","分隔。

由于本次讲解是以业务层 AOP 设计为主的，并且所有的业务类所在包均在"com.yootk"的"service"子包中，如果要匹配所有的业务层实现类的方法，则可以使用如下切面表达式（又称 AspectJ 表达式）：

```
execution(public * com.yootk..service..*.*(..))
```

该表达式的作用为，匹配所有在 com.yootk 父包下任意层级的 service 子包中的所有业务类的所有方法，并且可以设置任意的参数个数，具体组成分析如图 7-4 所示。

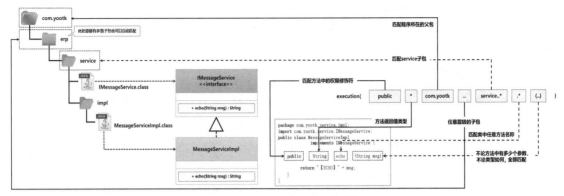

图 7-4　AOP 切面表达式组成分析

7.1.3　AOP 基础实现

视频名称　0704_【掌握】AOP 基础实现
视频简介　AOP 基础实现需要使用特定的程序包。本视频为读者分析相关依赖库的作用，同时基于 XML 配置文件的方式通过具体的范例实现一个 AOP 应用。

Spring 针对 AOP 的实现提供了"spring-aop"和"spring-aspects"两个依赖库，开发者只需要在项目中配置这两个依赖库，就可以自定义 AOP 的处理类，以实现业务的代理操作。下面将依据图 7-5 所示的结构实现一个 AOP 应用。

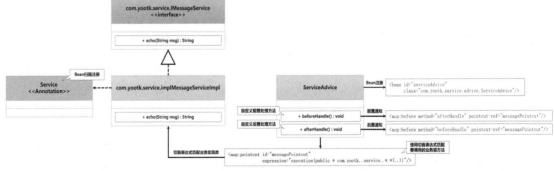

图 7-5　AOP 基础实现

（1）【yootk-spring 项目】修改 build.gradle 配置文件，为 base 子模块添加 Spring AOP 的相关依赖库。

```
implementation('org.springframework:spring-aop:6.0.0-M3')
implementation('org.springframework:spring-aspects:6.0.0-M3')
```

（2）【base 子模块】创建 IMessageService 业务接口。

```
package com.yootk.service;
public interface IMessageService {                          // 消息业务接口
    public String echo(String msg);                         // 消息响应处理
}
```

（3）【base 子模块】创建 MessageServiceImpl 子类，并使用"@Service"注解进行 Bean 注册。

```
package com.yootk.service.impl;
@Service                                                    // Bean注册
public class MessageServiceImpl implements IMessageService { // 业务接口实现子类
```

```java
    @Override
    public String echo(String msg) {                            // 消息响应处理
        return "【ECHO】" + msg;
    }
}
```

(4)【base 子模块】创建一个 AOP 代理类，并在该类中定义业务方法调用前后的代理功能。

```java
package com.yootk.service.advice;
public class ServiceAdvice {                                    // AOP代理类
    private static final Logger LOGGER = LoggerFactory.getLogger(ServiceAdvice.class);
    public void beforeHandle() {                                // 前置业务处理操作
        LOGGER.info("启用业务功能前置调用处理机制。");          // 日志输出
    }
    public void afterHandle() {                                 // 后置业务处理操作
        LOGGER.info("启用业务功能后置调用处理机制。");          // 日志输出
    }
}
```

(5)【base 子模块】在 spring/spring-base.xml 配置文件中，追加 AOP 配置。

```xml
<?xml version="1.0" encoding="UTF-8"?>
<beans xmlns="http://www.springframework.org/schema/beans"
    xmlns:xsi="http://www.w3.org/2001/XMLSchema-instance"
    xmlns:context="http://www.springframework.org/schema/context"
    xmlns:aop="http://www.springframework.org/schema/aop"
    xsi:schemaLocation="http://www.springframework.org/schema/beans
        http://www.springframework.org/schema/beans/spring-beans.xsd
        http://www.springframework.org/schema/context
        http://www.springframework.org/schema/context/spring-context-4.3.xsd
        http://www.springframework.org/schema/aop
        https://www.springframework.org/schema/aop/spring-aop.xsd">
    <context:annotation-config/>                    <!-- 启用注解支持 -->
    <context:component-scan base-package="com.yootk.service"/> <!-- 扫描包 -->
    <!-- 本次应用已经启用了Bean扫描配置，但是为了便于读者观察，此处基于XML进行切面类配置 -->
    <bean id="serviceAdvice" class="com.yootk.service.advice.ServiceAdvice"/>
    <aop:config>                                    <!-- AOP使用配置 -->
        <!-- 定义AOP切面表达式，本次将对业务层中的方法进行AOP调用触发 -->
        <aop:pointcut id="messagePointcut"
                expression="execution(public * com.yootk..service..*.*(..))"/>
        <aop:aspect ref="serviceAdvice">            <!-- AOP处理Bean -->
            <!-- 定义AOP前置通知配置项，设置AOP切面表达式并配置前置处理方法名称 -->
            <aop:before method="beforeHandle" pointcut-ref="messagePointcut"/>
            <!-- 定义AOP后置通知配置项，设置AOP切面表达式并配置后置处理方法名称 -->
            <aop:after method="afterHandle" pointcut-ref="messagePointcut"/>
        </aop:aspect>
    </aop:config>
</beans>
```

(6)【base 子模块】创建 JUnit 测试类，通过调用 IMessageService 业务接口方法观察 AOP 处理方法的执行情况。

```java
package com.yootk.test;
@ContextConfiguration(locations = { "classpath:spring/spring-base.xml" })  // 资源文件定位
@ExtendWith(SpringExtension.class)                              // 使用JUnit 5测试工具
public class TestMessageService {                               // 编写业务测试类
    private static final Logger LOGGER = LoggerFactory.getLogger(TestMessageService.class);
    @Autowired                                                  // 自动注入Bean实例
    private IMessageService messageService;                     // 属性名称任意编写
    @Test
    public void testEcho() {                                    // 测试方法
        LOGGER.info(this.messageService.echo("沐言科技：www.yootk.com"));  // 业务测试
    }
}
```

程序执行结果：

```
[main] INFO com.yootk.service.advice.ServiceAdvice - 启用业务功能前置调用处理机制。
[main] INFO com.yootk.service.advice.ServiceAdvice - 启用业务功能后置调用处理机制。
[main] INFO com.yootk.test.TestMessageService - 【ECHO】沐言科技：www.yootk.com
```

本程序进行了 IMessageService 业务接口实例的注入，随后调用了 echo()业务处理方法。根据 AOP 切面表达式，程序会自动找到 ServiceAdvice 类中的相关方法进行前置通知与后置通知的调用。

7.2 AOP 配置深入

AOP 代理实现模式

视频名称 0705_【掌握】AOP 代理实现模式

视频简介 代理设计模式在 Java 中有两种实现，而 Spring 考虑到了项目应用环境的变化，同时提供两种代理支持。本视频为读者分析 proxy-target-class 属性的作用。

动态代理设计模式在项目的实际运行过程中存在两种实现机制。一种是基于原生 JDK 的实现，此种机制需要提供统一的功能接口。另一种是基于 CGLib 的实现，可以采用拦截器的模式实现代理控制，没有接口实现的强制性要求。Spring AOP 考虑到各种可能存在的应用环境，对这两种代理模式都有支持，开发者只需要通过"<aop:config>"元素中的 proxy-target-class 属性进行配置，该配置项有如下两种取值。

- "<aop:config proxy-target-class="true">"：使用 CGLib 实现代理织入。
- "<aop:config proxy-target-class="false">"：默认配置，使用 JDK 动态代理机制实现织入。

> **提示：<aop:aspectj-autoproxy>全局代理配置。**
>
> 使用"<aop:config>"元素只能够实现局部代理结构的配置，如果现在需要对全局代理结构的实现进行更改，则可以通过"<aop:aspectj-autoproxy proxy-target-class="true | false"/>"元素来进行配置。需要注意的是，当此元素与"<aop:config>"元素配置不一致时，以"<aop:config>"元素的代理模式配置为主。

范例：观察代理类型

```java
package com.yootk.test;
@ContextConfiguration(locations = { "classpath:spring/spring-base.xml" })  // 资源文件定位
@ExtendWith(SpringExtension.class)                                          // 使用JUnit 5测试工具
public class TestApplicationContext {                                       // 编写业务测试类
    private static final Logger LOGGER = LoggerFactory
                .getLogger(TestApplicationContext.class);
    @Autowired                                                              // 自动注入Bean实例
    private ApplicationContext applicationContext;                          // 应用上下文
    @Test
    public void testObjectInfo() {                                          // 测试方法
        LOGGER.info("获取对象信息：{}", this.applicationContext
                .getBean("messageServiceImpl").getClass());                 // 业务测试
    }
}
```

CGLib 代理输出：

```
class com.yootk.service.impl.MessageServiceImpl$$EnhancerBySpringCGLIB$$58fc5c92
```

JDK 代理输出：

```
class com.sun.proxy.$Proxy26
```

为了便于观察 AOP 的代理实现类型，本程序向测试类中注入了 ApplicationContext 接口实例，而后利用 getBean()方法观察 IMessageService 接口实例的类型。通过最终的输出可以发现，不同的 proxy-target-class 属性配置获得的代理类对象信息不同。

> **注意：类代理时只有 CGLib。**
>
> 以上程序注入的是名称为"messageServiceImpl"的 Bean 对象，由于其本身实现了 IMessageService 父接口，因此可以观察到 CGLib 与 JDK 代理的区别。但是如果注入的只是一个普通类，则只能使用 CGLib 实现代理，这一点在本系列图书中的《Java 进阶开发实战（视频讲解版）》一书中已经进行了具体的实现分析，故不重复说明。

7.2.1 通知参数接收

通知参数接收

视频名称 0706_【掌握】通知参数接收
视频简介 业务功能在进行代理处理时，不可能只是简单地进行内容的输出，还需要考虑到业务方法执行参数的接收问题。本视频基于切面表达式和代理方法实现参数的配置。

AOP 的代理控制类都会在每次调用业务方法时自动执行，但是每一个业务方法在执行时都可能需要进行业务参数的接收。如果需要使代理方法也可以接收到与之匹配的参数内容，那么就需要在代理方法和切面表达式中进行执行参数的明确定义，如图 7-6 所示。下面通过对原始代码的改造进行实现说明。

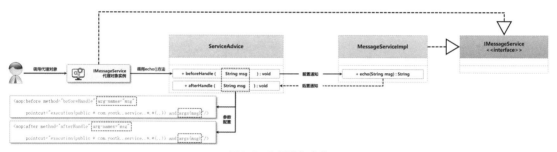

图 7-6 配置通知参数

(1)【base 子模块】如果需要在通知处理方法中接收参数，则需要修改相关代理方法的定义。

```
package com.yootk.service.advice;
public class ServiceAdvice {                                              // AOP代理类
    private static final Logger LOGGER = LoggerFactory.getLogger(ServiceAdvice.class);
    public void beforeHandle(String msg) {                                // 前置业务处理操作
        LOGGER.info("启用业务功能前置调用处理机制，方法参数：{}",msg);      // 日志输出
    }
    public void afterHandle(String msg) {                                 // 后置业务处理操作
        LOGGER.info("启用业务功能后置调用处理机制，方法参数：{}", msg);     // 日志输出
    }
}
```

(2)【base 子模块】此时需要进行参数传递，修改 AspectJ 表达式并定义参数名称。

```
<aop:config>                                                <!-- AOP使用配置 -->
    <aop:aspect ref="serviceAdvice">                        <!-- AOP处理Bean -->
        <!-- 定义AOP前置通知配置项，设置AOP切面表达式并配置前置处理方法名称 -->
        <aop:before method="beforeHandle" arg-names="msg"
            pointcut="execution(public * com.yootk..service..*.*(..)) and args(msg)"/>
        <!-- 定义AOP后置通知配置项，设置AOP切面表达式并配置后置处理方法名称 -->
        <aop:after method="afterHandle" arg-names="msg"
            pointcut="execution(public * com.yootk..service..*.*(..)) and args(msg)"/>
    </aop:aspect>
</aop:config>
```

程序执行结果：

启用业务功能前置调用处理机制，方法参数：沐言科技：www.yootk.com
启用业务功能后置调用处理机制，方法参数：沐言科技：www.yootk.com

此时配置的切面表达式中使用了"args(msg)"定义参数信息，所以就需要在 arg-names 属

性中配置相同的参数名称，这样在程序执行后就可以通过代理方法获取到 echo()调用传递的参数内容了。

7.2.2 后置通知

视频名称 0707_【掌握】后置通知
视频简介 后置通知可以实现业务处理调用后的切面控制。在 AOP 中，考虑到不同的场景，后置通知被分为 3 种类型。本视频通过范例为读者分析这 3 种后置通知的使用方法。

AOP 代理操作的后置通知一般分为 3 种类型：后置最终通知（<aop:after>元素定义）、后置返回通知、后置异常通知。其中后置最终通知在任何时候都会触发代理操作，后置返回通知可以接收业务功能执行完成后的返回结果，而后置异常通知在异常产生时才会触发代理操作。异常有可能是在业务处理方法中产生的，也有可能是在前置通知操作中产生的，如图 7-7 所示。下面将对已有的 AOP 执行程序进行修改，以便于观察 AOP 中各个通知的调用。

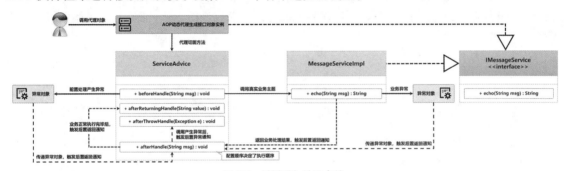

图 7-7 后置通知处理方法

（1）【base 子模块】修改 ServiceAdvice 切面服务类，定义相关处理方法。

```java
package com.yootk.service.advice;
public class ServiceAdvice {                                          // AOP代理类
    private static final Logger LOGGER = LoggerFactory.getLogger(ServiceAdvice.class);
    public void beforeHandle(String msg) {                            // 前置业务处理操作
        LOGGER.info("启用业务功能前置调用处理机制，方法参数：{}",msg);   // 日志输出
        if (!msg.contains("yootk")) {                                 // 调用检查
            throw new RuntimeException("没有发现"yootk"标记，无法执行业务处理。");
        }
    }
    public void afterHandle(String msg) {                             // 后置业务处理操作
        LOGGER.info("启用业务功能后置调用处理机制，方法参数：{}", msg); // 日志输出
    }
    public void afterReturningHandle(String value) {                  // 后置返回业务处理
        LOGGER.info("业务方法处理完成，处理结果为：{}", value);
    }
    public void afterThrowHandle(Exception e) {                       // 后置异常通知
        LOGGER.error("业务处理中产生异常，异常信息为：{}", e.getMessage());
    }
}
```

（2）【base 子模块】修改 spring/spring-base.xml 配置文件，定义 AOP 切面表达式与处理方法。

```xml
<aop:config>                                                <!-- AOP使用配置 -->
    <aop:pointcut id="messagePointcut"
        expression="execution(public * com.yootk..service..*.*(..))"/>
    <aop:aspect ref="serviceAdvice">  <!-- AOP处理Bean -->
        <!-- 定义AOP前置通知配置项，设置AOP切面表达式并配置前置处理方法名称 -->
        <aop:before method="beforeHandle" arg-names="msg"
            pointcut="execution(public * com.yootk..service..*.*(..)) and args(msg)"/>
        <!-- 定义AOP后置通知配置项，设置AOP切面表达式并配置后置处理方法名称 -->
```

```xml
        <aop:after method="afterHandle" arg-names="msg"
            pointcut="execution(public * com.yootk..service..*.*(..)) and args(msg)"/>
        <!-- 定义AOP后置返回通知,在方法调用完成返回执行结果时触发,此时需要定义返回参数名称 -->
        <aop:after-returning method="afterReturningHandle" pointcut-ref="messagePointcut"
            returning="value" arg-names="value"/>
        <!-- 定义AOP异常返回通知,在此处定义异常处理方法中需要接收的异常对象名称 -->
        <aop:after-throwing method="afterThrowHandle" pointcut-ref="messagePointcut"
            throwing="e" arg-names="e"/>
    </aop:aspect>
</aop:config>
```

此程序在 Spring 配置文件之中明确定义了 AOP 不同切面的处理方法,以及对应的切面表达式。需要注意的是,此时定义的 3 个后置通知处理方法在执行时会按照定义顺序调用。这样在进行业务方法调用时,就会存在如下两种场景。

场景一:执行"this.messageService.echo("沐言科技:www.yootk.com")"不产生异常。

```
启用业务功能前置调用处理机制,方法参数:沐言科技:www.yootk.com
启用业务功能后置调用处理机制,方法参数:沐言科技:www.yootk.com
业务方法处理完成,处理结果为:【ECHO】沐言科技:www.yootk.com
【ECHO】沐言科技:www.yootk.com
```

场景二:执行"this.messageService.echo("李兴华高薪就业编程训练营")",此时将在前置通知处理方法中抛出异常。

```
启用业务功能前置调用处理机制,方法参数:李兴华高薪就业编程训练营
启用业务功能后置调用处理机制,方法参数:李兴华高薪就业编程训练营
业务处理中产生异常,异常信息为:没有发现"yootk"标记,无法执行业务处理。
```

在 spring-base.xml 配置文件中定义切面时,"<aop:after>"配置项在"<aop:after-returning>"和"<aop:after-throwing>"配置项之前,所以在执行时可以发现 afterHandle()方法都会在以上两个业务方法之前调用(若改变配置项顺序,最终也会影响通知处理方法的执行顺序)。如果此时业务处理没有产生异常,则会调用 afterReturningHandle()方法进行业务方法返回值的接收;如果产生了异常(异常可能产生在前置通知或具体的业务方法之中),则会调用 afterThrowHandle()方法进行处理。

7.2.3 环绕通知

视频名称 0708_【掌握】环绕通知

视频简介 环绕通知提供了与原始代理结构类似的处理模式,可以通过环绕通知实现基于所有通知的处理效果。本视频为读者分析环绕通知的使用特点,以及具体实现。

AOP 充分考虑到了代码的解耦合的设计问题,所以针对不同的通知给出了不同的配置元素定义。但是这样的操作逻辑过于琐碎,所以又有了环绕通知的处理模型。这种模型类似于传统的动态代理结构,开发者可以根据自己的需要定义各类的通知结构,如图 7-8 所示。

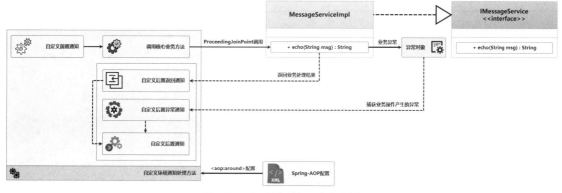

图 7-8 AOP 环绕通知开发与配置

在使用环绕通知时，需要开发者手动进行真实业务方法的调用，同时开发者所定义的前置通知或后置通知也需要获取业务方法调用时的相关数据，这就需要依靠 ProceedingJoinPoint 类来实现。该类可以由 Spring 容器自动注入环绕通知处理方法，其常用方法如表 7-1 所示。

表 7-1 ProceedingJoinPoint 类常用方法

序号	方法	类型	描述
1	public Object proceed() throws Throwable	普通	调用代理目标处理方法
2	public Object proceed(Object[] args) throws Throwable	普通	调用代理目标处理方法，并传入方法参数
3	public String toShortString()	普通	获取目标处理方法的短名称信息
4	public String toLongString()	普通	获取目标处理方法的完整名称信息
5	public Object getTarget()	普通	获取要代理的目标对象实例
6	public Object[] getArgs()	普通	获取方法调用所传递的参数
7	public Signature getSignature()	普通	获取目标方法签名，包括方法名称、权限等
8	public StaticPart getStaticPart()	普通	返回切面连接点信息
9	public SourceLocation getSourceLocation()	普通	返回源代码定义的位置

ProceedingJoinPoint 接口所能够实现的是一个代理操作，通过图 7-9 所示的继承结构可以发现，该接口仅仅提供了一个 proceed()代理业务处理方法，而所有与代理操作结构有关的信息获取，全部都是由 JoinPoint 父接口完成的。

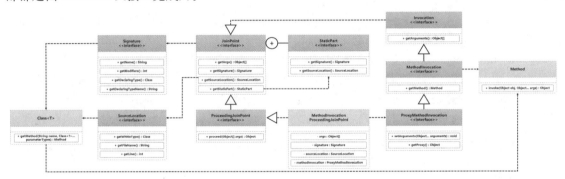

图 7-9 ProceedingJoinPoint 继承结构

AOP 代理类是依据切面表达式实现环绕代理匹配处理的。开发者可以利用 StaticPart 接口获取到当前匹配的切面表达式的数据，以及所代理方法的元数据，如方法名称、方法修饰符，以便进行进一步的操作处理。每一次调用过程中都会由 Spring 容器向环绕通知处理方法自动注入一个 ProceedingJoinPoint 接口子类实例，以实现真实业务方法的调用，而这一代理的最终操作全部都是由 ProxyMethodInvocation 接口子类实现的。该接口也属于 JoinPoint 的子接口，核心的处理逻辑依然是 Java 的反射机制。为了使读者对环绕通知操作有全面的认知，下面将通过具体的案例进行说明，实现步骤如下。

（1）【base 子模块】修改 ServiceAdvice 类并定义环绕通知处理方法。

```
package com.yootk.service.advice;
public class ServiceAdvice {                                    // AOP代理类
    private static final Logger LOGGER = LoggerFactory.getLogger(ServiceAdvice.class);
    public Object handleRound(ProceedingJoinPoint point) throws Throwable {  // 环绕通知
        LOGGER.info("目标对象：{}", point.getTarget());
        LOGGER.info("对象类型：{}", point.getKind());
        LOGGER.info("切面表达式：{}", point.getStaticPart());
        LOGGER.info("Signature: {}", point.getSignature());
        LOGGER.info("SourceLocation: {}", point.getSourceLocation());
        LOGGER.info("【A.环绕通知 - handleRound】业务方法调用前。参数：{}",
                Arrays.toString(point.getArgs()));
        Object returnValue = null ;                             // 接收方法返回值
```

```
        try {
            // 在进行代理方法调用时,也可以根据自己的需要动态地设置方法参数内容
            // returnValue = point.proceed(new Object[] {
            //         "李兴华高薪就业编程训练营: edu.yootk.com"}) ;    // 修改真实参数
            returnValue = point.proceed(point.getArgs()) ;    // 调用真实业务
        } catch (Exception e) {                              // 异常向上继续抛出
            LOGGER.info("【C.环绕通知 - handleRound】产生异常。异常: {}", e.toString()) ;
            throw e ;
        }
        LOGGER.info("【B.环绕通知 - handleRound】业务方法执行完毕。返回值: {}", returnValue) ;
        return returnValue ;
    }
}
```

(2)【base 子模块】修改 spring/spring-base.xml 配置文件,配置环绕通知切面表达式和处理方法。

```xml
<aop:config proxy-target-class="true">                       <!-- AOP使用配置 -->
    <aop:pointcut id="messagePointcut"
        expression="execution(public * com.yootk..service..*.*(..))"/>
    <aop:aspect ref="serviceAdvice">                         <!-- AOP处理Bean -->
        <!-- 定义AOP环绕通知配置项,设置AOP切面表达式并配置环绕处理方法的名称 -->
        <aop:around method="handleRound" pointcut-ref="messagePointcut"/>
    </aop:aspect>
</aop:config>
```

(3)【base 子模块】运行 TestMessageService 测试类,而后可以观察到如下日志信息输出。

```
目标对象: com.yootk.service.impl.MessageServiceImpl@3be4f71
对象类型: method-execution
切面表达式: execution(String com.yootk.service.impl.MessageServiceImpl.echo(String))
Signature: String com.yootk.service.impl.MessageServiceImpl.echo(String)
SourceLocation : org.springframework.aop.aspectj.MethodInvocationProceedingJoinPoint$SourceLocation
            Impl@1dbb650b
【A.环绕通知 - handleRound】业务方法调用前。参数: [沐言科技: www.yootk.com]
【B.环绕通知 - handleRound】业务方法执行完毕。返回值:【ECHO】沐言科技: www.yootk.com
【ECHO】沐言科技: www.yootk.com
```

通过此时的执行结果可以发现,利用环绕通知可以直接实现前面的 4 种通知结构的处理,代码的编写更加方便,并且由于存在 ProceedingJoinPoint 接口的实例,可以方便地获取代理类与被代理类的相关信息。

7.2.4 基于 Annotation 实现 AOP 配置

基于 Annotation
实现 AOP 配置

视频名称　0709_【掌握】基于 Annotation 实现 AOP 配置

视频简介　基于 XML 方式实现 AOP 定义,虽然可以实现面向切面编程,但是代码的维护较为困难,考虑到当今"零配置"的设计思想,可以基于 Annotation 来实现 AOP。本视频为读者讲解 AOP 的常用注解,并通过具体范例进行这一实现的说明。

在使用 XML 进行 AOP 配置实现的过程之中,都需要先定义配置类,而后进行 XML 配置文件的定义,而在进行 XML 配置定义时,又必须考虑到方法名称的一致性,这样代码的设计与维护就会非常烦琐,如图 7-10 所示。

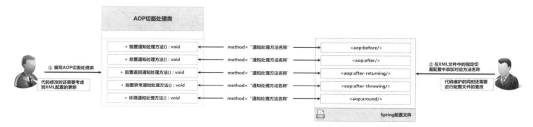

图 7-10　基于 XML 实现的 AOP 开发

为了进一步体现 Spring "零配置"的设计思想，一般可以基于 Annotation 进行 AOP 配置定义，即直接利用表 7-2 所示的注解在 AOP 代理类中定义切面表达式和通知处理方法。

表 7-2 AOP 注解

序号	注解	描述
1	@Aspect	定义 AOP 代理类，该类必须为已注册的 SpringBean 实例
2	@Before	AOP 前置通知处理方法
3	@After	AOP 后置通知处理方法
4	@Pointcut	AOP 切面表达式
5	@AfterReturning	AOP 后置返回通知处理方法
6	@AfterThrowing	AOP 后置异常通知处理方法
7	@Around	AOP 环绕通知

所有 AOP 代理类必须在 Spring 容器之中进行定义，而后才可以生效。AOP 注解都可以通过 pointcut 属性定义切面表达式，或者是使用"@Pointcut"定义公共切面表达式并进行引用处理。下面通过一个完整的范例对这些注解的使用进行综合性的说明。

(1)【base 子模块】修改 spring/spring-base.xml 配置文件，启用 AOP 注解配置。

```xml
<aop:aspectj-autoproxy proxy-target-class="false"/>
```

(2)【base 子模块】定义 AOP 代理类，在每一个通知处理方法上使用特定的注解进行标记。

```java
package com.yootk.service.advice;
@Aspect                                                           // AOP注解
@Configuration
public class ServiceAdvice {                                      // AOP代理类
    private static final Logger LOGGER = LoggerFactory.getLogger(ServiceAdvice.class);
    @Before(argNames = "msg",
            value = "execution(public * com.yootk..service..*.*(..)) and args(msg)")
    public void beforeHandle(String msg) {                        // 前置业务处理操作
        LOGGER.info("启用业务功能前置调用处理机制，方法参数：{}", msg);  // 日志输出
        if (!msg.contains("yootk")) {                             // 调用检查
            throw new RuntimeException("没有发现"yootk"标记，无法执行业务处理。");
        }
    }
    @After(argNames = "msg",
            value = "execution(public * com.yootk..service..*.*(..)) and args(msg)")
    public void afterHandle(String msg) {                         // 后置业务处理操作
        LOGGER.info("启用业务功能后置调用处理机制，方法参数：{}", msg);  // 日志输出
    }
    @Pointcut("execution(public * com.yootk..service..*.*(..))")
    private void pointcut() {}                                    // 公共切面表达式
    @AfterReturning(pointcut = "pointcut()", argNames = "value", returning = "value")
    public void afterReturningHandle(String value) {              // 后置返回业务处理
        LOGGER.info("业务方法处理完成，处理结果为：{}", value);
    }
    @AfterThrowing(pointcut = "pointcut()", throwing = "e", argNames = "e")
    public void afterThrowHandle(Exception e) {                   // 后置异常通知
        LOGGER.error("业务处理中产生异常，异常信息为：{}", e.getMessage());
    }
    @Around("pointcut()")
    public Object handleRound(ProceedingJoinPoint point) throws Throwable { // 环绕通知
        LOGGER.info("【A.环绕通知 - handleRound】业务方法调用前。参数：{}",
                Arrays.toString(point.getArgs()));
        Object returnValue = null;                                // 接收方法返回值
```

```
    try {
        returnValue = point.proceed(point.getArgs());        // 调用真实业务
    } catch (Exception e) {                                   // 异常向上继续抛出
        LOGGER.info("【C.环绕通知 - handleRound】产生异常。异常：{}", e.toString());
        throw e;
    }
    LOGGER.info("【B.环绕通知 - handleRound】业务方法执行完毕。返回值：{}", returnValue);
    return returnValue;
  }
}
```

此程序的 ServiceAdvice 类基于注解进行了 AOP 配置，这样程序就会根据其定义的切面表达式在每次业务方法调用时自动找到对应的通知方法并进行处理。

7.3 AOP 源代码解读

视频名称　0710_【掌握】AOP 注解启用
视频简介　除了使用 XML 配置的方式进行 AOP 启用之外，Spring 也提供了注解启用的配置形式。为了便于读者更好地理解 AOP 的源代码，本视频对已有的代码进行修改，在应用程序和 Spring Test 中基于注解类的形式实现 AOP 启用。

至此读者应该已经对 AOP 开发有了一定的认识，但是这里存在一个较为重要的问题，即此时的 AOP 相关配置项都是基于配置文件编写的，而在现代的 Spring 开发技术中已经不推荐使用 XML 配置模式了。为了满足设计需要，Spring 提供了一个"@EnableAspectJAutoProxy"注解，开发者可以利用该注解实现 AOP 的启动配置，如图 7-11 所示。

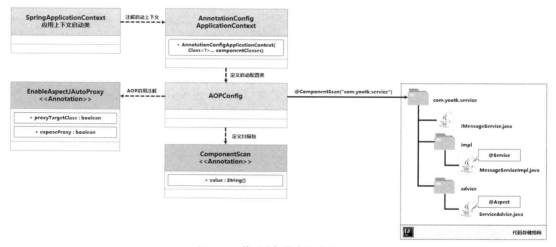

图 7-11　基于注解的方式启动 AOP

"@EnableAspectJAutoProxy"注解需要在 AOP 配置类上定义，这样 AnnotationConfigApplicationContext 在启动时直接进行该配置类的加载，就可以实现 AOP 启用。为便于理解，下面通过一个具体的范例进行实现说明，具体的实现步骤如下。

(1)【base 子模块】创建 AOPConfig 配置类，进行 AOP 启动配置定义。

```
package com.yootk.config;
@EnableAspectJAutoProxy                                       // 启用AOP代理支持
@ComponentScan("com.yootk.service")                           // 定义扫描包
public class AOPConfig {}                                     // AOP启动配置类
```

(2)【base 子模块】通过 Annotation 启动 Spring 上下文。

```
package com.yootk;
public class SpringApplicationContext {
```

```
public static final Logger LOGGER = LoggerFactory
        .getLogger(SpringApplicationContext.class);         // 日志记录对象
public static void main(String[] args) {
    AnnotationConfigApplicationContext context =
            new AnnotationConfigApplicationContext(AOPConfig.class);
    IMessageService messageService =
            context.getBean(IMessageService.class);         // 获取Bean实例
    LOGGER.info(messageService.echo("沐言科技：www.yootk.com"));    // 业务调用
}
}
```

程序执行结果：
【A. 环绕通知 - handleRound】业务方法调用前。参数：[沐言科技：www.yootk.com]
【B. 环绕通知 - handleRound】业务方法执行完毕。返回值：【ECHO】沐言科技：www.yootk.com
【ECHO】沐言科技：www.yootk.com

以上程序基于注解的方式实现了 Spring 上下文容器的启动，同时在启动时加载了 AOPConfig 配置类的定义，实现了 AOP 启用。最终通过业务调用的结果也可以发现，此时的 ServiceAdvice 已经可以正常触发了。

(3)【base 子模块】Spring Test 基于配置类启动。

```
package com.yootk.test;
@ContextConfiguration(classes = {AOPConfig.class})          // 启动配置类
@ExtendWith(SpringExtension.class)                          // 使用JUnit 5测试工具
public class TestMessageService {                           // 编写业务测试类
    private static final Logger LOGGER = LoggerFactory.getLogger(TestMessageService.class);
    @Autowired                                              // 自动注入Bean实例
    private IMessageService messageService;                 // 业务接口实例
    @Test
    public void testEcho() {                                // 测试方法
        LOGGER.info(this.messageService.echo("沐言科技：www.yootk.com"));    // 业务测试
    }
}
```

程序执行结果：
【A. 环绕通知 - handleRound】业务方法调用前。参数：[沐言科技：www.yootk.com]
【B. 环绕通知 - handleRound】业务方法执行完毕。返回值：【ECHO】沐言科技：www.yootk.com
【ECHO】沐言科技：www.yootk.com

Spring Test 进行 AOP 启用时，只需要将"@ContextConfiguration"注解中的"locations"配置文件加载属性替换为"classes"配置类。

> **注意**：XML 与注解配置并行。
>
> 经过了一系列的分析，相信读者已经对 Spring 配置文件与 Bean 配置类的关系有了一定的认识，也会发现用注解实现的配置要比使用 XML 配置更加简单。
>
> 由于本书强调的是 Spring 技术应用的全面性，因此在后续内容中，除了特定的命名空间配置形式，将全部基于注解的方式进行配置。这样做便于读者更好地衔接当前项目的应用环境，也可以使读者更好地理解 XML 配置与注解配置之间的关联。

7.3.1 @EnableAspectJAutoProxy 注解

@EnableAspectJAutoProxy 注解

视频名称　0711_【掌握】@EnableAspectJAutoProxy 注解

视频简介　"@EnableAspectJAutoProxy"注解是 Spring AOP 的配置核心，该注解中定义了两个配置属性。本视频主要讲解 exposeProxy 属性以及与 AopContext 类的操作关联。

"@EnableAspectJAutoProxy"注解是基于配置类的 AOP 启用核心，由于 Spring 中的 AOP 存在

JDK 代理与 CGLib 代理两种形式，因此该注解的内部也提供相应的配置属性。
- proxyTargetClass：默认为 false，表示使用 JDK 代理实现；设置为 true 表示启用 CGLib 代理实现。
- exposeProxy：默认为 false，表示不对外暴露代理类实例；设置为 true 表示对外暴露代理类实例。

范例：在 AOPConfig 类中暴露代理实例

```
package com.yootk.config;
@EnableAspectJAutoProxy(exposeProxy = true)        // 启用AOP代理支持
@ComponentScan("com.yootk.service")                // 定义扫描包
public class AOPConfig {}                          // AOP启动配置类
```

在进行真实类对象代理时，可以通过 exposeProxy 的配置属性来决定是否将当前代理类实例对外暴露，若对外暴露，所代理的对象就会被保存在 AopContext 中的 ThreadLocal 对象实例之中，开发者就可以在代理类中通过 AopContext 直接获取真实类的对象实例，如图 7-12 所示。

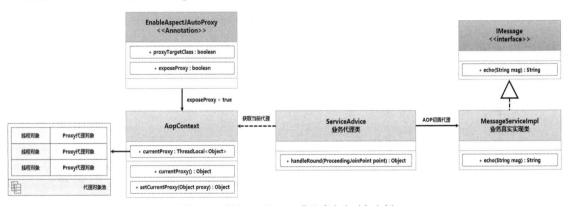

图 7-12　通过 AopContext 获取真实类对象实例

范例：获取当前代理实例

```
package com.yootk.service.advice;
@Aspect
public class ServiceAdvice {                                    // AOP代理类
    public Object handleRound(ProceedingJoinPoint point) throws Throwable {  // 环绕通知
        // 其他重复代码略
        LOGGER.info("{}", AopContext.currentProxy());           // 获取当前代理实例
        return returnValue;
    }
}
```

由于此时 AOP 配置类中对外暴露了代理对象，因此该代理对象会保存在 AopContext 类提供的 ThreadLocal 集合之中，在进行代理操作时可以通过 currentProxy() 获取代理实例。

7.3.2　AspectJAutoProxyRegistrar

AspectJAuto
ProxyRegistrar

视频名称　0712_【理解】AspectJAutoProxyRegistrar

视频简介　AspectJAutoProxyRegistrar 是 AOP 实现过程中最为重要的代理类实例的注册管理类。本视频基于"@EnableAspectJAutoProxy"注解分析其与 AspectJAutoProxyRegistrar 类之间的关联定义，并通过该类的源代码实现利用 Spring 内置代理创建类实例的流程分析。

"@EnableAspectJAutoProxy"注解是 AOP 启用核心，但是该结构仅仅定义了一个注解的标记，而要让注解生效必须进行一系列的程序处理。这一注解的处理类是 EnableAspectJAutoProxy，首先观察"@EnableAspectJAutoProxy"注解的源代码定义。

范例:"@EnableAspectJAutoProxy"注解源代码定义

```
package org.springframework.context.annotation;
@Target(ElementType.TYPE)                           // 类型定义上使用
@Retention(RetentionPolicy.RUNTIME)                 // 运行时生效
@Documented
@Import(AspectJAutoProxyRegistrar.class)            // 注解处理类
public @interface EnableAspectJAutoProxy {
  boolean proxyTargetClass() default false;         // 代理模式配置
  boolean exposeProxy() default false;              // 代理暴露配置
}
```

每一个 AOP 代理类都需要向 Spring 容器内进行相关 Bean 的注册,同时 AOP 的处理方法中也存在大量的注解,这样就需要通过 AspectJAutoProxyRegistrar 注册类进行配置。该类实现了 ImportBeanDefinitionRegistrar,而通过图 7-13 所示的继承结构也可以清楚地发现, ImportBeanDefinitionRegistrar 父接口继承了 BeanDefinitionRegistry 的 Bean 注册父接口,并且可以通过 AnnotationMetadata 接口实现相关类的注解操作。

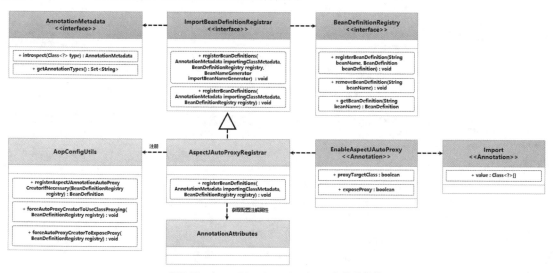

图 7-13 AspectJAutoProxyRegistrar 类继承结构

AspectJAutoProxyRegistrar 子类覆写了接口中的 registerBeanDefinitions()方法,该方法会对 "@EnableAspectJAutoProxy" 注解中配置的属性项进行判断,并利用 AopConfigUtils 类进行处理,这一点可以通过 registerBeanDefinitions()方法的源代码观察到。

范例:registerBeanDefinitions()方法源代码

```
package org.springframework.context.annotation;
class AspectJAutoProxyRegistrar implements ImportBeanDefinitionRegistrar {
  @Override
  public void registerBeanDefinitions(
      AnnotationMetadata importingClassMetadata, BeanDefinitionRegistry registry) {
    // 向容器之中注册AnnotationAwareAspectJAutoProxyCreator组件
    AopConfigUtils.registerAspectJAnnotationAutoProxyCreatorIfNecessary(registry);
    // 解析AOP配置类(AOPConfig)中传入的注解属性(importingClassMetadata为配置类元数据)
    AnnotationAttributes enableAspectJAutoProxy =
        AnnotationConfigUtils.attributesFor(importingClassMetadata,
            EnableAspectJAutoProxy.class);         // 注解解析
    if (enableAspectJAutoProxy != null) {          // 注解处理
      if (enableAspectJAutoProxy.getBoolean("proxyTargetClass")) {
        AopConfigUtils.forceAutoProxyCreatorToUseClassProxying(registry);
      }
      if (enableAspectJAutoProxy.getBoolean("exposeProxy")) {
```

7.3 AOP 源代码解读

```
            AopConfigUtils.forceAutoProxyCreatorToExposeProxy(registry);
        }
    }
}
```

该方法定义首先向容器中注册一个 AnnotationAwareAspectJAutoProxyCreator 类型的 Bean 实例，而该注册操作是由 AopConfigUtils 类提供的 registerAspectJAnnotationAutoProxyCreatorIfNecessary() 方法实现的，该方法最终通过 AopConfigUtils 类中的 registerOrEscalateApcAsRequired() 方法实现 Bean 注册，调用结构如图 7-14 所示。

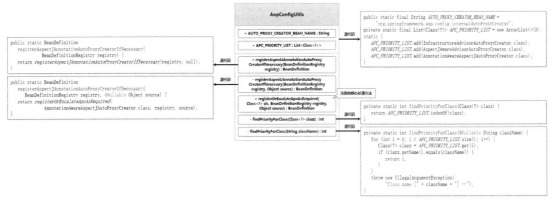

图 7-14　注册代理类创建器

范例：registerOrEscalateApcAsRequired() 方法源代码

```java
public static final String AUTO_PROXY_CREATOR_BEAN_NAME =
                "org.springframework.aop.config.internalAutoProxyCreator";
private static BeanDefinition registerOrEscalateApcAsRequired(
    Class<?> cls, BeanDefinitionRegistry registry, @Nullable Object source) {
    // 判断当前Spring上下文中是否注册了指定名称的Bean信息（第一次执行时没有Bean注册）
    if (registry.containsBeanDefinition(AUTO_PROXY_CREATOR_BEAN_NAME)) {
        BeanDefinition apcDefinition = registry
            .getBeanDefinition(AUTO_PROXY_CREATOR_BEAN_NAME);           // 获取Bean信息
        if (!cls.getName().equals(apcDefinition.getBeanClassName())) {  // 优先级处理
            int currentPriority = findPriorityForClass(apcDefinition.getBeanClassName());
            int requiredPriority = findPriorityForClass(cls);
            if (currentPriority < requiredPriority) {
                apcDefinition.setBeanClassName(cls.getName());
            }
        }
        return null;
    }
    // 此时的cls为AnnotationAwareAspectJAutoProxyCreator对应的Class实例
    RootBeanDefinition beanDefinition = new RootBeanDefinition(cls);  // Bean定义
    beanDefinition.setSource(source);                                 // 属性设置
    // 当前注册的Bean采用最高优先级处理
    beanDefinition.getPropertyValues().add("order", Ordered.HIGHEST_PRECEDENCE);
    // 当前Bean设置为后台角色，使用者不需要关心
    beanDefinition.setRole(BeanDefinition.ROLE_INFRASTRUCTURE);
    // 向容器之中进行Bean注册，Bean注册的名称由该类定义的常量定义
    registry.registerBeanDefinition(AUTO_PROXY_CREATOR_BEAN_NAME, beanDefinition);
    return beanDefinition;
}
```

本程序的核心作用就是向容器中注册了一个 AnnotationAwareAspectJAutoProxyCreator（注解代理类创建器）类型的 Bean 实例，由于整个 AOP 的处理机制均由此类实现，因此该 Bean 注册时将

采用最高优先级进行处理。

在 AOP 处理完成后，AspectJAutoProxyRegistrar 类中的 registerBeanDefinitions()会对使用"@EnableAspectJAutoProxy"注解的 AOP 配置类进行注解解析，并根据 proxyTargetClass 与 exposeProxy 两个属性配置的内容调用 AopConfigUtils 中的方法对已注册的 Bean 进行属性配置，如图 7-15 所示。

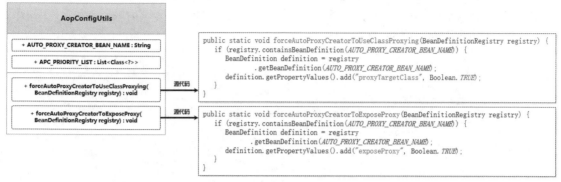

图 7-15 AOP 配置类属性定义

7.3.3 AnnotationAwareAspectJAutoProxyCreator

视频名称　0713_【理解】AnnotationAwareAspectJAutoProxyCreator
视频简介　AnnotationAwareAspectJAutoProxyCreator 是 AOP 中代理对象的创建管理器，也是整个 AOP 实现的关键。本视频分析 BeanFactory 中 getBean()实现操作中的调用流程，以及 AbstractAutoProxyCreator 类创建代理对象的处理流程。

AOP 的核心逻辑在于代理对象的创建，而所有代理对象的创建是由 AnnotationAwareAspectJAutoProxyCreator 类负责处理的，同时该类也是 AOP 实现的核心结构。首先观察其继承结构，如图 7-16 所示。

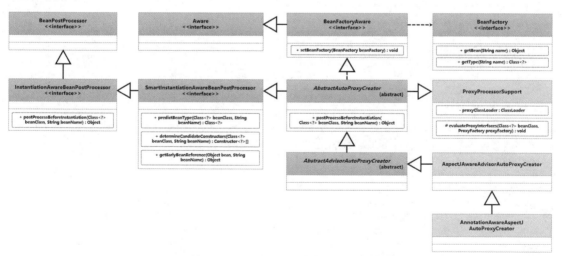

图 7-16 AnnotationAwareAspectJAutoProxyCreator 类继承结构

通过图 7-16 可以清楚地发现，该类实现了 BeanFactoryAware 接口，所以 Spring 容器启动时会自动为其注入 BeanFactory 对象实例，以便实现代理对象的管理。这样当用户调用 BeanFactory 接口中的 getBean()方法时，程序会根据当前调用的 Bean 名称与配置的 AspectJ 表达式进行匹配，以创建并返回相应的代理对象，相关调用流程如图 7-17 所示。

通过图 7-17 可以发现，AbstractAutoProxyCreator 类中的 postProcessBeforeInstantiation()方法是进行代理对象创建的核心。下面打开该方法的源代码观察其具体实现。

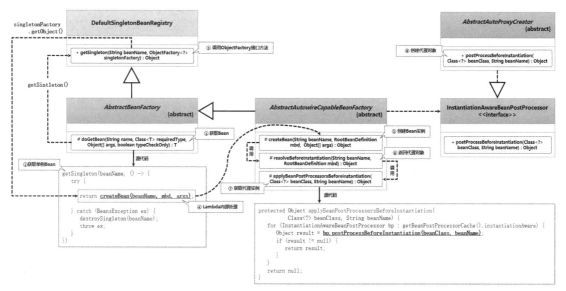

图 7-17 postProcessBeforeInstantiation()方法调用流程

范例：postProcessBeforeInstantiation()方法源代码

```
public Object postProcessBeforeInstantiation(Class<?> beanClass, String beanName) {
  Object cacheKey = getCacheKey(beanClass, beanName);      // 获取缓存key
  // 判断当前的缓存key，如果发现缓存key存在，并且不需要进行代理控制，则保存并返回空代理对象实例
  if (!StringUtils.hasLength(beanName) || !this.targetSourcedBeans.contains(beanName)) {
    if (this.advisedBeans.containsKey(cacheKey)) {         // 如果包含key
      return null;                                         // 返回空代理对象实例
    }
    if (isInfrastructureClass(beanClass) || shouldSkip(beanClass, beanName)) {
      this.advisedBeans.put(cacheKey, Boolean.FALSE);      // 缓存非代理Bean
      return null;                                         // 返回空代理对象实例
    }
  }
  // 获取要创建代理对象的目标对象类型，以便创建代理时获取相关类结构
  TargetSource targetSource = getCustomTargetSource(beanClass, beanName);
  if (targetSource != null) {                              // 获取到目标对象类型
    if (StringUtils.hasLength(beanName)) {                 // Bean名称不为空
      this.targetSourcedBeans.add(beanName);               // 目标对象缓存
    }
    // 在AOP的早期实现中使用了一系列的Advice接口，需要通过Advisor进行拦截处理
    Object[] specificInterceptors = getAdvicesAndAdvisorsForBean(beanClass,
            beanName, targetSource);                        // 获取AOP拦截器实例
          Object proxy = createProxy(beanClass, beanName, specificInterceptors,
 targetSource);
          this.proxyTypes.put(cacheKey, proxy.getClass()); // 缓存代理类型
          return proxy;                                    // 返回代理对象
  }
  return null;
}
```

此方法会对每一个待处理的 Bean 进行判断。如果此时的 Bean 为被代理类的对象实例，则利用 createProxy()方法创建代理对象，并将代理对象保存在 proxyTypes 集合之中，供其他判断使用；如果此时的 Bean 为非代理类的对象实例，则不会创建代理对象，并且考虑到后续处理的

性能，会将其保存在 advisedBeans 集合之中，如图 7-18 所示。

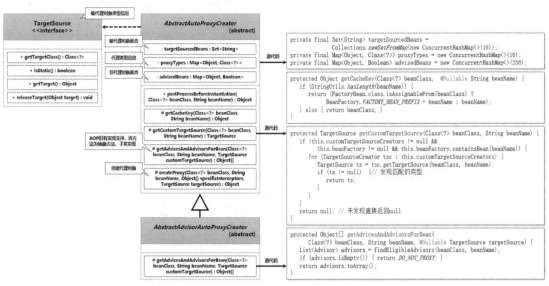

图 7-18　postProcessBeforeInstantiation()方法调用结构

7.3.4　createProxy()创建代理对象

createProxy()
创建代理对象

视频名称　0714_【理解】createProxy()创建代理对象

视频简介　AbstractAutoProxyCreator 类提供了 createProxy()代理对象的创建方法，而代理对象的创建也需要区分当前的 AOP 配置形式。本视频通过该方法的源代码对这一操作的执行流程进行分析。

AOP 代理类的创建是需要根据"@EnableAspectJAutoProxy"注解的配置实现的，由于需要考虑不同的代理实现方案，因此 AbstractAutoProxyCreator 类提供了 createProxy()方法，该方法的核心源代码定义如下。

范例：createProxy()方法的核心源代码

```
protected Object createProxy(Class<?> beanClass, @Nullable String beanName,
    @Nullable Object[] specificInterceptors, TargetSource targetSource) {
    ProxyFactory proxyFactory = new ProxyFactory();           // 实例化代理工厂类
    proxyFactory.copyFrom(this);
    // 根据被代理类不同的情况，设置ProxyFactory类对象的相关属性项，此处代码略
    // Use original ClassLoader if bean class not locally loaded in overriding class loader
    ClassLoader classLoader = getProxyClassLoader();          // 获取类加载器实例
    return proxyFactory.getProxy(classLoader);                // 创建代理对象
}
```

createProxy()方法的主要功能是实例化 ProxyFactory 对象，而后根据代理对象的创建需要，通过被代理类的实例获取相关的信息，如 JDK 动态代理所需要的父接口、CGLib 动态代理所需要的父类以及 Advisor 接口配置等信息，而最终的代理对象的创建则是由 ProxyFactory 类提供的 getProxy()方法实现的，在该方法中封装了 AOP 中的两种代理形式的创建操作，如图 7-19 所示。

AOP 中所有的代理对象都使用 AopProxy 接口表示，该接口下有 JdkDynamicAopProxy、CglibAopProxy 两个实现子类，而选择哪个子类是由 ProxyConfig 类中配置的属性项来决定的。考虑到设计的标准，Spring 提供了 AopProxy 接口实例的创建工厂标准（AopProxyFactory 接口），以及 DefaultAopProxyFactory 子类。下面打开该类的源代码，观察 AOP 代理对象的创建操作。

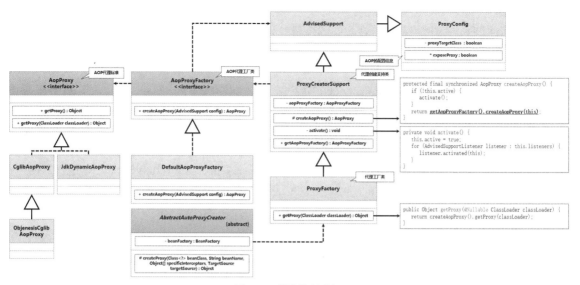

图 7-19 创建代理对象

范例：DefaultAopProxyFactory 创建代理对象

```java
package org.springframework.aop.framework;
public class DefaultAopProxyFactory implements AopProxyFactory, Serializable {
  private static final long serialVersionUID = 7930414337282325166L;
  @Override
  public AopProxy createAopProxy(AdvisedSupport config) throws AopConfigException {
    if (!NativeDetector.inNativeImage() &&
        (config.isOptimize() || config.isProxyTargetClass() ||
            hasNoUserSuppliedProxyInterfaces(config))) {    // 配置判断
      Class<?> targetClass = config.getTargetClass();       // 获取被代理类
      if (targetClass == null) {                            // 被代理类为空
        throw new AopConfigException("TargetSource cannot …"); // 抛出异常
      }
      if (targetClass.isInterface() || Proxy.isProxyClass(targetClass) ||
          AopProxyUtils.isLambda(targetClass)) {            // 判断代理类型
        return new JdkDynamicAopProxy(config);              // JDK动态代理
      }
      return new ObjenesisCglibAopProxy(config);            // CGLib动态代理
    } else {
      return new JdkDynamicAopProxy(config);                // JDK动态代理
    }
  }
  private boolean hasNoUserSuppliedProxyInterfaces(AdvisedSupport config) {
    Class<?>[] ifcs = config.getProxiedInterfaces();        // 获取接口
    return (ifcs.length == 0 || (ifcs.length == 1 && SpringProxy.class
        .isAssignableFrom(ifcs[0])));                       // 没有接口为CGLib
  }
}
```

DefaultAopProxyFactory 子类会根据当前传入的对象的状态进行判断，而后根据判断的结果决定是采用 JDK 动态代理机制还是 CGLib 动态代理机制。

7.4 本章概览

1. AOP 是 Spring 中对代理设计模式的包装，同时利用 AspectJ 表达式可以有效地实现切面的配置，从而避免传统代理设计之中的硬编码实现模式。

2．AOP 代理分为两种配置模式，一种是基于 XML 的"<aop:xx>"元素的方式进行配置，另一种是基于注解的方式进行配置。在实际的项目开发中，基于注解配置较为常用。

3．AOP 代理实现过程中需要引入前置通知、后置最终通知、后置返回通知、后置异常通知以及环绕通知实现切面控制。

4．AnnotationConfigApplicationContext 可以实现注解环境下的 AOP 配置，但是需要使用"@EnableAspectJAutoProxy"注解进行 AOP 启用。

5．"@EnableAspectJAutoProxy"注解中有两个属性：proxyTargetClass，决定代理模式；exposeProxy，决定是否暴露代理实例。

6．Spring AOP 的实现之中主要依靠 AnnotationAwareAspectJAutoProxyCreator 类进行 AOP 对象的创建管理。

第 8 章
Spring JDBC 与事务处理

本章学习目标
1. 掌握 Spring JDBC 与传统 JDBC 开发的联系与区别；
2. 掌握 C3P0 数据库连接池的配置方法；
3. 掌握 JdbcTemplate 模板类的使用方法，并可以使用该模板实现数据的 CRUD 操作；
4. 掌握 Spring 中事务管理的架构与核心配置接口的使用方法；
5. 掌握 Spring 中事务传播与事务隔离级别的控制方法；
6. 掌握 AOP 声明式事务的定义与使用方法。

数据库是软件项目开发中较为常见的数据存储手段。为了简化数据库的开发操作，Spring 开发框架提供了 JDBC 模板技术，同时也提供了基于 AOP 形式的数据库事务处理。本章将为读者详细地讲解 JDBC 模板、C3P0 数据库连接池以及声明式事务的使用。

8.1 Spring JDBC

Spring JDBC 简介

视频名称　0801_【理解】Spring JDBC 简介
视频简介　JDBC 是 Java 提供的一项服务技术，但是传统的 JDBC 需要进行标准步骤的拆分处理，所以代码的编写并不灵活。本视频从宏观的角度分析 JDBC 技术存在的问题，同时为读者解释 ORM 设计模式的含义，并简述 Spring JDBC 技术。

任何一个商业项目之中都会保存大量重要的商业数据，而为了规范数据的存储结构，开发者往往会围绕着关系数据库进行代码编写。Java 在设计之初就确定了面向企业平台构建的目标，所以其内部提供了一套完善的 JDBC 服务标准。依靠此服务标准，所有的关系数据库生产商都可以直接实现 Java 技术平台的接入。JDBC 数据库编程如图 8-1 所示。

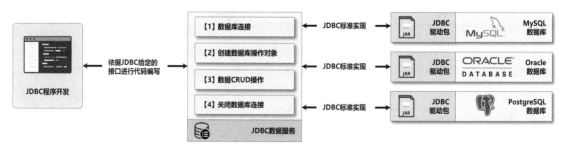

图 8-1　JDBC 数据库编程

由于 JDBC 是一套服务标准，所以整个的 JDBC 由大量的操作接口组成，这些接口的具体实现类则由不同的数据库生产商提供。这样一来每一位开发者就不得不按照 JDBC 的开发标准要求，编写大量重复的程序代码,这不仅使得代码的编写速度下降,也降低了代码的可维护性;更重要的是,如果处理不当,则会带来严重的性能与安全问题。

为了进一步规范数据库应用程序的开发,避免不良的编写习惯所带来的各种安全隐患,现代的项目往往都会基于 ORM 开发框架进行数据库应用的实现,如图 8-2 所示。ORM 组件可以帮助开发者实现 JDBC 代码的封装,也带来了更丰富的数据处理支持,这不仅可以简化代码,同时也可以带来较好的处理性能。

> 💡 **提示:ORM 组件。**
>
> JDBC 是一套服务标准,但是标准注定了它的琐碎。所以许多的开发者为了提高项目的开发速度,使用了大量的 ORM 组件(对象关系映射),即结合配置文件(或注解)与反射机制实现 JDBC 的可重用定义,例如:JPA、Hibernate、MyBatis 等都属于此类组件。本次讲解的 JdbcTemplate 只能算是 ORM 组件中最小的一种。

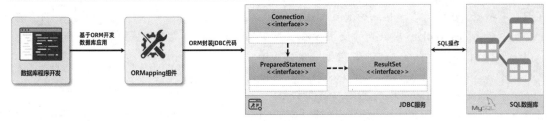

图 8-2 基于 ORM 开发应用

Spring JDBC 提供了一个 JdbcTemplate 操作模板组件,利用该组件可以有效地解决一些代码重复问题,同时又可以依托 Spring 框架的 IoC 与 AOP 的操作特征实现连接的配置以及事务的处理控制。表 8-1 所示为 JdbcTemplate 与传统 JDBC 开发的对比。

表 8-1 JdbcTemplate 与传统 JDBC 开发对比

比较项目	传统 JDBC 开发	JdbcTemplate
开发步骤	1. 进行数据库驱动程序的加载; 2. 取得数据库的连接对象; 3. 声明要操作的 SQL 语句(需要使用预处理); 4. 创建数据库操作对象; 5. 执行 SQL 语句; 6. 处理返回的操作结果(ResultSet); 7. 关闭结果集对象; 8. 关闭数据库的操作对象(Statement); 9. 如果执行的是更新,则应该进行事务提交或回滚; 10. 关闭数据库连接	1. 取得数据库的连接对象; 2. 声明要操作的 SQL 语句(需要使用预处理); 3. 执行 SQL 语句; 4. 处理返回的操作结果(ResultSet);
优点	1. 具备固定的操作流程,代码结构简单; 2. JDBC 是 Java 的一个公共服务,属于标准; 3. 由于没有涉及过于复杂的对象操作,因此性能是最高的	1. 代码简单,又不脱离 JDBC 形式; 2. 由于有 Spring AOP 的支持,用户只关心核心; 3. 对于出现的程序异常可以采用统一的方式进行处理; 4. 与 JDBC 的操作步骤或形式几乎相同
缺点	1. 代码的冗余度太高了,每次都需要编写大量的重复代码; 2. 用户需要手动进行事务的处理操作; 3. 所有的操作必须严格按照既定的步骤执行; 4. 如果出现了执行的异常,则需要用户自己处理	1. 与重度包装的 ORM 框架不同,不够智能; 2. 处理返回结果的时候不能够自动转化为 VO 类对象,需要由用户手动处理结果集

8.1.1 DriverManagerDataSource

视频名称　0802_【理解】DriverManagerDataSource
视频简介　Spring JDBC 在实现数据开发管理过程中需要提供有效的数据库连接，而为了便于连接管理，Spring 使用 DriverManagerDataSource 实现了封装。本视频为读者讲解该类的继承结构以及相关操作方法的使用。

在使用 JDBC 进行数据库应用开发过程之中，需要基于 DriverManager.getConnection()方法获取数据库连接对象，而后才可以执行具体的 SQL 命令；而 Spring JDBC 考虑到数据库连接操作的便捷，提供了一个 DriverManagerDataSource 驱动管理类，相关的类继承结构如图 8-3 所示。开发者可以将与数据库连接的相关信息配置到该类之中，并利用该类提供的 getConnection()方法实现数据库连接对象的获取。下面通过一个具体的操作配置来实现数据库连接的获取。

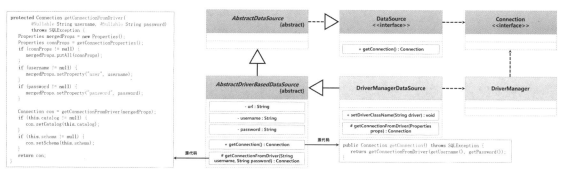

图 8-3　DriverManagerDataSource 类继承结构

（1）【yootk-spring 项目】创建一个新的子模块，模块名称为"jdbc"。
（2）【yootk-spring 项目】修改 build.gradle 配置文件，在 jdbc 子模块中配置所需要的依赖库。

```
project(":jdbc") {
    dependencies {                                             // 根据需要进行依赖配置
        implementation('org.springframework:spring-context:6.0.0-M3')
        implementation('org.springframework:spring-core:6.0.0-M3')
        implementation('org.springframework:spring-beans:6.0.0-M3')
        implementation('org.springframework:spring-context-support:6.0.0-M3')
        implementation('org.springframework:spring-aop:6.0.0-M3')
        implementation('org.springframework:spring-aspects:6.0.0-M3')
        implementation('org.springframework:spring-jdbc:6.0.0-M3')
        implementation('mysql:mysql-connector-java:8.0.27')
    }
}
```

（3）【MySQL 数据库】在 MySQL 数据库之中创建 yootk 的数据库，并定义所需数据表。

```
DROP DATABASE IF EXISTS yootk;
CREATE DATABASE yootk CHARACTER SET UTF8;
USE yootk;
CREATE TABLE book(
   bid        BIGINT        AUTO_INCREMENT    comment '图书ID',
   title      VARCHAR(50)   NOT NULL          comment '图书名称',
   author     VARCHAR(50)   NOT NULL          comment '图书作者',
   price      DOUBLE                          comment '图书价格',
   CONSTRAINT pk_bid PRIMARY KEY(bid)
) engine=innodb;
```

（4）【jdbc 子模块】创建一个数据源配置类，并在该类中提供 DriverManagerDataSource 配置 Bean。

```
package com.yootk.jdbc.config;
```

```java
@Configuration
public class DataSourceConfig {                                     // 配置Bean
    @Bean("dataSource")                                             // Bean注册
    public DataSource dataSource() {                                // 返回DataSource接口类型
        DriverManagerDataSource dataSource = new DriverManagerDataSource();    // 驱动数据源
        dataSource.setDriverClassName("com.mysql.cj.jdbc.Driver");  // 驱动程序
        dataSource.setUrl("jdbc:mysql://localhost:3306/yootk");     // 连接地址
        dataSource.setUsername("root");                             // 用户名
        dataSource.setPassword("mysqladmin");                       // 密码
        return dataSource;                                          // 返回Bean实例
    }
}
```

(5)【jdbc 子模块】编写测试类，注入 DataSource 接口实例并获取数据库连接。

```java
package com.yootk.test;
@ContextConfiguration(classes = {DataSourceConfig.class})           // 定义配置类
@ExtendWith(SpringExtension.class)                                  // JUnit5测试工具
public class TestDataSource {
    private static final Logger LOGGER = LoggerFactory.getLogger(TestDataSource.class);
    @Autowired                                                      // 自动注入Bean实例
    private DataSource dataSource;                                  // DataSource接口实例
    @Test
    public void testConnection() throws Exception {                 // 连接测试
        LOGGER.info("数据库连接对象：{}", this.dataSource.getConnection()); // 获取连接
    }
}
```

程序执行结果：

```
INFO com.yootk.test.TestDataSource - 数据库连接对象：com.mysql.cj.jdbc.ConnectionImpl@441cc260
```

本程序的测试类可以通过 Spring 容器自动注入 DataSource 接口实例（DriverManagerDataSource 为 DatSource 接口子类），随后通过 getConnection()方法即可获取到数据库连接。

8.1.2 HikariCP 数据库连接池

HikariCP 数据库连接池

视频名称 0803_【掌握】HikariCP 数据库连接池

视频简介 数据库连接池是一种较为常见的 JDBC 性能提升解决方案。现代的开发中可以使用 HikariCP 数据库连接池组件对其进行管理，同时 Spring 也可以无缝衔接此组件。本视频通过实际操作讲解此组件的配置与使用。

通过 DriverManagerDataSource 类的源代码可以直观地发现，所有的数据库连接都是基于 DriverManager 实现管理的，即每一次的操作都需要创建一个新的数据库连接，这样在实际的开发之中频繁的数据库连接与关闭操作就会带来严重的性能损耗。

在实际的项目开发过程之中，为了解决 JDBC 连接与关闭的延时以及性能问题，可采用数据库连接池解决方案，针对该方案有成型的 HikariCP 服务组件。HikariCP（Hikari 来自日文，表示"光"）服务组件是由日本程序员开源的一个数据库连接池组件，该组件拥有如下特点：

- 字节码更加精简，这样可以在缓存中添加更多的程序代码；
- 实现了一个无锁集合，减少了并发访问造成的资源竞争；
- 使用自定义数组类型（FastList）代替 ArrayList，提高了 get()与 remove()的操作性能；
- 对 CPU 的时间片算法进行了优化，尽可能在一个时间片内完成所有操作。

> 💡 **提示**：数据库连接池组件依然在持续发展中。
>
> 数据库连接池早期可以直接通过 Tomcat 进行配置，这一操作已经在本系列图书中的《Java Web 开发实战（视频讲解版）》一书中详细阐述过了。而在 Spring 运行过程中该操作可以独立存在，所以在早期开发中较为常见的就是 C3P0 数据库连接池（该连接池与 Hibernate 一同推出，

> 但是已经不再更新了），而本次所要讲解的 HikariCP 组件性能要比 C3P0 组件的性能高出 25 倍左右。
>
> 　　在国内项目开发中，较为常用的是 Druid 数据库连接池组件，但是该组件除了提供连接池支持，还提供服务监控支持。考虑到讲解的完整性，该组件将在本系列图书中的《Spring Boot 开发实战（视频讲解版）》一书中进行讲解。

当前的应用项目中存在大量的数据库连接池组件，包括 Druid、HikariCP、BoneCP、C3P0。但是不管使用何种数据库连接池，所有的连接池组件内部一定会提供一个 DataSource 接口实现子类，如图 8-4 所示。Spring 应用程序只关心当前容器中是否包含 DataSource 接口实例，而不关心具体的实现细节。下面将通过具体的步骤实现 HikariCP 数据库连接池的整合。

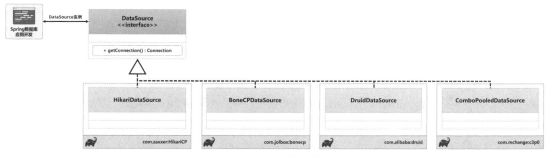

图 8-4　DataSource 与连接池组件

（1）【yootk-spring 项目】修改 build.gradle 配置文件，为 jdbc 子模块添加 HikariCP 组件依赖。

```
implementation('com.zaxxer:HikariCP:5.0.1')
```

（2）【jdbc 子模块】在 "profiles/dev" 源代码目录之中创建 "config/database.properties" 资源文件，定义连接池属性。

```
yootk.database.dirverClassName=com.mysql.cj.jdbc.Driver          数据库驱动类
yootk.database.jdbcUrl=jdbc:mysql://localhost:3306/yootk          数据库连接地址
yootk.database.username=root                                     连接用户名
yootk.database.password=mysqladmin                               连接密码
yootk.database.connectionTimeOut=3000                            数据库连接超时
yootk.database.readOnly=false                                    非只读数据库
yootk.database.pool.idleTimeOut=3000                             一个连接的最小维持时长
yootk.database.pool.maxLifetime=60000                            一个连接的最大生命周期
yootk.database.pool.maximumPoolSize=60                           连接池中的最大连接数量
yootk.database.pool.minimumIdle=20                               连接池中的最小维持连接数量
```

（3）【jdbc 子模块】修改 DataSourceConfig 配置类，通过 "@PropertySource" 注解进行 database.properties 配置文件的加载，随后使用 HikariDataSource 子类创建 DataSource 接口实例。

```java
package com.yootk.jdbc.config;
@Configuration                                                          // 配置类
@PropertySource("classpath:config/database.properties")                 // 配置加载
public class DataSourceConfig {                                         // 数据库配置Bean
    @Value("${yootk.database.dirverClassName}")                         // 资源文件读取配置项
    private String driverClassName;                                     // 数据库驱动类
    @Value("${yootk.database.jdbcUrl}")                                 // 资源文件读取配置项
    private String jdbcUrl;                                             // 数据库连接地址
    @Value("${yootk.database.username}")                                // 资源文件读取配置项
    private String username;                                            // 用户名
    @Value("${yootk.database.password}")                                // 资源文件读取配置项
    private String password;                                            // 密码
    @Value("${yootk.database.connectionTimeOut}")                       // 资源文件读取配置项
    private long connectionTimeout;                                     // 连接超时
    @Value("${yootk.database.readOnly}")                                // 资源文件读取配置项
    private boolean readOnly;                                           // 只读配置
```

```
    @Value("${yootk.database.pool.idleTimeOut}")           // 资源文件读取配置项
    private long idleTimeout;                              // 连接最小维持时长
    @Value("${yootk.database.pool.maxLifetime}")           // 资源文件读取配置项
    private long maxLifetime;                              // 连接的最大生命周期
    @Value("${yootk.database.pool.maximumPoolSize}")       // 资源文件读取配置项
    private int maximumPoolSize;                           // 连接池最大连接数量
    @Value("${yootk.database.pool.minimumIdle}")           // 资源文件读取配置项
    private int minimumIdle;                               // 连接池最小维持连接数量
    @Bean("dataSource")                                    // Bean注册
    public DataSource dataSource() {
        HikariDataSource dataSource = new HikariDataSource();  // DataSource子类实例化
        dataSource.setDriverClassName(this.driverClassName);   // 数据库驱动类
        dataSource.setJdbcUrl(this.jdbcUrl);                   // JDBC连接地址
        dataSource.setUsername(this.username);                 // 用户名
        dataSource.setPassword(this.password);                 // 密码
        dataSource.setConnectionTimeout(this.connectionTimeout); // 连接超时
        dataSource.setReadOnly(this.readOnly);                 // 是否为只读数据库
        dataSource.setIdleTimeout(this.idleTimeout);           // 最小维持
        dataSource.setMaxLifetime(this.maxLifetime);           // 连接的最大生命周期
        dataSource.setMaximumPoolSize(this.maximumPoolSize);   // 连接池最大连接数量
        dataSource.setMinimumIdle(this.minimumIdle);           // 最小维持连接数量
        return dataSource;                                     // 返回Bean实例
    }
}
```

测试执行结果：

```
HikariProxyConnection@1592601990 wrapping com.mysql.cj.jdbc.ConnectionImpl@11b377c5
```

本程序通过 database.properties 获取了所配置的资源项，随后将资源项设置到 HikariDataSource 类对应的属性之中，这样整个应用在获取 DataSource 对象实例时所获取到的就是 Hikari 数据库连接池实例。

8.2 JdbcTemplate 操作模板

JdbcTemplate
操作模板

视频名称　0804_【理解】JdbcTemplate 操作模板

视频简介　为了简化 JDBC 的操作，Spring JDBC 提供了 JdbcTemplate 模板支持，该操作实现了对原始 JDBC 操作的轻量级包装。本视频将基于 DataSource 实例实现 JdbcTemplate 对象实例化以及 SQL 更新命令的执行。

在项目开发中，往往需要通过数据库实现业务相关数据的存储。虽然 Java 提供了原生的 JDBC 实现支持，但是传统的 JDBC 开发步骤过于烦琐。为了简化 JDBC 开发步骤，Spring 对 JDBC 的使用进行了包装，提供了一个半自动化的 Spring JDBC 组件，同时在该组件中提供了 JdbcTemplate 操作模板类，其继承结构如图 8-5 所示。开发者可以直接通过 JdbcTemplate 类的对象，基于已经存在的 DataSource 实例，实现指定数据库的 SQL 命令操作。

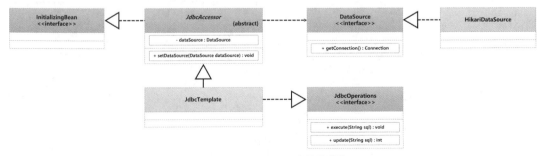

图 8-5　JdbcTemplate 类继承结构

JdbcTemplate 是一个操作模板类，在实际使用时可以将其注册到 Spring 容器之中，这样在需要的位置注入该类的对象实例，即可使用该类中的方法实现 SQL 命令的执行。下面将通过具体的步骤来实现数据更新操作。

（1）【jdbc 子模块】新建 SpringJDBCConfig 配置类，并在该类中配置 JdbcTemplate 对象实例。

```
package com.yootk.jdbc.config;
@Configuration                                              // 配置类
public class SpringJDBCConfig {                             // Spring JDBC配置类
    @Bean("jdbcTemplate")                                   // Bean注册
    public JdbcTemplate jdbcTemplate(DataSource dataSource) { // 注入DataSource
        JdbcTemplate jdbcTemplate = new JdbcTemplate();     // 实例化JDBC模板类
        jdbcTemplate.setDataSource(dataSource);             // 注入数据源实例
        return jdbcTemplate;                                // 返回Bean对象
    }
}
```

（2）【jdbc 子模块】编写测试类并注入 JdbcTemplate，使用 SQL 命令实现 book 表数据的增加。

```
package com.yootk.test;
// 定义上下文启动配置类，此时可以定义多个配置类，Spring对配置类的定义顺序没有要求
@ContextConfiguration(classes = { SpringJDBCConfig.class, DataSourceConfig.class })
@ExtendWith(SpringExtension.class)                          // 使用JUnit 5测试工具
public class TestJdbcTemplateBySQL {
    private static final Logger LOGGER =
        LoggerFactory.getLogger(TestJdbcTemplateBySQL.class);
    @Autowired                                              // 自动注入Bean实例
    private JdbcTemplate jdbcTemplate;                      // JdbcTemplate实例
    @Test
    public void testInsertSQL() throws Exception {          // 更新测试
        String sql = "INSERT INTO book (title, author, price) " +
                "VALUES ('Java从入门到项目实战', '沐言科技 - 李兴华', 99.8)"; // SQL命令
        LOGGER.info("SQL增加命令：{}", this.jdbcTemplate.update(sql)); // 数据更新
    }
}
```

程序执行结果：
```
INFO com.yootk.test.TestJdbcTemplateBySQL - SQL增加命令：1
```

由于 SpringJDBCConfig 配置类需要 DataSource 对象实例，因此本程序在测试类中通过"@ContextConfiguration"注解定义了两个配置类。测试程序首先注入了 JdbcTemplate 对象实例，这样就可以直接利用该类所提供的 update()方法执行 SQL 更新命令。需要注意的是，每次调用 update()方法后都会返回更新的数据行数，如果此时执行的是 execute()方法则不会有返回值。

8.2.1 JdbcTemplate 数据更新操作

JdbcTemplate
数据更新操作

视频名称　0805_【掌握】JdbcTemplate 数据更新操作

视频简介　JdbcTemplate 除了可以使用 SQL 命令更新，也可以基于占位符的方式进行更新预处理操作。本视频讲解 JdbcTemplate 中的数据更新操作。

直接使用 SQL 命令实现数据更新存在严重的安全隐患。传统 JDBC 的做法是通过 PreparedStatement 基于预处理的模式进行数据占位符配置，而后设置具体的数据项，以实现最终的数据更新处理。对这一机制 JdbcTemplate 类也提供相应的支持，最为简单的处理形式就是直接通过 update()方法更新 SQL（包含占位符），并通过可变参数传递 SQL 的更新数据。在 JdbcTemplate 类中，整体的实现也是基于 PreparedStatement 完成的，这一点可以通过图 8-6 所示的结构进行观察。

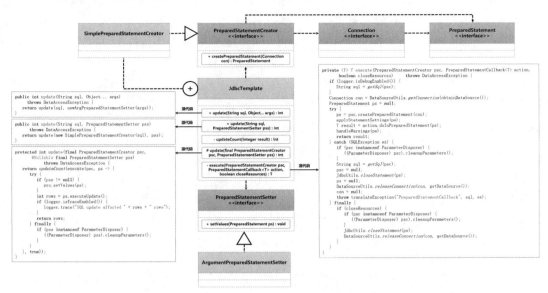

图 8-6 JdbcTemplate 预处理更新操作

JdbcTemplate 在实现过程中考虑到了 PreparedStatement 设计重用的问题，提供了 PreparedStatementCreator 处理接口（JdbcTemplate 提供了一个 SimplePreparedStatementCreator 内部实现子类）。该接口可以直接根据 Connection 对象手动创建 PreparedStatement 对象，而后具体的 PreparedStatement 占位符就可以通过 ArgumentPreparedStatementSetter 子类来设计。所以在 JdbcTemplate 提供的很多方法之中存在许多内容设置、数据库操作对象创建与回调类的相关更新方法，这些方法如表 8-2 所示。

表 8-2 JdbcTemplate 数据更新方法

序号	方法	类型	描述
1	public \<T> T execute(CallableStatementCreator csc, CallableStatementCallback\<T> action) throws DataAccessException	普通	数据更新，并设置 Statement 创建类与回调类
2	public \<T> T execute(PreparedStatementCreator psc, PreparedStatementCallback\<T> action) throws DataAccessException	普通	数据更新并设置 PreparedStatement 回调类
3	public \<T> T execute(StatementCallback\<T> action) throws DataAccessException	普通	数据更新并设置 Statement 回调类
4	public void execute(String sql) throws DataAccessException	普通	执行 SQL 更新
5	public \<T> T execute(String callString, CallableStatementCallback\<T> action) throws DataAccessException	普通	执行 SQL 更新，并设置 Statement 回调类
6	public \<T> T execute(String sql, PreparedStatementCallback\<T> action) throws DataAccessException	普通	执行 SQL 更新，并设置回调类
7	public int update(PreparedStatementCreator psc) throws DataAccessException	普通	通过 PreparedStatement 创建器执行数据更新操作
8	public int update(String sql) throws DataAccessException	普通	执行 SQL 更新
9	public int update(String sql, Object... args) throws DataAccessException	普通	执行 SQL 更新，并设置占位符参数内容
10	public int update(String sql, Object[] args, int[] argTypes) throws DataAccessException	普通	执行 SQL 更新，设置占位符参数以及对应的数据类型
11	public int update(String sql, PreparedStatementSetter pss) throws DataAccessException	普通	执行 SQL 更新，并通过 PreparedStatement 设置器定义内容

范例：【jdbc 子模块】编写测试类，直接使用 JdbcTemplate 实现数据增加、修改与删除操作

```
package com.yootk.test;
@ContextConfiguration(classes = { SpringJDBCConfig.class, DataSourceConfig.class })
```

8.2 JdbcTemplate 操作模板

```java
@ExtendWith(SpringExtension.class)                          // 使用JUnit 5测试工具
public class TestJdbcTemplateUpdate {
    private static final Logger LOGGER =
            LoggerFactory.getLogger(TestJdbcTemplateUpdate.class);
    @Autowired                                              // 自动注入Bean实例
    private JdbcTemplate jdbcTemplate;                      // JdbcTemplate实例
    @Test
    public void testInsert() throws Exception {             // 数据增加
        String sql = "INSERT INTO book (title, author, price) VALUES (?, ?, ?)";
        LOGGER.info("SQL增加命令: {}", this.jdbcTemplate.update(sql,
                "Java就业编程实战", "李兴华", 79.8));        // 数据更新
    }
    @Test
    public void testUpdate() throws Exception {             // 数据修改
        String sql = "UPDATE book SET title=?, price=? WHERE bid=?"; // SQL命令
        LOGGER.info("SQL更新命令: {}", this.jdbcTemplate.update(sql,
                "Java进阶开发实战", 69.8, 1));               // 数据更新
    }
    @Test
    public void testDelete() throws Exception {             // 数据删除
        String sql = "DELETE FROM book WHERE bid=?";        // SQL命令
        LOGGER.info("SQL删除命令: {}",
                this.jdbcTemplate.update(sql, 2));          // 数据更新
    }
}
```

增加操作执行结果：

SQL增加命令: 1

修改操作执行结果：

SQL更新命令: 1

删除操作执行结果：

SQL删除命令: 0

本程序为了便于进行 3 种更新命令的测试，分别创建了 3 个方法，以实现数据增加、修改、删除功能，在每次更新完成后都会返回该更新命令所影响的数据行数。

8.2.2 KeyHolder

视频名称 0806_【掌握】KeyHolder

视频简介 自动增长列是一种较为常见的数据表的操作结构，JdbcTemplate 模板支持自动获取新增数据编号。本视频将对这一功能的实现进行讲解。

数据库表结构设计支持自动增长列。要想在每次数据增加完成后获取该增长列的内容，可以使用 Spring JDBC 的 KeyHolder 接口。JdbcTemplate 提供一个用于接收 KeyHolder 接口实例的 update() 方法，如图 8-7 所示。该方法内部的源代码就是通过 Statement 接口中的 getGeneratedKeys() 方法实现新增数据编号的获取。下面通过具体的操作代码进行展示。

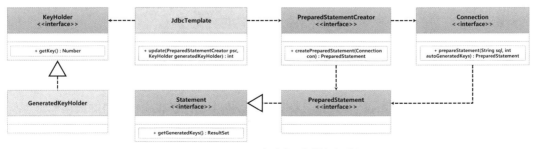

图 8-7　KeyHolder 自动获取新增数据编号

范例:【jdbc 子模块】增加新数据并返回新增数据的编号

```
package com.yootk.test;
@ContextConfiguration(classes = { SpringJDBCConfig.class, DataSourceConfig.class })
@ExtendWith(SpringExtension.class)                              // 使用JUnit 5测试工具
public class TestJdbcTemplateKeyHolder {
   private static final Logger LOGGER =
         LoggerFactory.getLogger(TestJdbcTemplateKeyHolder.class);
   @Autowired                                                    // 自动注入Bean实例
   private JdbcTemplate jdbcTemplate;                            // JdbcTemplate实例
   @Test
   public void testInsert() {                                    // 数据增加
      KeyHolder keyHolder = new GeneratedKeyHolder();            // 实例化KeyHolder
      String sql = "INSERT INTO book (title, author, price) VALUES (?, ?, ?)";
      int count = this.jdbcTemplate.update(new PreparedStatementCreator() {
         @Override
         public PreparedStatement createPreparedStatement(Connection con)
                        throws SQLException {
            PreparedStatement pstmt = con.prepareStatement(sql,
                        Statement.RETURN_GENERATED_KEYS);
            pstmt.setString(1, "SpringBoot开发实战");            // 设置占位数据
            pstmt.setString(2, "李兴华");                        // 设置占位数据
            pstmt.setDouble(3, 78.6);                            // 设置占位数据
            return pstmt;
         }
      }, keyHolder);                                              // 数据更新
      LOGGER.info("SQL更新行数:{}、当前数据的编号为:{}", count, keyHolder.getKey());
   }
}
```

程序执行结果:

```
INFO com.yootk.test.TestJdbcTemplateKeyHolder - SQL更新行数:1、当前数据的编号为:6
```

要想获取增加后的数据,则需要依靠 update() 方法来实现。但是该方法需要传入 PreparedStatementCreator 接口实例,手动创建 PreparedStatement 并设置"Statement.RETURN_GENERATED_KEYS"选项。

8.2.3 数据批处理

数据批处理

视频名称　0807_【掌握】数据批处理

视频简介　批处理是项目开发中性能提升的有效解决方案,Spring JDBC 也提供与之匹配的功能。本视频讲解批处理操作的实现以及相关处理方法的使用。

项目开发中经常需要进行数据的批量增加操作,如果采用单条更新语句的模式,则一定会受到 I/O 性能的影响。常规的做法是基于批处理的形式,通过一次 I/O 操作实现多条数据的增加,如图 8-8 所示。

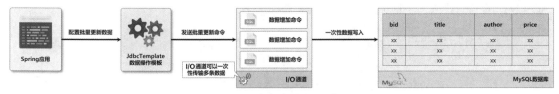

图 8-8　数据库批处理更新

JdbcTemplate 作为一款设计结构良好的 ORM 开发组件,其内部也提供完整的数据批处理方法,这些方法如表 8-3 所示。由于 JdbcTemplate 主要实现了 PreparedStatement 封装,因此在进行批处理操作时都需要传入一条完整的 SQL 更新命令,而后围绕此命令进行数据的设置即可。

8.2 JdbcTemplate 操作模板

表 8-3 JdbcTemplate 提供的数据批处理方法

序号	方法	类型	描述
1	public int[] batchUpdate(String sql) throws DataAccessException	普通	执行 SQL 批处理
2	public int[] batchUpdate(String sql, BatchPreparedStatementSetter pss) throws DataAccessException	普通	定义 SQL 批处理,并设置批处理数据和实现类
3	public \<T\> int[][] batchUpdate(String sql, Collection\<T\> batchArgs, int batchSize, ParameterizedPreparedStatementSetter\<T\> pss) throws DataAccessException	普通	定义 SQL 批处理,并设置批处理数据、长度参数等
4	public int[] batchUpdate(String sql, List\<Object[]\> batchArgs) throws DataAccessException	普通	定义 SQL 批处理,并通过集合传递批处理数据
5	public int[] batchUpdate(String sql, List\<Object[]\> batchArgs, int[] argTypes) throws DataAccessException	普通	定义 SQL 批处理,并通过集合传递批处理数据和每组数据类型

范例:【jdbc 子模块】向 book 表批量添加数据

```
package com.yootk.test;
@ContextConfiguration(classes = { SpringJDBCConfig.class, DataSourceConfig.class })
@ExtendWith(SpringExtension.class)                          // 使用JUnit 5测试工具
public class TestJdbcTemplateBatchUpdate {
    private static final Logger LOGGER =
        LoggerFactory.getLogger(TestJdbcTemplateBatchUpdate.class);
    @Autowired                                              // 自动注入Bean实例
    private JdbcTemplate jdbcTemplate;                      // JdbcTemplate实例
    @Test
    public void testBatch() throws Exception {              // 数据增加
        List<String> titles = List.of("Spring开发实战", "Spring框架整合(SSM)开发实战",
            "Netty开发实战", "Redis开发实战", "ElasticSearch开发实战");   // 图书标题
        List<Double> prices = List.of(69.8, 67.8, 69.6, 68.5, 69.8);    // 图书价格
        String sql = "INSERT INTO book (title, author, price) VALUES (?, ?, ?)";// SQL
        int result[] = this.jdbcTemplate.batchUpdate(sql,
                new BatchPreparedStatementSetter() {
            @Override
            public void setValues(PreparedStatement ps, int i) throws SQLException {
                ps.setString(1, titles.get(i));             // 设置数据
                ps.setString(2, "沐言科技 - 李兴华");          // 设置数据
                ps.setDouble(3, prices.get(i));             // 设置数据
            }
            @Override
            public int getBatchSize() {
                return 5;                                   // 批处理数据个数
            }
        });
        LOGGER.info("SQL批处理增加: {}", Arrays.toString(result));      // 数据更新
    }
}
```

程序执行结果:

```
INFO com.yootk.test.TestJdbcTemplateBatchUpdate - SQL批处理增加: [1, 1, 1, 1, 1]
```

本程序基于 BatchPreparedStatementSetter 接口实现了批处理数据内容的设置,每一次批处理设置都会调用该接口中的 setValues() 方法。所以该方法中的整型参数表示的就是操作的索引(该索引从 0 开始),而该操作的执行次数是由接口中的 getBatchSize() 方法定义的。

> 💡 提示:直接传递参数内容实现批处理。
>
> 如果开发者不想通过 BatchPreparedStatementSetter 批处理设置接口进行数据的设置,那么也可以将每组参数封装在对象数组中,而后利用 List 集合包装来实现批处理数据的传递。

范例：通过对象数组包装批处理数据

```
@Test
public void testBatch() throws Exception {
    List<Object[]> params = List.of(
            new Object[] {"Spring开发实战", "李兴华", 69.8},
            new Object[] {"Spring框架整合（SSM）开发实战", "李兴华", 67.8},
            new Object[] {"Netty开发实战", "李兴华", 69.6},
            new Object[] {"Redis开发实战", "李兴华", 68.5},
            new Object[] {"ElasticSearch开发实战", "李兴华", 69.8}
    );
    String sql = "INSERT INTO book (title, author, price) VALUES (?, ?, ?)";
    int result [] = this.jdbcTemplate.batchUpdate(sql, params);
    LOGGER.info("SQL批处理增加：{}", Arrays.toString(result));
}
```

程序执行结果：

```
INFO com.yootk.test.TestJdbcTemplateBatchUpdate - SQL批处理增加：[1, 1, 1, 1, 1]
```

本程序虽然通过 List<Object[]> 集合包装了批处理数据，但是观察源代码可以发现，其内部依然是通过 BatchPreparedStatementSetter 接口实现数据设置的。

8.2.4 RowMapper

视频名称 0808_【掌握】RowMapper
视频简介 数据查询操作需要考虑返回值的处理问题，为此 Spring JDBC 提供了 RowMapper 转换接口。本视频讲解此接口的作用，并通过具体范例进行实现。

在数据库操作中，除了数据更新操作，最为烦琐的就是数据查询操作。由于 JdbcTemplate 的设计定位是 ORM 组件，因此需要在查询完成之后，自动将查询结果转为 VO 类型的实例。为了解决该问题，Spring JDBC 提供了一个 RowMapper 接口，该接口提供一个 mapRow() 方法，可以接收查询结果中每行数据的结果集，用户可以将指定列取出，并保存在目标 VO 实例之中，如图 8-9 所示。

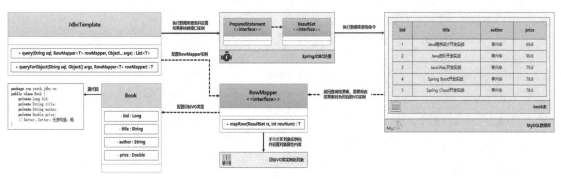

图 8-9 RowMapper 与结果集转换

由于不同的业务可能会返回不同的查询结果，因此有些查询是不需要通过 RowMapper 接口进行 ResultSet 与 VO 实例之间的转换处理的，为此 JdbcTemplate 类提供了一系列的数据查询处理方法，常用方法如表 8-4 所示。

表 8-4 JdbcTemplate 类提供的常用数据查询方法

序号	方法	类型	描述
1	public <T> List<T> query(PreparedStatementCreator psc, RowMapper<T> rowMapper) throws DataAccessException	普通	执行 SQL 查询，并通过 RowMapper 实现数据转换处理

续表

序号	方法	类型	描述
2	public \<T> List\<T> query(String sql, Object[] args, int[] argTypes, RowMapper\<T> rowMapper) throws DataAccessException	普通	执行 SQL 查询，并设置占位符、参数类型与 RowMapper 实例
3	public \<T> List\<T> query(String sql, RowMapper\<T> rowMapper, Object...args) throws DataAccessException	普通	执行 SQL 查询，并设置 RowMapper 与占位符参数
4	public \<T> List\<T> queryForList(String sql, Class\<T> elementType, Object...args) throws DataAccessException	普通	执行 SQL 查询，并设置最终查询结果的数据类型
5	public Map\<String,Object> queryForMap(String sql, Object...args) throws DataAccessException	普通	执行 SQL 查询，设置占位符参数，查询结果以 Map 集合形式返回
6	public \<T> Stream\<T> queryForStream(String sql, RowMapper\<T> rowMapper, Object...args) throws DataAccessException	普通	执行 SQL 查询，并以 Stream 接口的形式返回查询结果

JdbcTemplate 提供了大量的查询操作方法，表 8-4 只列举了其中较为常用的几个方法。在查询时可以获取单个查询结果，也可以获取 List 集合，除支持 RowMapper 之外，查询结果也可以根据需要转为 List 或 Map 集合。为便于读者理解该操作，下面通过几个常用的数据库查询对这一功能进行具体实现。

(1)【jdbc 子模块】定义 Book 类，该类的结构与 book 表对应，用于实现单行查询结果的保存。

```java
package com.yootk.jdbc.vo;
public class Book {                                      // 与book表的结构对应
    private Long bid;                                    // 图书编号
    private String title;                                // 图书名称
    private String author;                               // 图书作者
    private Double price;                                // 图书价格
    // Setter、Getter、无参构造方法略
    @Override
    public String toString() {
        return "【图书信息】编号：" + this.bid + "、名称：" + this.title +
               "、作者：" + this.author + "、价格：" + this.price;
    }
}
```

(2)【jdbc 子模块】编写测试类，根据图书编号进行数据查询。

```java
package com.yootk.test;
@ContextConfiguration(classes = { SpringJDBCConfig.class, DataSourceConfig.class })
@ExtendWith(SpringExtension.class)                       // 使用JUnit 5测试工具
public class TestJdbcTemplateAndRowMapper {
    private static final Logger LOGGER =
            LoggerFactory.getLogger(TestJdbcTemplateAndRowMapper.class);
    @Autowired                                           // 自动注入Bean实例
    private JdbcTemplate jdbcTemplate;                   // JdbcTemplate实例
    @Test
    public void testQuery() throws Exception {           // 数据查询
        String sql = "SELECT bid, title, author, price FROM book WHERE bid=?"; // SQL命令
        Book book = this.jdbcTemplate.queryForObject(sql, new RowMapper<Book>() {
            @Override
            public Book mapRow(ResultSet rs, int rowNum) throws SQLException {
                Book book = new Book();                  // 实例化VO对象
                book.setBid(rs.getLong(1));              // 属性设置
                book.setTitle(rs.getString(2));          // 属性设置
                book.setAuthor(rs.getString(3));         // 属性设置
                book.setPrice(rs.getDouble(4));          // 属性设置
                return book;
            }
        }, 1);                                           // 设置SQL与占位符参数
        LOGGER.info("{}", book);                         // 日志输出
    }
}
```

程序执行结果：

【图书信息】编号：1.名称：Java进阶开发实战、作者：李兴华、价格：69.8

本程序实现了根据图书编号查询，在编写 SQL 命令时通过占位符定义了要查询的编号内容。由于最终的查询结果要以 Book 类对象实例的形式返回，因此使用 queryForObject()方法查询时需要手动设置一个 RowMapper 接口的实例，以实现 ResultSet 数据与 VO 对象的转换。

(3)【jdbc 子模块】数据分页查询。

```java
package com.yootk.test;
@ContextConfiguration(classes = {SpringJDBCConfig.class, DataSourceConfig.class})
@ExtendWith(SpringExtension.class)                           // 使用JUnit 5测试工具
public class TestJdbcTemplateAndRowMapper {
    private static final Logger LOGGER =
            LoggerFactory.getLogger(TestJdbcTemplateAndRowMapper.class);
    @Autowired                                               // 自动注入Bean实例
    private JdbcTemplate jdbcTemplate;                       // JdbcTemplate实例
    @Test
    public void testQuery() throws Exception {               // 数据查询
        int currentPage = 2;                                 // 当前页
        int lineSize = 5;                                    // 每页显示数据行数
        String sql = "SELECT bid, title, author, price FROM book LIMIT ?, ?"; // SQL命令
        this.jdbcTemplate.setMaxRows(5);                     // 设置最大行数
        List<Book> books = this.jdbcTemplate.query(sql, new RowMapper<Book>() {
            @Override
            public Book mapRow(ResultSet rs, int rowNum) throws SQLException {
                Book book = new Book();                      // 实例化VO对象
                book.setBid(rs.getLong(1));                  // 属性设置
                book.setTitle(rs.getString(2));              // 属性设置
                book.setAuthor(rs.getString(3));             // 属性设置
                book.setPrice(rs.getDouble(4));              // 属性设置
                return book;
            }
        }, (currentPage - 1) * lineSize, lineSize);          // 设置SQL与占位符参数
        books.forEach((book) -> {                            // 集合迭代
            LOGGER.info("{}", book);                         // 日志输出
        });
    }
}
```

本程序实现了一个数据库的分页查询。由于使用的是 MySQL 数据库，因此直接利用 LIMIT 实现分页数据操作的相关占位符，在使用 query()方法时传入了目标转换的 RowMapper 实例与占位符参数，即以 List 集合的形式返回满足分页条件的全部 Book 类的对象实例。

(4)【jdbc 子模块】数据表的 COUNT()统计。

```java
package com.yootk.test;
@ContextConfiguration(classes = {SpringJDBCConfig.class, DataSourceConfig.class})
@ExtendWith(SpringExtension.class)                           // 使用JUnit 5测试工具
public class TestJdbcTemplateQueryCount {
    private static final Logger LOGGER =
            LoggerFactory.getLogger(TestJdbcTemplateQueryCount.class);
    @Autowired                                               // 自动注入Bean实例
    private JdbcTemplate jdbcTemplate;                       // JdbcTemplate实例
    @Test
    public void testQuery() throws Exception {               // 数据增加
        String sql = "SELECT COUNT(*) FROM book WHERE title LIKE ?"; // SQL命令
        long count = this.jdbcTemplate.queryForObject(sql, Long.class, "%开发实战%");
        LOGGER.info("数据个数统计：{}", count);                // 日志输出
    }
}
```

程序执行结果：
```
com.yootk.test.TestJdbcTemplateAndRowMapper - 数据个数统计：15
```
SQL 中的 COUNT()函数可以实现数据量的统计，而该操作的返回结果一般为 int 型或 long 型数据。这样在使用查询操作时，直接设置读取数据要转换的目标类型即可实现正确类型的查询结果返回。

8.3 Spring 事务管理

JDBC 事务控制

| 视频名称 | 0809_【掌握】JDBC 事务控制 |
| 视频简介 | 事务是业务得到正确处理的唯一保证，JDBC 提供了完整的事务处理方法。本视频对事务的传统做法以及存在的问题进行分析。|

每一个项目都由若干个不同的业务组成，而每一个业务在处理时又需要进行多次数据表的更新操作，更新操作全部成功执行才表示业务正确完成，如果有一条更新操作无法正常执行，则整体业务以失败告终。为了实现这样的处理机制，开发者往往是在业务层进行数据库连接事务的管理，如图 8-10 所示。

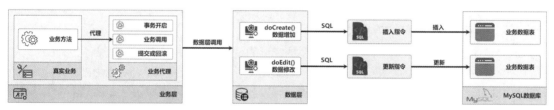

图 8-10 业务层调用

> 提示：回顾 ACID 事务原则。
>
> ACID 主要指的是事务的 4 种特点：原子性（Atomicity）、一致性（Consistency）、隔离性或独立性（Isolation）、持久性（Durabilily）。
> - **原子性**：整个事务中的所有操作，要么全部完成，要么全部不完成，不可能停滞在中间某个环节。事务在执行过程中发生错误，会被回滚（Rollback）到事务开始前的状态，就像这个事务从来没有执行过一样。
> - **一致性**：一个事务可以封装状态改变（除非它是只读的）。事务执行前后系统必须保持一致的状态，不管在任何给定的时间并发事务有多少。
> - **隔离性**：事务的隔离性使它们好像是系统在给定时间内执行的唯一操作。如果有两个事务，运行在相同的时间内，执行相同的功能，事务的隔离性将确保系统认为只有该事务在使用系统。
> - **持久性**：在事务完成以后，该事务对数据库所做的更改便持久地保存在数据库之中，并不会被回滚。

在使用原生 JDBC 技术进行项目开发时，为了保证业务的实现不受事务的影响，就需要在项目内部引入动态代理机制。代理业务类基于 JDBC 提供的 java.sql.Connection 接口的方法来实现事务的控制，首先要通过 setAutoCommit()方法禁用自动事务提交机制，而后根据最终业务的执行来判定当前的数据库更新操作是否成功，如果成功则通过 commit()方法提交更新事务，如果业务调用出现异常，则使用 rollback()方法进行事务的回滚处理。JDBC 事务处理结构如图 8-11 所示。

虽然 JDBC 提供了良好的事务支持，但是传统的代码开发需要基于代理设计模式实现事务控制,这种硬编码的设计并不符合 Spring 的设计理念,而较好的做法就是基于 AOP 的形式实现事务处理。同时为了进一步规范事务处理的操作机制,Spring 内部也提供了新的设计结构。下面来看一下具体的实现细节。

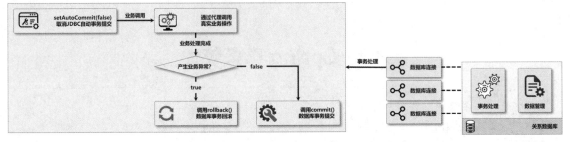

图 8-11 JDBC 事务处理结构

8.3.1 Spring 事务处理架构

视频名称 0810_【掌握】Spring 事务处理架构
视频简介 考虑到事务处理的重要性,Spring 对事务处理架构进行了新的实现。本视频为读者详细地展示事务处理的相关接口,并对接口的作用进行讲解。

JDBC 的事务管理操作属于程序事务处理最底层的设计。不同的数据库生产商依据 JDBC 的设计结构实现事务处理功能的对接,但是这样的对接是基于 JDBC 层次的,是最原始的一种形式。而在实际项目的开发中,由于 JDBC 操作较烦琐,开发者往往会基于 ORM 开发框架进行数据层的代码编写,如图 8-12 所示。由于所有的 ORM 开发框架都有各自的事务管理机制,因此 Spring 无法实现 ORM 框架的事务管理整合。

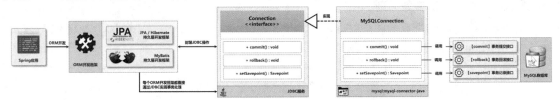

图 8-12 ORM 开发框架与事务处理

为了解决不同 ORM 开发框架的管理接入问题,Spring 提供一个 spring-tx 依赖模块。该模块采用全新的机制定义了 Spring 事务管理的标准化操作,并且提供了一个 PlatformTransactionManager 核心接口,该接口的具体定义如下。

范例:PlatformTransactionManager 接口定义

```
package org.springframework.transaction;
import org.springframework.lang.Nullable;
public interface PlatformTransactionManager extends TransactionManager {
    TransactionStatus getTransaction(@Nullable TransactionDefinition definition)
        throws TransactionException;                                    // 开启事务
    void commit(TransactionStatus status) throws TransactionException;  // 事务提交
    void rollback(TransactionStatus status) throws TransactionException; // 事务回滚
}
```

通过 PlatformTransactionManager 接口的定义可以发现,开发者可以直接利用该接口提供的 commit()和 rollback()方法实现事务的提交与回滚操作,这样不同的 ORM 开发框架直接实现该接口就可以将事务统一交由 Spring 管理。

通过图 8-13 所示的 Spring 事务管理接口可以发现，PlatformTransactionManager 接口还引用了事务状态（TransactionStatus）和事务定义（TransactionDefinition）接口。TransactionStatus 可以实现事务保存点的配置，而 TransactionDefinition 可以实现事务隔离级别以及事务传播属性的配置，这些都是 Spring 事务管理的重要内容。在 Spring 5.x 之后，为了进一步提升事务管理的定义，Spring 又提供了一个 TransactionManager 父接口，但是该接口暂未提供具体的事务操作方法。

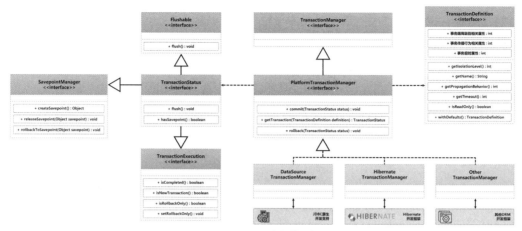

图 8-13　Spring 事务管理接口

8.3.2　编程式事务控制

视频名称　0811_【掌握】编程式事务控制

视频简介　为了帮助读者理解 Spring 事务的基本处理模型，本视频将基于原始硬编码的形式实现 JdbcTemplate 事务管理，使读者快速理解 Spring 事务操作的基本模型。

PlatformTransactionManager 是事务处理的统一操作接口，Spring 在内部提供了一个 DataSourceTransactionManager 的实现子类，其继承结构如图 8-14 所示。这样就可以直接通过该子类获取事务操作接口的实例，以实现最终所需要的事务处理。下面将通过一个具体的案例进行实现。

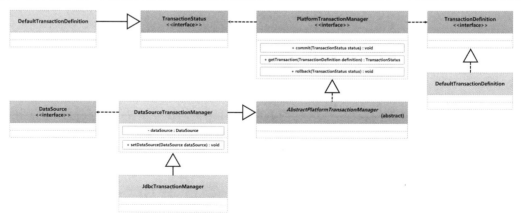

图 8-14　Spring 事务处理类的继承结构

（1）【jdbc 子模块】创建 TransactionConfig 配置类，向容器中注册 PlatformTransactionManager 接口实例。

```
package com.yootk.jdbc.config;
@Configuration                                                    // 配置类
public class TransactionConfig {
```

```
@Bean("transactionManager")                                          // Bean注册
public PlatformTransactionManager transactionManager(DataSource dataSource) {
    DataSourceTransactionManager transactionManager =
            new DataSourceTransactionManager();                      // 事务管理对象实例化
    transactionManager.setDataSource(dataSource);                    // 配置数据源
    return transactionManager;
}
```

(2)【jdbc 子模块】编写测试类，注入事务接口实例，并基于 JDBC 手动实现事务操作。

```
package com.yootk.test;
@ContextConfiguration(classes = { TransactionConfig.class,
        SpringJDBCConfig.class, DataSourceConfig.class })
@ExtendWith(SpringExtension.class)                                   // 使用JUnit 5测试工具
public class TestTransactionManager {
    private static final Logger LOGGER =
            LoggerFactory.getLogger(TestTransactionManager.class);
    @Autowired                                                       // 自动注入Bean实例
    private PlatformTransactionManager transactionManager;           // 事务接口实例
    @Autowired                                                       // 自动注入Bean实例
    private JdbcTemplate jdbcTemplate;                               // JdbcTemplate模板实例
    @Test
    public void testTransaction() throws Exception {                 // 测试方法
        TransactionStatus status = this.transactionManager.getTransaction(
                new DefaultTransactionDefinition());                 // 开启事务
        LOGGER.info("准备数据更新操作，开启数据库事务。");              // 日志记录
        String sql = "INSERT INTO book(title, author, price) VALUES (?, ?, ?)";
        try {
            this.jdbcTemplate.update(sql, "Spring开发实战", "李兴华", 69.8);
            this.jdbcTemplate.update(sql, "Redis开发实战", null, 68.9);
            this.jdbcTemplate.update(sql, null, "李兴华", 67.9);
            this.jdbcTemplate.update(sql, "Netty开发实战", "李兴华", 67.8);
            this.transactionManager.commit(status);                  // 事务提交
            LOGGER.info("数据更新操作无异常产生，数据库事务提交。", status); // 日志记录
        } catch (Exception e) {
            LOGGER.error("数据更新错误，数据库事务回滚，错误信息：{}", e.getMessage());
            this.transactionManager.rollback(status);                // 事务回滚
        }
    }
}
```

程序执行结果：

准备数据更新操作，开启数据库事务。
数据更新错误，数据库事务回滚，错误信息：PreparedStatementCallback; SQL [INSERT INTO book(title, author, price) VALUES (?, ?, ?)]; Column 'author' cannot be null; nested exception is java.sql.SQLIntegrityConstraintViolationException: Column 'author' cannot be null

本程序执行的 JDBC 更新操作中一共准备了 4 条 SQL 语句，由于第 2 条 SQL 违反了非空约束，因此执行该语句就会引发异常。这样就不会执行事务的提交操作而会执行 catch 语句中定义的回滚操作，从而导致整个事务操作的回滚，保证了数据库数据的完整性。

8.4　Spring 事务组成分析

Transaction Status

视频名称　0812_【掌握】TransactionStatus

视频简介　Spring 每开启一个事务都会返回 TransactionStatus 事务状态对象实例，开发者可以基于此操作实现事务状态的判断以及 Savepoint 的配置。本视频通过具体的范例为读者讲解 TransactionStatus 接口的使用。

8.4 Spring 事务组成分析

Spring 在事务处理过程之中，会使用 PlatformTransactionManager 接口提供的 getTransaction() 方法开启新的事务，每一个新开启的事务都会通过 TransactionStatus 接口的实例化对象进行表示。同时，开发者基于该接口提供的方法，可以实现数据库事务状态的判断，以及事务提交控制，如图 8-15 所示。

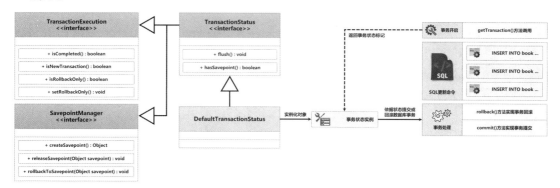

图 8-15 TransactionStatus 继承结构

TransactionStatus 保存当前数据库更新操作业务中的事务状态，而除了状态本身，还可以通过 TransactionExecution 父接口提供的方法实现事务状态的判断与执行控制。另外每一个事务之中也可以根据需要设置若干个 Savepoint（事务保存点），这些事务保存点是由 SavepointManager 接口来管理的。表 8-5 列出了 TransactionStatus 接口中的常用方法。

表 8-5 TransactionStatus 接口中的常用方法

序号	方法	类型	描述
1	public boolean hasSavepoint()	普通	判断当前事务中是否创建过事务保存点
2	public boolean isCompleted()	普通	判断当前事务是否已经处理完成（提交或回滚）
3	public boolean isNewTransaction()	普通	判断当前事务是否包含新的事务
4	public boolean isRollbackOnly()	普通	判断当前事务是否只允许回滚
5	public void setRollbackOnly()	普通	设置当前事务只允许回滚操作
6	public Object createSavepoint() throws TransactionException	普通	创建一个新的事务保存点
7	public void rollbackToSavepoint(Object savepoint) throws TransactionException	普通	回滚到指定的事务保存点
8	public void releaseSavepoint(Object savepoint) throws TransactionException	普通	释放事务保存点

范例：【jdbc 子模块】使用 TransactionStatus 设置回滚事务

```
@Test
public void testTransaction() throws Exception {                  // 测试方法
   TransactionStatus status = this.transactionManager.getTransaction(
         new DefaultTransactionDefinition());                     // 开启事务
   LOGGER.info("是否开启了一个新的事务：{}", status.isNewTransaction());
   status.setRollbackOnly();                                      // 只允许回滚
   String sql = "INSERT INTO book(title, author, price) VALUES (?, ?, ?)";
   try {
      LOGGER.info("【事务执行前】当前事务是否已经完成：{}", status.isCompleted());
      this.jdbcTemplate.update(sql, "Spring开发实战", "李兴华", 69.8);
      this.jdbcTemplate.update(sql, "Netty开发实战", "李兴华", 67.8);
      LOGGER.info("当前事务是否只允许回滚：{}", status.isRollbackOnly());
      this.transactionManager.commit(status);                     // 事务提交
      LOGGER.info("数据更新操作无异常产生，数据库事务提交。", status); // 日志记录
   } catch (Exception e) {
```

```
            LOGGER.error("数据更新错误，数据库事务回滚，错误信息：{}", e.getMessage());
            this.transactionManager.rollback(status);                     // 事务回滚
        }
        LOGGER.info("【事务执行后】当前事务是否已经完成：{}", status.isCompleted());
    }
```

程序执行结果：

```
INFO com.yootk.test.TestTransactionManager - 是否开启了一个新的事务：true
INFO com.yootk.test.TestTransactionManager - 【事务执行前】当前事务是否已经完成：false
INFO com.yootk.test.TestTransactionManager - 当前事务是否只允许回滚：true
INFO com.yootk.test.TestTransactionManager - 数据更新操作无异常产生，数据库事务提交。
INFO com.yootk.test.TestTransactionManager - 【事务执行后】当前事务是否已经完成：true
```

本程序利用 TransactionStatus 接口获取了不同阶段的事务状态，由于在当前事务中使用了 setRollbackOnly()方法，将事务设置为只允许回滚，因此即使调用了 commit()方法最终也无法实现数据库事务的更新提交。

在一次完整的数据库事务处理操作中，rollback()方法会对整体的更新操作进行回滚。如果只需要回滚到指定的位置，那么就可以通过 TransactionStatus 提供的 createSavepoint()方法创建事务保存点，而后在每次出现异常时设置事务保存点并进行数据库事务提交即可，如图 8-16 所示。

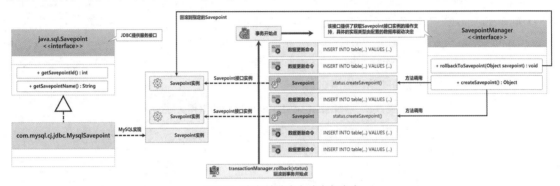

图 8-16　数据库事务与事务保存点

范例：事务保存点操作支持

```
@Test
public void testTransaction() throws Exception {                          // 测试方法
    TransactionStatus status = this.transactionManager.getTransaction(
            new DefaultTransactionDefinition());                          // 开启事务
    String sql = "INSERT INTO book(title, author, price) VALUES (?, ?, ?)";
    Object savepointA = null;                                             // 事务保存点
    Object savepointB = null;                                             // 事务保存点
    try {
        this.jdbcTemplate.update(sql, "Spring开发实战 - 1", "李兴华", 69.8);
        this.jdbcTemplate.update(sql, "Spring开发实战 - 2", "李兴华", 69.8);
        savepointA = status.createSavepoint();                            // 创建事务保存点
        this.jdbcTemplate.update(sql, "Spring开发实战 - 3", "李兴华", 69.8);
        savepointB = status.createSavepoint();                            // 创建事务保存点
        this.jdbcTemplate.update(sql, "Redis开发实战", null, 68.9);
        this.jdbcTemplate.update(sql, "Netty开发实战", "李兴华", 67.8);
        this.transactionManager.commit(status);                           // 事务提交
    } catch (Exception e) {
        status.rollbackToSavepoint(savepointA);                           // 设置回退点
        this.transactionManager.commit(status);                           // 事务提交
    }
}
```

本程序在应用中定义了两个事务保存点，当程序执行发生异常时，并没有直接使用 rollback() 方法进行整体更新操作的回滚，而是通过 TransactionStatus 接口提供的 rollbackToSavepoint()方法回滚到指定的事务保存点，但在代码最终执行完成后，可以发现只有 savepointA 以前的更新语句被正常执行。

8.4.1 事务隔离级别

事务隔离级别

视频名称　0813_【掌握】事务隔离级别
视频简介　数据库的操作往往会牵扯到多条数据，这样就有可能出现数据同步问题，而 Spring 提供了事务隔离级别。本视频将为读者分析事务隔离级别的意义，并通过实际的程序讲解其具体的使用。

数据库是一个项目中的公共存储资源，所以在实际的项目开发过程中，很可能会有两个不同的线程（每个线程拥有各自的数据库事务）要进行同一条数据的读取以及更新操作，如图 8-17 所示。

图 8-17　数据库资源读取

此时两个不同的数据库事务读取了数据表中的同一条数据，但是事务 A 在读取完成后由于某些原因产生了业务处理的延迟，而在延迟期间事务 B 已经对指定的数据进行了更新并提交了数据库事务，这样在事务 A 继续进行数据读取时，返回的内容就会有问题。下面先通过一个基本的程序来观察默认情况下并发数据操作所带来的问题。

范例：【jdbc 子模块】创建两个事务并进行同一 ID 的数据操作

```
@Test
public void testTransaction() throws Exception {                    // 测试方法
    String querySQL = "SELECT bid, title, author, price FROM book WHERE bid=?";
    String updateSQL = "UPDATE book SET title=?, price=? WHERE bid=?";
    RowMapper<Book> bookRowMapper = new BookRowMapper();            // 转换处理
    new Thread(() -> {
        TransactionStatus statusA = this.transactionManager.getTransaction(
                new DefaultTransactionDefinition());                // 开启事务
        Book bookA = this.jdbcTemplate.queryForObject(querySQL, bookRowMapper, 3);
        LOGGER.info("【{}】第一次查询：{}", Thread.currentThread().getName(), bookA);
        try {
            TimeUnit.SECONDS.sleep(5);                              // 模拟操作延迟
            bookA = this.jdbcTemplate.queryForObject(querySQL, bookRowMapper, 3);
            LOGGER.info("【{}】第二次查询：{}", Thread.currentThread().getName(), bookA);
        } catch (Exception e) {
            LOGGER.error("【{}】{}", Thread.currentThread().getName(), e.getMessage());
        }
    }, "A").start();                                                // 启动子线程
    new Thread(() -> {
        TransactionStatus statusB = this.transactionManager.getTransaction(
                new DefaultTransactionDefinition());                // 开启事务
        Book bookB = this.jdbcTemplate.queryForObject(querySQL, bookRowMapper, 3);
        LOGGER.info("【{}】第一次查询：{}", Thread.currentThread().getName(), bookB);
        try {
            TimeUnit.MILLISECONDS.sleep(200);                       // 模拟操作延迟
            int count = this.jdbcTemplate.update(updateSQL, "Netty开发实战", 66.66, 3);
            LOGGER.info("【{}】数据更新完成，影响的更新行数：{}",
                    Thread.currentThread().getName(), count);
```

```
            this.transactionManager.commit(statusB);
        } catch (Exception e) {
            LOGGER.error("【{}】{}", Thread.currentThread().getName(), e.getMessage());
            this.transactionManager.rollback(statusB);
        }
    }, "B").start();                                        // 启动子线程
    TimeUnit.SECONDS.sleep(20);                             // 保证子线程执行完毕
}
private class BookRowMapper implements RowMapper<Book> {    // 结果集转换类
    @Override
    public Book mapRow(ResultSet rs, int rowNum) throws SQLException {
        Book book = new Book();                             // 实例化VO对象
        book.setBid(rs.getLong(1));                         // 属性设置
        book.setTitle(rs.getString(2));                     // 属性设置
        book.setAuthor(rs.getString(3));                    // 属性设置
        book.setPrice(rs.getDouble(4));                     // 属性设置
        return book;
    }
}
```

程序执行结果：

【B】第一次查询：【图书信息】编号：3、名称：Spring开发实战、作者：李兴华、价格：79.8
【A】第一次查询：【图书信息】编号：3、名称：Spring开发实战、作者：李兴华、价格：79.8
【B】数据更新完成，影响的更新行数：1
【A】第二次查询：【图书信息】编号：3、名称：Spring开发实战、作者：李兴华、价格：79.8

通过程序执行结果可以清楚地发现，在事务 B 修改了指定 ID 的数据之后，事务 A 第二次读取依然只读取到了原始的数据内容，此时就出现了并发数据访问不同步。为了保证并发状态下的数据读取的正确性，需要通过事务隔离级别来进行控制。事务隔离级别主要用来防止"脏读"、不可重复读以及"幻读"的问题，这几个问题的相关解释如下。

（1）脏读（**Dirty Reads**）：事务 A 在读取数据时，读取到了事务 B 未提交的数据，由于事务 B 有可能被回滚，所以该数据有可能是无效数据，如图 8-18 所示。

图 8-18　数据脏读

（2）**不可重复读**（**Non-repeatable Reads**）：事务 A 对一个数据的两次读取返回了不同的数据内容，有可能事务 B 在两次读取之间对该数据进行了修改，如图 8-19 所示。一般此类操作出现在数据修改操作之中。

图 8-19　数据不可重复读

（3）幻读（Phantom Reads）：事务 A 在进行两次数据查询时产生了不一致的结果，有可能是事务 B 在事务 A 第二次查询之前删除或增加了数据内容所造成的，如图 8-20 所示。

图 8-20 数据幻读

Spring 中的事务隔离级别是由 TransactionDefinition 接口定义的，该接口中定义了若干个常量，可用来表示不同的隔离级别，如表 8-6 所示。

表 8-6 Spring 中的事务隔离级别

序号	隔离级别常量	数值	描述
1	TransactionDefinition.ISOLATION_DEFAULT	-1	默认隔离级别，由数据库控制
2	TransactionDefinition.ISOLATION_READ_UNCOMMITTED	1	其他事务可以读取到未提交事务的数据，会产生脏读、不可重复读以及幻读
3	TransactionDefinition.ISOLATION_READ_COMMITTED	2	其他事务只允许读取已提交事务的数据，可以避免脏读，但是可能会有不可重复读与幻读
4	TransactionDefinition.ISOLATION_REPEATABLE_READ	4	数据可重复读取，防止脏读、不可重复读，但可能出现幻读
5	TransactionDefinition.ISOLATION_SERIALIZABLE	8	最高隔离级别，完整地解决了脏读、幻读、不可重复读问题，会花费较大代价

在数据库的应用开发中，事务的隔离级别越高，越能保证数据操作的完整性与一致性，但是对并发性能的影响也就越大。在大多数的应用程序之中，较为常用的隔离级别为"READ_COMMITTED"，因为其可以避免脏读，也拥有较好的并发性能。在个别实现场景中，也可以采用悲观锁或乐观锁来进行隔离控制（见第 9 章）。

> 💡 提示：ISOLATION_DEFAULT 默认隔离级别。
>
> 需要注意的是，数据库事务隔离级别实际上只有表 8-6 所示的后 4 种，大小关系如表 8-6 所示的数值顺序。但是 Spring 提供的事务隔离级别内有一个默认的隔离级别为"ISOLATION_DEFAULT"，此配置表示使用后端数据库的隔离级别进行控制。大多数数据库的隔离级别为"READ_COMMITTED"，而 MySQL 的默认隔离级别为"ISOLATION_REPEATABLE_READ"，开发者可以在 MySQL 中使用如下命令查看默认隔离级别的配置。
>
> 范例：查看 MySQL 隔离级别
> ```
> SHOW VARIABLES LIKE 'transaction_isolation';
> ```
> 程序执行结果：
> ```
> REPEATABLE-READ
> ```
> 如果需要临时修改隔离级别为"READ_COMMITED"，则可以使用如下命令：
> ```
> SET SESSION TRANSACTION isolation LEVEL READ-COMMITTED;
> ```
> 此时在当前的连接中修改了当前事务的隔离级别，在进行并发处理时，数据更新操作只会针对当前行进行锁定，不会影响到表中其他数据行并发处理的性能。

Spring 之中的事务隔离级别需要在获取 TransactionStatus（事务状态）之前进行配置，可以通过 TransactionDefinition 接口子类进行定义，如图 8-21 所示。DefaultTransactionDefinition 子类提供了 setIsolationLevel()方法，只需要根据需要传入 TransactionDefinition 接口定义的隔离级别常量即可。

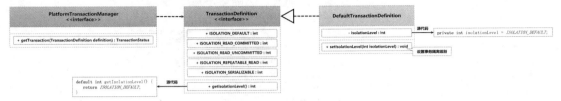

图 8-21　配置事务隔离级别

范例：设置事务隔离级别

```
@Test
public void testTransaction2() throws Exception { // 测试方法
    // 重复代码不再列出，略
    DefaultTransactionDefinition definition = new DefaultTransactionDefinition();
    definition.setIsolationLevel(TransactionDefinition.ISOLATION_READ_COMMITTED);
    new Thread(() -> {
        TransactionStatus statusA = this.transactionManager.getTransaction(definition);
        // 后续数据读取与更新操作方法相同，代码略
    }, "A").start();// 启动子线程
    new Thread(() -> {
        TransactionStatus statusB = this.transactionManager.getTransaction(definition);
        // 后续数据读取与更新操作方法相同，代码略
    }, "B").start();// 启动子线程
}
```

程序执行结果：

【A】第一次查询：【图书信息】编号：3、名称：Spring开发实战、作者：李兴华、价格：79.8
【B】第一次查询：【图书信息】编号：3、名称：Spring开发实战、作者：李兴华、价格：79.8
【B】数据更新完成，影响的更新行数：1
【A】第二次查询：【图书信息】编号：3、名称：Netty开发实战、作者：李兴华、价格：66.66

本程序将事务的隔离级别定义为可以读取到事务更新后的数据，在事务 B 更新完指定 ID 的数据并提交更新后，事务 A 再次发起查询操作，可以获取到新的数据内容，而如果此时事务 B 没有提交事务，则事务 A 只能读取原始数据。

8.4.2　事务传播机制

事务传播属性

视频名称　0814_【掌握】事务传播属性

视频简介　开发中由于需要考虑不同的业务场景，必然会出现不同事务操作的互相调用问题。为了解决此时的事务管理，Spring 提供了事务传播机制。本视频为读者分析事务传播机制的作用，并讲解 Spring 中 7 种事务传播机制的作用。

按照业务开发的标准流程，业务层需要通过数据层实现业务逻辑的"拼装"，但是在一个完善的项目之中，也有可能出现业务层与业务层的互相调用，如图 8-22 所示。不同的业务层有各自的事务处理支持，也有可能某些业务层不提供事务支持。在这些业务层的整合过程之中，为了方便地实现事务的控制，Spring 提供了事务传播机制，即父业务调用子业务时，可以通过事务传播机制来将当前的事务处理传递给子业务。

事务传播机制一定要通过 TransactionDefinition 接口定义。为了便于不同传播机制的管理，该接口定义了一系列的传播属性常量，每一个常量所表示的事务传播特点如下。

（1）TransactionDefinition.PROPAGATION_REQUIRED：默认事务传播机制，子业务直接支持当前父事务，如果当前父业务之中没有事务，则创建一个新的事务；如果当前父业务之中存在事务，则将其合并为一个完整的事务。

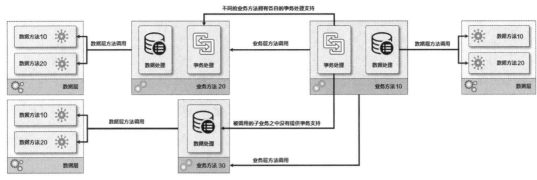

图 8-22 业务层方法间的调用与事务处理

（2）**TransactionDefinition.PROPAGATION_SUPPORTS**：如果当前父业务中存在事务，则加入该父事务；如果当前不存在父事务，则以非事务方式运行。

（3）**TransactionDefinition.PROPAGATION_NOT_SUPPORTED**：以非事务的方式运行，如果当前存在父事务，则自动挂起父事务后运行。

（4）**TransactionDefinition.PROPAGATION_MANDATORY**：如果当前存在事务，则运行在父事务之中；如果当前无事务则抛出异常（必须存在父事务）。

（5）**TransactionDefinition.PROPAGATION_REQUIRES_NEW**：建立一个新的子事务，如果存在父事务则自动将其挂起。该操作可以实现子事务的独立提交，不受调用者的事务影响，即便父事务异常，也可以正常提交。

（6）**TransactionDefinition.PROPAGATION_NEVER**：以非事务的方式运行，如果当前存在事务则抛出异常。

（7）**TransactionDefinition.PROPAGATION_NESTED**：如果当前存在父事务，则当前子业务中的事务会自动成为该父事务中的一个子事务，只有在父事务提交后才会提交子事务。如果子事务产生异常，则可以交由父事务调用进行异常处理；如果父事务产生异常，则子事务也会回滚。

范例：使用"PROPAGATION_REQUIRED"事务传播机制

```
package com.yootk.test;
@ContextConfiguration(classes = { SpringJDBCConfig.class,
DataSourceConfig.class, TransactionConfig.class })
@ExtendWith(SpringExtension.class)                              // 使用JUnit 5测试工具
public class TestTransactionPropagation {
    private static final Logger LOGGER =
        LoggerFactory.getLogger(TestTransactionManager.class);
    @Autowired                                                  // 自动注入Bean实例
    private PlatformTransactionManager transactionManager;      // 事务接口实例
    @Autowired                                                  // 自动注入Bean实例
    private JdbcTemplate jdbcTemplate;                          // JdbcTemplate模板实例
    @Test
    public void updateService() throws Exception {              // 测试方法
        String updateSQL = "UPDATE book SET title=?, price=? WHERE bid=?";
        DefaultTransactionDefinition definition = new DefaultTransactionDefinition();
        definition.setPropagationBehavior(TransactionDefinition.PROPAGATION-REQUIRED);
        TransactionStatus status = this.transactionManager.getTransaction(definition);
        try {
            this.insertService();                               // 调用子业务
            this.jdbcTemplate.update(updateSQL, null, 69.6, 3);
            this.transactionManager.commit(status);             // 事务提交
        } catch (Exception e) {
            LOGGER.error("{}", e.getMessage());
```

```
            this.transactionManager.rollback(status);            // 事务回滚
        }
    }
    @Test
    public void insertService() throws Exception {               // 测试方法
        String insertSQL = "INSERT INTO book(title, author, price) VALUES (?, ?, ?)";
        DefaultTransactionDefinition definition = new DefaultTransactionDefinition();
        definition.setPropagationBehavior(TransactionDefinition.PROPAGATION-NESTED);
        TransactionStatus status = this.transactionManager.getTransaction(definition);
        this.jdbcTemplate.update(insertSQL, "Redis开发实战", "李兴华", 68.9);
        this.transactionManager.commit(status);                  // 事务提交
    }
}
```

程序执行结果：

```
ERROR com.yootk.test.TestTransactionPropagation - PreparedStatementCallback; SQL [UPDATE book SET
title=?, price=? WHERE bid=?]; Column 'title' cannot be null; nested exception is
java.sql.SQLIntegrityConstraintViolationException: Column 'title' cannot be null
```

本程序在一个测试类中定义了两个不同的测试方法，由 updateService()父业务方法调用了 insertService()子业务方法，并且这两个方法也都有各自的事务管理。由于 insertService()中将事务传播机制定义为"PROPAGATION_NESTED"，因此子事务会统一加入父事务管理。如果父事务操作正常完成则可以提交事务，如果父事务失败则子事务随着父事务一起回滚。

范例：使用"PROPAGATION_REQUIRES_NEW"事务传播机制

```
package com.yootk.test;
@ContextConfiguration(classes = { SpringJDBCConfig.class,
                DataSourceConfig.class, TransactionConfig.class })
@ExtendWith(SpringExtension.class)                              // 使用JUnit 5测试工具
public class TestTransactionPropagation {
    // 类中重复的定义代码略
    @Test
    public void updateService() throws Exception {               // 测试方法
        String updateSQL = "UPDATE book SET title=?, price=? WHERE bid=?";
        DefaultTransactionDefinition definition = new DefaultTransactionDefinition();
        definition.setPropagationBehavior(TransactionDefinition.PROPAGATION-REQUIRED);
        TransactionStatus status = this.transactionManager.getTransaction(definition);
        try {
            this.insertService();                                // 调用子业务
            this.jdbcTemplate.update(updateSQL, null, 69.6, 3);
            this.transactionManager.commit(status);              // 事务提交
        } catch (Exception e) {
            LOGGER.error("{}", e.getMessage());
            this.transactionManager.rollback(status);            // 事务回滚
        }
    }
    @Test
    public void insertService() throws Exception {               // 测试方法
        String insertSQL = "INSERT INTO book(title, author, price) VALUES (?, ?, ?)";
        DefaultTransactionDefinition definition = new DefaultTransactionDefinition();
        definition.setPropagationBehavior(
                TransactionDefinition.PROPAGATION-REQUIRES-NEW);
        TransactionStatus status = this.transactionManager.getTransaction(definition);
        this.jdbcTemplate.update(insertSQL, "Redis开发实战", "李兴华", 68.9);
        this.transactionManager.commit(status);                  // 事务提交
    }
}
```

程序执行结果：

```
ERROR com.yootk.test.TestTransactionPropagation - PreparedStatementCallback; SQL [UPDATE book SET
title=?, price=? WHERE bid=?]; Column 'title' cannot be null; nested exception is
```

```
java.sql.SQLIntegrityConstraintViolationException: Column 'title' cannot be null
```
本程序在子事务中使用了"PROPAGATION_REQUIRES_NEW"传播机制，在子业务之中会开启一个新的子事务，并且该事务与父事务无关，所以即便父事务出现了回滚，最终也不会影响子事务的处理。

范例：使用"PROPAGATION_MANDATORY"事务传播机制

```
package com.yootk.test;
@ContextConfiguration(classes = { SpringJDBCConfig.class,
            DataSourceConfig.class, TransactionConfig.class })
@ExtendWith(SpringExtension.class)                          // 使用JUnit 5测试工具
public class TestTransactionPropagation {
    // 类中重复的定义代码略
    @Test
    public void updateServiceNontransaction() throws Exception { // 测试方法
        String updateSQL = "UPDATE book SET title=?, price=? WHERE bid=?";
        this.jdbcTemplate.update(updateSQL, "Spring就业编程实战", 69.6, 3);
        this.insertService();                                // 调用其他业务
    }
    @Test
    public void insertService() throws Exception {           // 测试方法
        String insertSQL = "INSERT INTO book(title, author, price) VALUES (?, ?, ?)";
        DefaultTransactionDefinition definition = new DefaultTransactionDefinition();
        definition.setPropagationBehavior(TransactionDefinition.PROPAGATION-MANDATORY);
        TransactionStatus status = this.transactionManager.getTransaction(definition);
        this.jdbcTemplate.update(insertSQL, "Redis开发实战", null, 68.9);
        this.transactionManager.commit(status);              // 事务提交
    }
}
```

程序执行结果：

```
org.springframework.transaction.IllegalTransactionStateException: No existing transaction found
for transaction marked with propagation 'mandatory'
```

使用"PROPAGATION_MANDATORY"事务传播机制时，父业务中必须存在事务，如果不存在，则会直接抛出异常。

8.4.3 只读事务控制

视频名称 0815_【掌握】只读事务控制

视频简介 项目开发之中会存在大量的查询需求，而为了更好地保证查询业务的安全，可以使用只读事务控制。本视频为读者讲解只读事务的作用与具体实现。

虽然项目开发都是围绕着数据层展开的，但并不是说所有的业务都需要进行数据库的处理，尤其是对外提供服务的业务，更是要警惕数据更新所带来的问题，如图 8-23 所示。所以此时最为常见的做法就是将一些处理定义为只读事务，即只要执行更新操作就会自动抛出异常。

图 8-23　只读事务

范例：设置只读事务

```
@Test
public void readOnlyTransaction() throws Exception {       // 测试方法
    String updateSQL = "UPDATE book SET title=?, price=? WHERE bid=?";
    DefaultTransactionDefinition definition = new DefaultTransactionDefinition();
    definition.setPropagationBehavior(TransactionDefinition.PROPAGATION_REQUIRED);
    definition.setReadOnly(true);                          // 只读事务
    TransactionStatus status = this.transactionManager.getTransaction(definition);
    this.jdbcTemplate.update(updateSQL, "Gradle就业编程实战", 69.6, 3);
    this.transactionManager.commit(status);
}
```

程序执行结果：

```
Caused by: java.sql.SQLException: Connection is read-only. Queries leading to data modification
are not allowed
```

本程序通过 TransactionDefinition 接口子类实例，将当前的事务设置为只读状态。在此操作环境下可以正常地执行数据库查询处理，但是如果执行的是数据更新操作，则会直接抛出异常。

8.5 Spring 声明式事务管理模型

采用硬编码的方式虽然可以实现事务的管理，但是对代码的侵入度较高。Spring 框架强调的核心设计思想在于解耦合。在实际的开发之中，可以借助注解或 AOP 切面的形式实现事务控制管理，这样开发的代码不仅结构清晰，开发与维护也会更加容易。本节将为读者详细分析几种事务管理模型的实现。

8.5.1 @Transactional 注解

@Transactional
注解

视频名称　　0816_【掌握】@Transactional 注解

视频简介　　要想简化事务的硬编码实现，首先需要解决的就是事务相关规则的定义，这一操作可以通过"@Transactional"注解来进行配置。本视频讲解该注解的组成结构，并且依据具体的操作讲解该注解的实际应用。

为了简化 Spring 事务定义，Spring 提供了一个"@Transactional"注解，该注解可以直接应用于业务方法之中，并且可以直接进行事务隔离级别与传播机制的配置。"@Transactional"注解的相关属性定义如表 8-7 所示。

表 8-7 "@Transactional"注解属性

序号	属性	类型	默认值	描述
1	transactionManager	String	""	事务管理器
2	propagation	Propagation	Propagation.REQUIRED	事务传播机制
3	isolation	Isolation	Isolation.DEFAULT	事务隔离级别
4	timeout	int	TransactionDefinition.TIMEOUT_DEFAULT	事务超时
5	readOnly	boolean	false	只读控制
6	rollbackFor	Class[]	{}	回滚异常类实例集合
7	rollbackForClassName	String[]	{}	回滚异常类名称集合
8	noRollbackFor	Class[]	{}	不回滚异常类实例集合
9	noRollbackForClassName	String[]	{}	不回滚异常类名称集合

可以发现，"@Transactional"注解分别引入了 Isolation 事务隔离级别与 Propagation 事务传播

机制两个枚举类，而这两个枚举类之中的枚举项则直接引用了 TransactionDefinition 接口中的常量定义，如图 8-24 所示。为了便于读者理解，下面将通过 tx 命名空间，以 XML 配置文件的方式实现声明式事务的启用，配置步骤如下。

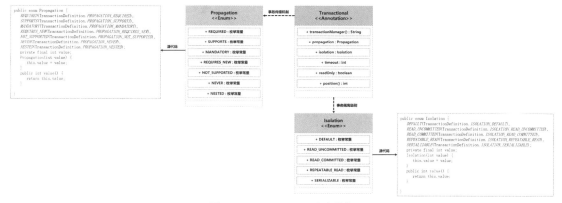

图 8-24 Transactional 事务注解

（1）【jdbc 子模块】创建 spring/spring-base.xml 配置文件，在该配置文件中启用扫描注入配置。

```xml
<?xml version="1.0" encoding="UTF-8"?>
<beans xmlns="http://www.springframework.org/schema/beans"
    xmlns:xsi="http://www.w3.org/2001/XMLSchema-instance"
    xmlns:context="http://www.springframework.org/schema/context"
    xsi:schemaLocation="http://www.springframework.org/schema/beans
        http://www.springframework.org/schema/beans/spring-beans.xsd
        http://www.springframework.org/schema/context
        http://www.springframework.org/schema/context/spring-context-4.3.xsd">
    <context:annotation-config/>            <!-- 启用注解支持 -->
    <context:component-scan base-package="com.yootk.jdbc"/> <!-- 扫描包 -->
</beans>
```

（2）【jdbc 子模块】创建 spring/spring-transaction.xml 配置文件，并在该配置文件中引入 tx 命名空间，定义事务注解支持。

```xml
<beans xmlns="http://www.springframework.org/schema/beans"
    xmlns:xsi="http://www.w3.org/2001/XMLSchema-instance"
    xmlns:aop="http://www.springframework.org/schema/aop"
    xmlns:tx="http://www.springframework.org/schema/tx"
    xsi:schemaLocation="http://www.springframework.org/schema/beans
        http://www.springframework.org/schema/beans/spring-beans.xsd
        http://www.springframework.org/schema/aop
        https://www.springframework.org/schema/aop/spring-aop.xsd
        http://www.springframework.org/schema/tx
        http://www.springframework.org/schema/tx/spring-tx.xsd">
    <tx:annotation-driven transaction-manager="transactionManager"/>
</beans>
```

（3）【jdbc 子模块】事务注解需要在方法之中进行定义，创建一个更新业务的处理方法，并加入"@Transactional"注解。

```java
package com.yootk.jdbc.service;
@Service                                            // Bean注册
public class BookService {
    @Autowired                                      // 自动注入
    private JdbcTemplate jdbcTemplate;              // JdbcTemplate模板
    @Transactional(propagation = Propagation.REQUIRED)  // 事务处理
    public void remove() {
        String sql = "DELETE FROM book WHERE bid=?";
        this.jdbcTemplate.update(sql, 10);          // 数据更新
    }
}
```

(4)【jdbc 子模块】编写测试类注入 BookTransactional 实例，并进行业务方法调用。

```
package com.yootk.test;
@ContextConfiguration(locations = {"classpath:spring/spring-*.xml"})    // 资源文件定位
@ExtendWith(SpringExtension.class)                                      // 使用JUnit 5测试工具
public class TestBookService {
    private static final Logger LOGGER = LoggerFactory
            .getLogger(TestBookService.class);
    @Autowired                                                          // 自动注入Bean实例
    private BookService bookService;                                    // 业务接口实例
    @Test
    public void testOperate() {                                         // 测试方法
        this.bookService.remove();                                      // 调用业务方法
    }
}
```

由于当前提供了两个 Spring 配置文件，因此在 Spring 应用启动前可以使用"spring-*.xml"资源匹配模式进行加载。在测试端调用 BookTransactional 类提供的 transactionOperate()方法时，由于该方法定义处存在事务配置的注解，因此程序会自动根据注解的配置启用事务支持，从而保证数据更新的一致性。

8.5.2 AOP 切面事务管理

视频名称　0817_【掌握】AOP 切面事务管理
视频简介　为了避免硬编码的事务结构，Spring 提供了声明式事务管理，基于 XML 配置文件可以直接实现事务管理器、隔离级别以及传播机制的配置。本视频讲解这种声明式事务管理的实现优势，并通过具体业务操作进行这一概念的实现。

使用"@Transactional"注解虽然可以简化事务代码的配置操作，但是随之而来的问题在于该注解定义频繁。因为一个完整的项目应用中会存在大量的业务处理方法，而且大部分的业务处理中所采用的事务形式也都是类似的，所以此时最佳的做法是借助 AOP 切面事务管理的方式实现事务控制。这样开发的代码不仅结构清晰，开发与维护也会更加容易，如图 8-25 所示。

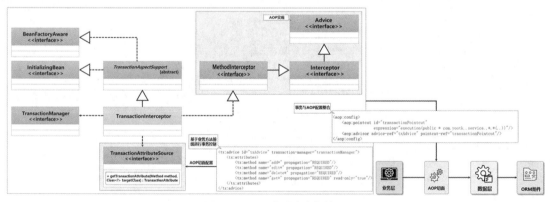

图 8-25　AOP 声明式事务管理

事务的控制发生在业务层之中，所以即便使用了 AOP 的处理机制也需要依据业务层的切面进行定义，并且 Spring 提供了 TransactionInterceptor 拦截器处理类，开发者只需要使用 tx 命名空间即可实现AOP 切面配置。下面通过具体的实现步骤进行说明。

(1)【jdbc 子模块】创建业务层接口，并定义更新业务的方法。

```
package com.yootk.jdbc.service;
import com.yootk.jdbc.vo.Book;
public interface IBookService {                                         // 业务接口
```

```java
    public boolean add(Book book);                    // 数据增加业务
    public boolean edit(Book book);                   // 数据更新业务
}
```

(2)【jdbc 子模块】创建 BookServiceImpl 业务实现子类,并利用 JdbcTemplate 实现数据更新操作。

```java
package com.yootk.jdbc.service;
@Service
public class BookServiceImpl implements IBookService {   // 业务接口实现类
    // 此处为了简化代码,不再引入数据层结构,如果开发者有需要可以自行实现
    @Autowired
    private JdbcTemplate jdbcTemplate;                 // JdbcTemplate操作模板
    @Override
    public boolean add(Book book) {
        String sql = "INSERT INTO book (title, author, price) VALUES (?, ?, ?)";
        return this.jdbcTemplate.update(
            sql, book.getTitle(), book.getAuthor(), book.getPrice()) > 0;
    }
    @Override
    public boolean edit(Book book) {
        String sql = "UPDATE book SET title=?, author=?, price=? WHERE bid=?";
        return this.jdbcTemplate.update(
            sql, book.getTitle(), book.getAuthor(), book.getPrice(), book.getBid()) > 0;
    }
}
```

本程序为了简化业务实现的代码模型,没有引入数据层定义,而是直接在业务层实现子类中利用 JdbcTemplate 实现了数据表的 SQL 操作,整个过程中没有编写与事务有关的任何代码。

(3)【jdbc 子模块】创建 spring/spring-transaction.xml 配置文件,使用 tx 命名空间进行 AOP 切面事务配置。

```xml
<tx:annotation-driven transaction-manager="transactionManager"/>
<!-- 定义事务切面配置Bean,定义时需要明确设置切面方法匹配以及相关事务定义 -->
<tx:advice id="txAdvice" transaction-manager="transactionManager">
    <tx:attributes>                                   <!-- 业务方法匹配与事务定义 -->
        <tx:method name="add*" propagation="REQUIRED"/>
        <tx:method name="edit*" propagation="REQUIRED"/>
        <tx:method name="delete*" propagation="REQUIRED"/>
        <tx:method name="get*" propagation="REQUIRED" read-only="true"/>
    </tx:attributes>
</tx:advice>
<aop:config>                                          <!-- AOP切面事务配置 -->
    <aop:pointcut id="transactionPointcut"
            expression="execution(public * com.yootk..service..*.*(..))"/>
    <aop:advisor advice-ref="txAdvice" pointcut-ref="transactionPointcut"/>
</aop:config>
```

为了区分不同 Spring 配置文件的作用,此处创建了一个新的 spring-transaction.xml 配置文件,在该文件中对事务管理器实例(该 Bean 对象是在 TransactionConfig 类中定义的)进行了引入,并且使用"<tx:advice>"标签定义了要进行匹配的业务方法名称的前缀,这样就可以在 AOP 拦截后自动依据配置的事务相关定义实现事务处理。

(4)【jdbc 子模块】编写测试类,注入 IBookService 业务接口实例并测试业务方法。

```java
package com.yootk.test;
@ContextConfiguration(locations = {"classpath:spring/spring-*.xml"})    // 资源文件定位
@ExtendWith(SpringExtension.class)                     // 使用JUnit 5测试工具
public class TestBookService {
    private static final Logger LOGGER = LoggerFactory.getLogger(TestBookService.class);
    @Autowired                                         // 自动注入Bean实例
    private IBookService bookService;                  // 业务接口实例
    @Test
```

```
    public void testAdd() throws Exception {                // 测试方法
        Book book = new Book();                             // 实例化VO对象
        book.setTitle("Redis开发实战");                     // 设置属性内容
        book.setPrice(69.8);                                // 设置属性内容
        book.setAuthor("李兴华");                           // 设置属性内容
        LOGGER.info("增加Book数据: {}", this.bookService.add(book)); // 业务调用
    }
    @Test
    public void testEdit() throws Exception {               // 测试方法
        Book book = new Book();                             // 实例化VO对象
        book.setBid(3L);                                    // 设置属性内容
        book.setTitle("Spring开发实战");                    // 设置属性内容
        book.setPrice(68.9);                                // 设置属性内容
        book.setAuthor("李兴华");                           // 设置属性内容
        LOGGER.info("修改Book数据: {}", this.bookService.edit(book)); // 业务调用
    }
}
```

在此时所给出的项目代码中，业务层不再进行任何事务控制，整个事务全部采用 AOP 切面的形式处理，开发者只需要获取业务接口实例，即可配置文件的定义并自动实现事务支持。

8.5.3 Bean 事务切面配置

视频名称　0818_【掌握】Bean 事务切面配置
视频简介　新的 Spring 提倡"零配置"，所以对于 AOP 的事务管理，就可以采用 Bean 形式进行定义。本视频分析 tx 命名空间所涉及的配置类关联结构，并且依据该结构采用切面配置 Bean 的方式实现事务管理定义。

基于 XML 配置文件实现的 AOP 切面事务管理，属于事务开发与实现的早期方式。如果开发者现在不希望使用配置文件的方式来进行事务配置，也可以使用 AnnotationConfigApplicationContext 的方式实现注解上下文的启动，随后通过配置 Bean 的方式来进行事务定义，这就需要将 tx 命名空间之中的自动配置更换为图 8-26 所示的手动配置。

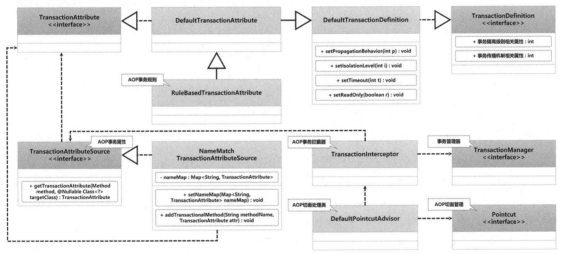

图 8-26　AOP 事务定义

范例：【jdbc 子模块】使用 Bean 定义切面

```
package com.yootk.jdbc.config;
@Configuration                                              // 定义配置Bean
@Aspect                                                     // 采用AOP切面处理
public class TransactionAdviceConfig {                      // 切面事务配置类
```

```java
@Bean("txAdvice")                                          // 事务拦截器
public TransactionInterceptor transactionConfig(
        TransactionManager transactionManager) {           // 定义事务控制切面
    RuleBasedTransactionAttribute readOnlyRule = new RuleBasedTransactionAttribute();
    readOnlyRule.setReadOnly(true);                        // 只读事务
    readOnlyRule.setPropagationBehavior(
            TransactionDefinition.PROPAGATION_NOT_SUPPORTED);    // 非事务运行
    RuleBasedTransactionAttribute requiredRule = new RuleBasedTransactionAttribute();
    requiredRule.setPropagationBehavior(
            TransactionDefinition.PROPAGATION_REQUIRED);   // 事务开启
    Map<String, TransactionAttribute> transactionMap = new HashMap<>();
    transactionMap.put("add*", requiredRule);              // 事务方法前缀
    transactionMap.put("edit*", requiredRule);             // 事务方法前缀
    transactionMap.put("delete*", requiredRule);           // 事务方法前缀
    transactionMap.put("get*", readOnlyRule);              // 事务方法前缀
    NameMatchTransactionAttributeSource source =
            new NameMatchTransactionAttributeSource();     // 命名匹配事务
    source.setNameMap(transactionMap);                     // 设置事务方法
    TransactionInterceptor transactionInterceptor = new
            TransactionInterceptor(transactionManager, source);   // 事务拦截器
    return transactionInterceptor;
}
@Bean
public Advisor transactionAdviceAdvisor(TransactionInterceptor interceptor) {
    String express = "execution (* com.yootk..service.*.*(..))";  // 定义切面表达式
    AspectJExpressionPointcut pointcut = new AspectJExpressionPointcut();
    pointcut.setExpression(express);                       // 定义切面
    return new DefaultPointcutAdvisor(pointcut, interceptor);
}
```

本配置程序直接注入了 Spring 容器中已经存在的 TransactionManager 接口实例,随后为相关的业务方法定义了不同的事务规则,最终结合 pointcut 切面表达式实现了声明式事务管理。

8.6 本章概览

1. Spring JDBC 中默认支持的数据库连接组件为 HikariCP。

2. JdbcTemplate 提供了 JDBC 的简单包装,直接支持数据更新与查询的处理,在进行数据查询时可以通过 RowMapper 实现返回结果类的定义。

3. Spring 事务控制是对传统 JDBC 的包装,将 PlatformTransactionManager 作为事务处理公共标准,而后针对不同的数据层操作均有事务支持。

4. Spring 事务处理中需要考虑事务的传播机制与隔离级别,利用 AOP 可以轻松地实现业务方法事务控制。

第 9 章

Spring Data JPA

本章学习目标

1. 掌握 JPA 开发标准与 Hibernate 开发框架之间的关联；
2. 掌握 JPA 实现 DDL 自动更新操作的方法；
3. 掌握 JPA 常用注解的定义与使用；
4. 掌握 JPA 缓存的概念，可以理解一级缓存和二级缓存的定义与使用，并结合 EHCache 组件实现二级缓存管理；
5. 掌握 JPA 提供的乐观锁与悲观锁的概念及实现；
6. 掌握 JPA 数据关联映射技术的配置与实现；
7. 掌握 Spring Data JPA 开发框架的用法，并可以基于内置的相关 Repository 接口实现代码简化。

数据库是项目开发之中的核心单元，如果有数据库动态移植需求，则可以基于 JPA 规范标准进行数据库应用开发。本章将为读者分析 JPA 技术的主要特点，并基于 Hibernate 开发框架讲解 JPA 的相关实现。

9.1 JPA 简介

JPA 简介

视频名称 0901_【掌握】JPA 简介
视频简介 JPA 是 Java EE 提供的数据层操作执行标准类库，利用此标准可以规范 Java 数据库开发。本视频为读者分析 JPA 的产生背景，以及相关实现场景。

项目开发中为了便于数据的有效管理，开发者都会基于关系数据库实现相关业务数据的存储。为了进一步统一数据操作的标准，Java EE 5 标准化规范中定义了 JPA（Java Persistence API，Java 持久化 API）标准。JPA 吸取了目前 Java 持久化技术的优点，可以方便地利用 Java 对象实现持久层开发，如图 9-1 所示。

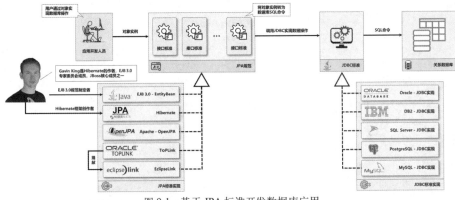

图 9-1 基于 JPA 标准开发数据库应用

9.1 JPA 简介

> 提示：JPA 发展历史。
>
> 1. 早期版本的 EJB，定义持久层结合使用 javax.ejb.EntityBean 接口作为业务逻辑层。
> 2. 引入 EJB 3.0 的持久层被分离出来，并指定为 JPA 1.0。这个 API 规范随着 Java EE 5 于 2006 年 5 月 11 日通过 JSR 220 规范发布。
> 3. JPA 2.0 规范发布于 2009 年 12 月 10 日，并成为 Java Community Process JSR 317 的一部分。
> 4. JPA 2.1 使用 JSR 338 的 Java EE 7 规范，发布于 2013 年 4 月 22 日。

在 JPA 推广的早期，由于各类 ORM（Object Relational Mapping，对象关系映射）框架较多，导致项目的开发与维护困难，开发者不得不面对多种名称不同但是功能相同的操作模式。为了解决这类开发与维护问题，加文·金（Gavin King）制定了 EJB 3.0 技术规范。同时伴随着 EJB 3.0 的推出，JPA 标准也正式落地，并且基于 JPA 标准提供了多种不同的实现框架，如 Hibernate（从 3.2 版本开始兼容 JPA 标准）、OpenJPA、TopLink、EclipseLink。随着时间的推移，现在国内使用较多的 JPA 实现为 Hibernate，而本章也将基于 Hibernate 来讲解 JPA 的具体实现。

> 提示：Hibernate 与数据库可移植性。
>
> 在 JPA 出现之前，市面上使用最多的是 Hibernate 开发框架。早期的 Hibernate 框架是模拟 EJB 2.x 中的实体 Bean（Entity Bean）技术实现的，完全基于对象的形式实现数据库操作，同时具有强大的可移植性。该可移植性是基于数据库方言实现的，即只需要修改 JDBC 配置和方言类型就可以在数据层代码不更改的前提下，实现不同数据库之间的任意移植，如图 9-2 所示。
>
>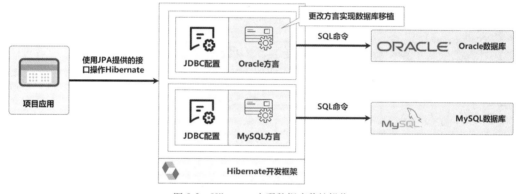
>
> 图 9-2 Hibernate 实现数据库移植操作
>
> 但是随着国内互联网开发环境的不断发展，很多追求性能的公司不再强调可移植性，当不需要考虑数据库移植时，一般使用 MyBatis/MyBatisPlus 实现数据层应用开发。考虑到知识结构的完整性，这些内容将在本系列图书中的《SSM 框架开发实战（视频讲解版）》一书中讲解。

为了满足数据层的开发需求，JPA 标准中提供了 javax.persistence 开发包，所有的工具类与接口标准都在此包中定义。JPA 核心的类及接口作用如表 9-1 所示。

表 9-1 JPA 核心的类及接口作用

序号	单元结构	类型	描述
1	Persistence	类	持久化单元管理类，利用该类创建 EntityManagerFactory 接口实例
2	EntityManagerFactory	接口	实体管理工厂接口，利用该接口创建 EntityManager 接口实例
3	EntityManager	接口	实体对象管理接口，利用该接口可以创建事务以及进行数据操作
4	EntityTransaction	接口	事务管理接口，利用该接口可以提交或回滚更新事务
5	Query	接口	使用 JPQL 实现数据查询操作

JPA 开发都需要一个 JPA 实体单元。该单元定义了 JPA 的相关应用环境，而后通过 Persistence 类来获取实体单元，随后通过 EntityManagerFactory 接口创建 EntityManager 接口实例，这样就可以利用 EntityManager 实例来实现相关的数据操作以及事务处理，基本的组成结构如图 9-3 所示。

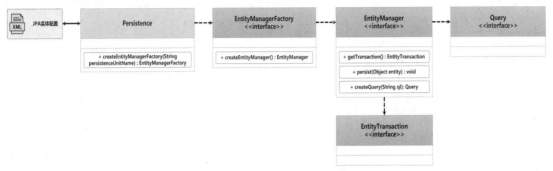

图 9-3　JPA 核心的类及接口的组成结构

9.1.1　JPA 编程起步

视频名称　0902_【掌握】JPA 编程起步
视频简介　JPA 主要基于数据层进行代码的编写。为了便于读者理解 JPA 的组成结构以及编程模型，本视频将通过具体的数据库增加操作，为读者讲解 JPA 的使用。

JPA 开发主要基于实体类实例实现数据管理，在实际的开发中每一个实体类的结构要与最终操作的数据表有所关联，如图 9-4 所示。这样在使用 EntityManager 类进行操作时就可以直接用实体类的对象实例来描述数据表中的一行完整记录。

> 提示：Entity 与 PO。
> 在 JPA 最早推出时，人们一般把与数据表结构映射的类称为持久化类（Persistence Object，PO），但是部分开发者认为该类因为需要使用"@Entity"注解声明，所以应该称为实体类。两者的本质相同，只是名称上有所区别。本书考虑到英文单词的含义，将其称为实体类。

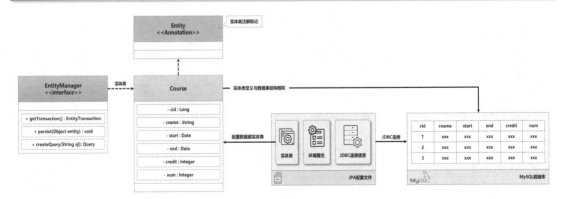

图 9-4　JPA 关联映射

实体类在 JPA 标准之中需要使用"@Entity"注解进行定义，而后才可以通过 EntityManager 接口实例来进行具体的数据操作。同时，表中的字段也都有相应的注解标记，以方便与数据表关联。这些注解都定义在 jakarta.persistence 开发包中，表 9-2 为读者列出了该包中的核心注解。

9.1 JPA 简介

表 9-2 JPA 核心注解

序号	实体类配置注解	描述
1	@Entity	实体类标记
2	@Table	表名称映射，如果类名称与表名称相同，则可以不编写此注解
3	@Column	属性映射列，如果属性名称与列名称相同，则可以不编写此注解
4	@Id	主键列注解
5	@GeneratedValue	主键生成策略，所有的生成策略由 GenerationType 枚举类定义
6	@Transient	非持久化字段标记
7	@Temporal	定义日期时间精度

为了帮助读者理解 JPA 的具体操作，下面将通过一个完整的案例进行依赖配置以及具体开发。由于 JPA 属于数据层开发，因此在这之前还需要进行相关数据库以及数据表的创建。具体的实现步骤如下。

(1)【mysql】创建程序所需要的数据表。

```sql
DROP DATABASE IF EXISTS yootk;
CREATE DATABASE yootk CHARACTER SET UTF8;
USE yootk;
CREATE TABLE course (
   cid        BIGINT          AUTO_INCREMENT     comment '课程ID',
   cname      VARCHAR(50)                        comment '课程名称',
   start      DATE                               comment '课程开始日期',
   end        DATE                               comment '课程结束日期',
   credit     INT                                comment '课程学分',
   num        INT                                comment '课程人数',
   CONSTRAINT pk_cid PRIMARY KEY(cid)
)engine=innodb;
```

(2)【yootk-spring 项目】为便于管理，创建一个新的 jpa 子模块，用于编写 JPA 的相关代码。

(3)【yootk-spring 项目】修改 build.gradle 配置文件，为模块添加所需要的依赖库。在本次的程序开发中，为了保证数据库的处理性能，将使用 HikariCP 数据库连接池实现连接配置。

```
project(":jpa") {
    dependencies {                                                      // 模块依赖配置
        implementation('mysql:mysql-connector-java:8.0.27')
        implementation('jakarta.persistence:jakarta.persistence-api:3.1.0')
        implementation('org.hibernate:hibernate-core-jakarta:5.6.8.Final')
        implementation('org.hibernate.orm:hibernate-core:6.0.0.Final')
        implementation('org.hibernate.orm:hibernate-hikaricp:6.0.0.Final')
    }
}
```

(4)【jpa 子模块】创建与 course 表对应的"com.yootk.po.Course"实体类，实现数据实体映射配置，在定义实体类时必须使用"@Entity"注解。一个实体类要映射的数据表可以通过"@Table"注解进行配置，如果类名称与表名称相同，则可以省略此注解。同理，如果此时类属性名称与表字段的名称相同，则会自动映射；如果不相同，也可以在每个属性定义时使用"@Column"注解进行映射字段的声明。

```java
package com.yootk.po;
import jakarta.persistence.*;                                           // 引入JPA规范开发包
import java.util.Date;
@Entity                                                                 // JPA实体标记
// 如果此时表名称与PO类的名称一致，也可以不使用此注解；如果不一致，则必须采用此注解标记
@Table(name="course")                                                   // 映射表名称
public class Course {                                                   // 定义PO类
   @Id                                                                  // 主键列
```

```java
@GeneratedValue(strategy = GenerationType.IDENTITY)   // 主键生成方式
private Long cid;                                      // 列名称映射
private String cname;                                  // 列名称映射
@Temporal(TemporalType.DATE)                           // 类型描述
private Date start;                                    // 列名称映射
@Temporal(TemporalType.DATE)                           // 类型描述
private Date end;                                      // 列名称映射
private Integer credit;                                // 列名称映射
private Integer num;                                   // 列名称映射
// 无参构造、Setter、Getter等方法略
@Override
public String toString() {
    return "【课程信息】ID: " + this.cid + "、名称: " + this.cname + "、学分: " +
            this.credit + "、人数: " + this.num + "、开始时间: " + this.start +
            "、结束时间: " + this.end;
}
}
```

(5)【jpa 子模块】在"src/main/resources"源代码目录中创建"META-INF/persistence.xml"持久化配置文件，在该配置文件中将配置 HikariCP 数据库连接池、JPA 的一些相关属性。

```xml
<?xml version="1.0" encoding="UTF-8"?>
<persistence version="2.1"
          xmlns="http://xmlns.jcp.org/xml/ns/persistence"
          xmlns:xsi="http://www.w3.org/2001/XMLSchema-instance"
          xsi:schemaLocation="http://xmlns.jcp.org/xml/ns/persistence
                http://xmlns.jcp.org/xml/ns/persistence/persistence_2_1.xsd">
    <persistence-unit name="YootkJPA">                  <!-- 持久化单元 -->
        <class>com.yootk.po.Course</class>              <!-- 实体类 -->
        <properties>  <!-- 使用Hikari连接池实现数据库连接管理 -->
            <property name="hibernate.connection.provider_class"
                    value="org.hibernate.hikaricp.internal.HikariCPConnectionProvider"/>
            <property name="hibernate.dialect"
                    value="org.hibernate.dialect.MySQLDialect"/>   <!-- 数据库方言 -->
            <property name="hibernate.hikari.dataSourceClassName"
                    value="com.zaxxer.hikari.HikariDataSource"/>  <!-- Hikari数据源 -->
            <property name="hibernate.hikari.minimumIdle"
                    value="5"/>                          <!-- 空闲时连接池数量 -->
            <property name="hibernate.hikari.maximumPoolSize"
                    value="10"/>                         <!-- 连接池最大数量 -->
            <property name="hibernate.hikari.idleTimeout"
                    value="3000"/>                       <!-- 连接最小维持时长 -->
            <property name="hibernate.hikari.dataSource.driverClassName"
                    value="com.mysql.cj.jdbc.Driver"/>   <!-- 驱动程序 -->
            <property name="hibernate.hikari.dataSource.jdbcUrl"
                    value="jdbc:mysql://localhost:3306/yootk"/>   <!-- 连接地址 -->
            <property name="hibernate.hikari.dataSource.username"
                    value="root"/>                       <!-- 用户名 -->
            <property name="hibernate.hikari.dataSource.password"
                    value="mysqladmin"/>                 <!-- 密码 -->
            <property name="hibernate.show_sql"
                    value="true"/>                       <!-- 显示执行SQL -->
            <property name="hibernate.format_sql"
                    value="false"/>                      <!-- 格式化SQL -->
        </properties>
    </persistence-unit>
</persistence>
```

persistence.xml 文件主要定义了持久化单元（名称为"YootkJPA"），由于当前采用的是 MySQL 数据库，因此定义的数据库方言为"MySQLDialect"（如果要更换为 Oracle，则方言实现类为"OracleDialect"）；随后编写了相关的 JDBC 连接信息。同时为了便于读者观察具体的 SQL 执行，

本程序也配置了 Hibernate 相关属性，用于格式化显示执行的 SQL 语句。

（6）【jpa 子模块】为便于字符串与日期数据类型的转换，创建一个日期处理工具类。

```
package com.yootk.util;
public class DateUtil {                                       // 日期处理工具类
    private static final String DATE_PATTERN = "yyyy-MM-dd";
    private static final DateTimeFormatter DATE_FORMATTER =
                DateTimeFormatter.ofPattern(DATE_PATTERN) ;
    private static final ZoneId ZONE_ID = ZoneId.systemDefault();
    public static Date stringToDate(String date) {            // 字符串转日期
        LocalDate localDate = LocalDate.parse(date, DATE_FORMATTER); // 获取本地日期
        Instant instant = localDate.atStartOfDay()
                .atZone(ZONE_ID).toInstant();                 // 获取日期实例
        return Date.from(instant);                            // 转换处理
    }
}
```

（7）【jpa 子模块】编写测试类。

```
package com.yootk.test;
public class TestCoursePersistence {                          // JPA操作测试
    @Test
    public void testAdd() {                                   // 数据增加测试
        EntityManagerFactory entityManagerFactory = Persistence
                .createEntityManagerFactory("YootkJPA");      // 获取JPA单元
        EntityManager entityManager = entityManagerFactory.createEntityManager();
        entityManager.getTransaction().begin();               // 开启事务
        Course course = new Course();                         // 实例化VO对象
        course.setCname("Java就业编程实战");                    // 属性设置
        course.setCredit(2);                                  // 属性设置
        course.setNum(10);                                    // 属性设置
        course.setStart(DateUtil.stringToDate("2008-06-26")); // 属性设置
        course.setEnd(DateUtil.stringToDate("2008-07-27"));   // 属性设置
        entityManager.persist(course);                        // 数据持久化
        entityManager.getTransaction().commit();              // 事务提交
        entityManager.close();                                // 关闭会话的操作
        entityManagerFactory.close();                         // 关闭工厂连接
    }
}
```

程序执行结果（格式化输出）：

```
Hibernate:
    insert
    into
        Course
        (cname, credit,
    end, num, start)
values
    (?, ?, ?, ?, ?)
```

本程序直接利用 EntityManager 接口实例，针对实体类 Course 实现了数据操作。由于已经开启了 SQL 显示与格式化定义，因此当程序执行时会自动在控制台输出当前执行的 SQL 命令。

9.1.2 JPA 连接工厂

JPA 连接工厂

视频名称　0903_【理解】JPA 连接工厂

视频简介　JPA 开发中需要进行一系列的操作才可以获取到 EntityManager 实例。为了进一步简化操作，可以基于 ThreadLocal 实现 EntityManager 的统一管理。为便于后续的课程讲解，本视频将对已有程序的结构进行重新设计，定义 JPA 连接工厂类。

JPA 的核心实现在于 EntityManager，而 EntityManager 接口实例都需要通过 EntityManagerFactory 接口实例来进行创建。在实际开发中，每一个 EntityManager 实例都对应一个

数据库会话，如图 9-5 所示，围绕着数据库会话，EntityManager 才可以实现更新事务控制以及数据处理操作。

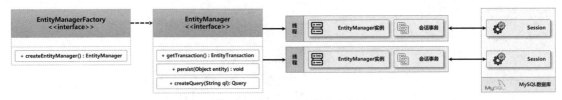

图 9-5　EntityManager 与数据库会话

每一次在项目中进行 EntityManager 接口实例创建都需要大量且重复的操作步骤，所以可以创建一个专属的 JPA 连接工厂类。该工厂类基于 ThreadLocal 来实现每一个操作线程的 EntityManager 实例管理，如图 9-6 所示。

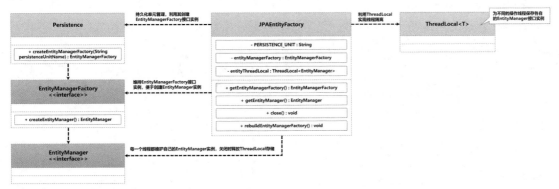

图 9-6　JPA 连接工厂类

范例：创建 JPA 连接工厂

```java
package com.yootk.util;
import jakarta.persistence.*;
/**
 * 定义一个用于操作JPA的工厂程序类，负责EntityManger与EntityManagerFactory接口的对象管理
 * @author 李兴华
 */
public class JPAEntityFactory {
    private static final String PERSISTENCE_UNIT = "YootkJPA";     // 持久化单元名称
    private static EntityManagerFactory entityManagerFactory;       // 定义连接工厂类
    private static ThreadLocal<EntityManager> entityThreadLocal =
        new ThreadLocal<EntityManager>();                           // 保存EntityManager接口实例
    static {                                                        // 静态代码块
        rebuildEntityManagerFactory();                              // 实例化EntityManagerFactory
    }
    private JPAEntityFactory() {}                                   // 构造方法私有化
    public static EntityManagerFactory getEntityManagerFactory() {  // 获取实体管理工厂实例
        if (entityManagerFactory == null) {                         // 没有连接工厂
            rebuildEntityManagerFactory();                          // 创建工厂实例
        }
        return entityManagerFactory;                                // 返回连接工厂实例
    }
    public static EntityManager getEntityManager() {                // 获取当前线程的EntityManager实例
        EntityManager entityManager = entityThreadLocal.get();      // 获取EntityManager实例
        if (entityManager == null) {                                // 没有实例化对象
            if (entityManagerFactory == null) {                     // 没有连接工厂
                rebuildEntityManagerFactory();                      // 创建工厂实例
            } // 创建EntityManager实例
            entityManager = entityManagerFactory.createEntityManager();
```

```
            entityThreadLocal.set(entityManager);              // 保存对象信息
        }
        return entityManager;
    }
    public static void close() {                               // 关闭EntityManager连接
        EntityManager entityManager = entityThreadLocal.get();
        if (entityManager != null) {                           // 已保存EntityManager
            entityManager.close();
            entityThreadLocal.remove();                        // 从ThreadLocal之中删除对象
        }
    }
    private static void rebuildEntityManagerFactory() {        // 重建EntityManagerFactory实例
        entityManagerFactory = Persistence.createEntityManagerFactory(PERSISTENCE_UNIT);
    }
}
```

JPA 连接工厂内部会始终有一个 EntityManagerFactory 实例，通过该实例可为每一个线程创建 EntityManager 接口实例。如果此工厂类的实例不存在，可以通过 rebuildEntityManagerFactory()方法进行对象实例化处理。

当前的 JPA 连接工厂类主要的目的是根据当前的操作线程创建与获取 EntityManager 接口实例。同一个线程在一次执行过程中，多次调用 getEntityManager()方法会返回同一个 EntityManager 实例。开发者可以直接通过此实例实现数据的操作，而要关闭此操作，在操作的尾部调用 close()方法即可。

范例：通过 JPA 连接工厂类获取 EntityManager 实例

```
package com.yootk.test;
public class TestCoursePersistence {                                      // JPA操作测试
    @Test
    public void testAdd() {                                               // 数据增加测试
        JPAEntityFactory.getEntityManager().getTransaction().begin();     // 开启事务
        Course course = new Course();                                     // 实例化VO对象
        course.setCname("Java就业编程实战");                               // 属性设置
        course.setCredit(2);                                              // 属性设置
        course.setNum(10);                                                // 属性设置
        course.setStart(DateUtil.stringToDate("2008-06-26"));             // 属性设置
        course.setEnd(DateUtil.stringToDate("2008-07-27"));               // 属性设置
        JPAEntityFactory.getEntityManager().persist(course);              // 数据持久化
        JPAEntityFactory.getEntityManager().getTransaction().commit();    // 事务提交
        JPAEntityFactory.close();                                         // 关闭会话的操作
    }
}
```

本测试程序多次调用了 JPAEntityFactory.getEntityManager()方法进行操作（开启事务、数据操作、事务提交），由于每一个线程对应的 EntityManager 都保存在 ThreadLocal 对象实例之中，因此最终也只是通过同一个 EntityManager 执行操作。由于 JPAEntityFactory 的封装，当前代码的处理更加简单。

9.1.3 DDL 自动更新

DDL 自动更新

视频名称　0904_【理解】DDL 自动更新

视频简介　JPA 考虑到了数据库移植性的数据表管理问题，提供了程序的 DDL 支持，开发者可以通过 PO 类的结构来动态创建或更新已有的表结构。本视频为读者分析这一操作存在的意义，并通过具体的代码进行该操作的实现。

在传统的项目开发之中，常规的做法是先进行数据表的创建，而后围绕数据表进行业务功能的实现。在每次业务发生改变时，也是先进行表结构的修改，而后进行程序的变更，这样的数据库维护是非常烦琐的。考虑到数据库更新以及数据库移植方面的设计，Hibernate 提供了 DDL 自动更新以及表更新策略，如图 9-7 所示。

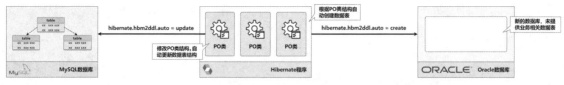

图 9-7 DDL 自动更新

Hibernate 中有一个 "hibernate.hbm2ddl.auto" 配置选项，该选项在每次持久化单元启动时，可以根据当前的自动更新策略进行数据表的创建或者更新处理，而该选项可以使用的配置内容如表 9-3 所示。

表 9-3 DDL 自动更新策略

序号	DDL 自动更新策略	描述
1	create	每次加载时都会删除上一次生成的表，然后根据用户定义的实体类重新生成新的数据表。由于每次都会执行表的重新创建，因此执行后原始数据将丢失
2	create-drop	每次加载时会根据实体类生成数据表，但是 EntityManagerFactory 实例一关闭，对应的数据表将自动删除
3	update	最常用的 DDL 配置，第一次加载程序时会根据实体类自动创建数据表（必须首先创建好数据库），在以后重新加载 JPA 程序时将根据实体类的结构自动更新表结构，同时会保留原始数据。要注意的是，在部署到服务器后，表结构不会马上被建立起来，要等应用第一次运行
4	validate	每次加载 Hibernate 时，验证数据库表结构，只会和数据库中的表进行比较，不会创建新表，但是会插入新值

范例：自动创建数据表

`<property name="hibernate.hbm2ddl.auto" value="`**`create`**`"/>`

此语句在 persistent.xml 配置文件中添加了 DDL 自动创建的属性，由于当前配置的类型为 "create"，因此程序执行时会先删除已有的数据表，随后创建新的数据表。

范例：自动更新数据表

`<property name="hibernate.hbm2ddl.auto" value="`**`update`**`"/>`

此语句使用了数据表自动更新的配置项。如果此时的 PO 类与数据表的结构相同，那么程序在启动时不会进行任何更新操作。而如果此时在 PO 类中添加了一个属性，则应用程序启动时就会根据用户添加的属性名称和类型，对数据表进行 ALTER 更新操作。

> 提示："@Transient" 注解标记的列不会自动更新数据表。
>
> 如果配置的 DDL 自动更新策略为 "update"，并且在 PO 类中添加了属性，则程序启动前会自动进行相应数据列的添加（注意：无法减少数据列）。但是如果在 PO 类的声明中使用了 "@Transient" 注解标记属性，则该属性不会被持久化，同样也就不会进行数据表列的更新处理。

9.1.4 JPA 主键生成策略

JPA 主键生成策略

视频名称 0905_【理解】JPA 主键生成策略

视频简介 主键是数据表中的核心列结构，JPA 在设计时充分地考虑到了各种应用操作的可能性，提供了不同的主键生成策略。本视频为读者分析这些策略的使用方法，并通过具体的范例分析 TABLE 策略的应用。

实体类作为主键列的属性，可以通过 "@Id" 注解进行声明。由于不同的数据表中会有不同的主键处理的方式，如果现在希望由 JPA 自动实现主键数据的处理，则可以在对应的属性上，使用

"@GeneratedValue"注解进行主键生成策略的配置,如图 9-8 所示。

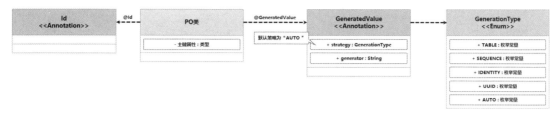

图 9-8 JPA 主键生成策略

为了便于主键生成策略的管理,JPA 提供了一个 jakarta.persistence.GenerationType 枚举类,该类中定义了 5 种主键生成策略,具体如表 9-4 所示。

表 9-4 JPA 主键生成策略

序号	主键生成策略	描述
1	strategy = GenerationType.AUTO	默认选项,由 JPA 选择合适的主键生成策略
2	strategy = GenerationType.IDENTITY	采用数据库 ID 自增长的方式来自增主键字段,Oracle 不支持
3	strategy = GenerationType.SEQUENCE	采用序列方式生成主键,主要应用于 Oracle 数据库
4	strategy = GenerationType.UUID	采用 UUID 字符串的形式生成主键
5	strategy = GenerationType.TABLE	通过指定的数据表生成主键,该策略便于数据库移植

在本次所讲解的案例中,由于 course 数据表在进行主键定义时使用了"AUTO_INCREMENT",因此在定义 Course 类中的 cid 成员属性时,采用了"@GeneratedValue(strategy = GenerationType.IDENTITY)"配置形式,表示此时的主键由数据库自动生成。

不同的数据库类型有不同的主键生成方式,例如,在 MySQL 中可以使用"IDENTITY",而在 Oracle 中可以使用"SEQUENCE",所以在主键生成策略的选择上容易出现数据库移植的设计冲突。JPA 规范在设计时充分地考虑了这一需要,提供了"TABLE"主键生成策略,该策略的主要模式就是通过一张数据表保存要生成的主键数据,如图 9-9 所示。

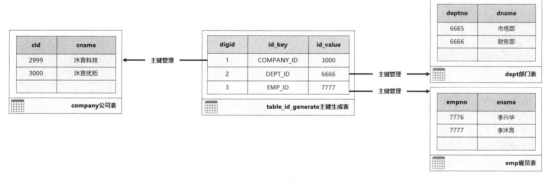

图 9-9 数据表管理主键

一个数据库之中会存在多张数据表,为了方便管理这些数据表中的主键,可以创建一张 table_id_generate 表,在该表中可以通过"id_key"配置不同数据表所使用的主键项,而后在程序中就可以基于配置实现对应数据表的主键数据处理。为了便于读者理解,下面通过一个完整的案例进行实现说明。

(1)【MySQL 数据库】创建部门表和主键生成表。

```
DROP DATABASE IF EXISTS yootk;
CREATE DATABASE yootk CHARACTER SET UTF8;
USE yootk;
```

```sql
CREATE TABLE dept (
  deptno      BIGINT   AUTO_INCREMENT        comment '部门编号',
  dname       VARCHAR(50)                    comment '部门名称',
  CONSTRAINT pk_deptno PRIMARY KEY(deptno)
) engine=innodb;
CREATE TABLE table_id_generate(
  digid      BIGINT AUTO_INCREMENT           comment '主键管理ID',
  id_key     VARCHAR(50)                     comment '主键识别KEY',
  id_value   BIGINT(50)                      comment '当前主键数据',
  CONSTRAINT pk_digid PRIMARY KEY(digid)
) engine = innodb ;
// 向table_id_generate表中保存若干主键配置项以及对应的主键内容
INSERT INTO table_id_generate(id_key,id_value) VALUES ('COMPANY_ID', 3000) ;
INSERT INTO table_id_generate(id_key,id_value) VALUES ('DEPT_ID', 6666) ;
INSERT INTO table_id_generate(id_key,id_value) VALUES ('EMP_ID', 7777) ;
```

(2)【jpa 子模块】创建 Dept 实体类，并依据数据表实现主键生成管理。

```java
package com.yootk.po;
@Entity                                                    // JPA实体标记
@Table(name = "dept")                                      // 映射表名称
public class Dept {
    @Id                                                    // 主键列
    @TableGenerator(name = "DEPT_GENERATOR",               // 定义一个主键生成器的名称
        table = "table_id_generate",                       // 负责生成主键的数据表名称
        pkColumnName = "id_key",                           // 获取的key列名称
        pkColumnValue = "DEPT_ID",                         // 获取指定行的信息
        valueColumnName = "id_value",                      // 主键数据列名称
        allocationSize = 1)                                // 每次增长步长
    @GeneratedValue(strategy = GenerationType.TABLE,       // 使用数据表生成主键
        generator = "DEPT_GENERATOR")                      // 根据名称引用配置的主键生成器
    private Long deptno;                                   // 主键列
    @Column(name = "dname")                                // 字段映射
    private String dname;
    // Setter、Getter、无参构造方法略
}
```

(3)【jpa 子模块】修改 META-INF/persistence.xml 配置文件，追加新的 PO 类定义。

```xml
<class>com.yootk.po.Dept</class>
```

(4)【jpa 子模块】编写测试类，向部门表中增加一条新的数据。

```java
package com.yootk.test;
public class TestDeptPersistence {
    @Test
    public void testAdd() {                                                   // 数据增加测试
        JPAEntityFactory.getEntityManager().getTransaction().begin();         // 开启事务
        Dept dept = new Dept();                                               // 实例化PO对象
        dept.setDname("沐言科技教学研发部");                                    // 属性设置
        JPAEntityFactory.getEntityManager().persist(dept);                    // 数据持久化
        JPAEntityFactory.getEntityManager().getTransaction().commit();        // 事务提交
        JPAEntityFactory.close();                                             // 关闭会话的操作
    }
}
```

程序执行结果：

【操作分析】数据库操作一：查询主键生成表中指定"id_key"的数据项
Hibernate: select tbl.id_value from table_id_generate tbl where tbl.id_key=? for update
【操作分析】数据库操作二：获取当前的ID数据后，将更新后的ID保存回数据表之中
Hibernate: update table_id_generate set id_value=? where id_value=? and id_key=?
【操作分析】数据库操作三：向部门表中添加数据，此时的deptno字段为JPA处理后的内容
Hibernate: insert into dept (dname, deptno) values (?, ?)

本程序在进行 PO 类对象属性设置时，只设置了 dname 的属性内容。当通过 persist()方法保存数据时，会根据主键列的生成配置，首先以独占锁的方式通过 table_id_generate 表查询指

定"id_key"的主键数值，而后会在程序中对该主键数据进行更新。由于数据表中后续执行增加操作时也需要获取主键数值，因此还要对 table_id_generate 表的指定数据进行更新，此时的操作流程如图 9-10 所示。

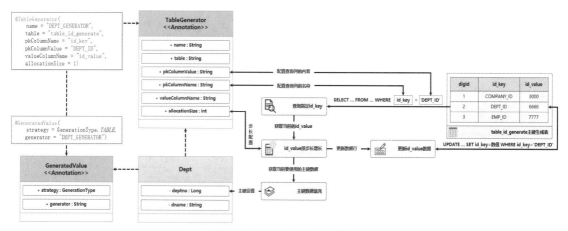

图 9-10 TABLE 主键生成策略

> 提示：不建议采用数据表控制主键列数据。
>
> 虽然在 JPA 中可以进行数据表主键控制处理，但是从性能的角度来讲不建议如此操作，毕竟增加一个数据牵扯到"table_id_generate"表的两次 SQL 操作，这将严重影响数据库的操作性能，在高并发访问下是不可能采用的。

最好的做法是基于缓存数据库创建一个主键生成的程序，如图 9-11 所示。每一次向缓存数据库之中批量生成全部主键，在每次数据增加时，直接从缓存中依次获取主键的数据。这样的主键管理模式既高效又适合于分布式开发，而唯一的缺点就是需要开发者手动进行处理，增加了编码的负担。

图 9-11 基于缓存实现主键管理

9.2 JPA 数据操作

EntityManager
数据操作

视频名称　0906_【掌握】EntityManager 数据操作
视频简介　JPA 实现了数据层的开发支持，而数据层的处理操作主要以数据的 CRUD 为主。本视频通过范例为读者讲解 EntityManager 接口所提供的数据操作方法。

EntityManager 接口是 JPA 规范中进行数据处理的主要接口，该接口支持实体类对象的更新、删除、ID 查询等，这些操作方法如表 9-5 所示。

表 9-5 EntityManager 接口方法

序号	方法	类型	描述
1	public void persist(Object entity)	普通	持久化 PO 类实例
2	public \<T\> T merge(T entity)	普通	数据更新处理，数据不存在则增加
3	public void remove(Object entity)	普通	删除当前数据实体
4	public \<T\> T find(Class\<T\> entityClass, Object primaryKey)	普通	根据主键查询数据，数据不存在则返回 null
5	public \<T\> T getReference(Class\<T\> entityClass, Object primaryKey)	普通	根据 ID 查询数据，数据不存在则抛出异常
6	public EntityTransaction getTransaction()	普通	获取数据库事务

范例：合并实体类对象

```
package com.yootk.test;
public class TestEntityManager {
    @Test
    public void testMerge() {                                              // 数据合并测试
        JPAEntityFactory.getEntityManager().getTransaction().begin();      // 开启事务
        Course course = new Course();                                      // 实例化VO对象
        course.setCid(3L);                                                 // 属性设置
        course.setCname("Spring就业编程实战");                              // 属性设置
        course.setCredit(2);                                               // 属性设置
        course.setNum(10);                                                 // 属性设置
        course.setStart(DateUtil.stringToDate("2009-06-26"));              // 属性设置
        course.setEnd(DateUtil.stringToDate("2009-07-27"));                // 属性设置
        JPAEntityFactory.getEntityManager().merge(course);                 // 数据合并
        JPAEntityFactory.getEntityManager().getTransaction().commit();     // 事务提交
        JPAEntityFactory.close();                                          // 关闭会话的操作
    }
}
```

程序执行结果：

```
Hibernate: select c1_0.cid,c1_0.cname,c1_0.credit,c1_0.end,c1_0.num,c1_0.start
            from course c1_0 where c1_0.cid=?
Hibernate: insert into course (cname, credit, end, num, start) values (?, ?, ?, ?, ?)
```

本程序使用 merge() 方法实现了新建的 Course 实体类对象的合并，在进行合并之前会通过 SELECT 语句根据操作数据的 ID 进行查询。如果发现数据不存在，则会执行 INSERT 增加处理；而如果数据已经存在，并且和数据库中的数据不匹配，JPA 会判断当前字段内容有更新，则会执行 UPDATE 更新处理；如果没有任何修改，则 merge() 方法不进行任何处理，调用逻辑如图 9-12 所示。

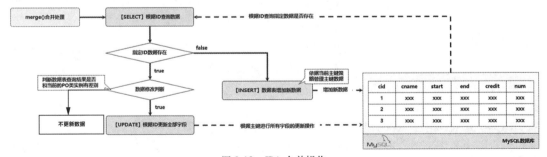

图 9-12 JPA 合并操作

范例：根据主键查询数据

```
@Test
public void testFind() {                                                   // 数据查询测试
    LOGGER.info("第一次查询: {}", JPAEntityFactory.getEntityManager()
            .getReference(Course.class, 1L));                              // 数据查询
```

```
        LOGGER.info("第二次查询: {}", JPAEntityFactory.getEntityManager()
              .getReference(Course.class, 99L));           // 数据查询
        JPAEntityFactory.close();                          // 关闭会话的操作
}
```

程序执行结果：

```
Hibernate: select c1_0.cid,c1_0.cname,c1_0.credit,c1_0.end,c1_0.num,c1_0.start
           from course c1_0 where c1_0.cid=?
第一次查询:【课程信息】ID:1、名称:Spring就业编程实战、学分:2、人数:10、开始时间:2009-06-26、结束时间:2009-07-27

Hibernate: select c1_0.cid,c1_0.cname,c1_0.credit,c1_0.end,c1_0.num,c1_0.start
           from course c1_0 where c1_0.cid=?
第二次查询: null
```

EntityManager 接口提供的 find()方法，可以直接根据 ID 进行指定数据行全部字段数据的查询。为了便于 PO 类的管理，在进行查询时需要设置当前的 PO 类的 Class 实例，而如果 ID 不存在，则查询结果为 null。

> **提示**：find()与 getReference()方法
>
> EntityManager 接口对于数据查询提供了 find()与 getReference()两个操作方法，在当前查询 ID 存在的情况下，两种查询方法的使用效果相同；而当指定 ID 不存在时，find()方法不会产生异常，返回 PO 对象实例为 null，getReference()方法则会抛出"jakarta.persistence.EntityNotFoundException"异常。

范例：删除实体对象

```
@Test
public void testRemove() {                                  // 数据查询测试
    Course course = JPAEntityFactory.getEntityManager()
                .getReference(Course.class, 1L);            // 数据查询
    if (course != null) {                                   // 确定数据存在
       JPAEntityFactory.getEntityManager().getTransaction().begin();  // 事务开启
       JPAEntityFactory.getEntityManager().remove(course);  // 删除实体
       JPAEntityFactory.getEntityManager().getTransaction().commit(); // 事务提交
    }
    JPAEntityFactory.close();                               // 关闭会话的操作
}
```

程序执行结果：

```
Hibernate: select c1_0.cid,c1_0.cname,c1_0.credit,c1_0.end,c1_0.num,c1_0.start
           from course c1_0 where c1_0.cid=?
Hibernate: delete from course where cid=?
```

在 JPA 的执行标准中，remove()方法中的参数必须是一个完整的 PO 对象实例，所以在删除前应先通过 ID 进行数据查询。如果 PO 对象不为空，则调用 remove()方法删除数据。

9.2.1 JPQL 语句

JPQL 语句

视频名称　0907_【掌握】JPQL 语句

视频简介　为了便于开发者实现更加烦琐的数据查询处理，JPA 规范在内部提供了 JPQL 语法支持，该语法类似于 SQL 语句。本视频为读者讲解 JPQL 的语法结构，并通过范例分析 JPQL 的查询操作实现。

在数据库的数据操作中，查询操作是最为烦琐也是最为重要的功能之一。为了更好地满足用户开发的各种需要，JPA 提供了 JPQL（Java Persistence Query Language，Java 持久化查询语言）语法支持，该语法的基本结构如下。

```
SELECT 子句 FROM 子句 [WHERE 子句] [GROUP BY 子句] [HAVING 子句] [ORDER BY 子句]
```

在该语法中可以通过 SELECT 定义要查询的 PO 属性名称，而后通过 FROM 设置关联的 PO 类型，如果有需要也可以使用 WHERE、GROUP BY、HAVING、ORDER BY 等子句进行查询的限

定与排序处理。

> **提问：JPQL 和 SQL 一样吗？**
>
> 看了 JPQL 提供的语法，感觉和关系数据库之中的 SQL 语句的结构相同，是不是说在以后编写程序时，直接编写 SQL 语句就可以了？那么为什么还要使用 JPA？
>
> **回答：JPQL 借用了 SQL 的语法结构。**
>
> 首先需要明确知晓的是，JPQL 和 SQL 的执行是有所不同的，SQL 命令是关系数据库原生支持的，而 JPQL 工作在 JPA 组件之中，在最终执行时要根据需要转化为 SQL 语句，如图 9-13 所示。
>
>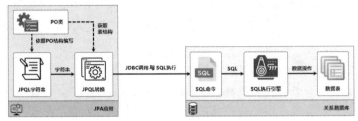
>
> 图 9-13 JPQL 与 SQL
>
> 在进行 JPQL 编写时，采用的是 PO 类的结构定义，而最终在执行时，会由 JPA 将 JPQL 结构转为 SQL 结构。JPQL 的出现使得开发人员可以以更加熟悉的方式进行数据操作。

在 JPA 中执行 JPQL 时，需要通过 EntityManager 接口中的 createQuery() 方法创建一个 Query 接口或相关子接口的实例，如图 9-14 所示。进行相关查询的配置后，就可以利用 Query 接口实现数据的更新或查询操作。

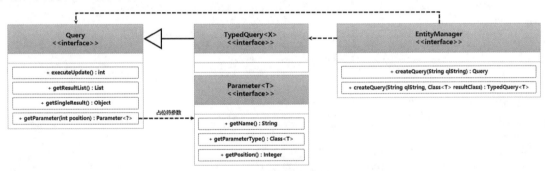

图 9-14 Query 数据查询接口

Query 接口除了提供数据查询方法，还提供数据更新方法，同时在查询的过程中，还提供了与 JDBC 技术中 PreparedStatement 操作接口同样的占位符定义支持，以及数据库的分页支持，表 9-6 列出了 Query 接口中的常用方法。

表 9-6 Query 接口中的常用方法

序号	方法	类型	描述
1	public int executeUpdate()	普通	执行更新并返回更新结果
2	public Parameter<?> getParameter(int position)	普通	获取已设置的指定占位符参数配置
3	public List getResultList()	普通	返回查询结果列表
4	default Stream getResultStream()	普通	以 Stream 的方式返回查询结果集合
5	public Object getSingleResult()	普通	获取单个查询结果
6	public Query setFirstResult(int startPosition)	普通	设置查询的起始行数
7	public Query setMaxResults(int maxResult)	普通	设置查询返回的最大记录行数

范例：查询全部课程信息

```
public void testSelectAll() {
    String jpql = "SELECT c FROM Course AS c";              // Course为PO类名称
    Query query = JPAEntityFactory.getEntityManager().createQuery(jpql);
    List<Course> all = query.getResultList();               // 查询全部数据
    for (Course course : all) {                             // 数据迭代
        LOGGER.info("查询结果：{}", course);                  // 日志输出
    }
    JPAEntityFactory.close();                               // 关闭会话
}
```

程序执行结果：

```
Hibernate: select c1_0.cid,c1_0.cname,c1_0.credit,c1_0.end,c1_0.num,c1_0.start from course c1_0
查询结果：【课程信息】ID：1、名称：Spring Boot就业编程实战、学分：2、人数：10 …
查询结果：【课程信息】ID：2、名称：Java就业编程实战、学分：2、人数：50 …
查询结果：【课程信息】ID：3、名称：Java Web就业编程实战、学分：3、人数：99 …
查询结果：【课程信息】ID：4、名称：Spring就业编程实战、学分：3、人数：99 …
```

本程序实现了一个 course 数据表全部数据的查询操作。在编写查询的语句时，使用了程序中的 Course 实体类作为标记，而后在查询时，程序会根据当前的 JPA 配置，将此实体类转为与之对应的数据表，完成最终的 SQL 查询命令的转换。当开发者调用 Query 接口中的 getResultList()方法时，程序将发出查询指令，并返回 List 集合。

JPQL 的使用结构与 SQL 结构类似，这样就可以通过 WHERE 子句实现查询条件的配置。例如，现在要根据 ID 查询数据，由于此操作只会返回一个 PO 类对象实例，因此可以通过 getSingleResult() 方法实现查询处理。

范例：根据 ID 查询数据

```
@Test
public void testSelectId() {
    String jpql = "SELECT c FROM Course AS c WHERE c.cid=?1";  // 使用PO类的属性
    Query query = JPAEntityFactory.getEntityManager().createQuery(jpql);
    query.setParameter(1, 3L);                              // 占位符参数
    Course course = (Course) query.getSingleResult();       // 强制转型
    LOGGER.info("查询结果：{}", course);                      // 日志输出
    JPAEntityFactory.close();                               // 关闭会话
}
```

程序执行结果：

```
Hibernate: select c1_0.cid,c1_0.cname,c1_0.credit,c1_0.end,c1_0.num,c1_0.start
           from course c1_0 where c1_0.cid=?
查询结果：【课程信息】ID：3、名称：Java Web就业编程实战、学分：3、人数：99 …
```

本程序的查询语句上使用 "?1" 设置了一个占位符，所以在 Query 对象发出查询命令之前，必须要通过该接口提供的 setParameter()方法设置指定参数索引的数据，否则将无法实现数据查询操作。

> **提示：注意占位符参数的配置。**
>
> 在 JPA 3.x 以前的版本中，Query 中的占位符的使用与 JDBC 中的 PreparedStatement 类似，用户直接通过 "?" 即可定义，但是 JPA 中占位符的索引是从 0 开始的。为了避免不明确定义所带来的问题，现在的 JPA 定义占位符时要求明确地采用 "?索引" 的形式，并且索引编号强制从 1 开始配置。

Query 接口提供了标准的查询支持，但是 getSingleResult()方法在查询时会返回 Object 类型，这样在每次接收查询结果时，都需要进行对象的强制类型转换。如果要避免此类操作，可以使用 TypedQuery 接口实现查询。

范例：TypedQuery 数据查询

```
@Test
public void testSelectIdByType() {
```

```java
String jpql = "SELECT c FROM Course AS c WHERE c.cid=:pcid";   // 名称占位符
TypedQuery<Course> query = JPAEntityFactory.getEntityManager()
        .createQuery(jpql, Course.class);
query.setParameter("pcid", 3L);                                // 占位符参数
Course course = query.getSingleResult();                       // 直接返回
LOGGER.info("查询结果：{}", course);                             // 日志输出
JPAEntityFactory.close();                                      // 关闭会话
}
```

程序执行结果：

```
Hibernate: select c1_0.cid,c1_0.cname,c1_0.credit,c1_0.end,c1_0.num,c1_0.start
           from course c1_0 where c1_0.cid=?
查询结果：【课程信息】ID：3、名称：Java Web就业编程实战、学分：3、人数：99 …
```

本程序在查询时通过 createQuery()方法明确定义了查询结果返回的类型，这样在调用 getSingleResult()方法查询时，就避免了强制类型转换的问题。此外，为了避免占位符参数的混淆，JPA 也提供了名称占位符支持，这样在进行参数设置时，就可以通过名称进行标记。

范例：数据分页查询

```java
@Test
public void testSplit() {
    int currentPage = 1;                                       // 当前页码
    int lineSize = 2;                                          // 返回记录数
    String keyword = "%就业编程实战%";                            // 查询关键字
    String jpql = "SELECT c FROM Course AS c WHERE c.cname LIKE ?1"; // WHERE限定
    TypedQuery<Course> query = JPAEntityFactory.getEntityManager()
            .createQuery(jpql, Course.class);
    query.setFirstResult((currentPage - 1) * lineSize);        // 起始数据行
    query.setMaxResults(lineSize);                             // 最大行数
    query.setParameter(1, keyword);                            // 占位符参数
    List<Course> all = query.getResultList();                  // 查询全部数据
    for (Course course : all) {                                // 数据迭代
        LOGGER.info("查询结果：{}", course);                     // 日志输出
    }
    JPAEntityFactory.close();                                  // 关闭会话
}
```

程序执行结果：

```
Hibernate: select c1_0.cid,c1_0.cname,c1_0.credit,c1_0.end,c1_0.num,c1_0.start
           from course c1_0 where c1_0.cname like ? limit ?,?
查询结果：【课程信息】ID：1、名称：Spring Boot就业编程实战、学分：2、人数：10 …
查询结果：【课程信息】ID：2、名称：Java就业编程实战、学分：2、人数：50 …
```

由于数据库查询中经常会使用到分页支持，考虑到不同数据库分页处理形式的区别，JPA 提供了对应的处理方法。开发者只需要通过 setFirstResult()方法设置查询开始行，以及通过 setMaxResults()方法设置最大返回数据行数，即可实现分页命令的转换。

范例：数据统计查询

```java
@Test
public void testCount() {
    String keyword = "%就业编程实战%";                            // 查询关键字
    String jpql = "SELECT COUNT(c) FROM Course AS c WHERE c.cname LIKE ?1"; // WHERE限定
    TypedQuery<Course> query = JPAEntityFactory.getEntityManager()
            .createQuery(jpql, Course.class);
    query.setParameter(1, keyword);                            // 占位符参数
    LOGGER.info("数据表记录数：{}", query.getSingleResult());     // 获取行数
    JPAEntityFactory.close();                                  // 关闭会话
}
```

程序执行结果：

```
Hibernate: select count(c1_0.cid) from course c1_0 where c1_0.cname like ?
数据表记录数：6
```

使用 JPQL 实现数据查询统计时,直接在 SELECT 子句之中编写 SQL 提供的标准统计函数即可,而为了防止列上有空数据,此处的查询会根据当前 PO 类的主键列进行查询统计。

9.2.2 JPQL 数据更新

JPQL 数据更新

视频名称 0908_【掌握】JPQL 数据更新
视频简介 为便于用户操作结构的扩展,Query 提供了数据更新操作。本视频为读者分析 EntityManager 接口提供的数据更新处理所存在的性能问题,并通过范例实现数据的修改以及删除操作。

EntityManager 接口提供了 merge()、remove()方法实现数据的修改和删除操作,但是这两个操作方法都需要通过 PO 类对象实例来完成,而且这两个操作方法存在如下设计问题。

(1) merge()数据修改:该方法在操作时会对当前传入的 PO 类对象实例进行更新,但是很多时候可能只是更新表中的某几个字段。所以为了防止不更新的字段被设置为 null,就需要对所有不更新的数据也重复进行设置,如图 9-15 所示,这样必然带来额外的开发负担。并且很多时候为了简化这一操作,程序往往会先进行查询,修改所需属性后再更新,这样又会造成严重的性能浪费。

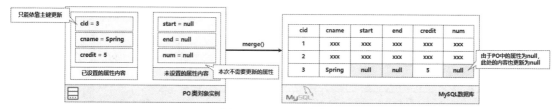

图 9-15 merge()更新问题

(2) remove()数据删除:在进行删除操作时需要将要删除的 ID 封装在其对应的 PO 类对象实例之中,这样每一次操作都会额外产生一个新的 PO 实例,占用内存空间。

EntityManager 提供的修改和删除方法还有一个重大缺陷,其只能够依据主键修改或删除数据,很难进行个性化的更新操作。为了解决这一设计问题,Query 在接口内部提供了数据更新的处理方法,可以直接执行 JPQL 定义的更新命令。

范例:将学分(credit)低于 3 分的课程统一修改为 5 分

```
@Test
public void testUpdateCredit() {                       // 根据ID查询数据
    String jpql = "UPDATE Course AS c SET c.credit=?1 WHERE c.credit<?2"; // JPQL更新
    Query query = JPAEntityFactory.getEntityManager().createQuery(jpql);
    query.setParameter(1, 5);                          // 占位符参数
    query.setParameter(2, 3);                          // 占位符参数
    JPAEntityFactory.getEntityManager().getTransaction().begin(); // 开启事务
    LOGGER.info("更新结果:{}", query.executeUpdate());// 日志输出
    JPAEntityFactory.getEntityManager().getTransaction().commit(); // 事务提交
    JPAEntityFactory.close();                          // 关闭会话
}
```

程序执行结果:

更新结果:2

本程序定义了 UPDATE 更新命令,由于其依然属于 JPQL 命令,因此此处直接使用 Course 这个实体类定义修改字段和更新条件字段,随后通过 setParameter()方法设置指定占位符的参数内容,执行 executeUpdate()方法后会返回本次更新所影响的数据行数。

范例:删除已经结束的课程

```
@Test
public void testDeleteOver() {                         // 数据分页查询
    String jpql = "DELETE FROM Course AS c WHERE c.end<?1"; // JPQL更新
```

```
    Query query = JPAEntityFactory.getEntityManager().createQuery(jpql);
    query.setParameter(1, new Date());                          // 占位符参数
    JPAEntityFactory.getEntityManager().getTransaction().begin(); // 开启事务
    LOGGER.info("删除结果: {}", query.executeUpdate());         // 日志输出
    JPAEntityFactory.getEntityManager().getTransaction().commit(); // 事务提交
    JPAEntityFactory.close();                                   // 关闭会话
}
```

程序执行结果:

删除结果: 6

本程序的 DELETE 语句结合了 PO 类设置删除条件，比当前日期小的结束日期的数据行将全部被删除，删除之后会返回本次更新所影响的数据行数。

9.2.3 SQL 原生操作

SQL 原生操作

视频名称 0909_【掌握】SQL 原生操作

视频简介 JPA 支持 SQL 原生数据查询，可以直接针对指定的数据库实现 SQL 处理以及 PO 转换操作。本视频为读者讲解这种数据操作机制的实现。

JPA 设计时首先考虑的就是数据库的可移植性标准，但是这样的设计就有可能会丧失掉一些数据库特有的个性化处理支持。为了可以发挥出不同数据库的语法优势，在 JPA 的开发中开发者也可以利用原生 SQL 实现数据的 CRUD 操作，并基于 JPA 的支持实现结果集与 PO 实例之间的转换，如图 9-16 所示。

> **提示：使用原生 SQL 有可能丧失掉数据库的可移植性。**
>
> JPA 是一个技术标准，Hibernate 又是一个广泛使用的可移植性高的 ORM 开发框架，但是如果当前的应用都使用原生 SQL 处理，就可能丧失掉可移植性特点。面对这样的开发，一般性的选择是使用 MyBatis/MyBatisPlus，这时就不适合于 JPA 技术的应用了。

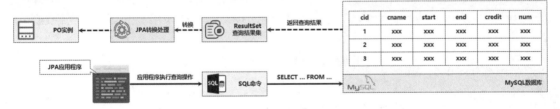

图 9-16 JPA 执行原生 SQL

范例：JPA 原生 SQL 操作

```
package com.yootk.test;
public class TestNativeQuery {
    private static final Logger LOGGER = LoggerFactory.getLogger(TestNativeQuery.class);
    @Test
    public void testSelectId() {                                // 根据ID查询数据
        String sql = "SELECT cid, cname, credit, num, start, end " +
            " FROM course WHERE cid=?1";                        // SQL查询
        Query query = JPAEntityFactory.getEntityManager().createNativeQuery(sql);
        query.setParameter(1, 3);                               // 占位符参数
        LOGGER.info("查询结果: {}", query.getSingleResult());   // 日志输出
        JPAEntityFactory.close();                               // 关闭会话
    }
    @Test
    public void testSelectSplit() {                             // 数据分页查询
        int currentPage = 2;                                    // 当前页码
        int lineSize = 2;                                       // 返回记录数
```

```
        String keyword = "%就业编程实战%";                      // 查询关键字
        String sql = "SELECT cid, cname, credit, num, start, end " +
            " FROM course WHERE cname LIKE :kw";              // SQL查询
        Query query = JPAEntityFactory.getEntityManager()
         .createNativeQuery(sql, Course.class);
        query.setFirstResult((currentPage - 1) * lineSize);   // 起始数据行
        query.setMaxResults(lineSize);                        // 最大行数
        query.setParameter("kw", keyword);                    // 占位符参数
        List all = query.getResultList();                     // 查询全部数据
        for (Course course : all) {                           // 数据迭代
            LOGGER.info("查询结果：{}", course);                // 日志输出
        }
        JPAEntityFactory.close();                             // 关闭会话
    }
    @Test
    public void testCountStat() {                             // 数据统计
        String keyword = "%就业编程实战%";                      // 查询关键字
        String sql = "SELECT COUNT(cid) FROM course WHERE cname LIKE :kw"; // SQL查询
        Query query = JPAEntityFactory.getEntityManager().createNativeQuery(sql);
        query.setParameter("kw", keyword);                    // 占位符参数
        LOGGER.info("数据表记录数：{}", query.getSingleResult()); // 获取行数
        JPAEntityFactory.close();                             // 关闭会话
    }
    @Test
    public void testDelete() {                                // 数据删除
        String sql = "DELETE FROM course WHERE cid=?1";       // SQL更新
        Query query = JPAEntityFactory.getEntityManager().createNativeQuery(sql);
        query.setParameter(1, 9);                             // 占位符参数
        JPAEntityFactory.getEntityManager().getTransaction().begin();
        LOGGER.info("数据表记录数：{}", query.executeUpdate()); // 更新操作
        JPAEntityFactory.getEntityManager().getTransaction().commit();
        JPAEntityFactory.close();                             // 关闭会话
    }
}
```

以上测试程序直接使用了原生 SQL 命令实现数据的查询和更新操作，可以发现在编写原生 SQL 时，依然可以按照 JPQL 语法的形式定义占位符，并且返回数据查询结果时，也可以自动将结果转为 PO 实例。

9.2.4 Criteria 数据操作

Criteria 数据查询

视频名称　0910_【掌握】Criteria 数据查询

视频简介　为了进一步规范面向对象的设计结构，JPA 提供了 Criteria 操作支持。本视频为读者分析 Criteria 相关操作的实现结构，并通过范例讲解如何基于 Criteria 操作模式实现数据的查询与更新操作。

JPQL 采用字符串结构实现了数据操作的定义，这样的做法虽然简单直观，但是并不符合面向对象的开发要求，所以 JPA 又提供了 Criteria 数据操作支持。该操作对将要执行的数据处理命令进行封装，开发者可以通过指定类的方法实现数据查询或更新所需的配置，如图 9-17 所示。

> 提示：Criteria 数据查询由 Query 及相关子接口发出。
>
> Criteria 的核心功能是实现所有要执行的数据操作的配置，而数据处理命令的发出依然是由 Query 相关子接口实现的。在 EntityManager 接口中定义了如下方法。
> ```
> public <T> TypedQuery<T> createQuery(CriteriaQuery<T> criteriaQuery)
> ```
> 这一方法将根据 CriteriaQuery 查询接口的配置创建 TypedQuery 实例，最终的数据查询也将由 Query 接口定义的 getResultList()或 getSingletonResult()方法完成。

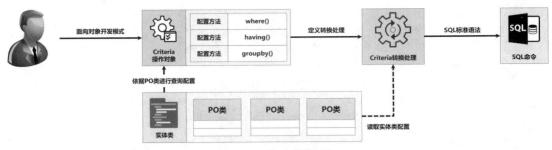

图 9-17 Criteria 数据查询

在 Criteria 处理结构中,开发者需要通过 CriteriaBuilder 接口实现所有查询对象的构建,同时在该接口内部提供了关系运算、逻辑运算以及统计运算的处理方法,如图 9-18 所示。

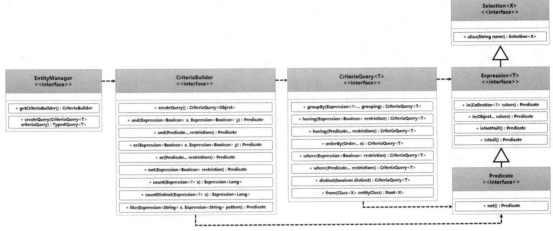

图 9-18 CriteriaBuilder 接口

为了便于 Criteria 的查询操作,JPA 提供了 CriteriaQuery 查询接口,该接口可以用 where()、having()等方法进行查询条件的配置,而为了便于查询条件的配置,JPA 又提供了 Expression 配置接口进行管理。为了便于读者理解,下面将通过几个具体的范例进行 Criteria 数据查询的说明。

范例:查询全部数据

```
@Test
public void testSelectAll() {                                              // 查询全部数据
    // 获取Criteria构造器,可以通过该构造器创建查询或更新操作
    CriteriaBuilder builder = JPAEntityFactory.getEntityManager().getCriteriaBuilder();
    CriteriaQuery<Course> criteriaQuery = builder.createQuery(Course.class); // 创建查询
    Root<Course> root = criteriaQuery.from(Course.class);     // FROM配置
    TypedQuery<Course> query = JPAEntityFactory.getEntityManager()
            .createQuery(criteriaQuery);                                   // 数据查询
    List<Course> all = query.getResultList();                 // 查询全部数据
    for (Course course : all) {                               // 数据迭代
        LOGGER.info("查询结果: {}", course);                   // 日志输出
    }
    JPAEntityFactory.close();                                 // 关闭会话
}
```

程序执行结果:

```
Hibernate: select c1_0.cid,c1_0.cname,c1_0.credit,c1_0.end,c1_0.num,c1_0.start from course c1_0
```

在使用 Criteria 查询结构时,需要通过 CriteriaBuilder 接口并依据指定的 PO 类创建 CriteriaQuery 查询接口,随后通过 from()方法创建查询的根对象(配置 FROM 子句),这样就构造了一个最简单的 CriteriaQuery 接口实例。接下来利用 EntityMananger 接口提供的 getResultList()方法就可以发出

查询指令，操作结构如图 9-19 所示。

> 提示：Root 表示的是 Criteria 映射的根实例。
>
> 　　数据查询都需要进行 FROM 子句的配置。CriteriaQuery 接口提供了 from()配置方法，而该方法会返回一个 Root 接口实例，该实例描述的就是查询的根配置。

范例：获取 Root 信息

```
@Test
public void testRoot() {                              // 测试根配置
    CriteriaBuilder builder = JPAEntityFactory.getEntityManager()
                .getCriteriaBuilder();
    CriteriaQuery<Course> criteriaQuery = builder
                .createQuery(Course.class);
    Root<Course> root = criteriaQuery.from(Course.class);
    LOGGER.info("cid路径：{}", root.get("cid"));
    LOGGER.info("PO类型：{}", root.getJavaType());
}
```

程序执行结果：

```
cid路径：SqmBasicValuedSimplePath(com.yootk.po.Course(34616552417200).cid)
PO类型：class com.yootk.po.Course
```

　　在 JPA 中，Criteria 为了便于最终查询语句的生成，都会进行 PO 对象的引用，而此时的根对象就是保存的 PO 类型，以及相关的 SQL 映射路径信息，在后续的开发中可依据路径实现查询条件的配置。

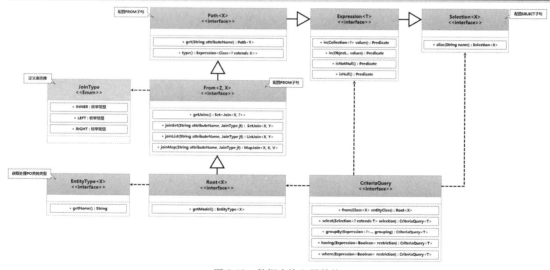

图 9-19　数据查询配置结构

范例：查询学分（credit 字段）为 5 的课程信息

```
@Test
public void testSingleCondition() {                       // 配置单个查询条件
    // 获取Criteria构造器，可以通过该构造器创建查询或更新操作
    CriteriaBuilder builder = JPAEntityFactory.getEntityManager().getCriteriaBuilder();
    CriteriaQuery<Course> criteriaQuery = builder.createQuery(Course.class); // 创建查询
    Root<Course> root = criteriaQuery.from(Course.class);       // FROM配置
    Predicate predicate = builder.equal(root.get("credit"), 5); // credit=5
    criteriaQuery.where(predicate);                             // WHERE配置
    TypedQuery<Course> query = JPAEntityFactory.getEntityManager()
                .createQuery(criteriaQuery);                    // 数据查询
    List<Course> all = query.getResultList();                   // 查询全部数据
    for (Course course : all) {                                 // 数据迭代
```

```
        LOGGER.info("查询结果:{}", course);                    // 日志输出
    }
    JPAEntityFactory.close();                                // 关闭会话
}
```

程序执行结果:

```
Hibernate: select c1_0.cid,c1_0.cname,c1_0.credit,c1_0.end,c1_0.num,c1_0.start
               from course c1_0 where c1_0.credit=?
```

本程序需要在credit字段上进行相等条件的设置，所以要通过CriteriaBuilder接口提供的equal()方法进行配置。在该方法中需要通过root接口获取credit属性的配置路径以及匹配的数据，随后将该设置的条件添加到CriteriaQuery接口实例之中，在查询时就可以自动生成WHERE子句。

范例：设置多个查询条件

```
@Test
public void testMoreCondition() {                                      // 设置多个查询条件
    CriteriaBuilder builder = JPAEntityFactory.getEntityManager().getCriteriaBuilder();
    CriteriaQuery<Course> criteriaQuery = builder.createQuery(Course.class); // 创建查询
    Root<Course> root = criteriaQuery.from(Course.class);              // FROM配置
    List<Predicate> predicatesList = new ArrayList<>();                // 保存查询条件
    // 设置两个查询条件,使用OR连接:credit=3与end BETWEEN '2022-10-10' AND '2024-12-12'
    predicatesList.add(
         builder.or(builder.gt(root.get("credit"), 3L),
              builder.between(root.get("end"),
                    DateUtil.stringToDate("2022-10-10"),
                    DateUtil.stringToDate("2024-12-12"))));
    predicatesList.add(builder.like(root.get("cname"), "%编程%")) ;     // 模糊查询
    predicatesList.add(builder.gt(root.get("num"), 60));               // num>60
    criteriaQuery.where(predicatesList.toArray(new Predicate[] {}));   // WHERE配置
    TypedQuery<Course> query = JPAEntityFactory.getEntityManager()
         .createQuery(criteriaQuery);                                   // 数据查询
    List<Course> all = query.getResultList();                          // 查询全部数据
    for (Course course : all) {                                        // 数据迭代
        LOGGER.info("查询结果:{}", course);                             // 日志输出
    }
    JPAEntityFactory.close();                                           // 关闭会话
}
```

程序执行结果:

```
Hibernate: select c1_0.cid,c1_0.cname,c1_0.credit,c1_0.end,c1_0.num,c1_0.start from course c1_0
  where (c1_0.credit>? or c1_0.end between ? and ?) and c1_0.cname like ? and c1_0.num>?
```

本程序实现了多个判断条件的定义，通过List集合保存了CriteriaBuilder接口所创建的若干判断条件，这些条件之间默认使用"AND"逻辑运算符进行连接。

> **提示：选择合适的查询模式。**
>
> 至此，相信很多读者已经发现了Criteria开发的问题，就是过于尊重面向对象的设计原则，每一步的运算配置都需要通过一系列的方法来完成。相较于JPQL字符串的简洁，其代码过于烦琐。
>
> 编者一直认为，在实际的开发中没有任何一项完美的技术，而在进行最终数据操作技术选择的时候，我们也会尽量选择简洁的实现方案。当然，每种操作技术都有特点，例如，Criteria在进行IN运算处理时比JPQL就要简洁许多。

范例：使用IN查询指定ID的数据

```
@Test
public void testINCondition() {                                        // IN查询
    CriteriaBuilder builder = JPAEntityFactory.getEntityManager().getCriteriaBuilder();
    CriteriaQuery<Course> criteriaQuery = builder.createQuery(Course.class); // 创建查询
    Root<Course> root = criteriaQuery.from(Course.class);              // FROM配置
    Set<Long> cids = Set.of(1L, 3L, 5L, 7L, 9L);                       // 查询ID集合
```

```
   Predicate predicate = root.get("cid").in(cids);      // IN查询
   criteriaQuery.where(predicate);                      // WHERE配置
   TypedQuery<Course> query = JPAEntityFactory.getEntityManager()
              .createQuery(criteriaQuery);              // 数据查询
   List<Course> all = query.getResultList();            // 查询全部数据
   for (Course course : all) {                          // 数据迭代
      LOGGER.info("查询结果：{}", course);              // 日志输出
   }
   JPAEntityFactory.close();                            // 关闭会话
}
```

程序执行结果：

```
Hibernate: select c1_0.cid,c1_0.cname,c1_0.credit,c1_0.end,c1_0.num,c1_0.start
          from course c1_0 where c1_0.cid in(?,?,?,?,?)
```

此时的程序实现了 IN 查询处理，直接通过"root.get("cid").in(cids)"一条语句就可以进行配置。如果此时采用的是 JPQL 的方式处理，同样的查询就需要先统计 cids 集合长度，而后生成若干占位符，最后进行数据的填充，相较于 CriteriaQuery 的实现就会显得较为烦琐了。

除了查询支持，Criteria 也具有数据更新支持，其提供了 CriteriaUpdate 与 CriteriaDelete 两个处理接口，同时这两个接口的实例可以直接通过 CriteriaBuilder 接口提供的方法进行创建，如图 9-20 所示。

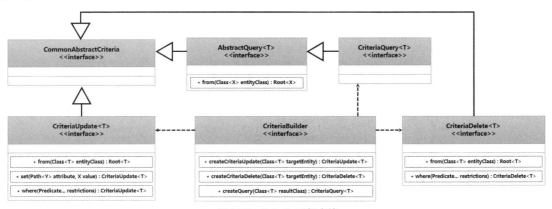

图 9-20　Criteria 更新支持

范例：使用 CriteriaDelete 删除数据

```
@Test
public void testINDelete() {                            // IN查询
   CriteriaBuilder builder = JPAEntityFactory.getEntityManager().getCriteriaBuilder();
   CriteriaDelete<Course> criteriaDelete = builder.createCriteriaDelete(Course.class);
   Root<Course> root = criteriaDelete.from(Course.class);   // FROM配置
   Set<Long> cids = Set.of(1L, 3L, 5L, 7L, 9L);             // 查询ID集合
   Predicate predicate = root.get("cid").in(cids);          // IN查询
   criteriaDelete.where(predicate);                         // WHERE配置
   Query query = JPAEntityFactory.getEntityManager().createQuery(criteriaDelete);
   JPAEntityFactory.getEntityManager().getTransaction().begin();   // 事务开启
   LOGGER.info("数据删除：{}", query.executeUpdate());
   JPAEntityFactory.getEntityManager().getTransaction().commit();  // 事务提交
   JPAEntityFactory.close();                                // 关闭会话
}
```

程序执行结果：

```
Hibernate: delete from course where cid in(?,?,?,?,?)
```

本程序利用 CriteriaBuilder 接口中的 createCriteriaDelete()方法创建了 CriteriaDelete 接口实例，随后利用 in()方法配置了要删除数据的 ID，最后基于当前的 CriteriaDelete 实例创建了 Query 接口，并调用 executeUpdate()方法实现更新操作。

9.3 JPA 数据缓存

JPA 开发标准中的 EntityManager 提供的数据操作方法之所以有限，主要是因为其内部需要进行数据缓存的维护，而数据缓存的处理又与对象持久化状态有关。本节将对这一概念进行详细解释。

9.3.1 JPA 一级缓存

JPA 一级缓存

视频名称 0911_【掌握】JPA 一级缓存
视频简介 JPA 内置了数据缓存处理，并且默认会开启一级缓存配置。本视频通过内置的 find() 方法为读者演示 JPA 一级缓存的使用方法。

在项目开发中，数据查询是常见的功能，而且因业务功能的不同，同一个 ID 的数据有可能会被查询多次。为了解决此类查询操作的性能问题，JPA 提供了一级缓存支持。

一级缓存指的是 EntityManager 接口上的缓存操作。用户在使用 find() 方法查询时，如果在缓存中不存在指定 ID 的数据，则会通过 JPA 发出数据查询指令；而第二次获取同一 ID 实例时，就可以通过缓存直接进行数据加载，这样就减少了一次查询操作所带来的性能损耗，如图 9-21 所示。

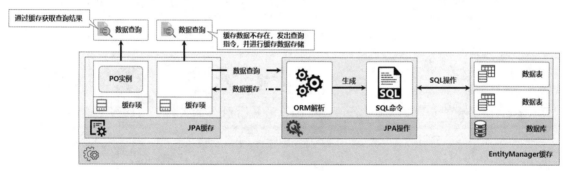

图 9-21 一级缓存

范例：一级缓存操作

```
package com.yootk.test;
public class TestOneLevelCache {
    private static final Logger LOGGER = LoggerFactory.getLogger(TestOneLevelCache.class);
    @Test
    public void testFindCache() {
        Course courseA = JPAEntityFactory.getEntityManager()
                .find(Course.class, 1L);                         // 数据查询
        LOGGER.info("第一次使用find()查询: {}", courseA);
        Course courseB = JPAEntityFactory.getEntityManager()
                .find(Course.class, 1L);                         // 数据查询
        LOGGER.info("第二次使用find()查询: {}", courseB);
        JPAEntityFactory.close();                                // 关闭会话
    }
}
```

程序执行结果：

```
Hibernate: select c1_0.cid,c1_0.cname,c1_0.credit,c1_0.end,c1_0.num,c1_0.start
           from course c1_0 where c1_0.cid=?
第一次使用find()查询:【课程信息】ID：1、名称：Java就业编程实战、学分：2…
第一次使用find()查询:【课程信息】ID：1、名称：Java就业编程实战、学分：2…
```

9.3 JPA 数据缓存

在本程序操作中,一个线程通过 EntityManager 接口中提供的 find()方法进行了指定 ID 数据的加载。第一次查询时,由于缓存中没有数据,所以程序发出了 SQL 查询命令;而第二次查询时就会通过缓存直接获取数据。这样的操作机制极大地提升了单一用户线程下的数据查询性能。

> 提示:一级缓存只针对同一线程。
>
> 在 JPA 中每一个 EntityManager 接口实例对应不同的用户线程。在一个线程中一级缓存永远存在,但是如果关闭了当前线程中的 EntityManager 接口实例,则会释放掉对应的缓存数据。

范例:修改缓存数据

```
package com.yootk.test;
public class TestOneLevelCache {
   private static final Logger LOGGER = LoggerFactory.getLogger(TestOneLevelCache.class);
   @Test
   public void testFindCache() {
      Course courseA = JPAEntityFactory.getEntityManager()
            .find(Course.class, 1L);                          // 数据查询
      courseA.setCredit(-3);                                  // 修改缓存数据
      LOGGER.info("第一次使用find()查询:{}", courseA);
      Course courseB = JPAEntityFactory.getEntityManager()
            .find(Course.class, 1L);                          // 数据查询
      LOGGER.info("第二次使用find()查询:{}", courseB);
      JPAEntityFactory.close();                               // 关闭会话
   }
}
```

程序执行结果:

```
Hibernate: select c1_0.cid,c1_0.cname,c1_0.credit,c1_0.end,c1_0.num,c1_0.start
              from course c1_0 where c1_0.cid=?
第一次使用find()查询:【课程信息】ID:1、名称:Java就业编程实战、学分:-3…
第二次使用find()查询:【课程信息】ID:1、称:Java就业编程实战、学分:-3…
```

本程序对第一次查询的结果进行了属性内容的修改。由于一级缓存的作用,因此即使当前缓存数据与数据库中的数据不一致,在第二次查询时程序也不会发出查询指令,只能获取已经修改过的缓存数据内容。

在 JPA 中,为了防止一级缓存与数据修改对后续查询带来的影响,JPA 提供了一个 refresh()刷新方法。该方法可以强制刷新一个已经获取到的 PO 类对象实例,这样在进行第二次相同 ID 的查询时,就会发出查询指令。

范例:刷新缓存数据

```
package com.yootk.test;
public class TestOneLevelCache {
   private static final Logger LOGGER = LoggerFactory.getLogger(TestOneLevelCache.class);
   @Test
   public void testFindCache() {
      Course courseA = JPAEntityFactory.getEntityManager()
            .find(Course.class, 1L);                          // 数据查询
      courseA.setCredit(-3);                                  // 修改缓存数据
      LOGGER.info("第一次使用find()查询:{}", courseA);
      JPAEntityFactory.getEntityManager().refresh(courseA);   // 刷新
      Course courseB = JPAEntityFactory.getEntityManager()
            .find(Course.class, 1L);                          // 数据查询
      LOGGER.info("第二次使用find()查询:{}", courseB);
      JPAEntityFactory.close();                               // 关闭会话
   }
}
```

程序执行结果：
```
Hibernate: select c1_0.cid,c1_0.cname,c1_0.credit,c1_0.end,c1_0.num,c1_0.start
                from course c1_0 where c1_0.cid=?
第一次使用find()查询：【课程信息】ID：1、名称：Java就业编程实战、学分：-3…
Hibernate: select c1_0.cid,c1_0.cname,c1_0.credit,c1_0.end,c1_0.num,c1_0.start
                from course c1_0 where c1_0.cid=?
第二次使用find()查询：【课程信息】ID：1、名称：Java就业编程实战、学分：2…
```

本程序为了防止再次查询时出现由于数据修改而造成的数据不同步问题，使用了 refresh() 方法进行刷新，这样在第二次进行数据查询时，程序会重新发出数据查询指令。

9.3.2 JPA 对象状态

视频名称　0912_【掌握】JPA 对象状态

视频简介　JPA 的数据操作是以实体对象的形式展开的，所以 JPA 在内部定义了 4 种实体的对象状态，并提供了对象状态转换的处理方法。本视频为读者讲解对象状态的作用以及转换操作，同时分析 JPA 中的批处理操作存在的问题与解决之道。

JPA 提供的一级缓存处理机制主要是为了实现 JPA 状态的维护。考虑到数据增加、修改、删除等一系列操作，JPA 一共提供了 4 种对象状态。

（1）瞬时态（New）：新实例化的实体对象，此对象并未实现持久化存储（也可能还未分配 ID），没有与持久化上下文（Persistence Context）建立任何的关联。

（2）持久态（Managed）：数据库中存在相关 ID 的数据，该对象保存在一级缓存之中，由于该对象已经与持久化上下文建立了联系，所以对象属性的修改可以直接影响数据库中已有的数据项（需要进行事务提交）。

（3）游离态（Datached）：数据库中存在相关 ID 数据，但是该对象未与持久化上下文建立联系（EntityManager 实例已经关闭），此时对该对象所做的修改不会影响数据库中已有的数据项。

（4）删除态（Removed）：该对象与持久化上下文有关联，但是其对应数据库中的数据已经被删除。

JPA 提供的 4 种对象状态并不是固定的，开发者在使用时可以通过 EntityManager 接口或 EntityTransaction 接口提供的方法实现对象状态的转换处理，具体的转换操作如图 9-22 所示。

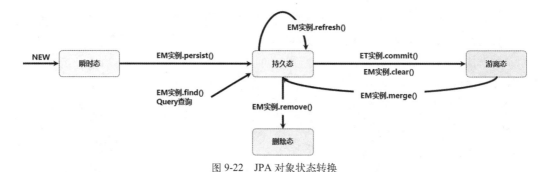

图 9-22　JPA 对象状态转换

注：EM 实例=EntityManager 接口实例；ET 实例=EntityTransaction 接口实例

范例：持久态对象更新操作

```
@Test
public void testManaged() {
    // 利用find()方法实现数据查询，在未关闭EntityManager实例的情况下，该对象为持久化对象，可以直接修改
    Course course = JPAEntityFactory.getEntityManager()
            .find(Course.class, 1L);                                    // 数据查询
    JPAEntityFactory.getEntityManager().getTransaction().begin();       // 事务开启
    course.setCredit(3);                                                // 修改缓存数据
```

```
   course.setNum(30);                                              // 修改缓存数据
   JPAEntityFactory.getEntityManager().getTransaction().commit();  // 事务提交
   JPAEntityFactory.close();                                       // 关闭会话
}
```

程序执行结果：

```
Hibernate: select c1_0.cid,c1_0.cname,c1_0.credit,c1_0.end,c1_0.num,c1_0.start
               from course c1_0 where c1_0.cid=?
Hibernate: update course set cname=?, credit=?, end=?, num=?, start=? where cid=?
```

本程序通过 EntityManager 接口实例查询了指定 ID 的 PO 对象，这样该对象就处于持久态，而对该对象属性所做的修改，都会直接影响到数据表中的数据。通过执行结果可以发现，在事务提交后，由于持久态数据发生了改变，所以程序发出了 UPDATE 更新指令。

范例：瞬时态转为持久态

```
@Test
public void testNew() {
   Course course = new Course();                                        // 实例化VO对象
   course.setCname("Spring就业编程实战");                                 // 属性设置
   course.setCredit(3);                                                 // 属性设置
   course.setNum(60);                                                   // 属性设置
   course.setStart(DateUtil.stringToDate("2025-06-26"));                // 属性设置
   course.setEnd(DateUtil.stringToDate("2025-07-27"));                  // 属性设置
   JPAEntityFactory.getEntityManager().getTransaction().begin();        // 事务开启
   // 此时的Course对象数据会添加到数据表中，该对象由瞬时态转为持久态
   JPAEntityFactory.getEntityManager().persist(course);                 // 数据持久化
   JPAEntityFactory.getEntityManager().getTransaction().commit();       // 事务提交
   // 在未关闭EntityManager实例的情况下，查询新增ID数据（持久态下同一数据的查询）
   Course result = JPAEntityFactory.getEntityManager()
              .find(Course.class, course.getCid());                     // 数据查询
   JPAEntityFactory.close();                                            // 关闭会话
}
```

程序执行结果：

```
Hibernate: insert into course (cname, credit, end, num, start) values (?, ?, ?, ?, ?)
```

本程序首先实例化了一个 Course 对象，此时该对象未持久化到数据库中，所以处于瞬时态。在执行 EntityManager 接口中的 persist() 方法后，该对象转为持久态，而后再次增加数据的 ID 时，程序将不再发出查询指令，而是通过一级缓存直接获取数据。

在 JPA 中所有增加的数据都会自动添加到一级缓存之中，当进行大批量数据添加时，该缓存就有可能占用大量的内存空间，从而产生内存溢出的问题。所以此时最佳的做法是进行缓存数据的强制刷新（flush()方法）操作，将持久化上下文中未保存的数据保存到数据库之中，随后调用清空（clear()方法）操作，断开所有持久态的实体。

范例：数据批量增加

```
public void testBatch() {
   JPAEntityFactory.getEntityManager().getTransaction().begin();        // 事务开启
   for (int x = 0 ; x < 1000 ; x ++) {                                  // 循环添加
      Course course = new Course();                                     // 实例化VO对象
      course.setCname("李兴华公益编程直播课 - " + x);                      // 属性设置
      course.setCredit(3);                                              // 属性设置
      course.setNum(60);                                                // 属性设置
      course.setStart(DateUtil.stringToDate("2025-06-26"));             // 属性设置
      course.setEnd(DateUtil.stringToDate("2025-07-27"));               // 属性设置
      JPAEntityFactory.getEntityManager().persist(course);              // 数据持久化
      if (x % 10 == 0) {                                                // 每10条清空缓存
         JPAEntityFactory.getEntityManager().flush();                   // 强制刷新
         JPAEntityFactory.getEntityManager().clear();                   // 清空缓存
      }
   }
}
```

```
JPAEntityFactory.getEntityManager().getTransaction().commit();  // 事务提交
JPAEntityFactory.close();                                        // 关闭会话
}
```

本程序在执行时利用循环结构向 course 数据表中添加 1000 条数据，考虑到一级缓存所带来的内存溢出问题，每 10 条就进行一次缓存的清空处理，从而保证批量数据增加的正确执行。

9.3.3 JPA 二级缓存

视频名称　0913_【掌握】JPA 二级缓存
视频简介　二级缓存可以实现多个操作线程之间的数据共享处理，在 JPA 中需要开发者手动配置。本视频为读者分析二级缓存和一级缓存之间的差别，并基于 EHCache 组件实现本地磁盘二级缓存的启用。

在常规的开发过程中，每一个用户的处理线程一般都只会包含一个 EntityManager 接口实例，所以每一个线程的内部都会维持着一级缓存。然而不同线程之间的一级缓存数据是无发共享的，所以为了解决不同线程之间的数据共享问题，JPA 又提供了二级缓存配置支持，如图 9-23 所示。

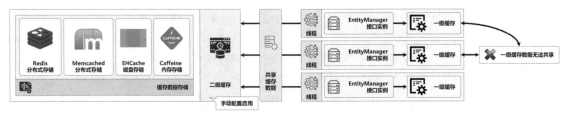

图 9-23　二级缓存

由于二级缓存可以被不同的线程访问，因此需要在应用中提供一个完整的缓存数据空间。该数据空间可以是一块指定的内存或一块磁盘空间，也可以是一个专属的分布式缓存服务器。为了简化模型，我们将使用最为常规的 EHCache 缓存组件来实现二级缓存的配置。下面将通过具体步骤进行配置。

> **提示：缓存组件可以自行设计开发。**
>
> 对于项目中存在的缓存设计模型，本系列图书中的《Java 进阶开发实战（视频讲解版）》一书中的 J.U.C 部分已经有所讲解。用户如果有需要也可以采用自定义的缓存组件，但是要想得到较高的缓存命中性能，则需要不断地进行各类缓存处理算法的实践摸索。这类实践摸索对于大部分的开发者难度过高，基于此原因开发者在开发中会使用一些成型的缓存组件。考虑到知识结构的完整性，本书将为读者讲解 EHCache、Caffeine、Memcached 这 3 种缓存组件。至于 Redis 缓存组件，由于其涉及的概念及应用环境较为烦琐，将在本系列图书中的《Redis 开发实战（视频讲解版）》一书中为读者进行详细讲解。

（1）【yootk-spring 项目】修改 build.gradle 配置文件，引入二级缓存相关的依赖库。

```
implementation('org.hibernate.orm:hibernate-jcache:6.0.0.Final')
implementation('org.ehcache:ehcache:3.10.0')
implementation('javax.xml.bind:jaxb-api:2.3.1')
implementation('com.sun.xml.bind:jaxb-impl:2.3.0')
implementation('com.sun.xml.bind:jaxb-core:2.3.0')
```

为了便于缓存的规范化管理，Hibernate 提供了 hibernate-jcache 依赖库，该依赖库支持 JSR 107 规范中的缓存处理标准。要想使用该规范则需要引入实现组件，本次使用的是 EHCache 组件，如图 9-24 所示，而在进行依赖配置时需要同时配置 "hibernate-jcache" 与 "ehcache" 两个依赖库。

9.3 JPA 数据缓存

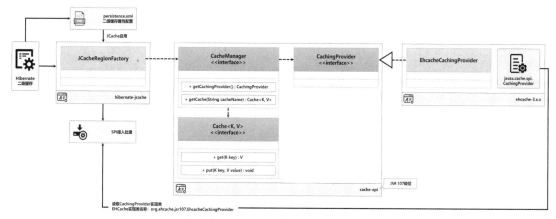

图 9-24 JCache 与 EHCache 缓存

> **提示：SPI 接入标准。**
>
> SPI（Service Provider Interface，服务提供接口）是 Java 提供的第三方实现组件的接入机制，通过该机制可以有效地解决程序设计中的解耦合问题。如同本例，开发者只需要引入 JSR 107 实现组件，就可以自动进行该缓存组件的整合，不需要进行额外的配置。

(2)【jpa 子模块】修改 META-INF/persistence.xml 配置文件，在该文件中增加二级缓存配置属性。

```xml
<!-- 定义JCache的工厂类，通过该类获取JSR 107实现类 -->
<property name="hibernate.cache.region.factory_class"
        value="org.hibernate.cache.jcache.internal.JCacheRegionFactory"/>
<!-- 在应用中启用二级缓存，即EntityManagerFactory级缓存 -->
<property name="hibernate.cache.use_second_level_cache" value="true"/>
<!-- EHCache组件提供的CachingProvider接口实现类，用于接入EHCache -->
<property name="hibernate.javax.cache.provider"
        value="org.ehcache.jsr107.EhcacheCachingProvider"/>
```

(3)【jpa 子模块】在需要缓存的 PO 类上使用"@Cacheable"注解定义（该注解由 JSR 107 标准定义）。

```java
package com.yootk.po;
@Cacheable                                              // 启用二级缓存
@Entity                                                 // JPA实体标记
@Table(name = "course")                                 // 映射表名称
public class Course {}
```

(4)【jpa 子模块】在 persistence.xml 配置文件之中，定义二级缓存的处理模式，该缓存模式在 "<class>" 元素下进行配置，可以使用的配置项如下。

- ALL：所有的实体类都被缓存。
- NONE：所有的实体类都不被缓存。
- ENABLE_SELECTIVE：标识"@Cacheable(true)"注解的实体类将被缓存。
- DISABLE_SELECTIVE：缓存未标识"@Cacheable(false)"注解的所有实体类。
- UNSPECIFIED：默认值，JPA 产品默认值将被使用。

```xml
<shared-cache-mode>ENABLE_SELECTIVE</shared-cache-mode>
```

(5)【jpa 子模块】在 src/main/resources 目录下创建 ehcache.xml 配置文件，该配置文件定义了缓存数据的存储配置。

```xml
<?xml version="1.0" encoding="UTF-8"?>
<ehcache>
    <diskStore path="java.io.tmpdir/yootk"/>            <!-- 设置临时缓存路径 -->
    <defaultCache                                       <!-- 定义默认缓存区配置 -->
        maxElementsInMemory="10000"                     <!-- 缓存中允许保存的元素个数 -->
        eternal="true"                                  <!-- 是否允许自动失效 -->
        timeToIdleSeconds="120"                         <!-- 缓存失效时间 -->
```

```
        timeToLiveSeconds="120"                      <!-- 最大存活时间 -->
        maxElementsOnDisk="10000000"                 <!-- 磁盘最大保存元素个数 -->
        diskExpiryThreadIntervalSeconds="120"        <!-- 对象检测线程运行时间间隔-->
        memoryStoreEvictionPolicy="LRU"/>            <!-- 缓存清除策略，如FIFO或LRU等 -->
</ehcache>
```

数据的缓存空间是有限的，为了可以及时清理掉那些不再使用的缓存数据项，且考虑到数据清除方式的不同，EHCache 提供 3 种缓存清除策略。

- LRU（Least Recently Used，最近最少使用）策略：将使用次数较少的缓存项定期清除，从而只保留热点数据。
- LFU（Least Frequently Used，最近最久未使用）策略：将最近一段时间内使用最少的缓存项定期清除。
- FIFO（First Input First Output，先进先出）策略：缓存空间不足时将最早缓存的数据清除。该算法有可能会造成热点数据被清除，同时还有可能产生缓存穿透问题，甚至可能造成应用程序崩溃。

> 💡 **提示：缓存穿透。**
>
> 使用缓存的目的是提高程序高并发的处理性能，毕竟通过数据库进行数据查询一定会带来严重的性能损耗，而利用缓存可以减少重复数据的查询。如果采用了 FIFO 策略，那么有可能早先的一个数据被多线程频繁访问，缓存项却被删除，这些线程突然大规模地通过数据库查询，这样就会造成程序的崩溃，如图 9-25 所示。

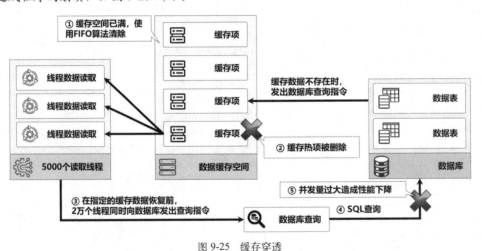

图 9-25 缓存穿透

合理的缓存数据维护是提高应用稳定性与其他性能的关键技术，本章所讲解的缓存是基于数据层的缓存实现的，而 Spring 还提供了基于业务层的缓存处理，本书第 10 章将为读者详细讲解。

(6)【jpa 项目】测试二级缓存的使用。

```
package com.yootk.test;
public class TestTwoLevelCache {
    private static final Logger LOGGER = LoggerFactory.getLogger(TestTwoLevelCache.class);
    @Test
    public void testFindCache() {
        EntityManager managerA = JPAEntityFactory.getEntityManagerFactory()
                .createEntityManager();                     // 获取新的EntityManager接口实例
        LOGGER.info("第一次查询：{}", managerA.find(Course.class, 1L));  // 数据查询
        managerA.close();
        EntityManager managerB = JPAEntityFactory.getEntityManagerFactory()
                .createEntityManager();                     // 获取新的EntityManager接口实例
```

```
        LOGGER.info("第二次查询:{}", managerB.find(Course.class, 1L));  // 数据查询
        managerB.close();
    }
}
```
程序执行结果:
```
Hibernate: select c1_0.cid,c1_0.cname,c1_0.credit,c1_0.end,c1_0.num,c1_0.start
                from course c1_0 where c1_0.cid=?
第一次查询:【课程信息】ID: 1、名称: Java就业编程实战、学分: 2、人数: 50…
第二次查询:【课程信息】ID: 1、名称: Java就业编程实战、学分: 2、人数: 50…
```

本程序创建了两个不同的 EntityManager 接口实例,而后这两个接口实例查询了同样 ID 的数据信息。通过执行结果可以发现,由于二级缓存的支持,该操作实际上只执行了一次数据库查询处理。

9.3.4 JPA 查询缓存

视频名称 0914_【掌握】JPA 查询缓存

视频简介 二级缓存的开启默认只对 EntityManager 操作有效,而为了进一步扩大二级缓存的应用,还需要进行查询缓存的配置。本视频分析默认情况下 Query 查询的使用问题,并通过 persistence.xml 的配置和 HINT_CACHEABLE 实现查询缓存。

虽然我们已经开启了 JPA 的二级缓存,但是当前的缓存只对 EntityManager 中的数据查询操作有效,而在使用 JPQL 查询时将无法生效。所以在启用二级缓存时,也需要进行查询缓存的配置,具体实现步骤如下。

(1)【jpa 子模块】修改 META-INF/persistence.xml 配置文件,启用查询缓存。
```
<property name="hibernate.cache.use_query_cache" value="true"/> <!-- 启用查询缓存 -->
```
(2)【jpa 子模块】修改 Course 实体类定义,让其实现 Serializable 序列化接口。
```
public class Course implements Serializable {}
```
(3)【jpa 子模块】同步不同的 EntityManager 接口实例,创建查询同一 ID 数据的操作。
```
@Test
public void testQueryCache() {
    String jpql = "SELECT c FROM Course AS c WHERE c.cid=:cid";  // JPQL查询
    EntityManager managerA = JPAEntityFactory.getEntityManagerFactory()
            .createEntityManager();                              // 获取新的EntityManager接口实例
    TypedQuery<Course> queryA = managerA.createQuery(jpql, Course.class);
    queryA.setHint(AvailableHints.HINT_CACHEABLE, true);  // 数据缓存
    queryA.setParameter("cid", 1L);                       // 占位符配置
    LOGGER.info("第一次查询:{}", queryA.getSingleResult());// 数据查询
    managerA.close();
    EntityManager managerB = JPAEntityFactory.getEntityManagerFactory()
            .createEntityManager();                              // 获取新的EntityManager接口实例
    TypedQuery<Course> queryB = managerB.createQuery(jpql, Course.class);
    queryB.setHint(AvailableHints.HINT_CACHEABLE, true);  // 数据缓存
    queryB.setParameter("cid", 1L);                       // 占位符配置
    LOGGER.info("第二次查询:{}", queryB.getSingleResult());// 数据查询
    managerB.close();
}
```
程序执行结果:
```
Hibernate: select c1_0.cid,c1_0.cname,c1_0.credit,c1_0.end,c1_0.num,c1_0.start
                from course c1_0 where c1_0.cid=?
第一次查询:【课程信息】ID: 1、名称: Java就业编程实战、学分: 2…
第二次查询:【课程信息】ID: 1、名称: Java就业编程实战、学分: 2…
```

本程序分别创建了两个 EntityManager 接口实例,而后各自创建 TypedQuery 接口实例并进行数据查询操作。通过最终的执行结果可以发现,程序只发出了一条查询指令,而第二次查询会通过二级缓存直接获取数据。

> 💡 **提示**：NotSerializableException 未序列化异常。
>
> 实体类对象的缓存，核心的功能在于将对象序列化到指定的存储路径之中，所以序列化是 EHCache 实现的关键。但是在编者编写本节时，程序的执行总是会出现如下的异常信息。

范例：程序执行出错

```
Caused by: java.io.NotSerializableException:
    org.hibernate.query.internal.QueryParameterBindingsImpl$ParameterBindingsMementoImpl
```

此时出现了 QueryParameterBindingsImpl.ParameterBindingsMementoImpl 对象无法进行序列化操作，而后编者依据错误信息找到了图 9-26 所示的继承结构，发现 QueryKey.ParameterBindingsMemento 内置接口并没有实现 java.io.Serializable 父接口。此时只有修改 QueryKey 接口的定义才可以解决序列化出错的问题。

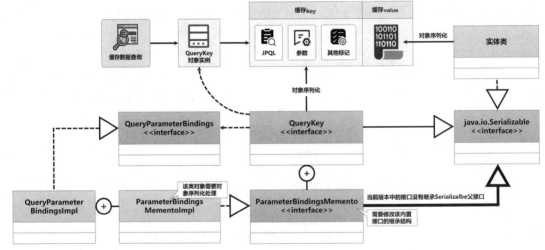

图 9-26 缓存序列化处理逻辑

范例：修改 QueryKey 接口定义

```
package org.hibernate.cache.spi;
public class QueryKey implements Serializable {
    // 其他原有程序代码不动，只让该接口多继承一个父接口
    public interface ParameterBindingsMemento extends Serializable {}
}
```

此时修改了 QueryKey.ParameterBindingsMemento 内置接口的定义，使其多继承了一个 Serializable 父接口，就解决了当前的代码问题。期待新的版本中可以修复此缺陷。

9.3.5 CacheMode

视频名称　0915_【掌握】CacheMode

视频简介　为了可以进一步进行不同会话的缓存操作，JPA 提供了 CacheMode 缓存类型配置，开发者可以依据需要进行缓存读写。本视频为读者讲解 JPA 中的缓存模式的分类与作用，并通过具体的程序进行功能展示。

在默认情况下，程序中只要启用了二级缓存，不同的用户线程进行数据查询时，都可以实现缓存数据的读写处理。但是在一些特殊环境下，有可能某些线程只需要设置缓存数据，而某些线程只需要读取缓存数据，甚至不需要进行缓存操作。为了解决这一设计问题，JPA 提供了 5 种缓存模式，如图 9-27 所示。

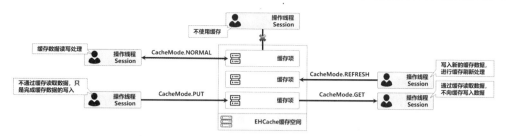

图 9-27　CacheMode 缓存模式

缓存模式设置可以通过 Query 接口提供的 setHint() 方法完成。AvailableHints 接口提供了一个 HINT_CACHE_MODE（对应字符串为 "org.hibernate.cacheMode"）常量，而具体的缓存分类是由 CacheMode 枚举类定义的。该类分别为 5 种缓存类型定义了 5 个常量，如表 9-7 所示。

表 9-7　CacheMode 缓存类型

序号	缓存类型	描述
1	CacheMode.NORMAL	当前会话可以向缓存读写数据
2	CacheMode.IGNORE	当前会话不进行任何缓存操作
3	CacheMode.GET	当前会话只能够通过缓存读取数据，不能写入缓存数据
4	CacheMode.PUT	当前会话只能够向缓存写入数据，不读取缓存数据
5	CacheMode.REFRESH	当前会话不会向缓存读取数据，只会将当前数据强制写入缓存

范例：设置 JPA 缓存类型

```
@Test
public void testQueryCacheMode() {
    String jpql = "SELECT c FROM Course AS c WHERE c.cid=:cid";   // JPQL查询
    EntityManager managerA = JPAEntityFactory.getEntityManagerFactory()
            .createEntityManager();                                // 获取新的EntityManager实例
    TypedQuery<Course> queryA = managerA.createQuery(jpql, Course.class);
    queryA.setHint(AvailableHints.HINT_CACHEABLE, true);
    queryA.setHint(AvailableHints.HINT_CACHE_MODE, CacheMode.PUT); // 缓存写入
    queryA.setParameter("cid", 1L);                                // 占位符配置
    LOGGER.info("第一次查询：{}", queryA.getSingleResult());          // 数据查询
    managerA.close();
    EntityManager managerB = JPAEntityFactory.getEntityManagerFactory()
            .createEntityManager();                                // 获取新的EntityManager实例
    TypedQuery<Course> queryB = managerB.createQuery(jpql, Course.class);
    queryB.setHint(AvailableHints.HINT_CACHEABLE, true);
    queryB.setHint(AvailableHints.HINT_CACHE_MODE, CacheMode.REFRESH); // 缓存写入
    queryB.setParameter("cid", 1L);                                // 占位符配置
    LOGGER.info("第二次查询：{}", queryB.getSingleResult());          // 数据查询
    managerB.close();
}
```

程序执行结果：

```
Hibernate: select c1_0.cid,c1_0.cname,c1_0.credit,c1_0.end,c1_0.num,c1_0.start
                  from course c1_0 where c1_0.cid=?
第一次查询：【课程信息】ID：1、名称：Java就业编程实战、学分：2…
Hibernate: select c1_0.cid,c1_0.cname,c1_0.credit,c1_0.end,c1_0.num,c1_0.start
                  from course c1_0 where c1_0.cid=?
第二次查询：【课程信息】ID：1、名称：Java就业编程实战、学分：2…
```

本程序通过 setHint() 方法设置了不同的缓存模式。第一次查询采用了 PUT 模式，所以会将数据存放到缓存之中；而第二次查询使用了 REFRESH 模式，所以会重新查询，并将一个新的实体对象保存到缓存之中。

9.4 JPA 锁机制

JPA 数据锁

视频名称　0916_【掌握】JPA 数据锁
视频简介　考虑到多线程并发的处理环境，JPA 提供了锁机制。本视频为读者分析数据锁的实现意义，并讲解两种数据锁的主要特点。

Java 是一门多线程编程语言，在进行项目开发时，有可能会有同一条数据被多个线程同时读取，并且这些线程都有可能执行该条数据的更新操作，如图 9-28 所示。此时如果没有进行合理的控制，就会出现数据覆盖的问题，从而造成业务数据的更新错误。

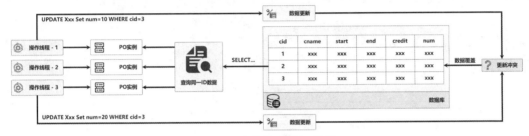

图 9-28　多线程更新同一数据

要想解决多线程更新的数据同步问题，就需要使用 JPA 的锁机制。考虑到不同的业务需求以及性能要求，JPA 提供了悲观锁（Pessimistic Lock）与乐观锁（Optimistic Lock）两种处理机制，这两种锁的使用都通过 EntityManager 接口提供的方法完成，如图 9-29 所示。本节将对这两种锁的实现进行讲解。

> 提示：锁处理需要结合事务。
>
> 不管开发者使用的是悲观锁还是乐观锁，在读取数据时，都必须将其包裹在事务控制之内，否则在程序执行时，就会出现"jakarta.persistence.TransactionRequiredException: no transaction is in progress"异常信息。

图 9-29　JPA 锁机制

9.4.1　JPA 悲观锁

JPA 悲观锁

视频名称　0917_【掌握】JPA 悲观锁
视频简介　考虑到多线程并发的处理环境，JPA 提供了锁机制。本视频为读者分析数据锁的实现意义，并讲解两种数据锁的主要特点。

悲观锁认为所有的数据操作一定存在并发更新的问题，所以只要是在业务中进行数据获取，就会自动采用锁机制对当前数据行进行锁定，这样其他的事务就无法进行该行数据的更新处理，如图9-30所示。悲观锁分为读锁和写锁，在进行悲观锁定义时，需要通过LockModeType枚举类定义的常量进行配置，这些常量如下。

- PESSIMISTIC_READ：只要事务读实体，实体管理器就锁定实体，直到事务完成（提交或回滚）才会解锁。这种锁模式不会阻碍其他事务读取数据。
- PESSIMISTIC_WRITE：只要事务更新实体，实体管理器就锁定实体。这种锁模式强制尝试修改实体数据的事务串行化。当多个并发更新事务出现更新失败概率较高时使用这种锁模式。
- PESSIMISTIC_FORCE_INCREMENT：当事务读实体时，实体管理器就锁定实体，当事务结束时会增加实体的版本属性，即使实体没有修改。

图 9-30　JPA 悲观锁

范例：使用悲观锁

```
package com.yootk.test;
public class TestLock {
    private static final Logger LOGGER = LoggerFactory.getLogger(TestLock.class);
    @Test
    public void testPessimisticLock() throws Exception{
        startLockThread();                                    // 开启加锁线程
        TimeUnit.MILLISECONDS.sleep(10);                      // 延迟启动线程
        startReadThread();                                    // 开启读取线程
        TimeUnit.MILLISECONDS.sleep(10);                      // 延迟启动线程
        startWriteThread();                                   // 开启写入线程
        TimeUnit.SECONDS.sleep(Long.MAX_VALUE);               // 保持程序运行
    }
    public void startLockThread() {                           // 开启加锁线程
        Thread thread = new Thread(() -> {
            JPAEntityFactory.getEntityManager().getTransaction().begin(); // 事务开启
            Course course = JPAEntityFactory.getEntityManager().find(Course.class, 3L,
                LockModeType.PESSIMISTIC_WRITE);              // 悲观写锁
            course.setCname("Redis就业编程实战");                // 修改持久态属性
            course.setCredit(5);                              // 修改持久态属性
            try {
                TimeUnit.SECONDS.sleep(10);                   // 休眠10s
            } catch (InterruptedException e) {}
            JPAEntityFactory.getEntityManager().getTransaction().commit(); // 事务提交
            JPAEntityFactory.close();
            LOGGER.info("【{}】业务处理完成，数据更新完毕。", Thread.currentThread().getName());
        }, "LockThread - 业务处理线程");                         // 创建线程
        thread.start();                                       // 线程启动
    }
    public void startReadThread() {                           // 开启读取线程
        Thread thread = new Thread(() -> {
            JPAEntityFactory.getEntityManager().getTransaction().begin(); // 事务开启
            Course course = JPAEntityFactory.getEntityManager().find(Course.class, 3L,
```

```
            LockModeType.PESSIMISTIC_WRITE);              // 悲观写锁
        LOGGER.info("【{}】课程名称：{}，课程学分：{}", Thread.currentThread().getName(),
            course.getCname(), course.getNum());          // 日志输出
        // 此时进行了数据的读取操作，由于不修改实体数据，事务提交或回滚效果相同
        JPAEntityFactory.getEntityManager().getTransaction().rollback();  // 事务回滚
        JPAEntityFactory.close();
    }, "ReadThread - 读取线程");                           // 创建线程
    thread.start();                                        // 线程启动
}
public void startWriteThread() {                           // 开启写入线程
    Thread thread = new Thread(() -> {
        JPAEntityFactory.getEntityManager().getTransaction().begin();  // 事务开启
        Course course = JPAEntityFactory.getEntityManager().find(Course.class, 3L,
            LockModeType.PESSIMISTIC_WRITE);              // 悲观写锁
        course.setCname("Netty就业编程实战");                // 修改持久态属性
        course.setCredit(9);                               // 修改持久态属性
        JPAEntityFactory.getEntityManager().getTransaction().commit();  // 事务提交
        JPAEntityFactory.close();
        LOGGER.info("【{}】数据更新完毕。", Thread.currentThread().getName());
    }, "WriteThread - 更新线程");                           // 创建线程
    thread.start();                                        // 线程启动
}
```

程序执行结果：

```
【startLockThread()方法发出查询指令】Hibernate: select c1_0.cid,c1_0.cname,c1_0.credit,c1_0.end,
    c1_0.num,c1_0.start from course c1_0 where c1_0.cid=? for update
【startReadThread()方法发出查询指令】Hibernate: select c1_0.cid,c1_0.cname,c1_0.credit,c1_0.end,
    c1_0.num,c1_0.start from course c1_0 where c1_0.cid=? for update
【startWriteThread()方法发出查询指令】Hibernate: select c1_0.cid,c1_0.cname,c1_0.credit,c1_0.end,
    c1_0.num,c1_0.start from course c1_0 where c1_0.cid=? for update
【startLockThread()方法发出更新指令】Hibernate: update course set cname=?, credit=?, end=?,
    num=?, start=? where cid=?
【LockThread - 业务处理线程】业务处理完成，数据更新完毕。
【ReadThread - 读取线程】课程名称：Netty就业编程实战，课程学分：99
【startWriteThread()方法发出更新指令】Hibernate: update course set cname=?, credit=?, end=?,
    num=?, start=? where cid=?
【WriteThread - 更新线程】数据更新完毕。
```

在以上测试程序中，所有的悲观锁统一使用了"LockModeType.PESSIMISTIC_WRITE"类型，所以在进行数据读取时，都使用"FOR UPDATE"语句进行了独占锁的定义。程序在用startLockThread()方法获取数据后并没有及时进行事务提交，而是进行了一段时间的延迟，在延迟的过程中，可以随意进行该行数据的读取，但是要想提交更新事务，则需要等待startLockThread()事务提交，如图9-31所示。

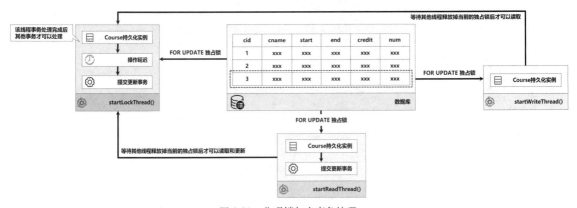

图9-31　悲观锁与多事务处理

> 提示：FOR UPDATE 与 FOR SHARE。
>
> 在悲观锁操作中，如果使用了"LockModeType.PESSIMISTIC_WRITE"锁模式，则在查询语句中会出现"FOR UPDATE"，此时其他的事务将无法执行，需要等待本事务执行完毕。而如果使用了"LockModeType.PESSIMISTIC_READ"锁模式，在查询语句中会出现"FOR SHARE"，此时不影响数据读取，但是在更新时需要等待其他事务更新完毕。

9.4.2 JPA 乐观锁

视频名称　0918_【掌握】
视频简介　乐观锁是一种程序逻辑处理锁，基于版本号进行并发更新保护。本视频为读者分析乐观锁与悲观锁的区别，并通过具体的案例讲解乐观锁的实现。

悲观锁是基于数据库内部机制实现的数据锁定，但是在实际的开发中，可能并不会存在很多的高并发的并行更新操作，那么每一次都加上锁就会产生较为严重的性能损耗。为了兼顾性能以及并发更新的安全性，JPA 提供了乐观锁的处理机制，如图 9-32 所示。

乐观锁是基于程序逻辑实现的，在 JPA 中要想启动乐观锁，则需要基于 LockModeType 枚举类中定义的枚举项进行配置。

- OPTIMISTIC：乐观读锁，与 "READ" 枚举项作用相同。
- OPTIMISTIC_FORCE_INCREMENT：乐观写锁，在每次更新时会同时进行版本号的更新，与 "WRITE" 枚举项作用相同。

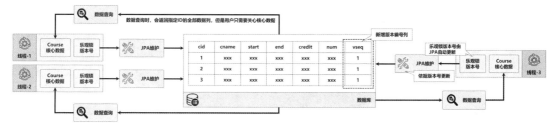

图 9-32　JPA 乐观锁

在使用乐观锁时需要在指定的数据表中追加一个版本编号（类型为整型）列，程序每一次读取数据时，除了会读取到核心的数据，还会将当前的版本号读取过来；在更新数据时，需要传递要更新数据的 ID 以及版本号，当 ID 和版本号都匹配时才可以更新，如果发现不匹配，表示该数据已经被其他线程更新过，则当前线程的数据无法更新，如图 9-33 所示。为了便于读者理解这一操作，下面将通过具体的步骤进行乐观锁的实现。

图 9-33　乐观锁并发更新保护

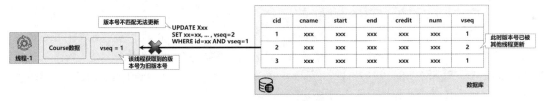

(c) 版本号不匹配更新失败

图 9-33 乐观锁并发更新保护（续）

（1）【MySQL 数据库】在 course 数据表中追加一个 vseq 新字段，该字段表示乐观锁版本号，对应的默认值为 1。

```
ALTER TABLE course ADD vseq INT DEFAULT 1;
```

（2）【jpa 子模块】修改 Course 实体类的定义，追加 vseq 属性，并使用 "@Version" 注解进行配置。

```
@Version                                              // 此字段由JPA维护
private Long vseq;                                    // 乐观锁更新版本号
```

（3）【jpa 子模块】编写程序，启用乐观锁处理。

```
@Test
public void testOptimisticLock() {
    JPAEntityFactory.getEntityManager().getTransaction().begin();   // 事务开启
    Course course = JPAEntityFactory.getEntityManager().find(Course.class, 3L,
            LockModeType.OPTIMISTIC_FORCE_INCREMENT);               // 乐观锁查询
    course.setCname("SpringBoot就业编程实战");                       // 持久态更新
    course.setCredit(3);                                            // 持久态更新
    JPAEntityFactory.getEntityManager().getTransaction().commit();  // 事务提交
    JPAEntityFactory.close();
}
```

程序执行结果：

```
Hibernate: select c1_0.cid,c1_0.cname,c1_0.credit,c1_0.end,c1_0.num,c1_0.start,c1_0.vseq
          from course c1_0 where c1_0.cid=?
Hibernate: update course set cname=?, credit=?, end=?, num=?, start=?, vseq=? where cid=? and vseq=?
Hibernate: update course set vseq=? where cid=? and vseq=?
```

本程序采用了乐观写锁的处理模式，在查询时不会出现 "FOR UPDATE" 或 "FOR SHARE" 的数据库锁定处理，但是在每次数据更新时都会基于版本号进行判断，更新成功后则会对当前数据行的版本号进行更新。

9.5 JPA 数据关联

在数据库设计中，经常需要进行有效的数据表关联结构设计，这样就有了一对一数据关联、一对多数据关联、多对多数据关联。JPA 提供了数据关联操作支持，本节将对这些数据关联操作进行实现。

9.5.1 一对一数据关联

视频名称　0919_【理解】一对一数据关联

视频简介　考虑到数据库的处理性能以及数据分类管理，开发中可以将一张完整的数据表拆分为若干个组成部分，形成一对一数据关联。本视频为读者分析一对一设计的意义，并通过 JPA 实现一对一数据的更新与查询操作。

一对一数据关联是数据表垂直拆分的一种技术实现手段，当某张数据表的数据过多时，就可以考虑根据其数据的作用将其拆分为不同的表进行存储。这样既可以保证数据的存储性能，又可以提高数据的安全性。例如，在用户登录系统的结构中，可以创建一张 login 用户登录表，该表中只保存用户 ID 和密码，而用户的详细信息可以保存在 details 用户详情表中，如图 9-34 所示。

图 9-34 一对一数据关联

在 JPA 中要想进行一对一数据关联的结构实现，首先就需要进行两个实体类之间的关联定义，如图 9-35 所示。此时需要提供 Login 与 Details 两个类，Login.details 为 Details 类实例，Details.login 为 Login 类实例，而后还需要利用"@OneToOne"注解进行一对一关联的标记。在该注解中开发者可以根据需要定义级联数据抓取模式（数据查询时使用）和关联结构的级联配置（数据更新时使用）。为便于读者理解，下面将通过具体的步骤实现该关联结构的开发。

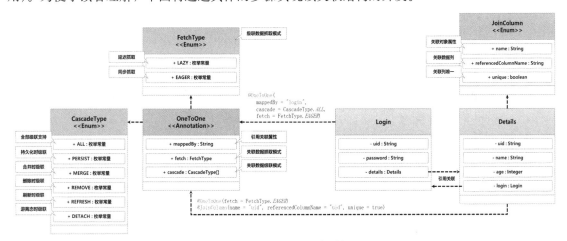

图 9-35 一对一关联设计

（1）【MySQL 数据库】创建一对一关联数据表。

```
DROP DATABASE IF EXISTS yootk;
CREATE DATABASE yootk CHARACTER SET UTF8;
USE yootk;
CREATE TABLE login (
  uid           VARCHAR(50)        comment '用户ID',
  password      VARCHAR(32)        comment '密码',
  CONSTRAINT pk_uid1 PRIMARY KEY(uid)
) engine=innodb;
CREATE TABLE details (
  uid           VARCHAR(50)        comment '用户ID',
  name          VARCHAR(50)        comment '姓名',
  age           INT                comment '年龄',
  CONSTRAINT pk_uid2 PRIMARY KEY(uid),
  CONSTRAINT fk_uid FOREIGN KEY(uid) REFERENCES login(uid) ON DELETE CASCADE
) engine=innodb;
INSERT INTO login(uid, password) VALUES ('muyan', 'hello');
INSERT INTO login(uid, password) VALUES ('yootk', 'hello');
INSERT INTO details(uid, name, age) VALUES ('muyan', '沐言', 18);
INSERT INTO details(uid, name, age) VALUES ('yootk', '优拓', 19);
```

此时的 login 与 details 两张数据表依靠 uid 字段进行关联（两张表拥有同样的主键名称），而在 JPA 的一对一关联结构的定义中，要求在 details 表中增加外键约束配置。

(2)【jpa 子模块】创建 Login 实体类。

```
package com.yootk.po;
@Entity                                             // 实体类
public class Login implements Serializable {        // 省略@Table注解
    @Id                                             // 主键
    private String uid;                             // 主键列
    private String password;                        // 列名称映射
    @OneToOne(
            mappedBy = "login",                     // 关联类属性
            cascade = CascadeType.ALL,              // 全部级联
            fetch = FetchType.EAGER)                // 一对一关联
    private Details details;                        // 一对一关联
    // Setter、Getter、无参构造方法略
    @Override
    public String toString() {
        return "【用户登录】用户ID: " + this.uid + "、密码: " + this.password;
    }
}
```

(3)【jpa 子模块】创建 Details 实体类。

```
package com.yootk.po;
@Entity                                             // 实体类
public class Details implements Serializable {      // 省略@Table注解
    @Id
    private String uid;
    @OneToOne(fetch = FetchType.EAGER)              // 一对一配置
    @JoinColumn(name = "uid",                       // 关联类属性
            referencedColumnName = "uid",           // 关联字段名称
            unique = true)                          // 数据列唯一
    private Login login;                            // 一对一关联
    private String name;                            // 列映射
    private Integer age;                            // 列映射
    // Setter、Getter、无参构造方法略
    @Override
    public String toString() {
        return "【用户详情】姓名: " + this.name + "、年龄: " + this.age;
    }
}
```

(4)【jpa 子模块】修改 META-INF/persistence.xml 文件，增加两个新的实体类配置。

```
<class>com.yootk.po.Login</class>                   <!-- 实体类 -->
<class>com.yootk.po.Details</class>                 <!-- 实体类 -->
```

(5)【jpa 子模块】编写测试类，进行对象关联结构的配置与持久化处理。

```
package com.yootk.test;
public class TestOneToOne {
    private static final Logger LOGGER = LoggerFactory.getLogger(TestOneToOne.class);
    @Test
    public void testAdd() {                         // 数据增加测试
        Login login = new Login();                  // 实例化PO对象
        login.setUid("lee");                        // 属性设置
        login.setPassword("yootk.com");             // 属性设置
        Details details = new Details();            // 实例化PO对象
        details.setUid("lee");                      // 属性设置
        details.setName("李兴华");                   // 属性设置
        details.setAge(18);                         // 属性设置
        login.setDetails(details);                  // 级联配置
        details.setLogin(login);                    // 级联配置
        JPAEntityFactory.getEntityManager().getTransaction().begin();   // 开启事务
        JPAEntityFactory.getEntityManager().persist(login);             // 持久化
        JPAEntityFactory.getEntityManager().getTransaction().commit();  // 事务提交
        JPAEntityFactory.close();
```

}
}

程序执行结果：
```
Hibernate: insert into Login (password, uid) values (?, ?)
Hibernate: insert into Details (age, name, uid) values (?, ?, ?)
```

本程序分别实例化了 Login 与 Details 两个实体类的对象，随后进行了属性内容的设置以及引用关联配置。当持久化 Login 对象时，由于配置了 "CascadeType.ALL" 级联模式，因此也会自动持久化关联的 Details 对象数据。

(6)【jpa 子模块】根据用户 ID 查询 Login 实体数据。
```
@Test
public void testFind() {
    Login login = JPAEntityFactory.getEntityManager().find(Login.class, "yootk");
    LOGGER.info("用户登录信息: {}", login);
}
```
程序执行结果：
```
Hibernate: select l1_0.uid,d1_0.uid,d1_0.age,d1_0.name,l1_0.password from Login l1_0
        left join Details d1_0 on l1_0.uid=d1_0.uid where l1_0.uid=?
用户登录信息:【用户登录】用户ID: yootk、密码: hello
```

以上程序实现了 Login 实体的查询，但是由于抓取策略配置为 "FetchType.EAGER"（默认抓取策略），所以会采用左外连接的形式进行多表查询处理，即会同时获取到 Details 对象实例。

> **提示："FetchType.LAZY" 数据抓取模式。**
>
> 在一对一的结构中，如果不希望采用表关联的结构进行级联数据的查询处理，则可以将抓取模式配置为 "FetchType.LAZY"。
>
> **范例：修改级联抓取模式**
>
> 修改 Login 类：
> ```
> @OneToOne(
>     mappedBy = "login",                  // 关联类属性
>     cascade = CascadeType.ALL,           // 全部级联
>     fetch = FetchType.LAZY)              // 一对一关联
> private Details details;                 // 一对一关联
> ```
> 修改 Details 类：
> ```
> @OneToOne(fetch = FetchType.LAZY)        // 一对一配置
> @JoinColumn(name = "uid",                // 关联类属性
>     referencedColumnName = "uid",        // 关联字段名称
>     unique = true)                       // 数据列唯一
> private Login login;                     // 一对一关联
> ```
> JPA 查询语句：
> ```
> Hibernate: select l1_0.uid,l1_0.password from Login l1_0 where l1_0.uid=?
> Hibernate: select d1_0.uid,d1_0.age,d1_0.name from Details d1_0 where d1_0.uid=?
> ```
> 本程序重新配置了数据抓取模式，当再次执行时，出现的是两条查询语句，第一条查询 login 数据表，第二条查询 details 数据表。数据关联结构不同，FetchType.LAZY 也会有不同的实现效果，这一点可以通过随后的学习观察到。

9.5.2 一对多数据关联

一对多数据关联

视频名称　0920_【理解】一对多数据关联

视频简介　一对多数据关联是数据库设计中较为常见的一种结构，JPA 提供了 "@OneToMany" 注解用于该结构的实现。本视频通过实例讲解该关联结构的使用与数据抓取问题的分析。

为了更有效地进行数据管理，开发者往往会依据不同的类型进行数据的归类，例如，一个人事

管理系统中，一个部门会有多个雇员，而雇员的分类就可以依靠部门编号实现，如图 9-36 所示。该结构就属于一对多数据关联，而这一关联结构也是实际的数据库设计与开发中最为常见的一种。

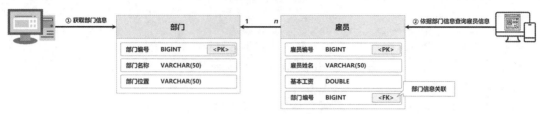

图 9-36 一对多数据关联

JPA 中的数据关联需要实体类定义的支持，对于"一"方直接采用引用关联即可，而"多"方则需要通过集合的形式进行配置。以图 9-37 所示实体类一对多关联结构为例，依据表的定义设置 Dept 与 Emp 两个实体类，在 Emp 实体类中提供 Dept 的引用关联，而在 Dept 实体类中利用 "List<Emp>"集合实现多个雇员信息的存储。

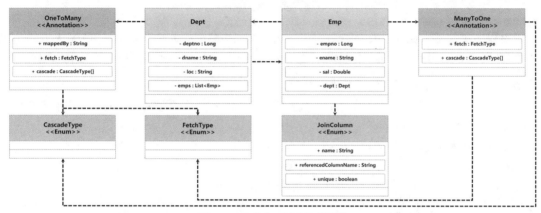

图 9-37 实体类一对多关联设计

另外在定义实体类时，对于"一"方需要使用"@OneToMany"注解进行定义，而"多"方需要使用"@ManyToOne"注解进行配置，并且依据"@JoinColumn"进行关联数据列的配置，最后根据自身的设计需要选择合适的数据级联以及数据抓取策略。为了便于读者理解，下面将通过具体的步骤对这一操作进行完整实现。

（1）【MySQL 数据库】创建一对多关联数据表。

```
DROP DATABASE IF EXISTS yootk;
CREATE DATABASE yootk CHARACTER SET UTF8;
USE yootk;
CREATE TABLE dept (
   deptno         BIGINT              comment '部门编号',
   dname          VARCHAR(50)         comment '部门名称',
   loc            VARCHAR(50)         comment '部门位置',
   CONSTRAINT pk_deptno PRIMARY KEY(deptno)
)engine=innodb;
CREATE TABLE emp (
   empno          BIGINT              comment '雇员编号',
   ename          VARCHAR(50)         comment '雇员姓名',
   sal            DOUBLE              comment '基本工资',
   deptno         BIGINT              comment '部门编号',
   CONSTRAINT pk_empno PRIMARY KEY(empno),
   CONSTRAINT fk_deptno FOREIGN KEY(deptno) REFERENCES dept(deptno) ON DELETE CASCADE
)engine=innodb;
INSERT INTO dept(deptno, dname, loc) VALUES (10, '教学部', '北京');
```

```
INSERT INTO dept(deptno, dname, loc) VALUES (20, '市场部', '上海');
INSERT INTO emp(empno, ename, sal, deptno) VALUES (7369, '沐言-10-1', 800.0, 10);
INSERT INTO emp(empno, ename, sal, deptno) VALUES (7379, '沐言-10-2', 850.0, 10);
INSERT INTO emp(empno, ename, sal, deptno) VALUES (7389, '沐言-10-3', 900.0, 10);
INSERT INTO emp(empno, ename, sal, deptno) VALUES (7566, '沐言-20-1', 950.0, 20);
INSERT INTO emp(empno, ename, sal, deptno) VALUES (7569, '沐言-20-2', 980.0, 20);
```

(2)【jpa 子模块】创建 Dept 实体类,该类映射 dept 数据表结构。

```
package com.yootk.po;
@Entity                                                         // JPA实体标记
public class Dept implements Serializable {                     // 实体类名称与表相同
    @Id                                                         // 主键
    private Long deptno;                                        // 主键字段
    private String dname;                                       // 字段映射
    private String loc;                                         // 字段映射
    @OneToMany(mappedBy = "dept", cascade = CascadeType.ALL)    // 一对多映射
    private List<Emp> emps;                                     // 雇员信息集合
    // Setter、Getter、无参构造方法略
    @Override
    public String toString() {
        return "【部门】部门编号:" + this.deptno + "、部门名称:" + this.dname +
            "、部门位置:" + this.loc;
    }
}
```

(3)【jpa 子模块】创建 Emp 实体类,该类映射 emp 数据表结构。

```
package com.yootk.po;
@Entity                                                         // JPA实体标记
public class Emp implements Serializable {                      // 实体类名称与表相同
    @Id                                                         // 主键
    private Long empno;                                         // 主键字段
    private String ename;                                       // 字段映射
    private Double sal;                                         // 字段映射
    @ManyToOne                                                  // 多对一关联
    @JoinColumn(name="deptno")                                  // 关联字段
    private Dept dept;                                          // 雇员所属部门
    public Emp(Long empno, String ename, Double sal, Dept dept) {
        this.empno = empno;                                     // 属性初始化
        this.ename = ename;                                     // 属性初始化
        this.sal = sal;                                         // 属性初始化
        this.dept = dept;                                       // 属性初始化
    }// Setter、Getter、无参构造方法略
    @Override
    public String toString() {
        return "【雇员】雇员编号:" + this.empno + "、雇员姓名:" + this.ename +
            "、基本工资:" + this.sal;
    }
}
```

(4)【jpa 子模块】修改 META-INF/persistence.xml 文件,增加两个新的实体类配置。

```
<class>com.yootk.po.Dept</class>                                <!-- 实体类 -->
<class>com.yootk.po.Emp</class>                                 <!-- 实体类 -->
```

(5)【jpa 子模块】编写测试类,实现数据增加。

```
package com.yootk.test;
public class TestOneToMany {
    private static final Logger LOGGER = LoggerFactory.getLogger(TestOneToMany.class);
    @Test
    public void testAdd() {                                     // 数据增加测试
        Dept dept = new Dept();                                 // 对象实例化
        dept.setDeptno(55L);                                    // 属性设置
        dept.setDname("开发部");                                // 属性设置
        dept.setLoc("洛阳");                                    // 属性设置
```

```
        dept.setEmps(List.of(
            new Emp(7839L, "李兴华", 910.0, dept),
            new Emp(7859L, "李兴华", 920.0, dept),
            new Emp(7879L, "李兴华", 930.0, dept)));        // 属性设置
        JPAEntityFactory.getEntityManager().getTransaction().begin();   // 开启事务
        JPAEntityFactory.getEntityManager().persist(dept);              // 持久化
        JPAEntityFactory.getEntityManager().getTransaction().commit();  // 事务提交
        JPAEntityFactory.close();
    }
}
```

程序执行结果：

```
Hibernate: insert into Dept (dname, loc, deptno) values (?, ?, ?)
Hibernate: insert into Emp (deptno, ename, sal, empno) values (?, ?, ?, ?)
Hibernate: insert into Emp (deptno, ename, sal, empno) values (?, ?, ?, ?)
Hibernate: insert into Emp (deptno, ename, sal, empno) values (?, ?, ?, ?)
```

本程序实例化了一个新的 Dept 实体类对象，随后利用 List 集合保存了 3 个新创建的 Emp 实体类对象，这样在进行持久化处理时，会分别向 dept 与 emp 两张数据表同时添加数据。

(6)【jpa 子模块】查询部门数据。

```
@Test
public void testFind() {
    Dept dept = JPAEntityFactory.getEntityManager().find(Dept.class, 10L);
    LOGGER.info("查询部门信息：{}", dept);
    LOGGER.info("------------------ 再次发出雇员表查询指令 ------------------");
    LOGGER.info("获取部门雇员信息：{}", dept.getEmps());
    JPAEntityFactory.close();
}
```

程序执行结果：

```
Hibernate: select d1_0.deptno,d1_0.dname,d1_0.loc from Dept d1_0 where d1_0.deptno=?
查询部门信息：【部门】部门编号：10、部门名称：教学部、部门位置：北京
------------------ 再次发出雇员表查询指令 ------------------
Hibernate: select e1_0.deptno,e1_0.empno,e1_0.ename,e1_0.sal from Emp e1_0 where e1_0.deptno=?
获取部门雇员信息：[【雇员】雇员编号：7369、雇员姓名：沐言-10-1、基本工资：800.0...]
```

在进行部门数据查询时，JPA 会首先根据当前部门编号查询部门数据，当调用 dept.getEmps() 方法时，JPA 才会认为开发者需要加载"多"方数据，才会执行雇员表数据查询处理。这种处理模式被称为懒加载，是开发中推荐的模式。

> **提问：为什么要采用懒加载？**
>
> 在进行部门数据查询时，只有调用了 dept.getEmps() 方法后程序才会进行雇员数据的查询处理，为什么 JPA 要采用这样的设计方式？在查询部门数据时不能同时将部门对应的雇员信息一起查询出来吗？
>
> **回答：防止"1 + N"次查询。**
>
> 在当前的 Dept 实体类中并没有配置抓取策略，而观察源代码可以发现，"@OneToMany"中默认的抓取模式定义为"FetchType fetch() default FetchType.LAZY"，所以采用的是懒加载模式。如果此时将数据抓取模式修改为 EAGER，则会同时查询出部门和雇员数据。
>
> **范例：配置 EAGER 数据抓取策略**
>
> ```
> @OneToMany(mappedBy = "dept", cascade = CascadeType.ALL,
>     fetch = FetchType.EAGER)                            // 一对多映射
> private List<Emp> emps;                                 // 雇员信息集合
> ```
>
> 程序执行结果：
>
> ```
> Hibernate: select d1_0.deptno,d1_0.dname,e1_0.deptno,e1_0.empno,
>     e1_0.ename,e1_0.sal,d1_0.loc
>     from Dept d1_0 left join Emp e1_0 on d1_0.deptno=e1_0.deptno
>     where d1_0.deptno=?
> ```

本程序采用左外连接的形式实现了数据的查询处理，虽然可以一次性查询出所需要的数据，但是会引发"1+N"次查询问题，如图9-38所示。

如果采用"FetchType.EAGER"处理模式，则会在查询全部部门信息的同时查询出每一个部门对应的所有雇员信息。这时就相当于发出了1次部门查询指令，而后又发出N次（N为部门表的数据量）雇员查询指令，如果数据过多将直接影响程序的执行性能。所以在使用一对多数据关联时，最佳的做法就是采用默认的数据抓取策略，即"fetch = FetchType.LAZY"。

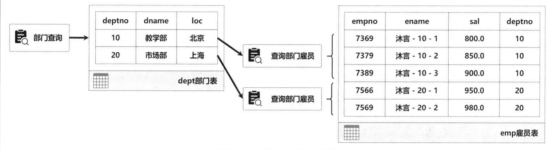

图9-38　"1+N"次查询

另外需要提醒读者的是，在使用懒加载时，需要保证当前的会话没有关闭（EntityManager 实例没有调用 close()方法），如果已经关闭则会出现"org.hibernate.LazyInitializationException"异常。

9.5.3　多对多数据关联

多对多数据关联

视频名称　0921_【理解】多对多数据关联

视频简介　多对多是较为复杂的表关联设计，在设计中需要引入中间的关联表，而 JPA 会自动帮助用户进行该表的数据维护。本视频通过具体的范例讲解多对多数据关联在实际开发中的作用，以及 JPA 中的配置实现。

多对多数据关联可以理解为两个一对多结构的整合。以常见的用户认证和授权操作为例，一个用户在系统中可能会有多个角色，而一个角色也可能同时被多个用户所拥有。这个时候除了要定义用户和角色的数据表，还需要创建一张"用户_角色"关联表，如图9-39所示。

图9-39　用户认证和授权设计

在 JPA 多对多开发过程中，开发者只需要提供用户和角色两个实体类的定义，如图 9-40 所示。Member 实体类中有 List<Role>集合，而 Role 实体类中有 List<Member>集合，这两个集合属性在定义时都需要使用 JPA 提供的"@ManyToMany"注解进行多对多的结构配置。

同时在 Member 实体表中，还需要利用"@JoinTable"注解配置多对多的外键关联表名称，而关联的数据列可以通过"@JoinColumn"注解进行配置。在进行数据更新和查询时，JPA 就可以根据当前的配置进行关联表中的数据维护。下面通过具体的步骤对当前的多对多结构进行实现。

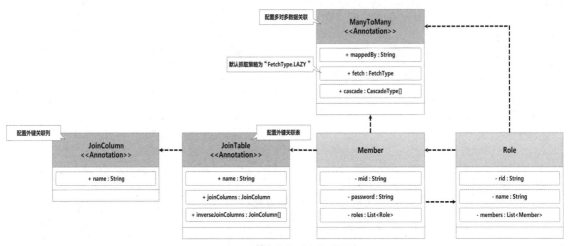

图 9-40 实体类多对多关联设计

(1)【MySQL 数据库】创建多对多数据表结构。

```
DROP DATABASE IF EXISTS yootk;
CREATE DATABASE yootk CHARACTER SET UTF8;
USE yootk;
CREATE TABLE member (
   mid                VARCHAR(50)           comment '用户ID',
   password           VARCHAR(50)           comment '登录密码',
   CONSTRAINT pk_mid PRIMARY KEY(mid)
)engine=innodb;
CREATE TABLE role (
   rid                VARCHAR(50)           comment '角色ID',
   name               VARCHAR(50)           comment '角色名称',
   CONSTRAINT pk_rid PRIMARY KEY(rid)
)engine=innodb;
CREATE TABLE member_role (
   mid                VARCHAR(50)           comment '用户ID',
   rid VARCHAR(50) comment '角色ID',
   CONSTRAINT fk_mid FOREIGN KEY(mid) REFERENCES member(mid) ON DELETE CASCADE,
   CONSTRAINT fk_rid FOREIGN KEY(rid) REFERENCES role(rid) ON DELETE CASCADE
)engine=innodb;
INSERT INTO member (mid, password) VALUES ('yootk', 'jixianit.com');
INSERT INTO role(rid, name) VALUES ("dept", "部门");
INSERT INTO role(rid, name) VALUES ("emp", "雇员");
INSERT INTO member_role(mid, rid) VALUES ('yootk', 'dept');
INSERT INTO member_role(mid, rid) VALUES ('yootk', 'emp');
```

(2)【jpa 子模块】创建 Member 实体类映射 member 数据表。

```
package com.yootk.po;
@Entity
public class Member implements Serializable {       // 实体类名称与表名相同
   @Id                                              // 主键
   private String mid;                              // 主键字段映射
   private String password;                         // 字段映射
   @ManyToMany                                      // 多对多关联
   @JoinTable(                                      // 配置关联表
        name="member_role" ,                        // 外键关联表名称
        joinColumns = { @JoinColumn(name = "mid") } ,  // 表关联字段
        inverseJoinColumns = { @JoinColumn(name = "rid") })  // 通过Member找到Role
   private List<Role> roles;                        // 用户角色
   // Setter、Getter、无参构造方法略
   public Member(String mid, String password, List<Role> roles) {
      this.mid = mid;                               // 属性设置
```

```java
        this.password = password;                           // 属性设置
        this.roles = roles;                                 // 属性设置
    }
    @Override
    public String toString() {
        return "【用户】用户ID: " + this.mid + "、登录密码: " + this.password;
    }
}
```

(3)【jpa 子模块】创建 Role 实体类映射 role 数据表。

```java
package com.yootk.po;
@Entity
public class Role implements Serializable {              // 实体类名称与表名相同
    @Id                                                  // 主键
    private String rid;                                  // 主键字段映射
    private String name;                                 // 字段映射
    @ManyToMany(mappedBy = "roles")                      // 多对多关联
    private List<Member> members;                        // 用户集合
    // Setter、Getter、无参构造方法略
    @Override
    public String toString() {
        return "【角色】角色ID: " + this.rid + "、角色名称: " + this.name;
    }
}
```

(4)【jpa 子模块】修改 META-INF/persistence.xml 文件,增加两个新的实体类配置。

```xml
<class>com.yootk.po.Member</class>                      <!-- 实体类 -->
<class>com.yootk.po.Role</class>                        <!-- 实体类 -->
```

(5)【jpa 子模块】编写测试类并添加新的用户数据。

```java
package com.yootk.test;
public class TestManyToMany {
    private static final Logger LOGGER = LoggerFactory.getLogger(TestManyToMany.class);
    @Test
    public void testAdd() {                              // 数据增加测试
        Member member = new Member("lee", "edu.yootk.com", new ArrayList<>());
        for (String rid : new String[]{"dept", "emp"}) { // 配置用户角色
            // 在member_role数据表中只需要用户ID和角色ID的数据内容
            member.getRoles().add(new Role(rid));        // 保存角色ID
        }
        JPAEntityFactory.getEntityManager().getTransaction().begin(); // 开启事务
        JPAEntityFactory.getEntityManager().persist(member); // 持久化
        JPAEntityFactory.getEntityManager().getTransaction().commit(); // 事务提交
        JPAEntityFactory.close();
    }
}
```

程序执行结果:

```
Hibernate: insert into Member (password, mid) values (?, ?)
Hibernate: insert into member_role (mid, rid) values (?, ?)
Hibernate: insert into member_role (mid, rid) values (?, ?)
```

在进行用户数据增加时,一般都需要为其分配相应的角色,所以当前的测试程序将用户、角色通过 Role 实体类对象包装,并保存在 Member 对象实例之中,在持久化 Member 对象时,可以自动向 member_role 关联表中增加关联数据。

(6)【jpa 子模块】查询用户数据。

```java
@Test
public void testFind() {
    Member member = JPAEntityFactory.getEntityManager().find(Member.class, "lee");
    LOGGER.info("查询用户信息: {}", member);
    LOGGER.info("----------------- 再次发出角色表查询指令 ------------------");
    LOGGER.info("获取用户角色: {}", member.getRoles());
```

```
    JPAEntityFactory.close();
}
```

程序执行结果：

```
Hibernate: select m1_0.mid,m1_0.password from Member m1_0 where m1_0.mid=?
查询用户信息：【用户】用户ID：lee，登录密码：edu.yootk.com
------------------ 再次发出角色表查询指令 ------------------
Hibernate: select r1_0.mid,r1_1.rid,r1_1.name from member_role r1_0
        join Role r1_1 on r1_1.rid=r1_0.rid where r1_0.mid=?
获取用户角色：[【角色】角色ID：dept，角色名称：部门，【角色】角色ID：emp，角色名称：雇员]
```

"@ManyToMany"注解之中默认的抓取策略为"FetchType.LAZY"，所以在查询用户数据时并不会查询对应的角色信息，而当调用"member.getRoles()"方法时，才会发出角色的查询指令，进行所需数据的加载。

9.6 Spring Data JPA

视频名称　0922_【掌握】Spring Data JPA 简介

视频简介　为了降低数据层开发的难度，Spring通过Spring Data JPA技术进行了操作封装。本视频为读者讲解 Spring Data JPA 技术的主要特点以及项目开发结构，并完整地分析 Spring Data JPA 提供的 LocalContainerEntityManagerFactoryBean 类的作用。

在项目的开发中，JPA 仅仅能够实现数据层的开发，然而在标准的设计分层中，数据层的方法是需要根据业务层的需要来定义的。在实际的开发中就会出现这样一种情况，不同的数据层可能提供相同功能的方法。例如，现在所有的数据层都要求提供数据增加、修改、删除、ID 查询的支持，那么按照以往的设计，此时肯定要在不同的数据层接口进行重复定义，同时还需要在对应的数据层实现子类中进行方法覆写。很明显，这样的开发设计一定会带来大量重复逻辑的代码，不仅开发低效，也造成了代码维护的困难。

为了进一步实现数据层的定义抽象，Spring 提供了 Spring Data JPA 处理技术。开发人员按照该技术的定义规范开发，不仅可以减少重复功能的方法定义，还可以取消数据层实现子类的定义。在对业务层进行依赖注入时，数据层的子类会由 Spring 容器帮助用户动态生成，如图 9-41 所示。

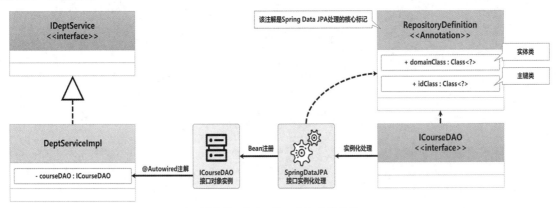

图 9-41　Spring Data JPA 实现结构

在数据层 DAO 接口的定义中可以使用"@RepositoryDefinition"注解，依据 Spring Data JPA 规范定义数据操作方法后，就可以向 Spring 容器中进行 Bean 的注册处理。要想在项目中使用 Spring Data JPA 技术，只需要为项目配置"spring-data-jpa"依赖库。为便于读者理解，本次将创建一个新的 data 子模块，并在 build.gradle 配置文件中引入所需项目的依赖库。

9.6 Spring Data JPA

范例：配置 data 子模块依赖库

```
project(":data") {
    dependencies {                                              // 模块依赖配置
        implementation('mysql:mysql-connector-java:8.0.27')
        implementation('jakarta.persistence:jakarta.persistence-api:3.1.0')
        implementation('com.zaxxer:HikariCP:5.0.1')
        implementation('org.hibernate.orm:hibernate-jcache:6.0.0.Final')
        implementation('org.ehcache:ehcache:3.10.0')
        implementation('org.springframework.data:spring-data-jpa:3.0.0-M3')
        implementation('org.springframework:spring-aop:6.0.0-M3')
        implementation('org.springframework:spring-aspects:6.0.0-M3')
    }
}
```

由于此时的项目运行已经交由 Spring 管理，JPA 所使用的数据源也将在 Spring 中配置，因此在当前模块中将不再引入"hibernate-hikari"依赖库。

> **提示：Spring Data JPA 不再定义 persistence.xml 配置文件。**
>
> 在使用 Spring Data JPA 进行开发时，有两种核心的配置模式：一种是引入已经存在的 persistence.xml 配置文件，另一种是通过程序类的配置方式定义相关的 JPA 属性。本书考虑到后续 Spring Boot 的整合问题，将不再编写 persistence.xml 配置文件，而是通过全部资源文件与配置 Bean 的方式实现。

JPA 属于一个独立的标准，Spring Data JPA 支持 JPA 标准实现，但是要想将 Hibernate 组件整合到 Spring 容器中进行管理，则必须通过 org.springframework.orm.jpa.LocalContainerEntityManagerFactoryBean 类对象进行配置。为便于读者理解，表 9-8 列出了该配置类中所有的核心配置方法。

表 9-8 LocalContainerEntityManagerFactoryBean 核心配置方法

序号	方法	类型	描述
1	public void setDataSource(DataSource dataSource)	普通	配置数据源
2	public void setPersistenceProvider(PersistenceProvider provider)	普通	配置持久化实现组件
3	public void setJpaVendorAdapter(JpaVendorAdapter adapter)	普通	配置 Hibernate 实现 JPA 整合适配器
4	public void setJpaDialect(JpaDialect jpaDialect)	普通	配置 JPA 方言
5	public void setPackagesToScan(String... pkgs)	普通	配置实体类扫描包
6	public void setPersistenceUnitName(String name)	普通	定义持久化单元名称
7	public Map<String, Object> getJpaPropertyMap()	普通	配置 JPA 相关属性
8	public void setJpaProperties(Properties jpaProperties)	普通	定义 JPA 属性
9	public void setPersistenceXmlLocation(String loc)	普通	配置 persistence.xml 资源加载路径
10	public void setSharedCacheMode(SharedCacheMode sharedCacheMode)	普通	设置缓存模式

JPA 的操作主要是围绕着 EntityManagerFactor 与 EntityManager 两个接口实现的。在 Spring Data JPA 中，开发者不再需要手动进行这两个接口实例的操作，而由 LocalContainerEntityManagerFactoryBean 配置类定义自行在内部完成接口的方法调用。该类在进行配置时需要明确配置项目中所使用的数据源（DataSource）、持久化实现提供者（PersistenceProvider）、JPA 整合适配器（JpaVendorAdapter）以及 JPA 方言（JpaDialect）、实体类扫描包（PackagesToScan）、JPA 属性定义

等。图 9-42 所示为该类在实际配置时所应采用的核心结构。

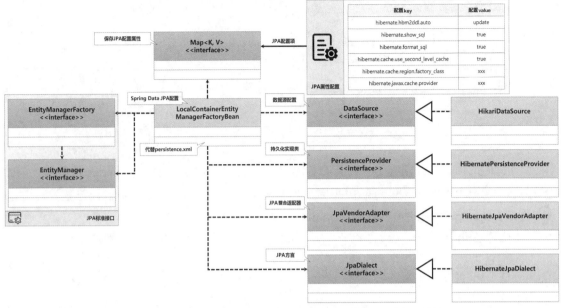

图 9-42　LocalContainerEntityManagerFactoryBean 配置关联的核心结构

> **提示**：Spring Data JPA 需要 DataSource 与 TransactionManager 支持。
>
> 学习本节需要额外配置 Hikari CP 数据库连接池以及 TransactionManager 和事务切面，如图 9-43 所示。

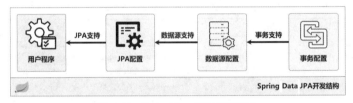

图 9-43　Spring Data JPA 开发环境

其中 Hikari CP 数据库连接池配置、事务切面配置（TransactionAdviceConfig）已经在本书第 8 章中详细讲解，开发者可以直接复制已有代码到当前的 data 模块之中继续使用。如果不知道复制哪些代码，可以参考本节的配套视频以及本节对应的源代码。

9.6.1　Spring Data JPA 编程起步

视频名称　0923_【掌握】Spring Data JPA 编程起步
视频简介　为了便于读者更好地理解 Spring Data JPA 技术，本视频将通过一个完整的范例为读者讲解相关的配置实现，以及基于数据层实现数据增加与查询功能。

由于 Spring Data JPA 内部的配置结构简单，因此在进行具体的代码编写前，需要对程序的结构做一个合理的规划，以方便 Spring 的扫描配置，如图 9-44 所示。在本次的开发中，所有的实体类需要保存在"com.yootk.po"包中，数据层 DAO 接口保存在"com.yootk.dao"包中。因为本次使用注解的方式实现 Spring 容器的启动，所以还需要提供一个 StartSpringDataJPA 核心配置类，进行 JPA 注解以及扫描包的定义。下面通过具体的步骤对这一操作进行实现。

9.6 Spring Data JPA

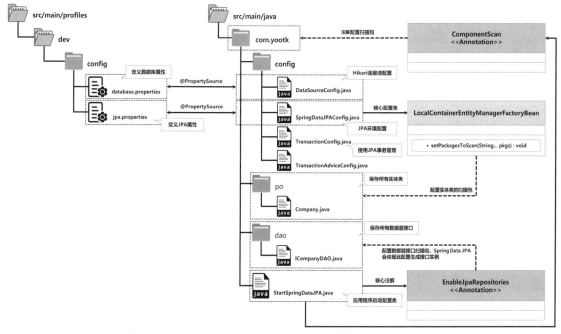

图 9-44 Spring Data JPA 项目结构

> **提示：通过 XML 配置 Spring Data JPA。**
>
> 如果读者希望使用 XML 配置文件的方式进行 Spring Data JPA 的配置，就需要引入 JPA 的命名空间。
>
> **范例：通过 XML 配置 Spring Data JPA**
> ```xml
> <?xml version="1.0" encoding="UTF-8"?>
> <beans xmlns="http://www.springframework.org/schema/beans"
>     xmlns:xsi="http://www.w3.org/2001/XMLSchema-instance"
>     xmlns:context="http://www.springframework.org/schema/context"
>     xmlns:aop="http://www.springframework.org/schema/aop"
>     xmlns:jpa="http://www.springframework.org/schema/data/jpa"
>     xsi:schemaLocation="
>     http://www.springframework.org/schema/beans
>     http://www.springframework.org/schema/beans/spring-beans.xsd
>     http://www.springframework.org/schema/aop
>     https://www.springframework.org/schema/aop/spring-aop.xsd
>     http://www.springframework.org/schema/context
>     http://www.springframework.org/schema/context/spring-context-4.3.xsd
>     http://www.springframework.org/schema/data/jpa
>     http://www.springframework.org/schema/data/jpa/spring-jpa.xsd">
>     <!-- 通过配置文件注册LocalContainerEntityManagerFactoryBean实例 -->
>     <jpa:repositories base-package="com.yootk.dao"/> <!-- DAO扫描包 -->
> </beans>
> ```
>
> 在这样的配置方式中，依然需要开发者通过 "\<bean\>" 的形式手动进行 Spring Data JPA 相关配置类的定义，即除了一个扫描包的配置，其他的配置项依然需要开发者手动定义，所以本次才使用注解的方式进行配置。

（1）【MySQL 数据库】创建描述公司信息的数据表。

```
DROP DATABASE IF EXISTS yootk;
CREATE DATABASE yootk CHARACTER SET UTF8;
USE yootk;
CREATE TABLE company (
    cid           BIGINT  AUTO_INCREMENT           comment '公司ID',
```

```
   name          VARCHAR(50)                        comment '公司名称',
   capital       DOUBLE                             comment '注册资本',
   place         VARCHAR(50)                        comment '注册位置',
   num           INT                                comment '员工数量',
   CONSTRAINT pk_cid PRIMARY KEY(cid)
)engine=innodb;
INSERT INTO company(name, capital, place, num) VALUES ('沐言科技', 1000000, '北京', 50);
INSERT INTO company(name, capital, place, num) VALUES ('沐言优拓', 500000, '天津', 70);
INSERT INTO company(name, capital, place, num) VALUES ('李兴华编程训练营', 500000, '上海', 100);
```

(2)【data 子模块】在 src/main/profiles/dev/config 目录中创建 jpa.properties，在该文件中定义 JPA 的配置属性。

```
# 定义DDL自动处理操作，可选择的配置项有create、create-drop、update、validate
hibernate.hbm2ddl.auto=update
# 定义在执行JPA操作时，是否在控制台输出当前执行的SQL语句
hibernate.show_sql=true
# 定义在JPA操作时，是否以格式化的方式显示执行SQL语句
hibernate.format_sql=false
# 配置当前的JPA应用是否启用二级缓存（需要引入相应的组件，如EHCache）
hibernate.cache.use_second_level_cache=true
# 配置当前要使用的缓存工厂类，如JCache的工厂类
hibernate.cache.region.factory_class=\
         org.hibernate.cache.jcache.internal.JCacheRegionFactory
         # 配置JSR 107缓存标准的实现子类
         hibernate.javax.cache.provider=org.ehcache.jsr107.EhcacheCachingProvider
```

(3)【data 子模块】创建 SpringDataJPAConfig 配置类，该类主要定义当前项目中使用的 JPA 环境。

```
package com.yootk.config;
@Configuration                                                  // 配置类
@PropertySource("classpath:config/jpa.properties")              // 配置加载
public class SpringDataJPAConfig {                              // Spring Data JPA配置类
   @Value("${hibernate.hbm2ddl.auto}")                          // 注入资源配置属性
   private String hbm2ddlAuto;                                  // DDL自动处理配置
   @Value("${hibernate.show_sql}")                              // 注入资源配置属性
   private boolean showSql;                                     // SQL显示配置
   @Value("${hibernate.format_sql}")                            // 注入资源配置属性
   private String formatSql;                                    // SQL格式化配置
   @Value("${hibernate.cache.use_second_level_cache}")          // 注入资源配置属性
   private boolean secondLevelCache;                            // 是否启用二级缓存
   @Value("${hibernate.cache.region.factory_class}")            // 注入资源配置属性
   private String factoryClass;                                 // 缓存工厂类
   @Value("${hibernate.javax.cache.provider}")                  // 注入资源配置属性
   private String cacheProvider;                                // 缓存提供者
   @Bean
   public LocalContainerEntityManagerFactoryBean entityManagerFactory(
         DataSource dataSource,                                 // 注入数据源实例
         HibernatePersistenceProvider provider,                 // 注入持久化提供者实例
         HibernateJpaVendorAdapter adapter,                     // 注入JPA适配器实例
         HibernateJpaDialect dialect) {                         // 注入JPA方言实例
      LocalContainerEntityManagerFactoryBean factory =
            new LocalContainerEntityManagerFactoryBean();       // 实例化配置工厂类
      factory.setDataSource(dataSource);                        // 设置JPA数据源
      factory.setPersistenceProvider(provider);                 // 设置JPA提供者
      factory.setJpaVendorAdapter(adapter);                     // 设置JPA适配器
      factory.setJpaDialect(dialect);                           // 设置JPA方言
      factory.setSharedCacheMode(SharedCacheMode.ENABLE_SELECTIVE);
      factory.setPackagesToScan("com.yootk.po");                // 实体类扫描包
      factory.setPersistenceUnitName("YootkJPA");               // 实体单元名称
      factory.getJpaPropertyMap().put("hibernate.hbm2ddl.auto",
            this.hbm2ddlAuto);                                  // JPA属性配置
      factory.getJpaPropertyMap().put("hibernate.format_sql",
```

```
            this.formatSql);                              // JPA属性配置
        factory.getJpaPropertyMap().put("hibernate.cache.region.factory_class",
            this.factoryClass);                           // JPA属性配置
        factory.getJpaPropertyMap().put("hibernate.cache.use_second_level_cache",
            this.secondLevelCache);                       // JPA属性配置
        factory.getJpaPropertyMap().put("hibernate.javax.cache.provider",
            this.cacheProvider);                          // JPA属性配置
        return factory;
    }
    @Bean
    public HibernatePersistenceProvider provider() {      // JPA持久化实现
        return new HibernatePersistenceProvider();
    }
    @Bean
    public HibernateJpaVendorAdapter adapter() {          // JPA适配器
        HibernateJpaVendorAdapter adapter = new HibernateJpaVendorAdapter();
        adapter.setShowSql(this.showSql);                 // 显示SQL语句
        return adapter;
    }
    @Bean
    public HibernateJpaDialect dialect() {                // JPA方言
        return new HibernateJpaDialect();                 // Hibernate提供JPA方言
    }
}
```

(4)【data 子模块】创建 TransactionConfig 配置类,该类需要使用 JpaTransactionManager 事务处理类,如果配置不当则会引起更新操作不执行的问题。

```
package com.yootk.config;
@Configuration                                            // 配置类
public class TransactionConfig {
    @Bean("transactionManager")                           // Bean注册
    public PlatformTransactionManager transactionManager(DataSource dataSource) {
        JpaTransactionManager transactionManager =
            new JpaTransactionManager();                  // 事务管理对象实例化
        transactionManager.setDataSource(dataSource);     // 配置数据源
        return transactionManager;
    }
}
```

(5)【data 子模块】由于本次基于注解的方式启动程序,因此要创建一个 StartSpringDataJPA 的配置类,该类的主要作用是进行扫描包的配置。

```
package com.yootk;
@ComponentScan("com.yootk")                               // 注解配置
@EnableJpaRepositories("com.yootk.dao")                   // 扫描数据层接口
public class StartSpringDataJPA {}
```

(6)【data 子模块】创建 Company 实体类实现 company 数据表映射。

```
package com.yootk.po;
@Entity                                                   // 实体类声明
@Cacheable                                                // 二级缓存
public class Company implements Serializable {            // 类名称与表名称相同
    @Id                                                   // 主键列
    @GeneratedValue(strategy = GenerationType.IDENTITY)   // 主键生成方式
    private Long cid;                                     // 列名称映射
    private String name;                                  // 字段映射
    private Double capital;                               // 字段映射
    private String place;                                 // 字段映射
    private Integer num;                                  // 字段映射
    // Setter、Getter、无参构造、toString()方法略
}
```

(7)【data 子模块】定义 ICompanyDAO 接口,该接口无须定义子类,由 Spring Data JPA 负责

生成接口实例。

```
package com.yootk.dao;
@RepositoryDefinition(domainClass = Company.class, idClass = Long.class)
public interface ICompanyDAO {                              // 该接口方法定义符合规范要求
    public Company save(Company company);                   // 数据增加并返回增加后的对象
    public List<Company> findAll();                         // 查询全部公司
}
```

(8)【data 子模块】编写测试类，直接注入 ICompanyDAO 接口实现数据层方法调用。

```
package com.yootk.test;
@ContextConfiguration(classes = StartSpringDataJPA.class)   // 配置类定位
@ExtendWith(SpringExtension.class)                          // 使用JUnit 5测试工具
public class TestCompanyDAO {                               // 数据层接口测试
    private static final Logger LOGGER = LoggerFactory.getLogger(TestCompanyDAO.class);
    @Autowired
    private ICompanyDAO companyDAO;                         // DAO接口实例
    @Test
    public void testSave() {                                // 增加测试
        Company company = new Company();                    // 实例化PO对象
        company.setName("小李和他的朋友们");                  // 属性设置
        company.setCapital(30000.0);                        // 属性设置
        company.setNum(999);                                // 属性设置
        company.setPlace("洛阳");                            // 属性设置
        Company result = this.companyDAO.save(company);     // 数据保存
        LOGGER.info("数据增加操作，增加后的数据ID为：{}", result.getCid());
    }
    @Test
    public void testFindAll() {                             // 查询测试
        List<Company> all = this.companyDAO.findAll();      // 查询全部
        for (Company company : all) {                       // 数据迭代
            LOGGER.info("【公司数据】公司名称：{}、公司注册地：{}",
                    company.getName(), company.getPlace());
        }
    }
}
```

增加测试结果：
```
Hibernate: insert into Company (capital, name, num, place) values (?, ?, ?, ?)
数据增加操作，增加后的数据ID为：4
```

查询测试结果：
```
Hibernate: select c1_0.cid,c1_0.capital,c1_0.name,c1_0.num,c1_0.place from Company c1_0
【公司数据】公司名称：沐言科技、公司注册地：北京
【公司数据】公司名称：沐言优拓、公司注册地：天津
【公司数据】公司名称：李兴华编程训练营、公司注册地：上海
【公司数据】公司名称：小李和他的朋友们、公司注册地：洛阳
```

本程序为了简化编写直接在测试类中注入了 DAO 接口实例。通过整个程序的执行可以清楚地发现，开发者只需要在特定的项目结构中定义 DAO 接口实例，Spring 就会自行创建该接口的对象，这样就减少了数据层的代码量。

9.6.2 Repository 数据接口

Repository 数据接口

视频名称　0924_【掌握】Repository 数据接口

视频简介　要想使用 Spring Data JPA 进行开发，就必须遵守其开发标准，Spring 提供了标准化数据操作接口 Repository。本视频在已有项目的基础上对功能进行进一步完善，提供完整的数据 CRUD 操作的实现。

使用 Spring Data JPA 可以极大地简化数据层的实现代码，但是数据层接口定义的方法名称以及返回值类型等都是有严格标准的，而要想理解此标准的使用，首先就需要掌握 Repository 及其相

关于接口的用法。在前面开发的数据层接口中，我们使用了"@RepositoryDefinition"注解进行数据层接口定义，使用该注解配置与继承 Repository 父接口定义的效果是完全相同的。

范例：作用相同的数据层接口定义

定义形式一：

```
@RepositoryDefinition(domainClass = Company.class, idClass = Long.class)
public interface ICompanyDAO {}
```

定义形式二：

```
public interface ICompanyDAO extends Repository<Company, Long> {}
```

Repository 数据接口本身并不包含任何的数据操作方法，开发者可以根据自己所需的 CRUD 操作方法来定义，而面对数据的修改、删除、查询操作时，开发者也可以根据自身的需要通过"@Query"注解实现 JPQL 语句的配置。

范例：基于 Repository 实现数据 CRUD 操作

```
package com.yootk.dao;
public interface ICompanyDAO extends Repository<Company, Long> {
    public Company save(Company company);                              // 数据增加并返回增加后对象
    @Transactional                                                     // 更新操作需配置此事务注解
    @Modifying(clearAutomatically = true)                              // 追加缓存的清除与更新
    @Query("UPDATE Company AS c SET c.capital=:#{#param.capital},c.num=:#{#param.num} "
         + " WHERE c.cid=:#{#param.cid}")                              // JPQL更新语句
    public int editBase(@Param(value = "param") Company po);           // 更新基础信息
    @Transactional                                                     // 更新操作需配置此事务注解
    @Modifying(clearAutomatically = true)                              // 追加缓存的清除与更新
    @Query("DELETE FROM Company AS c WHERE c.cid=:pid")
    public int removeById(@Param("pid") Long cid);                     // 根据ID删除
    @Transactional                                                     // 更新操作需配置此事务注解
    @Modifying(clearAutomatically = true)                              // 追加缓存的清除与更新
    @Query("DELETE FROM Company AS c WHERE c.cid IN :pids")
    public int removeBatch(@Param(value = "pids") Set<Long> ids);      // 批量数据删除
    @Query("SELECT c FROM Company AS c")                               // JPQL查询全部数据
    public List<Company> findAll();                                    // 查询全部数据
    @Query("SELECT c FROM Company AS c WHERE c.cid=?#{[0]}")           // SpEL获取参数
    public Company findById(Long id);                                  // 根据ID查询
    @Query("SELECT c FROM Company AS c WHERE c.cid IN :pids")          // 使用pids访问参数
    public List<Company> findByIds(@Param(value = "pids") Set<Long> ids); // 删除指定ID范围
    @Query("SELECT c FROM Company AS c WHERE c.cid=:#{#param.cid} AND name=:#{#param.name}")
    public Company findByIdAndName(@Param(value = "param") Company company);// 多条件查询
}
```

本程序在已有的 ICompanyDAO 接口中进行了数据操作方法的扩充。开发中的数据查询、更新操作的需求较为复杂，这样就可以通过"@Query"注解绑定要执行的 JPQL 语句，而在查询操作中所需要的参数，也可以结合 SpEL 表达式的语法获取。下面将通过一系列的测试代码对当前的 DAO 接口功能进行测试。

(1)【data 子模块】根据 ID 查询公司信息。

```
@Test
public void testFindById() {                                           // 查询测试
    Company company = this.companyDAO.findById(3L);                    // 根据ID查询数据
    LOGGER.info("【数据查询】公司ID：{}、公司名称：{}、公司注册地：{}",
        company.getCid(), company.getName(), company.getPlace());
}
```

程序执行结果：

```
Hibernate: select c1_0.cid,c1_0.capital,c1_0.name,c1_0.num,c1_0.place
           from Company c1_0 where c1_0.cid=?
【数据查询】公司ID：3、公司名称：李兴华编程训练营、公司注册地：上海
```

(2)【data 子模块】查询指定 ID 的公司信息。

```java
@Test
public void testFindByIds() {                                        // 查询测试
    List<Company> all = this.companyDAO.findByIds(Set.of(1L, 2L, 3L)); // 根据ID查询数据
    for (Company company : all) {                                    // 数据迭代
        LOGGER.info("【公司数据】公司名称：{}、公司注册地：{}",
                company.getName(), company.getPlace());
    }
}
```

程序执行结果：

【公司数据】公司名称：沐言科技、公司注册地：北京
【公司数据】公司名称：沐言优拓、公司注册地：天津
【公司数据】公司名称：李兴华编程训练营、公司注册地：上海

(3)【data 子模块】根据多条件查询公司信息。

```java
@Test
public void testFindByIdAndName() {                                  // 查询测试
    Company param = new Company();                                   // 包装查询参数
    param.setCid(3L);                                                // 属性设置
    param.setName("李兴华编程训练营");                                  // 属性设置
    Company company = this.companyDAO.findByIdAndName(param);
    LOGGER.info("【数据查询】公司ID：{}、公司名称：{}、公司注册地：{}",
            company.getCid(), company.getName(), company.getPlace());
}
```

程序执行结果：

```
Hibernate: select c1_0.cid,c1_0.capital,c1_0.name,c1_0.num,c1_0.place from Company c1_0
              where c1_0.cid=? and c1_0.name=?
```
【数据查询】公司ID：3、公司名称：李兴华编程训练营、公司注册地：上海

(4)【data 子模块】更新指定 ID 的部分数据。

```java
@Test
public void testEditBase() {                                         // 修改测试
    Company company = new Company();                                 // 实例化PO对象
    company.setCid(3L);                                              // 属性设置
    company.setCapital(900000.0);                                    // 属性设置
    company.setNum(800);                                             // 属性设置
    LOGGER.info("数据更新操作，本次操作影响的数据行数：{}", this.companyDAO.editBase(company));
}
```

程序执行结果：

```
Hibernate: update Company set capital=?,num=? where cid=?
```
数据更新操作，本次操作影响的数据行数：1

(5)【data 子模块】删除指定 ID 的数据。

```java
@Test
public void testRemoveById() {                                       // 删除测试
    LOGGER.info("数据删除操作，本次操作影响的数据行数：{}", this.companyDAO.removeById(3L));
}
```

程序执行结果：

```
Hibernate: delete from Company where cid=?
```
数据删除操作，本次操作影响的数据行数：1

(6)【data 子模块】删除指定 ID 范围的数据。

```java
@Test
public void testRemoveBatch() {                                      // 删除测试
    LOGGER.info("数据删除操作，本次操作影响的数据行数：{}",
            this.companyDAO.removeBatch(Set.of(1L, 2L, 3L)));
}
```

程序执行结果：

```
Hibernate: delete from Company where cid in(?,?,?)
```
数据删除操作，本次操作影响的数据行数：2

9.6.3 Repository 方法映射

视频名称 0925_【掌握】Repository 方法映射

视频简介 为了进一步简化查询操作的开发，Spring Data JPA 提供了 Repository 方法映射的处理支持。本视频为读者列举方法映射关键字以及方法映射的操作实现。

在数据库程序开发过程中，数据的查询需求是较为烦琐的，传统的做法是通过"@Query"注解定义查询语句。而为了进一步简化这一操作，Spring Data JPA 提供了方法映射的支持，即通过特定标记可以由 Spring 容器自动生成查询语句，这种机制需要使用表 9-9 所示的关键字。

表 9-9 Repository 方法映射关键字

序号	关键字	示例	等价 JPQL 查询
1	And	findByLastnameAndFirstname	… where x.lastname = ?1 and x.firstname = ?2
2	Or	findByLastnameOrFirstname	… where x.lastname = ?1 or x.firstname = ?2
3	Is、Equals	findByFirstname、findByFirstnameIs、findByFirstnameEquals	… where x.firstname = ?1
4	Between	findByStartDateBetween	… where x.startDate between ?1 and ?2
5	LessThan	findByAgeLessThan	… where x.age < ?1
6	LessThanEqual	findByAgeLessThanEqual	… where x.age <= ?1
7	GreaterThan	findByAgeGreaterThan	… where x.age > ?1
8	GreaterThanEqual	findByAgeGreaterThanEqual	… where x.age >= ?1
9	After	findByStartDateAfter	… where x.startDate > ?1
10	Before	findByStartDateBefore	… where x.startDate < ?1
11	IsNull	findByAgeIsNull	… where x.age is null
12	IsNotNull、NotNull	findByAge(Is)NotNull	… where x.age not null
13	Like	findByFirstnameLike	… where x.firstname like ?1
14	NotLike	findByFirstnameNotLike	… where x.firstname not like ?1
15	StartingWith	findByFirstnameStartingWith	… where x.firstname like ?1(parameter bound with appended %)
16	EndingWith	findByFirstnameEndingWith	… where x.firstname like ?1(parameter bound with prepended %)
17	Containing	findByFirstnameContaining	… where x.firstname like ?1(parameter bound wrapped in %)
18	OrderBy	findByAgeOrderByLastnameDesc	… where x.age = ?1 order by x.lastname desc
19	Not	findByLastnameNot	… where x.lastname <> ?1
20	In	findByAgeIn(Collection<Age> ages)	… where x.age in ?1
21	NotIn	findByAgeNotIn(Collection<Age> ages)	… where x.age not in ?1
22	True	findByActiveTrue()	… where x.active = true
23	False	findByActiveFalse()	… where x.active = false
24	IgnoreCase	findByFirstnameIgnoreCase	… where UPPER(x.firstame) = UPPER(?1)

Spring Data JPA 框架在进行方法名解析时，会先把方法名多余的前缀截掉（如 find、findBy、read、readBy、get、getBy 等），然后对剩下部分进行解析。下面通过具体示例讲解方法映射处理。

(1)【data 子模块】修改 ICompanyDAO 接口，在该接口中定义关键字查询方法。

```java
// 查询公司注册资本高于指定金额的公司名
public List<Company> findByCapitalGreaterThan(double capital);
// 查询包含指定ID的全部信息
public List<Company> findByCidIn(Set<Long> ids);
// 根据name字段进行模糊查询，查询的结果依据place字段降序排列
public List<Company> findByNameContainingOrderByPlaceDesc(String keyWord);
// 根据name字段和place字段进行模糊查询，查询的结果依据place字段降序排列
public List<Company> findByNameContainingAndPlaceContainingOrderByPlaceDesc(
        String nameKw, String placeKw);
```

(2)【data 子模块】测试"findByCapitalGreaterThan()"查询功能。

```java
@Test
public void testFindByCapitalGreaterThan() {
    List<Company> all = this.companyDAO.findByCapitalGreaterThan(600000.0);
    for (Company company : all) {                              // 数据迭代
        LOGGER.info("【公司数据】公司名称：{}、公司注册地：{}、注册资本：{}",
                company.getName(), company.getPlace(), company.getCapital());
    }
}
```

程序执行结果：

```
Hibernate: select c1_0.cid,c1_0.capital,c1_0.name,c1_0.num,c1_0.place
            from Company c1_0 where c1_0.capital>?
【公司数据】公司名称：沐言科技、公司注册地：北京、注册资本：1000000.0
```

(3)【data 子模块】测试"findByCidIn()"查询功能。

```java
@Test
public void testFindByCidIn() {
    List<Company> all = this.companyDAO.findByCidIn(Set.of(1L, 3L));
    for (Company company : all) {                              // 数据迭代
        LOGGER.info("【公司数据】公司名称：{}、公司注册地：{}、注册资本：{}",
                company.getName(), company.getPlace(), company.getCapital());
    }
}
```

程序执行结果：

```
Hibernate: select c1_0.cid,c1_0.capital,c1_0.name,c1_0.num,c1_0.place
            from Company c1_0 where c1_0.cid in(?,?)
【公司数据】公司名称：沐言科技、公司注册地：北京、注册资本：1000000.0
【公司数据】公司名称：李兴华编程训练营、公司注册地：上海、注册资本：500000.0
```

(4)【data 子模块】测试"findByNameContainingOrderByPlaceDesc()"查询功能。

```java
@Test
public void testFindByNameContainingOrderByPlaceDesc() {
    List<Company> all = this.companyDAO.findByNameContainingOrderByPlaceDesc("沐言");
    for (Company company : all) {                              // 数据迭代
        LOGGER.info("【公司数据】公司名称：{}、公司注册地：{}、注册资本：{}",
                company.getName(), company.getPlace(), company.getCapital());
    }
}
```

程序执行结果：

```
Hibernate: select c1_0.cid,c1_0.capital,c1_0.name,c1_0.num,c1_0.place
            from Company c1_0 where c1_0.name like ? escape '\\' order by c1_0.place desc
【公司数据】公司名称：沐言优拓、公司注册地：天津、注册资本：500000.0
【公司数据】公司名称：沐言科技、公司注册地：北京、注册资本：1000000.0
```

(5)【data 子模块】测试"findByNameContainingAndPlaceContainingOrderByPlaceDesc()"查询功能。

```java
@Test
```

```
public void testFindByNameContainingAndPlaceContainingOrderByPlaceDesc() {
   List<Company> all = this.companyDAO
       .findByNameContainingAndPlaceContainingOrderByPlaceDesc("沐言", "北京");
   for (Company company : all) {                        // 数据迭代
      LOGGER.info("【公司数据】公司名称：{}、公司注册地：{}、注册资本：{}",
             company.getName(), company.getPlace(), company.getCapital());
   }
}
```

程序执行结果：

```
Hibernate: select c1_0.cid,c1_0.capital,c1_0.name,c1_0.num,c1_0.place
   from Company c1_0 where c1_0.name like ? escape '\\' and
      c1_0.place like ? escape '\\' order by c1_0.place desc
【公司数据】公司名称：沐言科技、公司注册地：北京、注册资本：1000000.0
```

以上所有的处理方法都是直接依据方法名称实现的查询定义，这些操作的实现都是由 Repository 接口提供支持的。Spring Data JPA 为了便于代码编写又在该接口的基础上扩展了若干子接口，如图 9-45 所示。下面将针对这些子接口的功能与使用进行讲解。

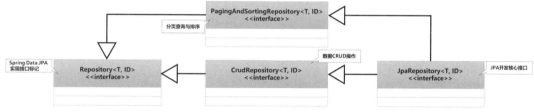

图 9-45　Repository 继承结构

9.6.4　CrudRepository 数据接口

CrudRepository
数据接口

视频名称　0926_【掌握】CrudRepository 数据接口

视频简介　CRUD 是业务设计开发的核心。为了减少重复的数据层方法定义，Spring Data JPA 提供了 CrudRepository 数据接口，该接口内置了多种操作方法。本视频将进一步修改已有的 DAO 接口，使其基于 CrudRepository 数据接口实现数据操作功能。

Spring Data JPA 的出现是为了降低数据层的代码开发的重复性，它对不同数据层中常用的 CRUD 操作方法进行了抽象，提供了 CrudRepository 数据接口，所有的数据层实现类只要继承该接口，就可以使用表 9-10 所示的方法进行数据操作。下面通过具体的实现进行使用说明。

表 9-10　CrudRepository 数据接口方法

序号	方法	类型	描述
1	public <S extends T> S save(S entity);	普通	增加单条数据并返回增加后的实体对象
2	public <S extends T> Iterable<S> saveAll(Iterable<S> entities)	普通	数据批量增加，需要传递 List、Set 集合
3	public Optional<T> findById(ID id)	普通	通过 ID 查询数据
4	public boolean existsById(ID id)	普通	判断指定的 ID 是否存在
5	public Iterable<T> findAll();	普通	查询数据表中的全部记录
6	public Iterable<T> findAllById(Iterable<ID> ids);	普通	得到指定 ID 范围的数据
7	public long count();	普通	取得全部数据量
8	public void deleteById(ID id);	普通	根据 ID 删除数据
9	public void delete(T entity);	普通	根据实体对象删除数据
10	public void deleteAll(Iterable<? extends T> entities);	普通	删除指定范围的实体对象数据
11	public void deleteAll();	普通	删除表中全部记录

(1)【data 子模块】定义 ICompanyDAO 并继承 CrudRepository 父接口。

```
package com.yootk.dao;
import com.yootk.po.Company;
import org.springframework.data.repository.CrudRepository;
public interface ICompanyDAO extends CrudRepository<Company, Long> {}
```

此时的 ICompanyDAO 子接口不需要定义任何方法，就已经拥有了基本的 CRUD 处理能力，如果有需要也可以根据自己的业务功能扩展新的查询或更新方法。

(2)【data 子模块】编写测试类。

```
package com.yootk.test;
@ContextConfiguration(classes = StartSpringDataJPA.class)    // 配置类定位
@ExtendWith(SpringExtension.class)                           // 使用JUnit 5测试工具
public class TestCompanyDAO {                                // 数据层接口测试
    private static final Logger LOGGER = LoggerFactory.getLogger(TestCompanyDAO.class);
    @Autowired
    private ICompanyDAO companyDAO;                          // DAO接口实例
    @Test
    public void testFindById() {
        Optional<Company> result = this.companyDAO.findById(3L);  // 根据ID查询数据
        if (result.isPresent()) {                            // 存在查询结果
            Company company = result.get();                  // 获取实体对象
            LOGGER.info("【数据查询】公司ID：{}、公司名称：{}、公司注册地：{}",
                    company.getCid(), company.getName(), company.getPlace());
        } else {
            LOGGER.error("【数据查询】没有查询到指定ID的数据信息。");
        }
    }
    @Test
    public void testCount() {
        LOGGER.info("【统计查询】数据表行数：{}", this.companyDAO.count());
    }
}
```

根据 ID 查询：

```
Hibernate: select c1_0.cid,c1_0.capital,c1_0.name,c1_0.num,c1_0.place
        from Company c1_0 where c1_0.cid=?
【数据查询】公司ID：1、公司名称：沐言科技、公司注册地：北京
```

数据统计查询：

```
Hibernate: select count(c1_0.cid) from Company c1_0
【统计查询】数据表行数：3
```

在根据 ID 进行数据查询时，返回的类型是 Optional 对象实例，可以依据该对象提供的方法判断是否有查询结果，如果存在结果，则可以使用 get()方法取出数据。

9.6.5 PagingAndSortingRepository 数据接口

PagingAnd
SortingRepository
数据接口

视频名称　0927_【掌握】PagingAndSortingRepository 数据接口

视频简介　为了便于数据分页查询操作，Spring Data JPA 提供了 PagingAndSortingRepository 数据接口。本视频分析该接口相关操作结构的组成，并实现具体的分页查询。

在数据查询处理中，分页加载是最为常见的基础性功能。Spring Data JPA 提供了一个 PagingAndSortingRepository 子接口，该接口在查询时可以通过 Sort 设置排序，并利用 Pageable 进行页码的配置，如图 9-46 所示。下面通过具体的应用进行该接口的实现讲解。

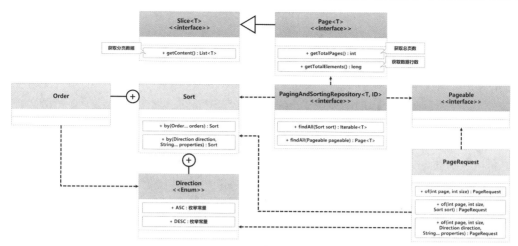

图 9-46　PagingAndSortingRepository 关联结构

（1）【data 子模块】修改 ICompanyDAO 接口，使其继承 PagingAndSortingRepository 父接口。

```
package com.yootk.dao;
import com.yootk.po.Company;
import org.springframework.data.repository.PagingAndSortingRepository;
public interface ICompanyDAO extends PagingAndSortingRepository<Company, Long> {}
```

（2）【data 子模块】编写测试类，实现数据分页与排序操作。

```
package com.yootk.test;
@ContextConfiguration(classes = StartSpringDataJPA.class)     // 配置类定位
@ExtendWith(SpringExtension.class)                             // 使用JUnit 5测试工具
public class TestCompanyDAO {                                  // 数据层接口测试
    private static final Logger LOGGER = LoggerFactory.getLogger(TestCompanyDAO.class);
    @Autowired
    private ICompanyDAO companyDAO;                            // DAO接口实例
    @Test
    public void testFindAll() {
        int currentPage = 1;                                   // 当前页码
        int lineSize = 2;                                      // 每页显示数据行数
        Sort sort = Sort.by(Sort.Direction.DESC, "capital");// 根据注册资本降序排列
        // 将数据分页与排序操作保存到Pageable接口实例之中，这样才可以通过DAO层进行方法调用，页数从0开始
        Pageable pageable = PageRequest.of(currentPage - 1, lineSize, sort);
        // Page中会自动保存全部数据记录、总记录数，同时也会计算出总页数
        Page<Company> page = this.companyDAO.findAll(pageable); // 数据查询
        LOGGER.info("总记录数：{}、总页数：{}",
                page.getTotalElements(), page.getTotalPages());
        for (Company company : page.getContent()) {            // 数据迭代
            LOGGER.info("【公司数据】公司名称：{}、公司注册地：{}、注册资本：{}",
                company.getName(), company.getPlace(), company.getCapital());
        }
    }
}
```

程序执行结果：

```
Hibernate: select c1_0.cid,c1_0.capital,c1_0.name,c1_0.num,c1_0.place
        from Company c1_0 order by c1_0.capital desc limit ?,?
Hibernate: select count(c1_0.cid) from Company c1_0
总记录数：3、总页数：2
【公司数据】公司名称：沐言科技、公司注册地：北京、注册资本：1000000.0
【公司数据】公司名称：沐言优拓、公司注册地：天津、注册资本：500000.0
```

本程序实现了数据的分页查询，利用 PageRequest.of() 方法提供了分页所需的参数。通过操作日志可以发现，此时执行了两次查询，所有的查询结果通过 Page 接口实例返回，利用该接口提供的方法获得总记录数、总页数以及数据集合。

9.6.6 JpaRepository 数据接口

视频名称 0928_【掌握】JpaRepository 数据接口
视频简介 每一个内置的 Spring Data JPA 的接口都有各自的功能，所以为了解决接口继承烦琐的问题，Spring 提供了 JpaRepository 数据接口。本视频基于此接口实现数据层开发。

为了便于数据层的开发，Spring Data JPA 提供了一系列的 Repository 相关接口，这样开发者就可以直接根据需要进行所需接口的继承，但是大部分情况下数据层的操作方法都比较烦琐。为了简化定义，Spring 提供了 JpaRepository 数据接口，该接口拥有 CrudRepository 接口与 PagingAndSortingRepository 数据接口的全部功能，开发者只需要继承一个父接口。Spring Data JPA 同时在 JpaRepository 数据接口中提供了一些与 JPA 有关的操作方法，如表 9-11 所示。

表 9-11 JpaRepository 数据接口方法

序号	方法	类型	描述
1	public void flush()	普通	强制刷新缓存
2	public <S extends T> S saveAndFlush(S entity)	普通	保存数据并刷新缓存
3	public <S extends T> List<S> saveAllAndFlush(Iterable<S> entities)	普通	批量保存数据并刷新缓存
4	public void deleteAllInBatch(Iterable<T> entities)	普通	批量删除指定的实体对象
5	public void deleteAllByIdInBatch(Iterable<ID> ids)	普通	批量删除指定 ID 数据
6	public void deleteAllInBatch()	普通	删除全部数据
7	public T getReferenceById(ID id)	普通	根据 ID 获取数据

（1）【data 子模块】修改 ICompanyDAO 接口定义，使其直接继承 JpaRepository 父接口，拥有全部已定义的数据操作方法。

```
package com.yootk.dao;
import com.yootk.po.Company;
import org.springframework.data.jpa.repository.JpaRepository;
public interface ICompanyDAO extends JpaRepository<Company, Long> {}
```

（2）【data 子模块】在 TestCompanyDAO 测试类中进行 ID 查询。

```
package com.yootk.test;
@ContextConfiguration(classes = StartSpringDataJPA.class)   // 配置类定位
@ExtendWith(SpringExtension.class)                          // 使用JUnit 5测试工具
public class TestCompanyDAO {                               // 数据层接口测试
    private static final Logger LOGGER = LoggerFactory.getLogger(TestCompanyDAO.class);
    @Autowired
    private ICompanyDAO companyDAO;                         // DAO接口实例
    @Test
    public void testCache() throws Exception {
        for (int x = 0; x < 3; x++) {                       // 循环创建线程
            new Thread(() -> {
                Company company = companyDAO.findById(1L).get(); // 数据查询
                LOGGER.info("【{}】公司名称：{}、公司注册地：{}", Thread.currentThread().getName(),
                        company.getName(), company.getPlace());
            }, "JPA查询线程 - " + x).start();                // 线程启动
            TimeUnit.MILLISECONDS.sleep(100);                // 线程启动延迟
        }
        TimeUnit.SECONDS.sleep(5);
    }
}
```

程序执行结果：

```
Hibernate: select c1_0.cid,c1_0.capital,c1_0.name,c1_0.num,c1_0.place
```

```
                          from Company c1_0 where c1_0.cid=?
【JPA查询线程 - 0】公司名称：沐言科技、公司注册地：北京
【JPA查询线程 - 1】公司名称：沐言科技、公司注册地：北京
【JPA查询线程 - 2】公司名称：沐言科技、公司注册地：北京
```

本程序使用多线程进行了同一 ID 数据的查询，由于二级缓存的支持，因此此时的程序只发出了一次数据查询指令。在实际的开发中，因为 JpaRepository 提供的方法最多，所以该接口将作为首选的数据层继承接口。

> **提示**：Spring Data JPA 中的两种数据查询。
>
> JpaRepository 数据接口通过父接口继承和本类定义，提供了 findById()和 getReferenceById()两个 ID 数据查询方法。这两个方法的区别是，findById()方法会立即向数据库发出查询指令，而 getReferenceById()方法只有在第一次获取数据时（Getter 方法调用）才会发出查询指令，属于延迟加载操作的实现。

9.7 本章概览

1．JPA 是 Java EE（现已被改为 Jakarta EE）提供的持久化操作标准，其中内置了大量的接口。不同的数据库组件只需要实现这些接口即可实现开发支持，现阶段最为成熟且最可靠的 JPA 组件为 Hibernate。

2．JPA 中的操作以实体类对象数据的操作为主，每一个实体类都需要进行指定数据表的映射，同时要使用"@Entity"注解进行声明。类名称与表名称不相同时，可以使用"@Table"注解进行配置。

3．JPA 是一个公共的数据操作标准，所以其可以应用于各种数据库之中。考虑到数据库移植性的需要，开发者可以通过 DDL 自动更新的模式，自动创建数据表或更新已有数据表结构（只允许增加新字段）。

4．在每一个实体类中都需要提供一个主键属性，主键属性需要使用"@Id"注解定义。

5．主键的生成策略可以通过"@GenerationType"注解定义，也可以由数据库自行处理，或者由程序控制。

6．为了便于数据查询与满足更新的需要，JPA 提供了 JPQL 语法，该语法类似于 SQL 语句。

7．Criteria 提供了面向对象的数据查询支持，可以基于方法构造的形式进行查询语句的拼凑。

8．JPA 默认会启动一级缓存，并且该缓存不可关闭，在进行数据批处理时需要注意缓存的清空。

9．如果多个线程需要进行数据缓存，则需要开启二级缓存。二级缓存有特定的缓存处理，可以使用 EHCache 组件进行整合，并且要在 persistence.xml 配置文件中配置相关的启用环境。

10．考虑到并发数据修改问题，JPA 提供了乐观锁与悲观锁，其中悲观锁是基于数据库的锁机制，采用独占锁的方式处理；而乐观锁采用版本号的方式进行处理，性能会更好。

11．JPA 支持一对一数据关联（@OneToOne）、一对多数据关联（@OneToMany）、多对多数据关联（@ManyToMany）。

12．考虑到数据关联处理的性能问题，一般建议将数据抓取策略配置为 LAZY（懒加载）。

13．Spring Data JPA 提供了更加简化的数据层开发实现，可以利用 Spring 容器动态构造 DAO 数据接口实现类，减少用户编码重复的问题。

14．定义 DAO 接口时，使用"@RepositoryDefinition"注解和让接口继承 Repository 父接口的效果相同。

15．在实际的项目开发中，数据层接口一般建议继承 JpaRepository 父接口，这样可以减少大量的重复方法定义。

第 10 章

Spring 整合缓存服务

本章学习目标

1. 掌握 Spring Cache 与业务开发的关联，并理解其所带来的性能提升的实现原理；
2. 掌握 Caffeine 缓存组件的用法，并理解其主要的实现特点；
3. 掌握 Spring Cache 与 Caffeine 组件的整合开发，并理解缓存中的各种表达式操作；
4. 理解 Memcached 分布式缓存数据库的使用，并可以结合 Spring Cache 实现分布式缓存管理；
5. 理解 Caffeine 核心源代码定义，并可以理解其实现的原理。

应用程序的开发除了需要考虑业务实现的完整性，最重要的就是性能提升。为了解决传统计算机数据加载结构所带来的硬性问题，数据缓存的概念被引入，同时 Spring 也支持数据缓存的实现。本章将为读者详细地分析数据缓存的作用，并通过 Spring Cache 实现缓存组件的整合、开发。

10.1　Caffeine 缓存组件

Caffeine 缓存概述

视频名称　1001_【理解】Caffeine 缓存概述
视频简介　缓存是一种提升应用性能的技术手段，几乎所有的项目开发都会使用到该技术。本视频为读者分析缓存的作用以及与实际开发之间的设计联系。

由于计算机体系结构的设计特点，所有的程序都会在 CPU 之中进行运算，然而考虑到计算数据的完整性，数据不会通过磁盘加载，而是通过内存进行缓存，再被加载到 CPU 之中，如图 10-1 所示。这样一来在整个项目的运行过程之中，如果磁盘 I/O 的操作性能较差，程序执行速度就会变慢。

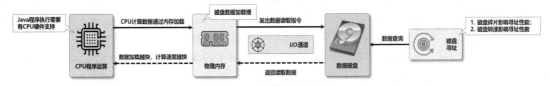
图 10-1　计算机数据加载

如果此时的应用只有单个或者有限的几个用户使用，这样的执行逻辑是没有任何问题的。但是如果应用程序要运行在高并发环境下，同时项目中又需要对数据库数据进行大量的读取，则这样的执行逻辑就一定会带来严重的性能问题，甚至因为应用竞争 I/O 资源而出现的死机或服务崩溃。此时最佳的解决方案是在内存中开辟一块空间，通过该空间缓存一部分数据内容，如图 10-2 所示。

10.1 Caffeine 缓存组件

图 10-2 数据缓存

> 💡 **提示：推荐使用缓存组件。**
>
> 在本系列图书中的《Java 进阶开发实战（视频讲解版）》一书中，编者讲解 J.U.C 内容时为读者利用延迟队列、后台线程以及 ConcurrentMap 手动实现过一个数据缓存的结构，而在现实的开发中，由于需要考虑缓存算法、缓存命中率、线程同步等一系列的问题，开发者一般会基于一些缓存组件来进行应用功能的实现。

Java 主要针对 JVM 进程的堆内存实现缓存管理，其核心的实现结构是基于类集的形式实现缓存管理，但是如果考虑到性能则往往会使用一些组件，而现在较为常见的 Java 单机缓存组件有如下 3 种。

（1）EHCache 组件：一个与 Hibernate 框架同时推广的缓存组件，也是 Hibernate 之中默认的缓存实现，其属于一个纯粹的 Java 缓存框架，具有快速、简单等操作特点，同时支持更多的缓存处理功能。

（2）Guava：一个非常方便、易用的本地化缓存组件，基于 LRU 算法实现，支持多种缓存过期策略。

（3）Caffeine：对 Guava 缓存组件的重写版本，虽然功能不如 EHCache 的多，但是其提供了最优的缓存命中率。

需要注意的是，以上缓存组件只能够在一台应用服务器主机中提供数据缓存服务。在 Spring 5 之后，Spring 已经将默认的缓存组件更换为 Caffeine，虽然其功能不如 EHCache 丰富，但是性能足够好。这也是本书使用该组件的主要原因。除此之外该组件还具有如下技术特点。

- 可以自动将数据加载到缓存之中，也可以采用异步的方式进行数据加载。
- 当基于频率和最近访问的缓存达到最大容量时，该组件会自动切换到基于大小的模式。
- 可以根据上一次缓存访问或上一次的数据写入来决定缓存的过期处理。
- 当某一条缓存数据出现过期访问时可以自动进行异步刷新。
- 考虑到 JVM 内存的管理机制，所有的缓存 key 自动包含在弱引用中，value 包含在弱引用或软引用中。
- 缓存数据被清理后会有相应的通知信息。
- 缓存数据的写入可以传播到外部存储。
- 自动记录缓存数据被访问的次数。

为便于本次缓存操作的讲解，我们将创建一个新的名称为"cache"的子模块，同时需要修改 build.gradle 配置文件来引入与 Caffeine 有关的依赖配置：

```
project(":cache") {                                          // 新建子模块
    dependencies {                                           // 模块依赖配置
        implementation('com.github.ben-manes.caffeine:caffeine:3.1.0')
    }
}
```

10.1.1 手动缓存

视频名称　1002_【掌握】手动缓存
视频简介　Caffeine 提供了构建器操作模式，用于进行缓存对象的创建管理。本视频为读者讲解 Cache 接口的作用，分析相关的继承结构，并且通过具体的操作范例讲解缓存数据的存储与获取操作。

Caffeine 为了便于所有缓存数据操作的标准化，提供了一个 Cache 缓存公共操作接口。此接口的实例则需要通过 Caffeine 类提供的方法来进行构建，在构建的时候可以对缓存空间的缓存对象个数以及失效时间等环境进行设置，如图 10-3 所示。

图 10-3　Caffeine 缓存组件配置

在进行缓存数据存储时，都需要存放一个二元偶对象，包含数据项的 key 和 value，而缓存数据的获取也要通过 key 来完成。Cache 作为一个公共的标准，其内部的方法是基于 ConcurrentMap 设计实现的。该接口定义的方法如表 10-1 所示。

表 10-1　Cache 接口方法

序号	方法	类型	描述
1	public void put(K key, V value)	普通	向缓存中保存数据项
2	public void putAll(Map<? extends K, ? extends V> map)	普通	将 Map 集合中的数据保存在缓存中
3	public V getIfPresent(K key)	普通	获取缓存数据，如果不存在则返回 null
4	public V get(K key, Function<? super K, ? extends @PolyNull V> mappingFunction)	普通	获取缓存数据，存在则直接返回，不存在则返回 Function 函数式接口定义的内容
5	public Map<K, V> getAllPresent(Iterable<? extends K> keys)	普通	返回多个指定 key 对应的全部数据
6	public Map<K, V> getAll(Iterable<? extends K> keys, Function<? super Set<? extends K>, ? extends Map<? extends K, ? extends V>> mappingFunction);	普通	获取多个指定 key 对应的全部数据，数据的 key 不存在时通过自定义的 Function 接口实例来获取内容
7	public void invalidate(K key)	普通	删除指定 key 的缓存数据
8	public void invalidateAll(Iterable<? extends K> keys)	普通	删除多个指定 key 的缓存数据
9	public void invalidateAll();	普通	删除全部缓存数据
10	public long estimatedSize()	普通	返回缓存中的最大数据量
11	public CacheStats stats()	普通	返回缓存统计数据
12	public ConcurrentMap<K, V> asMap()	普通	以并发集合的形式返回缓存数据
13	public void cleanUp()	普通	清除缓存数据
14	public Policy<K, V> policy()	普通	获取缓存策略

范例：使用 Caffeine 实现缓存数据操作

```
package com.yootk.test;
import com.github.benmanes.caffeine.cache.*;
import org.slf4j.*;
import java.util.concurrent.TimeUnit;
public class TestCaffeine {
    private static final Logger LOGGER = LoggerFactory.getLogger(TestCaffeine.class);
    public static void main(String[] args) throws Exception {
```

10.1 Caffeine 缓存组件

```
        Cache<String, String> cache = Caffeine.newBuilder()
                .maximumSize(100)                              // 缓存数据个数
                .expireAfterAccess(3L, TimeUnit.SECONDS)       // 3s后失效
                .build();                                      // 创建缓存类
        cache.put("yootk", "www.yootk.com");                   // 数据保存
        LOGGER.info("【未超缓存时长】获取缓存数据：{}", cache.getIfPresent("yootk"));
        TimeUnit.SECONDS.sleep(5);                             // 休眠5s
        // 如果不想等待，可以手动删除缓存：cache.invalidate("yootk");// 手动失效
        LOGGER.info("【超过缓存时长】获取缓存数据：{}", cache.getIfPresent("yootk"));
        LOGGER.info("【超过缓存时长】获取缓存数据：{}", cache.get("yootk",
                (key) -> "【EXPIRE】" + key));                  // 获取数据
    }
}
```

程序执行结果：

```
[main] INFO com.yootk.test.TestCaffeine - 【未超缓存时长】获取缓存数据：www.yootk.com
[main] INFO com.yootk.test.TestCaffeine - 【超过缓存时长】获取缓存数据：null
[main] INFO com.yootk.test.TestCaffeine - 【超过缓存时长】获取缓存数据：yootk
```

本程序实现了基本的缓存操作，首先利用 Caffeine 提供的构建器操作模式进行了缓存的配置，而后通过 build() 方法构建了 Cache 接口实例，这样就可以利用该接口提供的 put() 方法保存数据、利用该接口提供的 get() 方法获取数据。由于缓存失效时间配置为 3s，因此 3s 一过就自动进行缓存数据的清除。

因为缓存操作之中需要进行大量的异步处理，所以在 Caffeine 组件内部是基于 ConcurrentMap 接口形式实现并发集合的，其定义了一个新的 LocalCache 缓存处理接口，继承结构如图 10-4 所示。这样可以保证并发写入情况下的数据安全，同时也可以保证数据的查询性能，而程序在通过 Caffeine.build() 方法进行 Cache 构建时，也会依据当前存储长度、失效时间配置、缓存权重的配置来决定返回哪一个 LocalCache 接口实例。由于本次设置了队列个数，因此当前用于实现缓存数据存储的类型为 BoundedLocalCache.BoundedLocalManualCache。

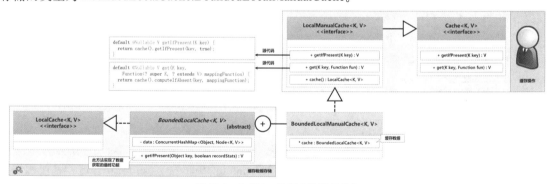

图 10-4 Caffeine 数据存储继承结构

10.1.2 缓存同步加载

视频名称 1003_【掌握】缓存同步加载

视频简介 考虑到缓存性能，某些不经常访问的数据会自动失效。为了解决缓存数据不存在时重新配置的问题，Caffeine 提供了同步加载机制，本视频将通过范例进行实现讲解。

在传统的缓存操作过程之中，如果缓存的数据已经不存在了，通过 key 查询时就会返回 null。Caffeine 组件提供了缓存同步加载支持，发现要加载的数据不存在时，可以通过 CacheLoader 接口实现同步数据加载操作，这样就可以实现对失效缓存数据的维护，如图 10-5 所示。

要想实现同步加载，开发者需要覆写 CacheLoader 接口所提供的 load() 方法，而具体的数据加载源则由开发者来决定，可能是通过数据库加载，也可能是通过磁盘文件加载，但是在加载过程之中可能出现线程阻塞的问题。

277

图 10-5 缓存同步加载

范例：同步加载缓存数据

```
package com.yootk.test;
public class TestCaffeine {
    private static final Logger LOGGER = LoggerFactory.getLogger(TestCaffeine.class);
    public static void main(String[] args) throws Exception {
        LoadingCache<String, String> cache = Caffeine.newBuilder()
                .maximumSize(100)                                  // 缓存个数
                .expireAfterAccess(3L, TimeUnit.SECONDS)           // 失效时间
                .build((key)->{
                    TimeUnit.SECONDS.sleep(2);                     // 模拟加载延迟，不要超过失效时间
                    return "【LoadingCache】" + key;                // 模拟加载数据
                });                                                // 创建缓存类
        cache.put("yootk", "www.yootk.com");                       // 数据保存
        LOGGER.info("【未超缓存时长】获取缓存数据：{}", cache.getIfPresent("yootk"));
        TimeUnit.SECONDS.sleep(5);                                 // 休眠5s
        cache.put("edu", "edu.yootk.com");                         // 数据保存
        // 如果不想等待，可以手动删除缓存：cache.invalidate("yootk");// 手动失效
        LOGGER.info("【超过缓存时长】获取缓存数据：{}", cache.getIfPresent("yootk"));
        for (Map.Entry<String, String> entry : cache.getAll(
                List.of("yootk", "edu")).entrySet()) {
            LOGGER.info("【数据加载】key = {}、value = {}", entry.getKey(), entry.getValue());
        }
        LOGGER.info("【超过缓存时长】同步数据加载：{}", cache.getIfPresent("yootk"));
    }
}
```

程序执行结果：

【未超缓存时长】获取缓存数据：www.yootk.com
【超过缓存时长】获取缓存数据：null
【数据加载】key = yootk、value = 【LoadingCache】yootk
【数据加载】key = edu、value = edu.yootk.com
【超过缓存时长】同步数据加载：【LoadingCache】yootk

本程序采用数据加载机制实现了缓存管理，所以需要将 CacheLoader 接口实例传递到 Caffeine.build()方法之中，而后通过该方法创建一个 LoadingCache 缓存接口实例。这样在使用该接口提供的 getAll()方法时，如果指定的缓存 key 数据不存在，则会自动触发 CacheLoader 接口实现子类之中的数据加载方法，重新将数据加载到当前的缓存之中。如果此时加载的速度较为缓慢，则整个缓存操作将进入阻塞状态，等到所需要的数据全部加载完成才会返回对应的数据内容。本程序所使用的类结构如图 10-6 所示。

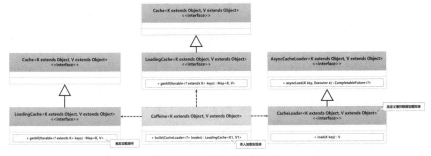

图 10-6 缓存数据同步加载

10.1.3 异步缓存

视频名称　1004_【掌握】异步缓存

视频简介　为了解决程序开发中同步加载所带来的阻塞问题，Caffeine 提供了异步加载机制，并且提供了异步加载的专属接口。本视频为读者分析异步加载机制的处理流程，并通过具体的范例讲解异步加载机制的实现。

Caffeine 提供的缓存数据加载机制，可以直接在缓存处理的级别上实现失效数据的恢复。但是如果所有的数据加载操作都基于同步的方式来实现处理，则一定会引起非常严重的性能问题。为了避免此类操作的出现，Caffeine 提供了异步缓存数据加载操作，可以直接通过 AsyncLoadingCache 接口以及 CompletableFuture 异步加载类来实现，实现结构如图 10-7 所示。

图 10-7　异步缓存数据加载

要想创建异步加载，需要通过 Caffeine.buildAsync()方法来完成，在该方法中需要传递 AsyncCacheLoader 接口实例，用于进行异步数据的加载。该方法会返回 AsyncLoadingCache 接口实例，该接口可以通过 CompletableFuture 对象实例实现异步返回数据的获取。这些操作类的关联结构如图 10-8 所示。

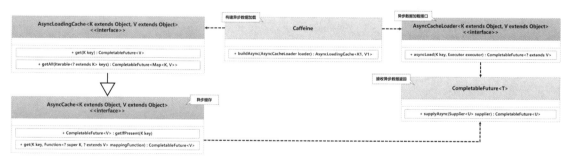

图 10-8　Caffeine.buildAsync()类关联结构

范例：异步加载缓存数据

```
package com.yootk.test;
public class TestCaffeine {
    private static final Logger LOGGER = LoggerFactory.getLogger(TestCaffeine.class);
    public static void main(String[] args) throws Exception {
        AsyncLoadingCache<String, String> cache = Caffeine.newBuilder()
                .maximumSize(100)                                    // 缓存个数
                .expireAfterAccess(3L, TimeUnit.SECONDS)             // 失效时间
                .buildAsync((key, executor)-> CompletableFuture.supplyAsync(() -> {
                    try {
                        TimeUnit.SECONDS.sleep(2);                   // 模拟加载时间
                    } catch (InterruptedException e) {}
                    return "【AsyncLoading】" + key;                 // 数据返回
```

```
            }));
    cache.put("yootk", CompletableFuture.completedFuture("www.yootk.com"));
    LOGGER.info("【未超缓存时长】获取缓存数据：{}", cache.getIfPresent("yootk").get());
    TimeUnit.SECONDS.sleep(5);                          // 休眠5s
    // 如果不想等待，可以手动删除缓存：cache.invalidate("yootk");// 手动失效
    for (Map.Entry<String, String> entry : cache
                    .getAll(List.of("yootk")).get().entrySet()) {
        LOGGER.info("【数据加载】key = {}、value = {}", entry.getKey(), entry.getValue());
    }
}
```

程序执行结果：

【未超缓存时长】获取缓存数据：www.yootk.com
【数据加载】key = yootk、value = 【AsyncLoading】yootk

本程序实现数据的异步加载操作，用户一旦使用 getAll()方法就会触发数据加载操作，程序会利用在 buildAsync()方法中所传递的 AsyncCacheLoader 接口实例实现加载。即便此时出现了加载延迟操作，其他线程也不会受影响，并且在加载完成后通过 Future 接口提供的 get()方法可实现异步接收。

10.1.4 缓存数据驱逐

视频名称　1005_【掌握】缓存数据驱逐

视频简介　缓存是需要进行内存空间划分的，同时为了保证整个 JVM 的运行性能，需要对缓存的数据进行有效的驱逐。本视频通过范例为读者分析缓存数据驱逐的相关操作。

Java 中的缓存都需要在 JVM 堆内存空间之中进行内存的分配，开发者可以通过 Cache 相关接口实现缓存数据的存储与获取。但是缓存中所存储的数据，本质上都属于程序所需要的临时数据。考虑到缓存的容量问题，就需要为缓存定义一个数据的驱逐策略（或称为清除策略），以释放有限的缓存空间，如图 10-9 所示。

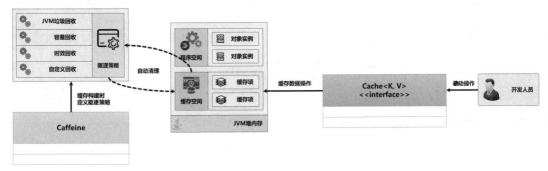

图 10-9　缓存数据驱逐

缓存的数据驱逐策略是在缓存构建时创建的，即可以通过表 10-2 所示的 Caffeine 类的缓存驱逐处理方法来进行缓存驱逐策略的配置，可以基于缓存大小、超时访问以及 JVM 垃圾回收策略来实现。下面对这些驱逐策略进行具体的实现说明。

表 10-2　Caffeine 类的缓存驱逐处理方法

序号	方法	类型	描述
1	public Caffeine<K, V> maximumSize(long maximumSize)	普通	设置缓存数据量
2	public Caffeine<K, V> maximumWeight(long maximumWeight)	普通	设置缓存数据的权重
3	public <K1 extends K, V1 extends V> Caffeine<K1, V1> weigher(Weigher<? super K1, ? super V1> weigher)	普通	定义保存数据权重

续表

序号	方法	类型	描述
4	public Caffeine<K, V> expireAfterAccess(long duration, TimeUnit unit)	普通	最后一次访问后开始计时
5	public Caffeine<K, V> expireAfterWrite(long duration, TimeUnit unit)	普通	缓存写入后开始计时
6	public <K1 extends K, V1 extends V> Caffeine<K1, V1> expireAfter(Expiry<? super K1, ? super V1> expiry)	普通	自定义失效策略
7	public Caffeine<K, V> weakKeys()	普通	弱引用 key
8	public Caffeine<K, V> weakValues()	普通	弱引用 value
9	public Caffeine<K, V> softValues()	普通	软引用 value

（1）**容量驱逐策略**：在进行缓存创建时可以通过 maximumSize()方法进行缓存以保存数据。如果当前存储的缓存数据已经达到了该方法定义的容量，则自动清除旧的数据项，并保存新的数据。

范例：容量驱逐策略

```
package com.yootk.test;
public class TestCaffeine {
    private static final Logger LOGGER = LoggerFactory.getLogger(TestCaffeine.class);
    public static void main(String[] args) throws Exception {
        Cache<String, String> cache = Caffeine.newBuilder()
            .maximumSize(1)                                 // 缓存数据个数
            .expireAfterAccess(2L, TimeUnit.SECONDS)        // 失效时间
            .build();                                       // 创建缓存类
        cache.put("yootk", "www.yootk.com");                // 保存数据
        cache.put("edu", "edu.yootk.com");                  // 保存数据
        TimeUnit.MILLISECONDS.sleep(10);                    // 延迟
        LOGGER.info("获取缓存数据：{}", cache.getIfPresent("yootk"));
        LOGGER.info("获取缓存数据：{}", cache.getIfPresent("edu"));
    }
}
```

程序执行结果：

```
[main] INFO com.yootk.test.TestCaffeine - 获取缓存数据：null
[main] INFO com.yootk.test.TestCaffeine - 获取缓存数据：edu.yootk.com
```

为便于观察，本程序开辟了一个缓存空间，只允许保存一个数据，而在保存更多数据时，则会自动对先前的数据进行驱逐。

（2）**权重驱逐策略**：在创建缓存时可以通过 maximumWeight()方法设置一个权重阈值，而后在数据存储时，利用 Weighter 函数式接口基于 key 和 value 计算当前保存数据的权重，如果该权重大于权重阈值则进行驱逐，如图 10-10 所示。

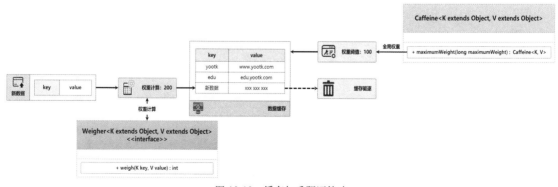

图 10-10　缓存权重驱逐策略

范例：权重驱逐策略

```
package com.yootk.test;
public class TestCaffeine {
    private static final Logger LOGGER = LoggerFactory.getLogger(TestCaffeine.class);
    public static void main(String[] args) throws Exception {
        Cache<String, String> cache = Caffeine.newBuilder()
                .maximumWeight(100)                         // 设置权重
                .weigher((key, value) -> 500)               // 数据权重计算
                .expireAfterAccess(2L, TimeUnit.SECONDS)    // 失效时间
                .build();                                   // 创建缓存类
        cache.put("yootk", "www.yootk.com");                // 保存数据
        TimeUnit.MILLISECONDS.sleep(10);                    // 延迟
        LOGGER.info("获取缓存数据：{}", cache.getIfPresent("yootk"));
    }
}
```

程序执行结果：

```
[main] INFO com.yootk.test.TestCaffeine - 获取缓存数据：null
```

本程序在创建缓存时设置的权重阈值为 100，为了便于读者观察，新缓存数据权重统一设置为 500。由于该值大于已有的权重阈值，所以该数据会被自动驱逐。

> **注意**：maximumWeight()为总权重。
>
> 使用 maximumWeight()方法定义时，所设计的并不是一个缓存项的权重，而是缓存中允许保存数据的总权重，代码分析如下。
>
> 范例：权重累加
>
> ```
> Cache<String, String> cache = Caffeine.newBuilder()
>         .maximumWeight(100)                 // 设置权重
>         .weigher((key, value) -> 30)        // 数据权重
>         .build();                           // 创建缓存类
> for (int x = 0; x < 5; x++) {
>     cache.put("yootk - " + x, "www.yootk.com");  // 保存数据
> }
> TimeUnit.MILLISECONDS.sleep(10);            // 延迟
> System.err.println(cache.getAllPresent(List.of("yootk - 0", "yootk - 1",
>         "yootk - 2", "yootk - 3", "yootk - 4")));
> ```
>
> 程序执行结果：
>
> ```
> {yootk - 2=www.yootk.com, yootk - 3=www.yootk.com, yootk - 4=www.yootk.com}
> ```
>
> 现在创建缓存的总权重设计为 100，并且要保存 5 个数据项（假设每个数据项的权重均为 30）。这样在保存完前 3 个数据项后权重累计已经达到了 90，此时再保存第 4 个数据项，则累计的结果会超过总权重，因此程序执行数据项的驱逐操作。

（3）**时间驱逐策略**：在创建数据缓存时，需要考虑缓存失效时间的处理，而失效时间又分为写入时间计时与访问时间计时两种。当采用写入超时驱逐策略（调用 expireAfterWrite()方法）时会以写入的时间作为起点进行计算，而当使用访问超时驱逐策略（调用 expireAfterAccess()方法）时，在每次访问后都会重新开始计时。

范例：使用写入超时驱逐策略

```
package com.yootk.test;
public class TestCaffeine {
    private static final Logger LOGGER = LoggerFactory.getLogger(TestCaffeine.class);
    public static void main(String[] args) throws Exception {
        Cache<String, String> cache = Caffeine.newBuilder()
                .maximumSize(100)                           // 缓存个数
                .expireAfterWrite(2L, TimeUnit.SECONDS)     // 写入超时驱逐
                .build();                                   // 创建缓存类
        cache.put("yootk", "www.yootk.com");                // 保存数据
```

```
            for (int x = 0; x < 3; x++) {                      // 数据循环访问
                LOGGER.info("【数据访问】{}", cache.getIfPresent("yootk"));
                TimeUnit.MILLISECONDS.sleep(1500);              // 每隔1.5s访问一次
            }
        }
    }
}
```
程序执行结果：
```
[main] INFO com.yootk.test.TestCaffeine - 【数据访问】www.yootk.com
[main] INFO com.yootk.test.TestCaffeine - 【数据访问】www.yootk.com
[main] INFO com.yootk.test.TestCaffeine - 【数据访问】null
```
本程序采用了写入超时驱逐策略，以当前数据写入的时间为起点进行超时计算，如果超过了指定的时间则进行缓存数据的驱逐，如果没有超过则允许访问。

在现实的应用开发之中，由于不同业务的需要，对缓存数据的失效控制也较为烦琐。为了满足多样化的过期处理要求，Caffeine 类还提供一个 expireAfter()过期处理方法，该方法可以接收一个Expiry 接口实例实现数据过期控制，如图 10-11 所示。

图 10-11 自定义过期失效驱逐策略

范例：定制化缓存失效处理

```
package com.yootk.test;
public class TestCaffeine {
    private static final Logger LOGGER = LoggerFactory.getLogger(TestCaffeine.class);
    public static void main(String[] args) throws Exception {
        Cache<String, String> cache = Caffeine.newBuilder()
                .maximumSize(100)                                       // 缓存个数
                .expireAfter(new Expiry<String, String>() {             // 失效处理
                    @Override
                    public long expireAfterCreate(String key,
                            String value, long currentTime) {
                        LOGGER.info("【创建后失效计算】key = {}、value = {}", key, value);
                        // 超时时间的单位为ns，所以需要进行时间单元和数据的转换
                        return TimeUnit.NANOSECONDS.convert(2, TimeUnit.SECONDS);
                    }
                    @Override
                    public long expireAfterUpdate(String key, String value,
                            long currentTime, @NonNegative long currentDuration) {
                        LOGGER.info("【更新后失效计算】key = {}、value = {}", key, value);
                        return TimeUnit.NANOSECONDS.convert(5, TimeUnit.SECONDS);
                    }
                    @Override
                    public long expireAfterRead(String key, String value,
                            long currentTime, @NonNegative long currentDuration) {
                        LOGGER.info("【读取后失效计算】key = {}、value = {}", key, value);
                        return TimeUnit.NANOSECONDS.convert(3, TimeUnit.SECONDS);
                    }
                })
                .build();                                               // 创建缓存类
        cache.put("yootk", "www.yootk.com");                            // 保存数据
        for (int x = 0; x < 3; x++) {                                   // 数据循环访问
            LOGGER.info("【数据访问】{}", cache.getIfPresent("yootk"));
            TimeUnit.MILLISECONDS.sleep(1500);                          // 每隔1.5s访问一次
        }
    }
```

```
            TimeUnit.SECONDS.sleep(6);                          // 等待缓存彻底失效
            LOGGER.info("【缓存超时】数据获取：{}", cache.getIfPresent("yootk"));
    }
}
```

程序执行结果：

【创建后失效计算】key = yootk、value = www.yootk.com
【读取后失效计算】key = yootk、value = www.yootk.com
【数据访问】www.yootk.com
【读取后失效计算】key = yootk、value = www.yootk.com
【数据访问】www.yootk.com
【读取后失效计算】key = yootk、value = www.yootk.com
【数据访问】www.yootk.com
【缓存超时】数据获取：null

本程序在进行缓存失效处理时，采用了自定义 Expiry 接口实例的方式进行管理，这样可以针对数据创建、数据读取以及数据更新分别设置不同的失效时间（时间单位为 ns）。

(4) 引用驱逐策略：缓存中的内存会占用 JVM 的堆内存空间，当 JVM 堆内存空间不足时，就需要进行及时的释放，所以在进行数据存储时可以采用弱引用与软引用的形式进行存储。

范例：引用驱逐策略

```
package com.yootk.test;
public class TestCaffeine {
    private static final Logger LOGGER = LoggerFactory.getLogger(TestCaffeine.class);
    public static void main(String[] args) throws Exception {
        Cache<String, String> cache = Caffeine.newBuilder()
                .maximumSize(100)                               // 缓存个数
                .expireAfterAccess(30L, TimeUnit.SECONDS)       // 缓存超时
                .weakKeys()                                     // 弱引用
                .weakValues()                                   // 弱引用
                .build();                                       // 创建缓存类
        String key = new String("yootk");                       // 强引用
        String value = new String("www.yootk.com");             // 强引用
        cache.put(key, value);                                  // 保存数据
        LOGGER.info("【GC调用前】数据获取：{}", cache.getIfPresent(key));
        value = null;                                           // 断开引用
        Runtime.getRuntime().gc();                              // GC操作
        TimeUnit.MILLISECONDS.sleep(10);                        // 等待缓存驱逐
        LOGGER.info("【GC调用后】数据获取：{}", cache.getIfPresent(key));
    }
}
```

程序执行结果：

[main] INFO com.yootk.test.TestCaffeine - 【GC调用前】数据获取：www.yootk.com
[main] INFO com.yootk.test.TestCaffeine - 【GC调用后】数据获取：null

本程序创建的缓存数据中的 key 和 value 全部都使用了弱引用。这样一旦发生 GC 操作，不管 JVM 内存是否充足都会引起回收，而通过日志信息也可以发现，在 GC 操作后已经无法获取指定 key 对应的 value 了。

> **注意**：引用驱逐策略不适合于异步缓存。
>
> 　　以上程序是在同步缓存之中实现的引用驱逐策略的配置，如果此时创建的是一个异步缓存，那么程序将无法正确执行。
>
> 范例：创建异步缓存并配置引用驱逐策略
> ```
> AsyncCache<String, String> cache = Caffeine.newBuilder()
>         .maximumSize(100)                               // 缓存个数
>         .expireAfterAccess(30L, TimeUnit.SECONDS)       // 缓存超时
>         .weakKeys()                                     // 弱引用
>         .weakValues()                                   // 弱引用
> ```

```
            .buildAsync();                                    // 创建缓存类
```
程序执行结果:
```
Exception in thread "main" java.lang.IllegalStateException: Weak or soft values can not be
combined with AsyncCache
```
本程序通过 Caffeine.buildAsync()创建的是异步缓存结构。由于异步缓存操作需要通过 CompletableFuture 进行异步内容设置与获取，因此此时的操作是无法使用引用驱逐策略的。

10.1.5 缓存数据删除与监听

视频名称　1006_【掌握】缓存数据删除与监听
视频简介　缓存中的数据一般都是允许被删除的。为了便于对删除后的缓存项执行一些额外的处理，Caffeine 提供了删除与监听支持。本视频通过具体范例讲解此操作的实现。

缓存数据的删除一般有两种方式，一种是超时时间到达后的自动删除，另一种就是手动删除。在每次进行数据删除后，可以利用 RemovalListener 接口实现对被删除数据的监听，如图 10-12 所示。这样开发者就可以在缓存删除后利用该方法实现一些收尾操作。

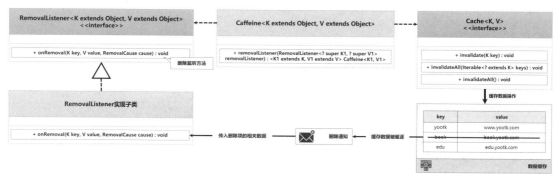

图 10-12　缓存数据删除与监听

范例：缓存数据删除与监听
```
package com.yootk.test;
public class TestCaffeine {
    private static final Logger LOGGER = LoggerFactory.getLogger(TestCaffeine.class);
    public static void main(String[] args) throws Exception {
        Cache<String, String> cache = Caffeine.newBuilder()
                .maximumSize(100)                             // 缓存个数
                .removalListener((key, value, cause) -> {
                    LOGGER.info("【数据删除】key = {}、value = {}、cause = {}",key, value,
                        cause.wasEvicted());                  // 过期失效wasEvicted()返回true
                })
                .expireAfterAccess(10L, TimeUnit.SECONDS)     // 缓存超时
                .build();                                     // 创建缓存类
        cache.put("yootk", "www.yootk.com");                  // 数据保存
        cache.invalidate("yootk");                            // 手动清除缓存
        TimeUnit.SECONDS.sleep(2);                            // 等待操作完成
    }
}
```
程序执行结果:
```
[ForkJoinPool.commonPool-worker-3] INFO com.yootk.test.TestCaffeine -
        【数据删除】key = yootk、value = www.yootk.com、cause = true
```
本程序在缓存操作完成后会自动启动一个新的线程进行回收处理，同时可以在 onRemoval()监听方法内部获取到已删除数据的 key 和 value。

10.1.6 CacheStats

视频名称 1007_【掌握】CacheStats
视频简介 Caffeine 提供了缓存数据访问记录支持,并且提供了记录的操作接口与统计结果接口。本视频为读者讲解这些操作接口之间的关联以及缓存统计数据的获取。

Caffeine 缓存组件除了提供强大的缓存处理性能,也额外提供了一些缓存数据的统计功能。用户进行缓存数据操作时,都可以对这些操作的结果进行记录,这样就可以准确地知道命中数、驱逐数、加载时间等统计结果。

要想实现缓存统计,则必须在创建 Cache 接口实例时,调用 Caffeine 类所提供的 recordStats() 方法。这样在操作中就可以利用 StatsCounter 接口进行缓存调用的统计,而后所有的统计结果都保存在 CacheStats 类对应的属性之中。缓存统计记录结构如图 10-13 所示。随后开发者就可以利用表 10-3 所示的方法获取这些统计信息。

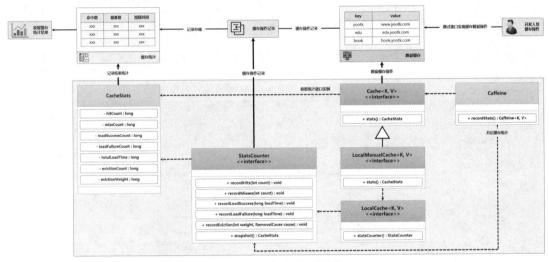

图 10-13 缓存统计记录结构

表 10-3 CacheStats 类常用方法

序号	方法	类型	描述
1	public long requestCount()	普通	缓存调用请求次数
2	public long hitCount()	普通	缓存调用命中次数
3	public double hitRate()	普通	缓存命中率
4	public long missCount()	普通	缓存未命中统计
5	public double missRate()	普通	缓存未命中率
6	public long loadCount()	普通	缓存加载次数统计
7	public long loadSuccessCount()	普通	缓存成功加载次数统计
8	public long loadFailureCount()	普通	缓存失败加载次数统计
9	public double loadFailureRate()	普通	缓存加载失败率
10	public long totalLoadTime()	普通	缓存加载总耗时
11	public double averageLoadPenalty()	普通	返回缓存数据加载新值所花费的平均时间,单位为 ns
12	public long evictionCount()	普通	返回缓存驱逐的数量
13	public long evictionWeight()	普通	返回缓存驱逐的权重

范例：获取缓存统计数据

```java
package com.yootk.test;
public class TestCaffeine {
    private static final Logger LOGGER = LoggerFactory.getLogger(TestCaffeine.class);
    public static void main(String[] args) throws Exception {
        Cache<String, String> cache = Caffeine.newBuilder()
                .maximumSize(100)                           // 缓存数据个数
                .expireAfterAccess(2L, TimeUnit.SECONDS)    // 2s后失效
                .recordStats()                              // 统计记录
                .build();                                   // 创建缓存类
        cache.put("yootk", "www.yootk.com");                // 数据保存
        cache.put("edu", "edu.yootk.com");                  // 数据保存
        cache.put("book", "book.yootk.com");                // 数据保存
        String keys[] = new String[]{"yootk", "edu", "book", "lee", "happy"}; // key集合
        Random random = new Random();                       // 随机数生成类
        for (int x = 0; x < 1000; x++) {                    // 多线程模拟
            new Thread(()->{
                cache.getIfPresent(keys[random.nextInt(keys.length)]);
            }).start();
        }
        TimeUnit.SECONDS.sleep(5);                          // 延迟5s等待线程操作
        // 此时缓存时间已经到达失效时间，再次获取时会自动进行驱逐个数的记录
        for (int x = 0; x < 10; x++) {                      // 多线程模拟
            new Thread(()->{
                cache.getIfPresent(keys[random.nextInt(keys.length)]);
            }).start();
        }
        TimeUnit.SECONDS.sleep(1);                          // 延迟1s等待线程操作
        CacheStats stats = cache.stats();                   // 获取统计数据
        System.out.println("【CacheStats】缓存操作请求次数：" + stats.requestCount());
        System.out.println("【CacheStats】缓存命中次数：" + stats.hitCount());
        System.out.println("【CacheStats】缓存未命中次数：" + stats.missCount());
        System.out.println("【CacheStats】缓存驱逐次数：" + stats.evictionCount());
    }
}
```

程序执行结果：

【CacheStats】缓存操作请求次数：1010
【CacheStats】缓存命中次数：605
【CacheStats】缓存未命中次数：405
【CacheStats】缓存驱逐次数：3

本程序在创建 Cache 接口时，启用了缓存访问统计的计数服务。这样用户对缓存中的所有操作都会有相应的统计结果保存下来，这些结果可以通过 CacheStats 对象实例进行查看。

10.2 Caffeine 核心源代码解读

缓存驱逐算法

视频名称　1008_【掌握】缓存驱逐算法

视频简介　缓存的实现一般都需要依据特定的算法完成。本视频为读者介绍常见的缓存实现算法，并重点分析 Caffeine 中的 W-TinyLFU 算法的主要特点。

缓存技术发展的最初目的就是提高数据读取性能，但是在缓存之中如果保存了过多的数据项，则最终一定会产生内存溢出问题。所以就必须设计一种数据的缓存算法，在空间不足时能够进行数据的驱逐，给新数据的存储提供可用的空间。为了实现这样的机制，Spring 提供 3 类缓存算法：FIFO 缓存算法、LRU 缓存算法、LFU 缓存算法(LFU 缓存算法内部又扩展了 TinyLFU 算法与 W-TinyLFU 算法)。下面分别介绍这 3 类缓存算法的使用特点。

1. FIFO 缓存算法

这是一种早期使用的缓存算法,采用队列的形式实现存储,实现的核心依据在于:较早保存在缓存中的数据有可能不会再使用。所以一旦缓存中的容量不足,就会通过一个指针进行队首数据的删除,以置换出新的存储空间,保存新增的缓存项,如图 10-14 所示。

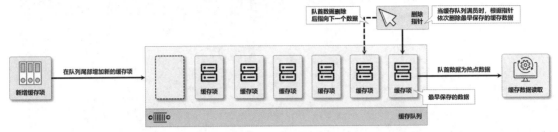

图 10-14　FIFO 缓存算法

FIFO 缓存算法实现简单,但是这种算法存在一个"缺页率"的问题。如果最早存储的缓存数据一直属于热点数据,而由于队列长度的限制,有可能会将这个热点数据删除,这就会造成缓存数据丢失。如果缓存队列中的很多热点数据被删除,就会增大缺页率,这样的现象被称为"Belady"(迟到)现象。而造成该现象的主要原因在于该算法与缓存中的数据访问不相容,并且缓存命中率很低。现在已经很少使用该算法了。

2. LRU 缓存算法

该算法的主要特点是不再依据保存时间进行数据项的清除,而是通过数据最后一次被访问的时间戳来进行排查,当缓存空间已满时,会将最久没有访问的数据清除,如图 10-15 所示。LRU 缓存算法是一种常见的缓存算法,在 Redis 和 Memcached 分布式缓存之中使用较多。

图 10-15　LRU 缓存算法

3. LFU 缓存算法

缓存中的数据在最近一段时间很少被访问,那么其将来被访问的可能性也很小,这样当缓存空间已满时,访问频率最低的缓存数据将被删除,如图 10-16 所示。如果此时缓存中保存的数据访问计数全部为 1,则不会删除缓存数据,同时也不会保存新的缓存数据。

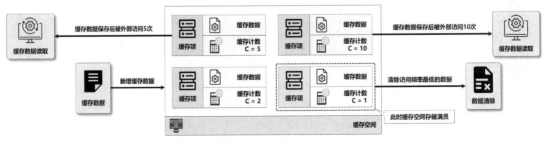

图 10-16　LFU 缓存算法

LFU 缓存算法内部还有 2 种算法。

（1）TinyLFU 算法

使用 LFU 缓存算法可以在固定的一段时间之内达到较高的命中率，但是在 LFU 缓存算法中需要维护缓存记录的频率信息（每次访问都要更新），会存在额外的开销。由于在该算法中所有的数据都依据统计结果进行保存，因此当出现突发性的稀疏流量（Sparse Bursts）访问时，数据会因为记录频次的问题而无法在缓存中存储，从而导致业务逻辑出现偏差。为了解决 LFU 缓存算法所存在的问题，就需要提供一个优化算法，这才有了 TinyLFU 算法，如图 10-17 所示。

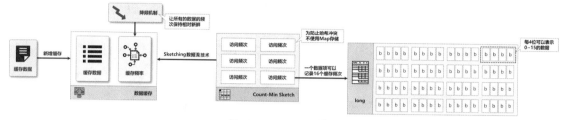

图 10-17 TinyLFU 算法

为了解决缓存频率信息占用空间的问题，TinyLFU 采用了 Sketching 数据流技术，使用了一个 Count-Min Sketch 算法。该算法认为数据被访问 15 次就可以作为一个热点数据，而后可以按位进行统计（一个 long 数据类型可以保存 64 位的数据，而后可以实现 16 个数据的统计）。这样就避免了采用传统 Map 实现统计频次的操作，从而减小了数据的体积。而面对新的数据无法追加缓存的问题，TinyLFU 采用了一种"保持新鲜"的机制。该机制的主要特点就是当整体的统计数据达到一个顶峰数值时，所有记录的频率统计结果除以 2，这样高频次的数据就会降低频次。

（2）W-TinyLFU 算法

LRU 缓存算法实现较为简单，同时也表现出了较高的命中率，面对突发性的稀疏流量表现得很好，可以很好地适应热点数据的访问。但是如果有些"冷数据"（该数据已经被缓存淘汰）访问量突然激增，该数据则会重新加载到缓存之中。由于存在加载完后数据再度变冷的可能，因此该算法会造成缓存污染。但是这种稀疏流量的缓存操作却是 TinyLFU 算法所缺少的，因为新的缓存数据可能还没有积攒到足够的访问频率就已经被剔除，导致命中率下降。所以针对此类问题，人们在 Caffeine 中设计出了 W-TinyLFU（Window TinyLFU）算法，如图 10-18 所示。

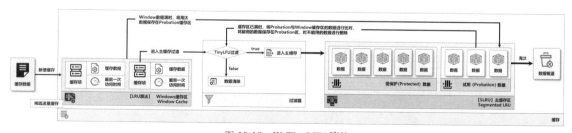

图 10-18 W-TinyLFU 算法

W-TinyLFU 算法将整个缓存区域分为两块，一块是 Window 缓存区（大小约为当前缓存区域的 1%），另一块为主缓存区（大小约为当前缓存区域的 99%），主缓存区又分为 Protected 区（约占 80%）和 Probation 区（约占 20%）。新增加的缓存数据全部保存在 Window 缓存区，这样就可以解决稀疏流量的缓存加载问题。Window 缓存区填满后，会将里面的候选缓存数据保存在主缓存区的 Probation 区；Probation 区也满员后，则会通过 TinyLFU 过滤器进行比对，保留有价值的候选数据，对无价值的数据则直接驱逐。

10.2.1 Caffeine 数据存储结构

视频名称 1009_【理解】Caffeine 数据存储结构

视频简介 除了保存数据，缓存最重要的功能就是进行数据查询与更新处理。本视频为读者分析 Caffeine 之中核心的存储结构，并重点描述节点与 Map 集合之间的关联。

Caffeine 由于需要考虑并发数据的缓存写入和数据读取的性能，故本质上是基于并发 Map 集合的方式（ConcurrentMap 接口）实现数据存储的。而除了基本的数据存储，还需要考虑数据的驱逐策略（如引用驱逐策略、时间驱逐策略等）。为此人们专门设计了 Node 抽象类，该类为 Deque 接口的实现子类，并且定义了访问顺序与写入顺序的实现。图 10-19 展示了 Caffeine 数据存储的基本结构。

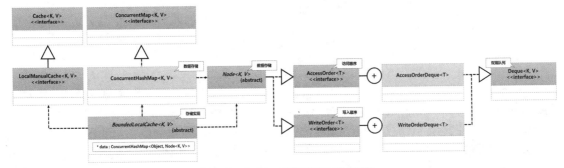

图 10-19 Caffeine 数据存储的基本结构

Node 类中记录了与每一个缓存项有关的数据信息，在进行缓存数据保存以及数据存储时，都可以使用该类提供的一系列方法。表 10-4 为读者列出了 Node 类中的常用方法与常量。需要注意的是，这些方法都是由 Caffeine 内部调用的，理解这些方法的定义有助于理解 Caffeine 数据操作的过程。

表 10-4 Node 类常用方法与常量

序号	方法与常量	类型	描述
1	public static final int WINDOW = 0	常量	主缓存区标记
2	public static final int PROBATION = 1	常量	主缓存区试用队列标记
3	public static final int PROTECTED = 2	常量	主缓存区受保护队列标记
4	public K getKey()	方法	获取缓存 key
5	public Object getKeyReference()	方法	获取缓存 key 的引用队列
6	public V getValue()	方法	获取缓存 value
7	public Object getValueReference();	方法	获取缓存 value 的引用队列
8	public void setValue(V value, ReferenceQueue<V> referenceQueue)	方法	设置缓存 value
9	public boolean containsValue(Object value)	方法	判断是否存在指定的 value
10	public int getWeight()	方法	获取缓存权重
11	public void setWeight(int weight)	方法	设置缓存权重
12	public boolean isAlive()	方法	该节点数据是否存活
13	public boolean isRetired()	方法	该数据是否准备失效
14	public boolean isDead()	方法	该数据是否已经被驱逐
15	public void retire()	方法	节点准备失效
16	public void die()	方法	节点驱逐
17	public long getVariableTime()	方法	返回节点过期时间，单位为 ns

续表

序号	方法与常量	类型	描述
18	public void setVariableTime(long time)	方法	设置节点过期时间,单位为 ns
19	public boolean casVariableTime(long expect, long update)	方法	使用 CAS 形式修改过期时间
20	public boolean inWindow()	方法	是否保存在主缓存区
21	public boolean inMainProbation()	方法	是否保存在主缓存区的试用队列
22	public boolean inMainProtected()	方法	是否保存在主缓存区的受保护队列
23	public void makeWindow()	方法	设置节点在主缓存区
24	public int getQueueType()	方法	获取队列类型,默认为 Window
25	public void setQueueType(int queueType)	方法	设置队列类型
26	public long getAccessTime()	方法	获取最后一次节点访问时间
27	public void setAccessTime(long time)	方法	设置最后一次节点访问时间
28	public long getWriteTime()	方法	获取最后一次节点写入时间
29	public void setWriteTime(long time)	方法	设置最后一次节点写入时间

Node 类提供了缓存项的基本存储结构的配置,但是这个类在实际使用之中又需要考虑到引用策略的问题,例如,在使用 Caffeine 类创建缓存时可以定义弱引用或软引用的存储结构。为了使缓存可以满足此种存储结构的设计需要,Node 类又有了若干个子类,包括 FS 子类、FW 子类以及 FD 子类,这些子类的特点如图 10-20 所示。

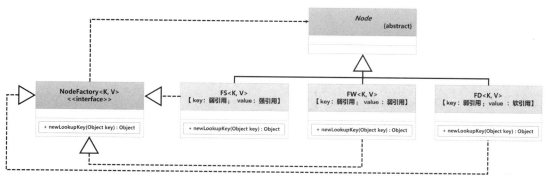

图 10-20 Node 及相关子类

在 BoundedLocalCache 类中定义 ConcurrentHashMap 集合属性时,采用的 key 的类型为 Object,而该 Object 可能是一个普通的强引用的 key 类型,也可能是一个引用队列。以 FW 子类为例,可以得到图 10-21 所示的结构。

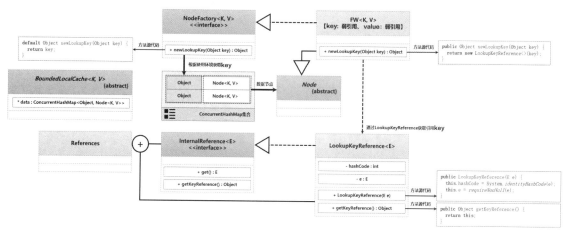

图 10-21 缓存数据存储结构

通过图 10-21 所示的结构可以清楚地发现，如果此时采用的是强引用的处理机制，则 Map 集合的 key 就是原始传入的数据类型（NodeFactory.newLookupKey()方法实现）；而如果此时使用了软引用或者弱引用，则最终返回的 key 类型就是一个引用队列。由于缓存的应用环境与存储环境不确定，因此在 Map 集合中所保存的 key 使用了 Object 类型存储。

10.2.2 缓存数据存储源代码分析

视频名称　1010_【理解】缓存数据存储源代码分析

视频简介　数据存储是缓存操作的核心功能，同时缓存又具有数据更新能力。本视频通过 Cache 接口的 put()方法进行源代码的逐层剖解，并分析用 Caffeine 类创建缓存时的结构配置及其与数据存储操作之间的关联。

数据存储与更新是缓存的核心操作功能。由于创建缓存时需要考虑 Caffeine 类的种种构建条件和数据驱逐机制（写入更新），因此在进行缓存数据存储时需要对这些机制进行相应的实现。

用户创建了 Cache 实例之后，程序会根据不同的缓存类型选择不同的实例。以手动缓存（LocalManualCache 接口）的操作为例，进行操作调用的分析，可以得出图 10-22 所示的结构，其中的核心方法就是 BoundedLocalCache 子类所提供的 put()方法。

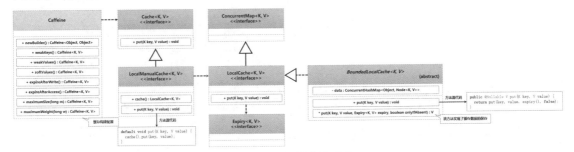

图 10-22　手动缓存操作结构

范例：put()方法源代码

```
@Override
public @Nullable V put(K key, V value) {
  return put(key, value, expiry(), /* onlyIfAbsent */ false);
}
@Nullable V put(K key, V value, Expiry<K, V> expiry, boolean onlyIfAbsent) {
  requireNonNull(key);                                          // 检查数据key
  requireNonNull(value);                                        // 检查数据value
  Node<K, V> node = null;                                       // 定义节点
  long now = expirationTicker().read();                         // 获取当前时间
  int newWeight = weigher.weigh(key, value);                    // 权重计算
  for (;;) {
    Node<K, V> prior = data.get(nodeFactory.newLookupKey(key)); // 数据查询
    if (prior == null) {                                        // 节点不存在
      if (node == null) {                                       // 新建节点为空
        node = nodeFactory.newNode(key, keyReferenceQueue(),
            value, valueReferenceQueue(), newWeight, now);      // 创建新节点
        setVariableTime(node, expireAfterCreate(key, value, expiry, now)); // 失效配置
      }
      prior = data.putIfAbsent(node.getKeyReference(), node);   // Map集合存储
      if (prior == null) {                                      // 未存储过
        afterWrite(new AddTask(node, newWeight));               // 数据写入
        return null;
      } else if (onlyIfAbsent) {                                // key与value未关联
```

```java
      V currentValue = prior.getValue();                    // 获取已存储数据
      if ((currentValue != null) && !hasExpired(prior, now)) {
        if (!isComputingAsync(prior)) {                     // 是否为异步模型
          tryExpireAfterRead(prior, key, currentValue, expiry(), now); // 尝试更新访问时间
          setAccessTime(prior, now);                        // 设置失效访问
        }
        afterRead(prior, now, /* recordHit */ false);       // 读取后处理
        return currentValue;                                // 返回当前内容
      }
    }
  } else if (onlyIfAbsent) {                                // key与value未关联
    V currentValue = prior.getValue();                      // 获取节点内容
    if ((currentValue != null) && !hasExpired(prior, now)) {
      if (!isComputingAsync(prior)) {                       // 是否为异步模型
        tryExpireAfterRead(prior, key, currentValue, expiry(), now); // 尝试更新访问时间
        setAccessTime(prior, now);                          // 设置失效访问
      }
      afterRead(prior, now, /* recordHit */ false);         // 更新读取时间
      return currentValue;
    }
  } else {
    discardRefresh(prior.getKeyReference());                // 缓存失效处理
  }
  V oldValue;                                               // 保存旧数据
  long varTime;                                             // 保存时间
  int oldWeight;                                            // 保存已有权重
  boolean expired = false;                                  // 保存失败状态
  boolean mayUpdate = true;                                 // 保存更新状态
  boolean exceedsTolerance = false;                         // 保存失效状态
  synchronized (prior) {                                    // 节点更新
    if (!prior.isAlive()) {                                 // 节点不存活
      continue;                                             // 结束调用
    }
    oldValue = prior.getValue();                            // 获取已保存节点数据
    oldWeight = prior.getWeight();                          // 获取已保存节点权重
    if (oldValue == null) {                                 // 数据为空
      varTime = expireAfterCreate(key, value, expiry, now); // 创建失效
      notifyEviction(key, null, RemovalCause.COLLECTED);    // 驱逐通知
    } else if (hasExpired(prior, now)) {                    // 是否失效
      expired = true;                                       // 修改失效标记
      varTime = expireAfterCreate(key, value, expiry, now); // 创建失效计时
      notifyEviction(key, oldValue, RemovalCause.EXPIRED);  // 驱逐通知
    } else if (onlyIfAbsent) {                              // key与value未关联
      mayUpdate = false;                                    // 更新状态标记
      varTime = expireAfterRead(prior, key, value, expiry, now); // 失效更新
    } else {
      varTime = expireAfterUpdate(prior, key, value, expiry, now); // 失效更新
    }
    if (mayUpdate) {                                        // 判断更新标记
      exceedsTolerance =
          (expiresAfterWrite() && (now - prior.getWriteTime()) > EXPIRE_WRITE_TOLERANCE)
          || (expiresVariable()
              && Math.abs(varTime - prior.getVariableTime()) > EXPIRE_WRITE_TOLERANCE);
      setWriteTime(prior, now);                             // 写入时间
      prior.setWeight(newWeight);                           // 写入权重
      prior.setValue(value, valueReferenceQueue());         // 写入数据
    }
    setVariableTime(prior, varTime);                        // 设置节点时间
    setAccessTime(prior, now);                              // 设置访问时间
  }
```

```
    if (expired) {                                              // 已经过期
      notifyRemoval(key, oldValue, RemovalCause.EXPIRED);       // 驱逐通知
    } else if (oldValue == null) {                              // 数据不存在
      notifyRemoval(key, /* oldValue */ null, RemovalCause.COLLECTED); // 驱逐通知
    } else if (mayUpdate) {                                     // 更新成功
      notifyOnReplace(key, oldValue, value);                    // 内容替换
    }
    int weightedDifference = mayUpdate ? (newWeight - oldWeight) : 0; // 权重差
    if ((oldValue == null) || (weightedDifference != 0) || expired) { // 没有数据
      afterWrite(new UpdateTask(prior, weightedDifference));    // 启动更新任务
    } else if (!onlyIfAbsent && exceedsTolerance) {             // 数据不存在
      afterWrite(new UpdateTask(prior, weightedDifference));    // 启动更新任务
    } else {
      if (mayUpdate) {                                          // 更新成功
        setWriteTime(prior, now);                               // 写入时间
      }
      afterRead(prior, now, /* recordHit */ false);             // 读取处理
    }
    return expired ? null : oldValue;                           // 返回数据
  }
}
```

以上源代码是 Caffeine 内部实现的数据存储操作,即通过内部提供的 ConcurrentHashMap 实现指定 key 数据的读取和保存,同时保存的节点数据都通过 Node 对象进行存储。整个操作主要有如下 3 个特点。

(1) put() 方法除了进行数据的保存,还提供数据更新的功能,所以每一次保存前都需要根据 key 进行 Map 集合的查找。如果发现数据不存在则存储新的数据并返回 null,如果数据存在则根据 key 进行数据替换,并返回原始数据。

(2) 数据存储或更新时需要配置不同的任务线程,即该操作不占用主线程资源,可防止存储逻辑过多所带来的阻塞问题,并且每次存储完成后都会调用相应的异步线程进行与缓存有关的操作。

(3) 在数据保存过程之中会持续进行节点失效时间的更新,根据当前的操作情况决定是采用读取更新还是写入更新。如果节点失效,则会触发缓存驱逐操作。

10.2.3 频次记录源代码分析

频次记录
源代码分析

视频名称 1011_【理解】频次记录源代码分析

视频简介 为了尽可能创造公平的缓存结构,TinyLFU 需要基于频次进行缓存驱逐的计算。本视频通过 afterWrite()、afterRead() 操作方法为读者分析缓存频次的处理逻辑。

在使用 put() 方法进行数据保存时,有可能会触发两个操作任务,分别是 AddTask 与 UpdateTask。这两个类都属于缓存操作的内部类,并且全部实现了 Runnable 接口。同时 BoundedLocalCache 的内部提供一个 frequencySketch() 方法。该方法可以获取到 FrequencySketch 类的对象实例,即可以通过该类对象实现缓存数据项的频次统计,如图 10-23 所示。

> **提示:MpscGrowableArrayQueue 是一个无锁的阻塞队列。**
>
> MpscGrowableArrayQueue 是 JCTools 里的一个工具,是对 MPSC(Multi-Producer & Single-Consumer)的场景化定制,这种结构一般只用于一种场景,即多个生产者的并发访问队列是线程安全的,但同一时刻只允许一个消费者访问队列。

AddTask.run() 分别调用了 FrequencySketch 类中的 increment() 和 ensure Capacity() 两个处理方法,但 UpdateTask 类并不是直接调用 run() 方法,而是调用了 Bounded LocalCache 类提供的

onAccess()方法实现频次处理。由于该方法实现的操作较为完整，下面打开此方法的源代码进行分析。

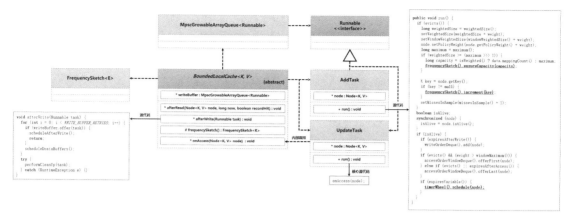

图 10-23　频次统计处理

范例：onAccess()方法源代码

```
void onAccess(Node<K, V> node) {                       // 数据访问处理（查询或更新）
  if (evicts()) {                                      // 缓存是否被驱逐
    K key = node.getKey();                             // 获取数据key
    if (key == null) {                                 // key不存在
      return;                                          // 结束调用
    }
    frequencySketch().increment(key);                  // 增加访问频次
    if (node.inWindow()) {                             // 是否在Window缓存区
      reorder(accessOrderWindowDeque(), node);         // 缓存记录
    } else if (node.inMainProbation()) {               // 是否在Probation缓存区
      reorderProbation(node);                          // 缓存记录
    } else {                                           // 是否在主缓存区
      reorder(accessOrderProtectedDeque(), node);      // 缓存记录
    }
    setHitsInSample(hitsInSample() + 1);               // 更新时设置命中数
  } else if (expiresAfterAccess()) {                   // 如果已失效
    reorder(accessOrderWindowDeque(), node);           // 缓存记录
  }
  if (expiresVariable()) {                             // 失效
    timerWheel().reschedule(node);                     // 时间轮调度
  }
}
```

此方法是由缓存类实现的，通过代码之中所给定的实现结构可以清楚地发现，可根据当前节点存储状态，追加数据到不同的队列（主缓存区队列或 Window 缓存区队列）之中，而真正的访问记录，则是由 frequencySketch().increment(key)方法实现的。下面来观察源代码。

范例：FrequencySketch 类源代码

```
package com.github.benmanes.caffeine.cache;
final class FrequencySketch<E> {
  int sampleSize;                                      // 降频样本量，为最大值的10倍
  int tableMask;                                       // 获取table索引的掩码
  long[] table;                                        // 保存频次数据
  int size;                                            // 统计长度
  @SuppressWarnings("NullAway.Init")
  public FrequencySketch() {}
  public void increment(E e) {                         // 频次增加
    if (isNotInitialized()) {                          // 初始化状态判断
      return;                                          // 结束调用
```

```java
    }
    // 根据key获取哈希值，考虑到哈希值分配不均匀问题，根据已有的HashCode再次做哈希处理
    int hash = spread(e.hashCode());                        // 计算新的哈希值
    int start = (hash & 3) << 2;                            // 计数table中的long数据位的起始定位
    // 根据不同的种子内容，计算出不同的数据统计索引
    int index0 = indexOf(hash, 0);                          // 获取table索引
    int index1 = indexOf(hash, 1);                          // 获取table索引
    int index2 = indexOf(hash, 2);                          // 获取table索引
    int index3 = indexOf(hash, 3);                          // 获取table索引
    // 根据index和start结果来进行访问频次的增加
    boolean added = incrementAt(index0, start);             // 计算"start + 0"位置的频次
    added |= incrementAt(index1, start + 1);                // 计算"start + 1"位置的频次
    added |= incrementAt(index2, start + 2);                // 计算"start + 2"位置的频次
    added |= incrementAt(index3, start + 3);                // 计算"start + 3"位置的频次
    if (added && (++size == sampleSize)) {                  // 达到降频样本量
        reset();                                            // 降频处理
    }
}
boolean incrementAt(int i, int j) {                         // 增长计算
    int offset = j << 2;                                    // table[索引]记录偏移量（起始位置）
    // Caffeine将频次统计的最大值定为15（"0xfL"内容为15，这是内定的结构）
    long mask = (0xfL << offset);                           // 获取掩码
    if ((table[i] & mask) != mask) {                        // 判断结果是否为15
        table[i] += (1L << offset);                         // 不为15追加1
        return true;                                        // 频次增加完成
    }
    return false;                                           // 超过15频次增加失败
}
void reset() {                                              // 达到频次最大值，所有数据降频
    int count = 0;
    for (int i = 0; i < table.length; i++) {
        count += Long.bitCount(table[i] & ONE_MASK);
        table[i] = (table[i] >>> 1) & RESET_MASK;
    }
    size = (size >>> 1) - (count >>> 2);
}
public void ensureCapacity(@NonNegative long maximumSize) { // 配置容量
    requireArgument(maximumSize >= 0);
    int maximum = (int) Math.min(maximumSize, Integer.MAX_VALUE >>> 1); // 最大值
    if ((table != null) && (table.length >= maximum)) {     // 容量过大
        return;
    }
    table = new long[(maximum == 0) ? 1 : Caffeine.ceilingPowerOfTwo(maximum)];
    tableMask = Math.max(0, table.length - 1);              // 依据数组长度定义掩码
    sampleSize = (maximumSize == 0) ? 10 : (10 * maximum);  // 配置样本量
    if (sampleSize <= 0) {
        sampleSize = Integer.MAX_VALUE;
    }
    size = 0;                                               // 频次总量
}
@NonNegative
public int frequency(E e) {                                 // 频次读取操作
    if (isNotInitialized()) {
        return 0;
    }
    // 根据key获取哈希值，考虑到哈希值分配不均匀问题，根据已有的HashCode再次做哈希处理
    int hash = spread(e.hashCode());                        // 计算新的哈希值
    int start = (hash & 3) << 2;                            // 计数table中的long数据位的起始定位
    int frequency = Integer.MAX_VALUE;                      // 定义最大频次
    for (int i = 0; i < 4; i++) {                           // 获取一个相对准确的统计
```

```
    int index = indexOf(hash, i);                          // 根据种子值获取索引
    // 定位到long数组的指定位置（而后依据一个long中的位来获取统计数据）
    int count = (int) ((table[index] >>> ((start + i) << 2)) & 0xfL);
    frequency = Math.min(frequency, count);                // 获取统计结果的最小值
  }
  return frequency;                                        // 返回频次
}
```

通过以上处理方法可以发现，每一次进行频次统计时，首先要通过 ensureCapacity()方法进行所有频次处理的初始化定义，而后利用 increment()方法实现频次统计。要想获取最终的频次结果，则需要通过 frequency()方法完成，但是频次统计操作分 4 个不同的地方进行统计个数的记录，这样每次可以获取最小的频次值（获取到的只是一个参考值，不需要非常精确），如图 10-24 所示。

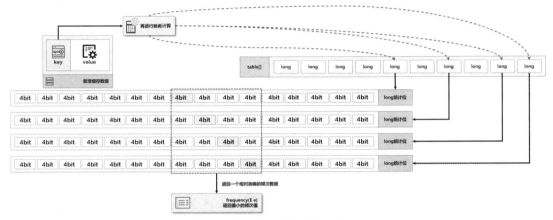

图 10-24　缓存频次存储与增加结构

10.2.4　缓存驱逐源代码分析

视频名称　1012_【理解】缓存驱逐源代码分析
视频简介　缓存结构在实际开发中存在不同的存储区域，这些区域的大小有着内置的定义。本视频为读者分析不同缓存区的数据驱逐策略的源代码实现。

缓存驱逐
源代码分析

Caffeine 采用 W-TinyLFU 缓存算法，将整个缓存区域分为了 Window 缓存区与主缓存区两个部分，两部分都会提供相应的队列结构。当 Window 队列已经满员，就需要基于过滤与 Probation 队列之中的数据进行比较，而后进行数据存储队列的变更。数据操作后程序都会执行 afterWrite()方法的调用。

范例：afterWrite()方法源代码

```
void afterWrite(Runnable task) {
  for (int i = 0; i < WRITE_BUFFER_RETRIES; i++) {
    if (writeBuffer.offer(task)) {
      scheduleAfterWrite();                    // 该方法内部依然调用scheduleDrainBuffers()
      return;
    }
    scheduleDrainBuffers();                    // 启动异步任务，执行页面替换操作
  }
}
```

如果执行 scheduleDrainBuffers()进行页面替换操作失败，就需要进行相应的缓存数据的清除操作的调用，内部调用流程如图 10-25 所示。整个结构的核心方法是 evictEntries()，并且该方法会进行 Window 缓存区与主缓存区的数据移动与释放处理。

第 10 章 Spring 整合缓存服务

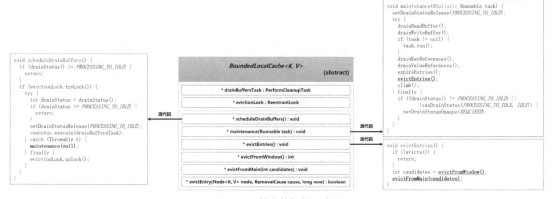

图 10-25 触发数据驱逐处理

范例：Window 缓存区驱逐

```
int evictFromWindow() {
  int candidates = 0;                                          // 候选者个数
  Node<K, V> node = accessOrderWindowDeque().peek();           // 通过Window队列获取
  while (windowWeightedSize() > windowMaximum()) {             // 数据过多
    if (node == null) {                                        // 没有节点
      break;                                                   // 中断调整
    }
    Node<K, V> next = node.getNextInAccessOrder();             // 获取下一个节点
    if (node.getPolicyWeight() != 0) {                         // 权重判断
      node.makeMainProbation();                                // 保存在Probation区
      accessOrderWindowDeque().remove(node);                   // Window队列删除
      accessOrderProbationDeque().add(node);                   // Probation队列头部增加
      candidates++;                                            // 候选数自增
      setWindowWeightedSize(windowWeightedSize() -
          node.getPolicyWeight());                             // 修改Window缓存区的存储数量
    }
    node = next;                                               // 修改节点引用
  }
  return candidates;                                           // 返回移动候选数量
}
```

本程序在进行 Window 缓存区驱逐时，本质上会根据当前的权重数值来判断是否驱逐，而在每次驱逐时都进行了队列节点的操作，将需要操作的节点数量保存在 candidates 变量之中并进行统计返回，这样就可以以此数量为基准实现 Window 数据向 Probation 数据的移动。下面来看一下主缓存区驱逐的源代码。

范例：主缓存区驱逐

```
void evictFromMain(int candidates) {                                        // 主缓存区驱逐
  int victimQueue = PROBATION;                                              // 试用队列
  Node<K, V> victim = accessOrderProbationDeque().peekFirst();// 头部获取淘汰节点
  Node<K, V> candidate = accessOrderProbationDeque().peekLast();// 尾部获取候选节点
  while (weightedSize() > maximum()) {                                      // 缓存区中数据的数量过大
    if (candidates == 0) {                                                  // 移动候选数据为0
      candidate = accessOrderWindowDeque().peekLast();                      // 获取Window队列最后一项
    }
    // 尝试通过受保护队列和Window队列进行驱逐元素获取
    if ((candidate == null) && (victim == null)) {                          // 移动节点为空
      if (victimQueue == PROBATION) {                                       // 队列为试用队列
        victim = accessOrderProtectedDeque().peekFirst();                   // Protected队列头部元素
        victimQueue = PROTECTED;                                            // 队列切换为Protected队列
        continue;
      } else if (victimQueue == PROTECTED) {                                // 队列为Protected队列
```

```java
      victim = accessOrderWindowDeque().peekFirst();    // Window队列头部元素
      victimQueue = WINDOW;                              // 队列切换为Window队列
      continue;
    }
    break;                                               // 调整为合适的大小
  }
  if ((victim != null) && (victim.getPolicyWeight() == 0)) {  // 驱逐权重为0的元素
    victim = victim.getNextInAccessOrder();            // 获取下一个元素
    continue;
  } else if ((candidate != null) &&
      (candidate.getPolicyWeight() == 0)) {            // 驱逐权重为0的候选元素
    candidate = (candidates > 0)
        ? candidate.getPreviousInAccessOrder() : candidate.getNextInAccessOrder();
    candidates--;                                      // 候选数自减
    continue;
  }
  if (victim == null) {                                // 驱逐元素为空
    @SuppressWarnings("NullAway")
    Node<K, V> previous = candidate.getPreviousInAccessOrder();// 候选父元素
    Node<K, V> evict = candidate;                      // 数据交换
    candidate = previous;                              // 候选节点修改
    candidates--;                                      // 候选数自减
    evictEntry(evict, RemovalCause.SIZE, 0L);          // 元素驱逐
    continue;
  } else if (candidate == null) {                      // 候选元素为空
    Node<K, V> evict = victim;                         // 获取驱逐元素
    victim = victim.getNextInAccessOrder();            // 修改引用
    evictEntry(evict, RemovalCause.SIZE, 0L);          // 元素驱逐
    continue;
  }
  // 如果已经收集到了要驱逐的条目,则立即执行驱逐操作
  K victimKey = victim.getKey();                       // 获取驱逐项key
  K candidateKey = candidate.getKey();                 // 获取候选项key
  if (victimKey == null) {                             // 驱逐项key为空
    Node<K, V> evict = victim;                         // 配置驱逐项
    victim = victim.getNextInAccessOrder();            // 更改下一个引用
    evictEntry(evict, RemovalCause.COLLECTED, 0L);     // 元素驱逐
    continue;
  } else if (candidateKey == null) {                   // 候选项key为空
    Node<K, V> evict = candidate;                      // 候选项为驱逐项
    candidate = (candidates > 0)                       // 判断待驱逐元素个数
        ? candidate.getPreviousInAccessOrder()         // 获取候选节点的父节点
        : candidate.getNextInAccessOrder();            // 获取候选节点的下一个节点
    candidates--;                                      // 候选数自减
    evictEntry(evict, RemovalCause.COLLECTED, 0L);     // 元素驱逐
    continue;
  }
  if (candidate.getPolicyWeight() > maximum()) {       // 候选权重过大
    Node<K, V> evict = candidate;                      // 获取驱逐元素
    candidate = (candidates > 0)
        ? candidate.getPreviousInAccessOrder() : candidate.getNextInAccessOrder();
    candidates--;                                      // 候选数自减
    evictEntry(evict, RemovalCause.SIZE, 0L);          // 元素驱逐
    continue;
  }
  // 删除Window队列或Probation队列之中频次较低的选项
  candidates--;                                        // 候选数自减
  if (admit(candidateKey, victimKey)) {                // 试用队列驱逐
    Node<K, V> evict = victim;                         // 保存驱逐元素
    victim = victim.getNextInAccessOrder();            // 修改下一个淘汰元素
```

```
        evictEntry(evict, RemovalCause.SIZE, 0L);           // 元素驱逐
        candidate = candidate.getPreviousInAccessOrder();    // 修改候选元素
    } else {                                                 // 候选队列驱逐
        Node<K, V> evict = candidate;                        // 保存驱逐元素
        candidate = (candidates > 0)
            ? candidate.getPreviousInAccessOrder() : candidate.getNextInAccessOrder();
        evictEntry(evict, RemovalCause.SIZE, 0L);           // 元素驱逐
    } }}
```

在 maintenance()方法执行的最后，还存在一个 climb()方法的调用。该方法可以实现 Window 缓存区大小的动态调整，而调整所对应的一些配置，是由 BoundedLocalCache 类中定义的一系列常量决定的，这些常量如下。

范例：BoundedLocalCache 缓存空间配置

```
static final double PERCENT_MAIN = 0.99d;                       // 主缓存区占比
static final double PERCENT_MAIN_PROTECTED = 0.80d;             // Protected队列占比
static final double HILL_CLIMBER_RESTART_THRESHOLD = 0.05d;     // 命中差异率
static final double HILL_CLIMBER_STEP_PERCENT = 0.0625d;        // Window调整大小
static final double HILL_CLIMBER_STEP_DECAY_RATE = 0.98d;       // 空间减少比例
```

在进行分配时，Window 缓存区只占整个缓存空间的约 1%（主缓存区约占整个缓存空间的 99%），而不同的应用场景下，Window 缓存区也需要根据命中率、缓存数据量等指标进行调整。climb()方法的相关定义如图 10-26 所示。

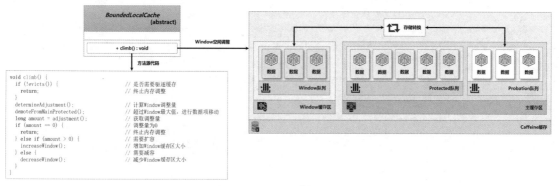

图 10-26　Window 缓存区调整

10.2.5　TimerWheel

视频名称　1013_【理解】TimerWheel

视频简介　超时驱逐是缓存的核心策略，Caffeine 对超时驱逐提供了丰富的支持。本视频为读者分析超时驱逐方法与清除策略具体的实现源代码。

缓存中的数据都存在时效性，超过指定的时效后就应该进行相关缓存数据的驱逐。用户使用 Caffeine 类进行缓存创建时，有 3 种缓存过期的应对策略，分别是 "expireAfterWrite()" 写入超时驱逐策略、"expireAfterAccess()" 访问超时驱逐策略，以及 "expireAfter()" 自定义超时驱逐策略。前两种驱逐策略只需要设置好超时的时间间隔，而后所有的数据按照超时顺序保存在 AccessOrderDeque 双端队列（如果是写入超时，则保存在 WriteOrderDeque 队列）中，队列的头部保存的是即将过期的缓存项，过期时间一到则自动弹出元素，如图 10-27 所示。

前两种驱逐策略明显无法满足实际的开发要求，所以开发者就需要使用 "expireAfter()" 自定义超时驱逐策略，而为了满足此类驱逐策略的配置要求，Caffeine 提供了 "时间轮"（TimerWheel）算法机制。

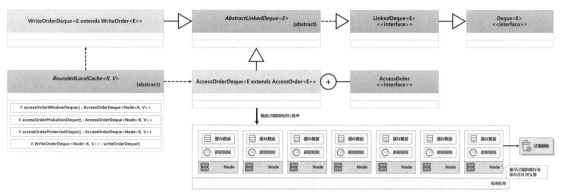

图 10-27　超时队列

> **注意**：扫描过期节点会影响性能。

expireAfter()扩充了 Caffeine 组件中的缓存驱逐策略，但同时也追加了驱逐算法的难度。对于定时过期的处理只需要在每次访问时进行时间的判断即可，但是由于 expireAfter()时间不固定，因此无法采用同样的方式配置。如果使用一个额外的线程进行缓存数据项的扫描，则会带来极大的系统开销。

时间轮是一种环形的数据结构，可以将其内部划分为若干个不同的时间格子。每一个格子代表一个时间（时间格子划分得越小，时间的精度就越高）。每一个格子都对应一个链表，该链表中保存全部的到期任务，如图 10-28 所示。所有的新任务依据一定的求模算法，保存在合适的格子之中，在任务执行时会有一个指针随着时间转动到对应的格子之中，并执行相应格子中的到期任务，从而解决自定义超时驱逐策略的性能问题。

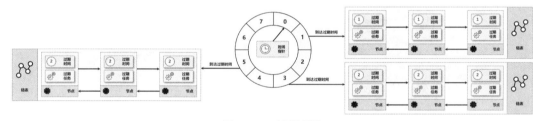

图 10-28　时间轮算法

由于不同应用中时间轮定义的精度不同，所以时间轮的失效处理只能够使用一种非实时性的方式。虽然这样牺牲了精度，但是却保证了性能。Caffeine 提供了 TimerWheel 类进行时间轮的功能实现，其结构如图 10-29 所示。

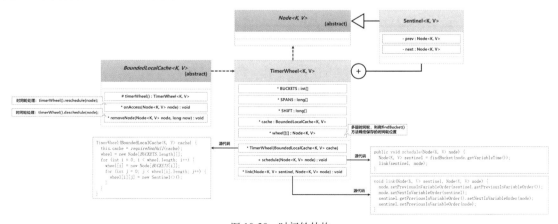

图 10-29　时间轮结构

10.3　Spring Cache

视频名称	1014_【掌握】Spring Cache 组件概述
视频简介	现实开发中会存在大量的缓存组件，每一种缓存组件都有各自不同的算法与实现结构，而 Spring 提供的 Spring Cache 组件可以实现这些缓存组件的统一整合。本视频从宏观的角度为读者介绍 Spring Cache 的作用，并定义基础的实现结构。

项目开发中通过缓存组件可以实现应用的处理性能，但是在现实的开发环境中，会存在不同的缓存组件，如常见的单机版缓存组件（包括 Caffeine、EHCache）、分布式缓存组件（包括 Memcached、Redis）。那么如何将这些组件以统一的处理模式引入项目的开发呢？

为了解决 Spring 项目之中缓存组件的使用与整合问题，Spring 框架提供了 Spring Cache 组件，如图 10-30 所示。开发者可以直接依据此组件整合各类缓存应用，并且所有的组件都可以采用统一的方式进行处理。开发者只需要定义好该组件的相关参数，就可以由 Spring 自行管理业务所使用到的相关缓存数据。

> 提示：Spring Cache 是业务数据的缓存。
>
> 本书第 9 章讲解了 Spring Data JPA 技术，其支持 EHCache 二级缓存配置，但是这种缓存是数据层中的缓存，并且不同的 ORM 组件有各自的缓存实现。为了统一这些缓存操作，Spring 提供了业务层上使用的 Spring Cache。

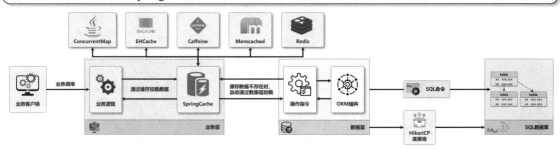

图 10-30　Spring Cache 组件

如果想研究 Spring Cache 技术，那么首先需要搭建相应的业务操作结构。本次将通过 Spring Data JPA 实现数据层的开发，具体的实现步骤如下。

（1）【MySQL 数据库】为便于实现业务处理，下面在 MySQL 数据库中创建一张用户表，数据库创建脚本如下。

```
DROP DATABASE IF EXISTS yootk;
CREATE DATABASE yootk CHARACTER SET UTF8;
USE yootk;
CREATE TABLE emp(
    eid             VARCHAR(50)         comment '雇员ID',
    ename           VARCHAR(50)         comment '雇员姓名',
    job             VARCHAR(50)         comment '雇员职位',
    salary          DOUBLE              comment '雇员工资',
    CONSTRAINT pk_eid PRIMARY KEY(eid)
) engine=innodb;
INSERT INTO emp(eid, ename, job, salary) VALUES ('muyan', '张易言', '职员', 2500);
INSERT INTO emp(eid, ename, job, salary) VALUES ('yootk', '李沐文', '讲师', 5000);
INSERT INTO emp(eid, ename, job, salary) VALUES ('mylee', '李兴华', '讲师', 3000);
INSERT INTO emp(eid, ename, job, salary) VALUES ('wings', '王子琪', '经理', 3500);
```

（2）【yootk-spring 项目】修改 build.gradle 配置文件，为该项目添加业务开发所需要的依赖库。

需要注意的是，此时引入 JPA 组件不再需要添加"hibernate-jcache""ehcache""hibernate-ehcache"依赖库。

```
project(":cache") {
   dependencies {                                                    // 模块依赖配置
      implementation('com.github.ben-manes.caffeine:caffeine:3.1.0')
      implementation('org.springframework:spring-context:6.0.0-M3')
      implementation('org.springframework:spring-core:6.0.0-M3')
      implementation('org.springframework:spring-beans:6.0.0-M3')
      implementation('org.springframework:spring-context-support:6.0.0-M3')
      implementation('org.springframework:spring-aop:6.0.0-M3')
      implementation('org.springframework:spring-aspects:6.0.0-M3')
      implementation('org.springframework:spring-jdbc:6.0.0-M3')
      implementation('jakarta.persistence:jakarta.persistence-api:3.1.0')
      implementation('org.hibernate.orm:hibernate-core:6.0.0.Final')
      implementation('org.springframework.data:spring-data-jpa:3.0.0-M3')
      implementation('mysql:mysql-connector-java:8.0.27')
      implementation('com.zaxxer:HikariCP:5.0.1')
   }
}
```

（3）【cache 子模块】本次项目将采用 HikariCP 数据库连接池（database.properties、DataSourceConfig）、AOP 声明式事务（TransactionAdviceConfig、TransactionConfig），Spring Data JPA 配置（jpa.properties、SpringDataJPAConfig），这些操作的定义与前面章节的 Spring Data JPA 操作部分相同（需要删除掉与缓存有关的配置项），相关代码不再重复列出。

（4）【cache 子模块】本次开发将基于注解配置实现 Spring 容器启动，创建一个程序的核心配置类。

```
package com.yootk;
@ComponentScan("com.yootk")                                          // 注解配置
@EnableJpaRepositories("com.yootk.dao")                              // 扫描数据层接口
public class StartSpringCache {}                                     // 注解启动类
```

（5）【cache 子模块】定义 Emp 映射类，该类结构与 emp 表结构对应。

```
package com.yootk.po;
@Entity                                                              // 实体类
public class Emp {                                                   // 类名称与表名称相同
   @Id                                                               // 主键
   private String eid;                                               // 主键映射
   private String ename;                                             // 数据列映射
   private String job;                                               // 数据列映射
   private Double salary;                                            // 数据列映射
   // Setter、Getter、无参构造、toString()方法略
}
```

（6）【cache 子模块】创建 IEmpDAO 接口并继承 JpaRepository 父接口。

```
package com.yootk.dao;
public interface IEmpDAO extends JpaRepository<Emp, String> {
   public List<Emp> findByEname(String ename);                       // 根据雇员姓名查询
}
```

（7）【cache 子模块】创建 IEmpService 业务接口。

```
package com.yootk.service;
public interface IEmpService {
   public Emp edit(Emp emp);                                         // 数据更新
   public boolean delete(String eid);                                // 数据删除
   public Emp get(String eid);                                       // 根据雇员ID查询雇员信息
   public Emp getByEname(String ename);                              // 根据雇员姓名查询雇员信息
}
```

（8）【cache 子模块】创建 EmpServiceImpl 业务实现子类。

```
package com.yootk.service.impl;
```

```java
@Service                                                    // 业务层注解
public class EmpServiceImpl implements IEmpService {        // 业务实现类
    @Autowired
    private IEmpDAO empDAO;                                 // 数据层接口实例
    @Override
    public Emp edit(Emp emp) {
        return this.empDAO.save(emp);                       // 更新数据
    }
    @Override
    public boolean delete(String eid) {
        if (this.empDAO.existsById(eid)) {                  // 数据存在判断
            this.empDAO.deleteById(eid);                    // 数据删除
            return true;
        }
        return false;
    }
    @Override
    public Emp get(String eid) {
        Optional<Emp> result = this.empDAO.findById(eid);   // 数据查询
        if (result.isPresent()) {                           // 数据存在
            return result.get();                            // 返回对象实例
        }
        return null;
    }
    @Override
    public Emp getByEname(String ename) {
        return this.empDAO.findByEname(ename).get(0);       // 数据查询
    }
}
```

(9)【cache 子模块】编写 TestEmpService 测试类，对业务方法进行功能测试。

```java
package com.yootk.test;
@ContextConfiguration(classes = StartSpringCache.class)     // 启动配置类
@ExtendWith(SpringExtension.class)                          // 使用JUnit 5测试工具
public class TestEmpService {
    private static final Logger LOGGER = LoggerFactory.getLogger(TestEmpService.class);
    @Autowired
    private IEmpService empService;                         // 业务接口实例
    @Test
    public void testEdit() {
        Emp emp = new Emp();                                // 实例化VO对象
        emp.setEid("muyan");                                // 设置eid属性
        emp.setEname("可爱的小李老师");                      // 设置ename属性
        emp.setJob("作者兼讲师");                            // 设置job属性
        emp.setSalary(3600.0);                              // 设置salary属性
        LOGGER.info("雇员数据修改：{}", this.empService.edit(emp)); // 业务测试
    }
    @Test
    public void testDelete(){                               // 业务测试
        LOGGER.info("雇员数据删除：{}", this.empService.delete("muyan-lixinghua"));
    }
    @Test
    public void testGet(){                                  // 业务测试
        Emp emp = this.empService.get("yootk");             // 业务方法调用
        LOGGER.info("雇员数据查询：雇员ID = {}、雇员姓名 = {}、雇员职位 = {}、雇员工资 = {}",
            emp.getEid(), emp.getEname(), emp.getJob(), emp.getSalary());
    }
}
```

此时程序的基本结构已经开发完成，程序的类关联结构如图 10-31 所示。在后续讲解 Spring Cache 具体操作时，会针对业务方法的定义以及测试方法对其进行修改。

10.3 Spring Cache

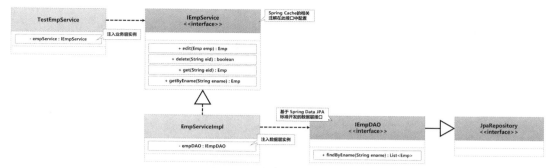

图 10-31　程序的类关联结构

10.3.1　ConcurrentHashMap 缓存管理

ConcurrentHashMap
缓存管理

> **视频名称**　1015_【掌握】ConcurrentHashMap 缓存管理
> **视频简介**　为便于缓存的管理，Spring Cache 提供了专属的缓存注解。本视频通过具体的实例操作讲解 Spring Cache 的配置启用、CacheManager 的作用以及"@Cacheable"注解的使用，并通过业务方法的调用与 SQL 日志进行基础缓存作用的分析。

Spring Cache 为了便于缓存结构的管理，在 org.springframework.cache 包中提供了两个核心的标准接口，分别为 Cache 实现接口、CacheManager 管理接口，这两个接口的关联结构如图 10-32 所示。

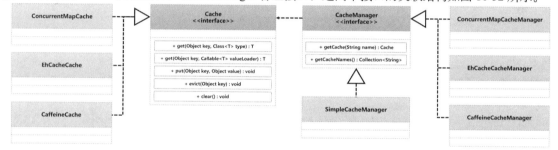

图 10-32　Spring Cache 关联结构

在进行缓存实现的过程中，Spring 是基于 Cache 接口提供的方法进行缓存操作的，所以不同的缓存组件如果要接入 Spring，则需要提供 Cache 接口的具体实现子类。考虑到缓存的管理问题，Spring 提供了 CacheManager 接口，所有可以在应用中使用的 Cache 类型全部在该接口之中进行配置，如图 10-33 所示。

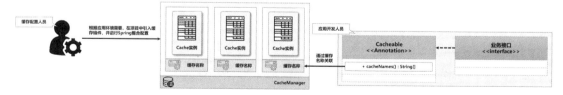

图 10-33　缓存配置及使用

项目中的不同业务处理，可能需要使用不同的缓存，这样在进行 CacheManager 实例配置的时候，就可以设置每一个 Cache 实例的名称，在使用时依据不同的缓存名称与相关的业务进行匹配。下面通过具体的步骤实现 Spring Cache 的使用。

（1）【cache 子模块】创建一个 CacheConfig 配置类，定义 CacheManager 对象实例。

```
package com.yootk.cache.config;
@Configuration                                          // 自动配置类
@EnableCaching                                          // 启动Spring Cache注解
public class CacheConfig {
```

```
@Bean("cacheManager")                                        // 配置Bean名称
public CacheManager cacheManager() {                         // 创建CacheManager实例
    SimpleCacheManager cacheManager = new SimpleCacheManager(); // 对象实例化
    Set<Cache> caches = new HashSet<>();                     // 保存缓存项
    caches.add(new ConcurrentMapCache("emp"));               // Cache配置
    cacheManager.setCaches(caches);                          // 配置保存
    return cacheManager;                                     // 返回配置实例
}
```

本次的缓存并没有使用任何的第三方组件,而是直接通过 Spring Cache 内置的实现类定义的。为便于缓存管理,本程序使用了 SimpleCacheManager 类,而缓存的具体实现是由 ConcurrentMapCache 子类定义的,该子类将通过 ConcurrentHashMap 实现数据的存储,相关继承结构如图 10-34 所示。

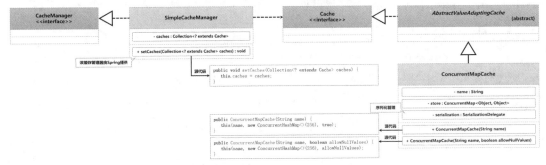

图 10-34 Spring Cache 继承结构

(2)【cache 子模块】修改 IEmpService 接口之中的 get()方法定义,引入缓存注解。

```
@Cacheable(cacheNames = "emp")                               // 配置缓存名称
public Emp get(String eid);                                  // 根据雇员ID查询雇员信息
@Cacheable(cacheNames = "emp")                               // 配置缓存名称
public Emp getByEname(String ename);                         // 根据雇员姓名查询雇员信息
```

(3)【cache 子模块】修改测试类,执行两次 get()业务方法的调用。

```
@Test
public void testGet(){                                       // 业务测试
    Emp empA = this.empService.get("yootk");                 // 业务方法调用
    LOGGER.info("【第一次数据查询】雇员ID = {}、雇员姓名 = {}、雇员职位 = {}、雇员工资 = {}",
        empA.getEid(), empA.getEname(), empA.getJob(), empA.getSalary());
    Emp empB = this.empService.get("yootk");                 // 业务方法调用
    LOGGER.info("【第二次数据查询】雇员ID = {}、雇员姓名 = {}、雇员职位 = {}、雇员工资 = {}",
        empB.getEid(), empB.getEname(), empB.getJob(), empB.getSalary());
}
```

程序执行结果:
```
Hibernate: select e1_0.eid,e1_0.ename,e1_0.job,e1_0.salary from Emp e1_0 where e1_0.eid=?
【第一次数据查询】雇员ID = yootk、雇员姓名 = 李沐文、雇员职位 = 讲师、雇员工资 = 5000.0
【第二次数据查询】雇员ID = yootk、雇员姓名 = 李沐文、雇员职位 = 讲师、雇员工资 = 5000.0
```

本程序在业务测试类之中调用了两次 IEmpService 接口中的 get()方法进行数据查询。根据查询结果可以发现,实际只执行了一次数据库查询,第二次的数据直接通过缓存获取,同样的流程也可以通过 getByEname()方法测试。

10.3.2 @Cacheable 注解

@Cacheable
注解

视频名称　1016_【掌握】@Cacheable 注解

视频简介　"@Cacheable" 是 Spring Cache 的核心注解,该注解提供了大量的配置属性,可以实现缓存的有关控制。本视频通过一系列的范例讲解该注解中核心属性的作用。

在缓存的实现操作之中，最为重要的就是"@Cacheable"注解的配置。只要在业务方法中加入此注解就可以自动实现缓存的配置，而该注解也包含很多相关的配置属性，这些属性的作用如表 10-5 所示。

表 10-5 "@Cacheable"注解属性

序号	属性	类型	描述
1	value	String[]	定义缓存名称，可以配置多个缓存名称
2	cacheNames	String[]	定义缓存名称，作用与 value 属性相同
3	key	String	定义缓存 key
4	keyGenerator	String	定义 key 生成器
5	cacheManager	String	定义要使用的缓存管理器名称
6	cacheResolver	String	定义缓存解析器
7	condition	String	定义缓存应用条件，支持 SpEL 语法
8	unless	String	定义缓存排除条件，支持 SpEL 语法
9	sync	boolean	定义同步缓存，将采用阻塞策略进行缓存更新

通过表 10-5 中的注解属性可以发现，condition（应用条件）、unless（排除条件）两个属性项都可以基于 SpEL 语法进行数据是否缓存的配置。在 Spring Cache 中可以通过"#root"表示根对象，通过"#参数名称"表示方法参数，通过"#result"表示查询结果，相关的 SpEL 上下文定义如表 10-6 所示。

表 10-6 缓存配置中的 SpEL 上下文定义

序号	调用范围目标	位置	范例
1	当前调用的方法名称	根对象	#root.methodName
2	当前执行的方法	根对象	#root.method.name
3	当前执行的目标对象	根对象	#root.target
4	当前执行目标对象所属类	根对象	#root.targetClass
5	当前调用参数列表	根对象	#root.args[0]或#root.args[1]
6	当前调用的方法的缓存列表	根对象	#root.caches[0].name
7	当前调用方法参数，可以是普通参数或者是对象参数	执行上下文	例如，get(String eid)，则为"#nid"。 例如，edit(Emp vo)，则为"#vo.eid"
8	方法执行的返回值	执行上下文	#result（"#result.属性"表示返回对象属性）

利用表 10-6 所提供的上下文定义，可以直接进行参数、返回值的内容处理。为便于读者理解，下面通过几个具体的操作实例进行缓存处理的展示。

（1）【cache 子模块】将雇员 ID 作为缓存 key，可以使用"#参数名称"的语法获取当前查询参数的内容。

```
@Cacheable(cacheNames = "emp", key = "#eid")
public Emp get(String eid);                                    // 根据ID查询雇员信息
```

（2）【cache 子模块】雇员 ID 包含"yootk"字符串时才进行缓存，这样可以通过 condition 属性并结合 SpEL 进行 contains()方法的调用。

```
@Cacheable(cacheNames = "emp", key = "#eid", condition = "!#eid.contains('yootk')")
public Emp get(String eid);                                    // 根据ID查询雇员信息
```

（3）【cache 子模块】将查询结果中工资低于 5000 的数据排除，可以直接使用 unless 对返回的结果进行排除，返回结果在 SpEL 中使用"#result"表示，通过"#result.属性名称"并结合相关的运算符进行处理。

```
@Cacheable(cacheNames = "emp", key = "#eid", unless = "#result.salary < 5000")
public Emp get(String eid);                                    // 根据ID查询雇员信息
```

(4)【cache 子模块】数据同步缓存,防止多线程访问下数据重复查询,该操作会产生线程阻塞。

```
@Cacheable(cacheNames = "emp", key = "#eid", sync = true)
public Emp get(String eid);                                    // 根据ID查询雇员信息
```

10.3.3 Caffeine 缓存管理

视频名称　1017_【掌握】Caffeine 缓存管理
视频简介　虽然 Spring Cache 提供了默认的缓存实现,但是考虑到缓存性能,在开发中还是建议使用 Caffeine 组件。本视频在已有应用上进行修改,实现 Caffeine 组件整合。

Spring Cache 通过 ConcurrentHashMap 的结构实现了缓存的存储,这样可以保证更新的安全性,以及访问的高效性,同时这也是 JDK 所给予的原生实现结构。但是考虑到高并发访问和高容量存储环境的要求,建议在项目之中引入 Caffeine 缓存组件,此时只需修改配置类之中的 CacheManager 子类即可,如图 10-35 所示。

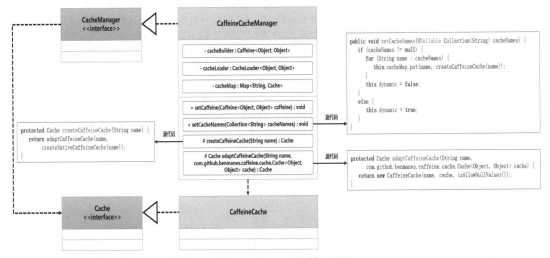

图 10-35　Caffeine 缓存管理配置

在 Caffeine 缓存组件之中,如果要进行缓存的处理,则一定要通过 Caffeine 类进行缓存构建器的创建。如果要为不同的业务设置不同的缓存,可以使用 setCacheNames()方法进行配置。通过该方法的源代码可以发现,在其内部会使用 Caffeine 类构建一个 CaffeineCache 子类,用于实现最终的缓存配置。

范例:【cache 子模块】更换项目中的缓存组件

```
package com.yootk.cache.config;
@Configuration                                                 // 自动配置类
@EnableCaching                                                 // 启动Spring Cache注解
public class CacheConfig {
    @Bean("cacheManager")                                      // 配置Bean名称
    public CacheManager cacheManager() {                       // 创建CacheManager实例
        CaffeineCacheManager cacheManager = new CaffeineCacheManager(); // 缓存管理器
        // 提示:为了便于维护,最佳的做法是自定义一个caffeine.properties,在该文件中定义缓存相关属性
        Caffeine<Object, Object> caffeine = Caffeine.newBuilder() // 缓存构建器
                .maximumSize(100)                              // 最大缓存个数
                .expireAfterAccess(2L, TimeUnit.SECONDS);      // 过期失效策略
        cacheManager.setCaffeine(caffeine);                    // 缓存配置
```

```
        cacheManager.setCacheNames(Arrays.asList("emp"));    // 设置缓存名称
        return cacheManager;                                  // 返回配置实例
    }
}
```

本程序直接使用了 CacheManager 子类，利用 Caffeine 构建器设置了缓存的相关参数，这样就可以依据此构建器的配置以及缓存名称创建不同的缓存空间。

> 💡 **提示：SimpleCacheManager 整合 Caffeine 配置。**
>
> 以上是通过 Caffeine 组件包提供的 CaffeineCacheManager 实现的缓存管理配置。如果不采用该类，使用原始的 SimpleCacheManager 也是可以进行配置整合的。
>
> **范例：SimpleCacheManager 整合 Caffeine**
> ```
> SimpleCacheManager cacheManager = new SimpleCacheManager();
> Set<Cache> caches = new HashSet<>();
> caches.add(new CaffeineCache("emp", Caffeine.newBuilder().build()));
> ```
> 由于 SimpleCacheManager 直接与 Cache 接口产生关联，因此在使用时必须明确传入 CaffeineCache 实现子类，并手动进行 Caffeine 组件中的 Cache 接口实例创建。

10.4 Spring Cache 管理策略

应用中可以通过缓存提高数据的访问性能，但是缓存中的数据有可能随着时间或相关业务的变更而发生改变，如图 10-36 所示。为了保证数据访问者所获取到的数据的有效性，就需要进行缓存数据的更新处理。Spring Cache 提供了缓存数据的更新、清除等操作机制，同时也提供了缓存的统一配置管理，本节将为读者讲解相关操作的实现。

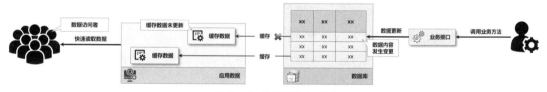

图 10-36 数据缓存与更新

10.4.1 缓存更新策略

视频名称　1018_【理解】缓存更新策略
视频简介　为了便于数据更新的维护，Spring 提供了"@CachePut"数据更新注解。本视频将结合业务层中的数据修改操作，实现缓存更新功能。

缓存保存的是应用中的热点数据，所有的热点数据都是由用户进行维护的。当某一个用户对原始数据库中的数据发出修改操作后，缓存也应该进行及时的数据更新，而这一功能可以在业务方法的定义中，基于"@CachePut"注解来实现，如图 10-37 所示。下面通过具体的步骤进行功能演示。

(1)【cache 子模块】修改业务接口中更新方法的定义。

```
@CachePut(cacheNames = "emp", key = "#emp.eid", unless = "#result == null")
public Emp edit(Emp emp);                                 // 数据更新
```

(2)【cache 子模块】在测试类中进行数据更新和查询操作。

```
@Test
public void testEditQuery(){                              // 业务测试
    Emp resultA = this.empService.get("muyan");           // 数据查询
    LOGGER.info("【第一次数据查询】雇员ID = {}、雇员姓名 = {}、雇员职位 = {}、雇员工资 = {}",
            resultA.getEid(), resultA.getEname(), resultA.getJob(), resultA.getSalary());
    Emp emp = new Emp();                                  // 实例化VO对象
```

```
        emp.setEid("muyan");                                    // 设置eid属性
        emp.setEname("可爱的小李老师");                          // 设置ename属性
        emp.setJob("作者兼讲师");                                // 设置job属性
        emp.setSalary(3600.0);                                  // 设置salary属性
        LOGGER.info("雇员数据修改: {}", this.empService.edit(emp));  // 数据修改
        Emp resultB = this.empService.get("muyan");             // 业务方法调用
        LOGGER.info("【第二次数据查询】雇员ID = {}、雇员姓名 = {}、雇员职位 = {}、雇员工资 = {}",
                resultB.getEid(), resultB.getEname(), resultB.getJob(), resultB.getSalary());
}
```

程序执行结果：

```
Hibernate: select e1_0.eid,e1_0.ename,e1_0.job,e1_0.salary from Emp e1_0 where e1_0.eid=?
【第一次数据查询】雇员ID = muyan、雇员姓名 = 张易言、雇员职位 = 职员、雇员工资 = 2500.0

Hibernate: select e1_0.eid,e1_0.ename,e1_0.job,e1_0.salary from Emp e1_0 where e1_0.eid=?
Hibernate: update Emp set ename=?, job=?, salary=? where eid=?
雇员数据修改: com.yootk.po.Emp@98722ef
【第二次数据查询】雇员ID = muyan、雇员姓名 = 可爱的小李老师、雇员职位 = 作者兼讲师、雇员工资 = 3600.0
```

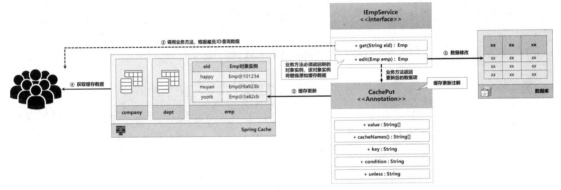

图 10-37　更新缓存数据

在以上测试方法中，更新前后分别进行了 get() 业务方法的调用，而从最终的执行结果可以清楚地发现，缓存中的指定 ID 的数据项已经得到了更新。

10.4.2　缓存清除策略

视频名称　1019_【理解】缓存清除策略

视频简介　缓存数据与实体数据分别处于不同的保存介质之中，为了避免业务处理因数据不同步出现偏差，Spring 提供了缓存清除支持。本视频为读者分析缓存数据滞留问题，并通过具体的操作实例进行缓存清除功能的实现。

缓存数据需要与实体数据完全对应，在实体数据因业务需要被删除之后，如果不删除缓存中的数据，那么许多用户依然可以读取到该数据的内容，如图 10-38 所示。

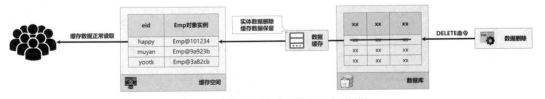

图 10-38　数据不同步造成的数据读取错误

这样的操作在一些严谨的业务环境下是会引发逻辑问题的，所以 Spring 提供了一个"@CacheEvict"注解，以实现缓存数据的清除同步。该注解一般是结合业务数据的清除操作使用的，基本结构如图 10-39 所示。下面将通过具体的步骤进行该操作的实现。

10.4 Spring Cache 管理策略

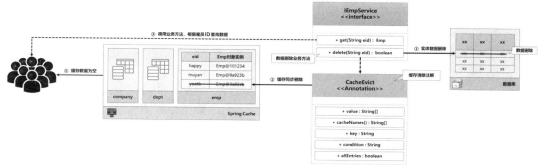

图 10-39 缓存清除

(1)【cache 子模块】修改雇员业务接口中的删除方法定义。

```
package com.yootk.cache.service;
@CacheConfig(cacheNames = "emp")                        // 公共缓存配置
public interface IEmpService {
   @CachePut(key = "#emp.eid", unless = "#result == null")
   public Emp edit(Emp emp);                             // 数据更新
   @CacheEvict(key = "#eid")
   public boolean delete(String eid);                    // 数据删除
   @Cacheable(key = "#eid")
   public Emp get(String eid);                           // 根据雇员ID查询雇员信息
   @Cacheable(key = "#ename")
   public Emp getByEname(String ename);                  // 根据雇员姓名查询雇员信息
}
```

以上程序在进行业务缓存配置时，直接使用"@CacheConfig"注解进行了公共的缓存配置（本次对使用到的缓存名称进行了公共定义），这样每一个业务方法只需要配置好所需的缓存策略即可。

(2)【cache 子模块】编写测试类。

```
@Test
public void testDelete(){                               // 业务测试
   Emp resultA = this.empService.get("muyan");          // 数据查询
   LOGGER.info("【第一次数据查询】雇员ID = {}、雇员姓名 = {}、雇员职位 = {}、雇员工资 = {}",
           resultA.getEid(), resultA.getEname(), resultA.getJob(), resultA.getSalary());
   LOGGER.info("雇员数据删除：{}", this.empService.delete("muyan"));   // 数据删除
   Emp resultB = this.empService.get("muyan");          // 业务方法调用
   LOGGER.info("【第二次数据查询】{}", resultB);
}
```

程序执行结果：

```
Hibernate: select e1_0.eid,e1_0.ename,e1_0.job,e1_0.salary from Emp e1_0 where e1_0.eid=?
【第一次数据查询】雇员ID = muyan、雇员姓名 = 张易言、雇员职位 = 职员、雇员工资 = 2500.0
Hibernate: select count(e1_0.eid) from Emp e1_0 where e1_0.eid=?
Hibernate: select e1_0.eid,e1_0.ename,e1_0.job,e1_0.salary from Emp e1_0 where e1_0.eid=?
Hibernate: delete from Emp where eid=?
雇员数据删除：true
Hibernate: select e1_0.eid,e1_0.ename,e1_0.job,e1_0.salary from Emp e1_0 where e1_0.eid=?
【第二次数据查询】null
```

以上程序在进行业务测试时，第一次通过 get() 方法加载指定 ID 的数据到缓存之中，而在删除之后又通过同样的方法进行第二次数据查询，由于缓存清除策略的作用，此时返回的查询结果为 null。

10.4.3 多级缓存策略

多级缓存策略

视频名称　1020_【理解】多级缓存策略

视频简介　考虑到不同业务实现的需要，Spring 提供了"@Caching"多级缓存配置注解，该注解可以整合缓存更新、清除、查询策略。本视频为读者讲解该注解的具体使用。

一个应用之中较为烦琐的就是数据查询处理。以当前的应用为例，IEmpService 接口提供了 get()、getByEname()两个查询方法，这样在进行数据更新的时候，除了要考虑到雇员 ID 的缓存更新，也需要考虑到雇员姓名的缓存更新。为了实现这样的多级缓存，Spring 提供了"@Caching"注解，如图 10-40 所示。

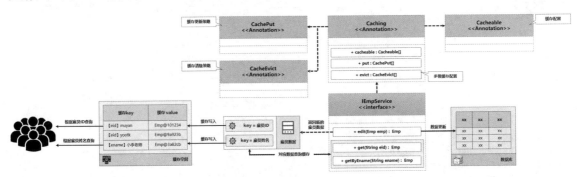

图 10-40 多级缓存策略

> 💡 提示：从性能角度来讲不建议更新缓存数据。
>
> 使用缓存可以提高数据的访问性能，但附加的结果就是牺牲了数据的实时性，而要想保证数据的实时性，唯一的做法就是取消缓存。虽然 Spring Cache 提供了缓存数据的修改操作，但是这样的操作必然会耗费一部分性能，所以在实际开发中读者应该根据应用场景选择是否要进行更新处理。

"Caching"注解可以直接整合"@CachePut""@CacheEvic""@Cacheable"这 3 个注解，实现不同的缓存更新组合。下面通过具体的操作进行这一功能的实现。

(1)【cache 子模块】配置多级缓存策略。

```java
@CacheConfig(cacheNames = "emp")                              // 公共缓存配置
public interface IEmpService {
    @Caching(put= {                                            // 多级缓存配置
            @CachePut(key = "#emp.eid",unless="#result==null"),   // 雇员ID缓存
            @CachePut(key = "#emp.ename",unless="#result==null")  // 雇员姓名缓存
    })
    public Emp edit(Emp emp);                                  // 数据更新
    @CacheEvict(key = "#eid")
    public boolean delete(String eid);                         // 数据删除
    @Cacheable(key = "#eid")
    public Emp get(String eid);                                // 根据雇员ID查询雇员信息
    @Cacheable(key = "#ename")
    public Emp getByEname(String ename);                       // 根据雇员姓名查询雇员信息
}
```

(2)【cache 子模块】编写测试类，实现更新后的雇员 ID 和雇员姓名的信息查询。

```java
@Test
public void testEditQueryIdAndEname(){                         // 业务测试
    Emp resultA = this.empService.get("yootk");                // 数据查询
    LOGGER.info("【第一次数据查询】雇员ID = {}、雇员姓名 = {}、雇员职位 = {}、雇员工资 = {}",
            resultA.getEid(), resultA.getEname(), resultA.getJob(), resultA.getSalary());
    Emp emp = new Emp();                                       // 实例化VO对象
    emp.setEid("yootk");                                       // 设置eid属性
    emp.setEname("小李老师");                                   // 设置ename属性
    emp.setJob("教育者");                                       // 设置job属性
    emp.setSalary(1600.0);                                     // 设置salary属性
    Emp updateResult = this.empService.edit(emp);
    LOGGER.info("【雇员数据修改】雇员ID = {}、雇员姓名 = {}、雇员职位 = {}、雇员工资 = {}",
            updateResult.getEid(), updateResult.getEname(),
```

```
            updateResult.getJob(), updateResult.getSalary());  // 数据查询
    Emp resultB = this.empService.getByEname("小李老师");  // 业务方法调用
    LOGGER.info("【第二次数据查询】雇员ID = {}、雇员姓名 = {}、雇员职位 = {}、雇员工资 = {}",
            resultB.getEid(), resultB.getEname(), resultB.getJob(), resultB.getSalary());
}
```

程序执行结果：

```
Hibernate: select e1_0.eid,e1_0.ename,e1_0.job,e1_0.salary from Emp e1_0 where e1_0.eid=?
【第一次数据查询】雇员ID = yootk、雇员姓名 = 李沐文、雇员职位 = 讲师、雇员工资 = 5000.0
Hibernate: select e1_0.eid,e1_0.ename,e1_0.job,e1_0.salary from Emp e1_0 where e1_0.eid=?
Hibernate: update Emp set ename=?, job=?, salary=? where eid=?
【雇员数据修改】雇员ID = yootk、雇员姓名 = 小李老师、雇员职位 = 教育者、雇员工资 = 1600.0
【第二次数据查询】雇员ID = yootk、雇员姓名 = 小李老师、雇员职位 = 教育者、雇员工资 = 1600.0
```

由于本程序中存在多级缓存策略的定义，因此在更新之后会同步更新两个缓存 key（指定的雇员 ID 缓存项、指定的雇员姓名缓存项）。这样在使用 getByEname()方法查询时，最终的日志中就不会出现 SQL 执行命令。

10.5　Memcached 分布式缓存

视频名称　1021_【理解】Memcached 缓存概述

视频简介　单机缓存适合于快速、简单的业务开发，然而在一些高并发的应用场景下，考虑到数据服务的公共性，就需要引入分布式的缓存组件。本视频为读者分析单机缓存与分布式缓存的区别，并对 Memcached 进行介绍。

使用缓存解决了应用数据加载的 I/O 性能问题，但是 Caffeine 只提供了一个高效的单机缓存应用，如图 10-41 所示。而在实际的应用运行场景之中，除了缓存数据，还需要进行应用数据的管理，并且由于物理内存的局限性，不同的应用也需要进行内存的抢占，这些因素都可能影响最终缓存处理的质量。

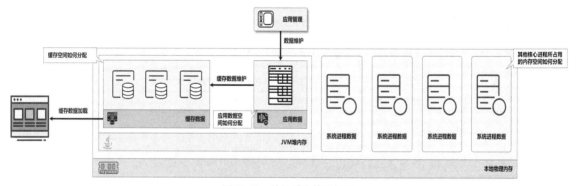

图 10-41　单机缓存管理局限

如果开辟的缓存空间太小，就会造成缓存数据不足，从而导致数据库服务的访问压力激增。而如果缓存空间太大，那么又会影响到其他进程的内存分配。所以单机缓存只能够应用于缓存数据量较小的场景，而在数据量较大的应用之中是无法使用的，那么此时就需要考虑分布式缓存，如图 10-42 所示。

项目中引入分布式缓存组件之后，可以解决单例应用下的硬件资源分配管理问题，同时也可以更好地进行缓存数据的维护与管理，并且允许与其他应用共享该数据。现代开发中最为常用的两款缓存组件是 Memcached 与 Redis，其中 Memcached 缓存组件结构较为简单，本书将以该组件为基础讲解 Spring Cache 与分布式缓存的整合。

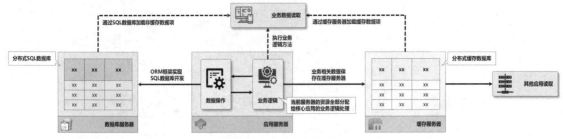

图 10-42　分布式缓存

> **提示：Redis 要比 Memcached 更出色。**
> 本书之所以采用 Memcached 组件，主要是因为其配置简单，同时应用也较为广泛。Memcached 与 Redis 同属于 NoSQL 数据库，与 Redis 相比，Memcached 功能有限，性能也偏弱。本系列图书中的《Redis 开发实战（视频讲解版）》一书完整且深入地讲解了 Redis 数据库的相关内容，供大家学习。

Memcached 是 LiveJournal 旗下 Danga Interactive 公司的 Brad Fitzpatrick 主导开发的一款软件，已成为 Mixi、Hatena、Facebook、VOX、LiveJournal 等众多服务中提高 Web 应用扩展性的重要因素。其采用"key=value"的方式进行存储，同时软件的安装也较为简单。下面为读者演示 Linux 系统下的 Memcached 应用服务的安装与基本使用。

（1）【memcached-server 主机】通过 Linux 仓库直接安装 Memcached 应用。

```
yum -y install memcached
```

（2）【memcached-server 主机】查看 memcached 使用命令。

```
memcached -h
```

运行之后，会出现 Memcached 支持的所有命令参数，在实际的服务使用中，常用的参数如表 10-7 所示。

表 10-7　Memcached 常用命令参数

序号	参数	描述
1	-p	设置 Memcached 缓存服务的监听端口
2	-m	Memcached 应用分配的内存数量（单位为 MB）
3	-u	运行 Memcached 应用的用户
4	-c	设置 Memcached 的最大连接数量，默认的连接数量为 1024
5	-d	采用后台进程的方式运行程序

（3）【memcached-server 主机】启动 Memcached 缓存服务。

```
memcached -p 6030 -m 128m -c 1024 -u root -d
```

（4）【memcached-server 主机】修改防火墙规则，开放 6030 服务端口。

追加端口访问：

```
firewall-cmd --zone=public --add-port=6030/tcp --permanent
```

重新加载配置：

```
firewall-cmd --reload
```

（5）【telnet 命令】使用 telnet 连接 Memcached 服务。

```
telnet memcached-server 6030
```

在进行数据保存时，需要首先设置要存储的数据 key、数据的保存时间（单位为 s）以及数据的长度，命令执行之后再输入其对应的 value。操作格式如图 10-43 所示，set 命令的完整语法如下。

第一行输入存储命令：

```
set key flags exptime bytes [noreply]
```

第二行输入存储数据：

```
value
```

在输入命令时需要采用两行的形式，第一行主要是设置数据存储的 key（如果 key 重复则会进行更新），而在设置时相关的参数作用如下。
- "key"：设置要保存缓存数据的 key。
- "flags"：是一个整型的标记信息，可以保存一些与数据存储有关的附加内容。
- "exptime"：数据的过期时间，单位是 s。如果设置为 0 则表示永不过期。
- "bytes"：在缓存中存储数据的长度。
- "noreplay"：可选参数，表示服务操作完成后不返回数据。

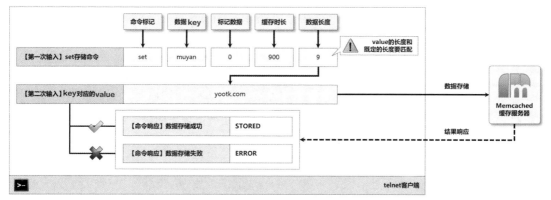

图 10-43 Memcached 数据存储

（6）【telnet 命令】保存数据项。

设置存储 key：
```
set muyan 0 900 9
```
设置存储 value：
```
yootk.com
```
程序执行结果：
```
STORED
```
（7）【telnet 命令】通过指定的 key 获取数据。
```
get muyan
```
程序执行结果：
```
value muyan 0 9
yootk.com
END
```

10.5.1 Memcached 数据操作命令

Memcached
数据操作命令

视频名称　1022_【理解】Memcached 数据操作命令

视频简介　为便于数据管理，Memcached 在数据库内部也提供了一系列的操作命令。本视频通过具体的实例，为读者分析常用命令的使用。

Memcached 本质上属于 NoSQL 数据库，所以其保存的数据也是需要维护的，表 10-8 为读者列出了 Memcached 常用数据操作命令，本小节将为读者分析这些命令的使用。

表 10-8 Memcached 常用数据操作命令

序号	命令	描述
1	set key flags exptime bytes [noreply]	在 Memcached 中存储数据
2	add key flags exptime bytes [noreply]	将数据保存在指定的 key 中

续表

序号	命令	描述
3	replace key flags exptime bytes [noreply]	根据指定的 key 进行内容替换
4	append key flags exptime bytes [noreply]	在指定 key 对应的 value 之后追加数据
5	prepend key flags exptime bytes [noreply]	在指定 key 对应的 value 之前追加数据
6	cas key flags exptime bytes unique_cas_token [noreply]	使用 CAS 模式实现数据修改
7	get key1 key2 key3	依据 key 获取对应的 value，多个 key 使用空格分隔
8	gets key1 key2 key3	获取带有 CAS 令牌的指定 key 对应的 value
9	delete key [noreply]	删除指定 key
10	incr key increment_value	进行指定 key 对应数字的增加
11	decr key decrement_value	进行指定 key 对应数字的减少
12	stats	返回当前缓存的相关统计信息，如版本号、连接数
13	flush_all [time] [noreply]	清空缓存数据

（1）为便于命令功能的演示，下面首先向 Memcached 数据库里面保存一个 key 为 "muyan" 的数据项。

缓存操作命令：
```
set muyan 10 0 5
```
设置数据 value：
```
yootk
```
程序执行结果：
```
STORED
```

（2）在指定 key 的尾部追加数据。

缓存操作命令：
```
append muyan 11 0 4
```
设置数据 value：
```
.com
```
程序执行结果：
```
STORED
```

（3）在指定 key 的前部追加数据。

缓存操作命令：
```
prepend muyan 12 0 4
```
设置数据 value：
```
edu.
```
程序执行结果：
```
STORED
```

以上进行了 3 个指定 key 数据的操作，首先是通过 set 命令设置了一个初始数据，随后利用 append 在该数据之后添加了长度为 4 位的数据，最后通过 prepend 命令在前部追加了 4 位数据，整个数据操作完成后的效果如图 10-44 所示。

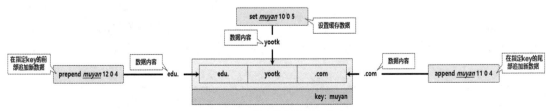

图 10-44　缓存数据设置与修改

（4）查询指定 key 对应的数据项。

缓存操作命令：
```
gets muyan
```
程序执行结果：
```
value muyan 10 13 7（最后一位为Token标记，用于CAS更新）
edu.yootk.com
END
```

（5）使用 CAS 模式更新数据，在更新时需要设置更改数据的 token 内容，此操作结果可以通过 gets 命令获取。

缓存操作命令：
```
cas muyan 0 900 5 7
```
设置数据 value：
```
redis
```
程序执行结果：
```
STORED
```

（6）查看缓存范围，此时返回的数据项范围有一个标记为 1。

缓存操作命令：
```
stats items
```
程序执行结果：
```
STAT items:1:xxxxxxx
```

（7）查看指定范围存储的全部数据（第 1 个参数为标记项，0 表示列出第 1 列）。

缓存操作命令：
```
stats cachedump 1 0
```
程序执行结果：
```
ITEM muyan [13 b; 0 s]
END
```

（8）删除指定 key 对应的数据项。

缓存操作命令：
```
delete muyan
```
程序执行结果：
```
DELETED
```

（9）清空 Memcached 的全部数据项。

缓存操作命令：
```
flush_all
```
程序执行结果：
```
OK
```

10.5.2 Spring 整合 Memcached

Spring 整合 Memcached

视频名称　1023_【理解】Spring 整合 Memcached

视频简介　Memcached 提供了方便的 Java 操作工具类，并且该类很容易与 Spring 整合在一起。本视频通过具体的操作实例为读者分析 Memcached 客户端的使用。

Memcached 作为缓存数据库，一般都需要与具体的业务有所关联，而业务的实现往往都是通过程序语言来完成的。为了便于操作，Memcached 提供了 Java 的相关客户端依赖支持，在使用时只需要配置好相关的连接池信息，通过 MemCachedClient 类即可实现数据操作，配置结构如图 10-45 所示。

在使用 Memcached 客户端时需要首先通过 SockIOPool 定义相应的连接池信息，在配置时一般会定义一个连接池名称。这样在使用 MemCachedClient 类时就可以依据指定的名称获取连接池配置，从而实现最终的数据操作。下面将通过具体的步骤对这一操作进行实现。

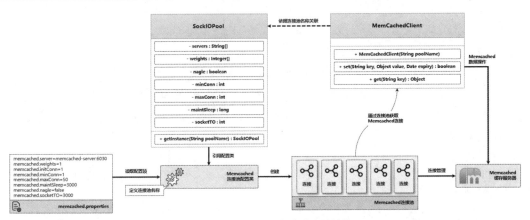

图 10-45　Memcached 客户端配置结构

(1)【cache 子模块】添加 Memcached 模块依赖。
```
implementation('com.whalin:Memcached-Java-Client:3.0.2')
```
(2)【cache 子模块】创建 "src/main/profiles/dev/config/memcached.properties" 配置文件，定义 Memcached 连接信息

```
memcached.server=memcached-server:6030              设置服务器地址与端口号
memcached.weights=1                                 设置服务器的权重
memcached.initConn=1                                设置每个缓存服务器的初始化连接数量
memcached.minConn=1                                 设置每个缓存服务器的最小连接数量
memcached.maxConn=50                                设置每个缓存服务器的最大连接数量
memcached.maintSleep=3000                           设置连接池维护的休眠时间，如果设置为0则表示不进行维护
memcached.nagle=false                               禁用Nagle算法，在交互性较强时可以提高传输性能
memcached.socketTO=3000                             设置Socket读取等待的超时时间
memcached.maintSleep=5000                           设置连接池回收更新时间间隔
```

(3)【cache 子模块】定义 MemcachedConfig 配置类，通过 memcached.properties 配置文件定义连接池环境，并在该配置类中返回 MemCachedClient 类的对象实例，以实现 Memcached 的数据操作。

```
package com.yootk.config;
@Configuration
public class MemcachedConfig {                                  // 缓存配置类
    @Value("${memcached.server}")                               // 读取资源属性
    private String server;                                      // 服务器地址
    @Value("${memcached.weight}")                               // 读取资源属性
    private int weight;                                         // 服务器权重
    @Value("${memcached.initConn}")                             // 读取资源属性
    private int initConn;                                       // 初始化连接数量
    @Value("${memcached.minConn}")                              // 读取资源属性
    private int minConn;                                        // 最小维持连接数量
    @Value("${memcached.maxConn}")                              // 读取资源属性
    private int maxConn;                                        // 最大连接数量
    @Value("${memcached.maintSleep}")                           // 读取资源属性
    private long maintSleep;                                    // 连接池维护间隔
    @Value("${memcached.nagle}")                                // 读取资源属性
    private boolean nagle;                                      // 禁用Nagle算法
    @Value("${memcached.socketTO}")                             // 读取资源属性
    private int socketTO;                                       // 连接超时
    @Bean("sockIOPool")
    public SockIOPool initSockIOPool() {                        // 初始化连接池
        SockIOPool sockIOPool = SockIOPool.getInstance("memcachedPool"); // 获取连接池实例
        sockIOPool.setServers(new String[]{this.server});       // 设置服务器地址
        sockIOPool.setWeights(new Integer[]{this.weight});      // 设置服务器权重
        sockIOPool.setInitConn(this.initConn);                  // 设置初始化连接数量
        sockIOPool.setMinConn(this.minConn);                    // 设置最小连接数量
        sockIOPool.setMaxConn(this.maxConn);                    // 设置最大连接数量
```

```
        sockIOPool.setMaintSleep(this.maintSleep);        // 设置连接池维护间隔
        // 缓存数据处理时由于数据长度不统一且操作频繁,不适合于大数据量发送,使用Nagle算法会降低性能
        sockIOPool.setNagle(this.nagle);                   // 禁用Nagle算法
        sockIOPool.setSocketTO(this.socketTO);             // 设置连接超时时间
        sockIOPool.initialize();                           // 连接池初始化
        return sockIOPool;
    }
    @Bean                                                  // Bean注册
    public MemCachedClient memcachedClient() {             // 缓存操作对象
        MemCachedClient client = new MemCachedClient("memcachedPool"); // 对象实例化
        return client;                                     // 返回实例
    }
}
```

(4)【cache 子模块】编写 TestMemcached 测试类,实现缓存数据的增加与读取操作。

```
package com.yootk.test;
@ContextConfiguration(classes = StartSpringCache.class)  // 启动配置类
@ExtendWith(SpringExtension.class)                       // 使用JUnit 5测试工具
public class TestMemcached {
    private static final Logger LOGGER = LoggerFactory.getLogger(TestMemcached.class);
    @Autowired                                           // 自动注入Bean实例
    private MemCachedClient memCachedClient;             // Memcached操作类
    @Test
    public void testData() {                             // 数据操作
        long expire = System.currentTimeMillis() +
                TimeUnit.MILLISECONDS.convert(10, TimeUnit.MINUTES);  // 超时时间
        LOGGER.info("设置Memcached缓存数据: {}", this.memCachedClient.set("muyan",
                "www.yootk.com", new Date(expire)));
        LOGGER.info("获取Memcached缓存数据: muyan = {}", this.memCachedClient.get("muyan"));
    }
}
```

程序执行结果:
```
[main] INFO com.yootk.test.TestMemcached - 设置Memcached缓存数据: true
[main] INFO com.yootk.test.TestMemcached - 获取Memcached缓存数据: muyan = www.yootk.com
```
缓存数据项:
```
ITEM yootk [233 b; 1642934191 s]
```

由于已经在项目中定义了 Memcached 连接池环境,因此开发者通过 MemCachedClient 类所提供的方法就可以实现所需数据操作。本程序实现了缓存数据的增加与读取功能。

10.5.3 Spring Cache 整合 Memcached 缓存服务

Spring Cache 整合
Memcached 缓存
服务

视频名称 1024_【理解】Spring Cache 整合 Memcached 缓存服务

视频简介 Spring Cache 提供了统一的服务接入接口。本视频将对这些接口的关联以及具体作用进行说明,并基于提供的缓存接口实现 Memcached 缓存服务的整合,将其应用于具体的业务数据缓存操作之中。

为便于缓存的统一操作,Spring Cache 提供了一系列的配置注解,利用这些注解并结合业务处理方法可以方便地实现缓存数据的操作。使用 Spring Cache 进行缓存操作时,具体的缓存处理是由 Cache 接口完成的。如果要与 Memcached 缓存服务器进行整合,则需要开发者自定义 Cache 接口的实现子类,随后根据需要覆写 Cache 接口中的全部抽象方法,这些抽象方法的作用如表 10-9 所示。

表 10-9 Cache 接口抽象方法

序号	方法	类型	描述
1	public String getName()	普通	返回缓存名称

续表

序号	方法	类型	描述
2	public Object getNativeCache()	普通	返回缓存提供者对象实例
3	public ValueWrapper get(Object key)	普通	根据 key 获取缓存数据
4	public <T> T get(Object key, @Nullable Class<T> type)	普通	根据 key 获取指定类型的缓存数据
5	public <T> T get(Object key, Callable<T> valueLoader)	普通	根据 key 查询数据并设置异步加载
6	public void put(Object key, @Nullable Object value)	普通	设置缓存数据
7	public void evict(Object key)	普通	清除指定 key 的缓存数据
8	public void clear()	普通	清除全部缓存数据

Cache 接口只定义了缓存操作的具体实现，而 Memcached 缓存操作是由 MemCachedClient 工具类实现的，所以只需要在 Cache 子类中调用相关的方法即可实现。但是要想让 Spring Cache 获取指定的 Cache 接口实例，按照标准来讲需要提供一个 CacheManager 接口实例，而对于 Memcached 来说就需要开发者创建新的 CacheManager 接口实现类，如图 10-46 所示，即不同的缓存组件要提供不同的 CacheManager 接口实现类。

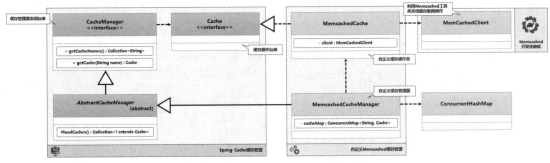

图 10-46　CacheManager 接口实现类

CacheManager 接口提供了 getCache() 方法，该方法将根据指定缓存名称获取缓存对象。为了便于管理，可以为不同的缓存名称配置不同的 Cache 接口实例；而为了便于管理这些缓存数据，可以在自定义 CacheManager 接口中利用 ConcurrentHashMap 进行存储，这样可以有效地实现缓存对象的维护。为了便于理解，下面通过具体的步骤来实现。

(1)【cache 子模块】创建 MemcachedCache 操作类，该类实现 Cache 接口并覆写相关数据。

```
package com.yootk.config;
public class MemcachedCache implements Cache {                // 自定义缓存操作类
   private MemCachedClient client;                            // 数据操作类
   private String name;                                       // 缓存名称
   private long expire;                                       // 失效时间
   public MemcachedCache(String name, long expire, MemCachedClient client) {
      this.name = name;                                       // 属性赋值
      this.expire = System.currentTimeMillis() + expire;      // 过期时间
      this.client = client;                                   // 属性赋值
   }
   @Override
   public String getName() {
      return this.name;                                       // 返回缓存名称
   }
   @Override
   public Object getNativeCache() {
      return this.client;                                     // 返回缓存提供者
   }
   @Override
   public ValueWrapper get(Object key) {                      // 数据查询
```

```
        ValueWrapper wrapper = null;                          // 返回值类型
        Object value = this.client.get(key.toString());       // 缓存查询
        if (value != null) {                                  // 数据存在
            wrapper = new SimpleValueWrapper(value);          // 数据包装
        }
        return wrapper;                                       // 返回结果
    }
    @Override
    public <T> T get(Object key, Class<T> type) {             // 数据查询
        Object cacheValue = this.client.get(key.toString());  // 缓存查询
        if (type == null && !type.isInstance(cacheValue)) {   // 数据判断
            throw new IllegalStateException("缓存数据不是 [" + type.getName() +
                "] 类型实例: " + cacheValue);
        }
        return (T) cacheValue;                                // 返回结果
    }
    @Override
    public <T> T get(Object key, Callable<T> valueLoader) {   // 数据查询
        T value = (T) this.get(key);                          // 获取数据
        if (value == null) {                                  // 数据为空
            FutureTask<T> future = new FutureTask<>(valueLoader); // 异步任务
            new Thread(future).start();                       // 线程启动
            try {
                value = future.get();                         // 数据异步加载
            } catch (Exception e) {}
        }
        return value;                                         // 返回结果
    }
    @Override
    public void put(Object key, Object value) {               // 数据存储
        this.client.set(key.toString(), value, new Date(this.expire)); // 添加缓存
    }
    @Override
    public void evict(Object key) {                           // 数据删除
        this.client.delete(key.toString());                   // 缓存删除
    }
    @Override
    public void clear() {                                     // 数据清空
        this.client.flushAll();                               // 缓存清空
    }
}
```

（2）【cache 子模块】创建 MemcachedCacheManager 缓存管理器实现类，为了简化实现，可以继承 AbstractCacheManager 父抽象类（该类实现 CacheManager 父接口）。

```
package com.yootk.config;
public class MemcachedCacheManager extends AbstractCacheManager {  // 缓存管理器
    @Autowired
    private MemCachedClient client;                           // 缓存操作类
    private long expire = TimeUnit.MILLISECONDS.convert(10, TimeUnit.MINUTES); // 失效时间
    // 为便于指定名称的缓存对象管理，可以将全部的缓存实例保存在 Map 集合之中
    private ConcurrentMap<String, Cache> cacheMap = new ConcurrentHashMap<String, Cache>();
    @Override
    protected Collection<? extends Cache> loadCaches() {      // 获取全部缓存数据
        return this.cacheMap.values();
    }
    @Override
    public Cache getCache(String name) {                      // 获取缓存实例
        Cache cache = this.cacheMap.get(name);                // 获取实例
        if (cache == null) {                                  // 实例不存在
            cache = new MemcachedCache(name, this.expire, this.client); // 创建缓存实例
            this.cacheMap.put(name, cache);                   // 数据存储
        }
        return cache;                                         // 返回缓存对象
```

（3）【cache 子模块】修改 CacheConfig 配置类，启用自定义的 MemcachedCacheManager 缓存管理类。

```
package com.yootk.config;
@Configuration                                              // 自动配置类
@EnableCaching                                              // 启动Spring Cache
public class CacheConfig {
   @Bean("cacheManager")                                    // 配置Bean名称
   public CacheManager cacheManager() {                     // CacheManager实例
      return new MemcachedCacheManager();                   // 返回配置实例
   }
}
```

（4）【cache 子模块】由于此时项目中需要缓存的数据类型为 Emp，因此需要让该类实现 Serializable 父接口以便实现数据的序列化与反序列化管理。

```
package com.yootk.cache.vo;
@Entity                                                     // 实体类
public class Emp implements Serializable {                  // 类名称与表名称相同
   // 其他相关代码重复，略
}
```

此时的代码已经将缓存管理器成功更换为 Memcached，这样用户在进行缓存操作时，就可以直接利用 Memcached 实现 Spring Cache 缓存数据的保存、查询、删除等功能。

10.6 本章概览

1．Caffeine 是 Spring 默认提供的本地缓存组件，该组件可以采用更高效的处理模式实现缓存数据管理。

2．Caffeine 提供数据同步与异步加载，在缓存数据消失后，可以直接通过数据源重新获取缓存数据。

3．Caffeine 提供了多种缓存驱逐策略，包括容量驱逐策略、权重驱逐策略、时间驱逐策略、引用驱逐策略。

4．在删除缓存数据时，可以通过 RemovalListener 监听接口实现删除数据的后续处理。

5．为了便于缓存数据的统计，可以使用 CacheStats 对象实例存储，但是在构建缓存时需要使用 recordStats() 方法。

6．Caffeine 为了便于缓存数据的处理提供了大小区的概念，新引入的数据被放在 Window 缓存区，长期保留的数据被放在主缓存区，而主缓存区为了便于管理又分为了 Protected 区和 Probation 区。

7．开发中常见的缓存算法有 FIFO、LRU、LFU、TinyLFU、W-TinyLFU。

8．为了提高无效缓存数据的清除效率，Caffeine 采用了时间轮算法，每一个时间轮节点上有一个链表，用于保存待清除的数据。

9．Spring Cache 提供了与持久层无关的缓存数据管理操作，任何缓存组件只要实现了 Spring Cache 标准都可以进行整合。

10．Spring Cache 在进行缓存时，可以依据 SpEL 进行条件判断，符合条件的数据才可以保存进缓存空间。

11．为了便于数据维护管理，Spring Cache 提供了"@CachePut"数据更新注解与"@CacheEvict"缓存清除注解。

12．Memcached 是专属的缓存数据库，Spring Cache 整合 Memcached 后可以实现分布式缓存管理。

第 11 章
Spring 整合 AMQP 消息服务

本章学习目标
1. 掌握 AMQP 的主要特点，并了解其与 JMS 的区别；
2. 掌握 RabbitMQ 消息服务的搭建方法；
3. 掌握 amqp-client 工具包的使用方法，并可以通过该工具包实现 RabbitMQ 的消息收发处理；
4. 掌握 RabbitMQ 中 3 种发布订阅模式的开发与技术特点；
5. 掌握 RabbitMQ 镜像队列的搭建方法，并可以基于 HAProxy 实现负载均衡配置。

现代的系统在运行过程之中，除了要承受高并发的访问压力，还要兼顾与其他系统平台之间的整合。所以系统的设计往往不再采用传统的快速请求响应的处理模式，而是基于消息组件进行解耦合设计。本章将为读者讲解使用范围较为广泛且稳定性极高的 RabbitMQ 消息组件。

11.1 AMQP 与 RabbitMQ

AMQP 简介

| 视频名称 | 1101_【理解】AMQP 简介 |
| 视频简介 | 消息组件在开发中较为常见，基于消息组件开发的应用可以更好地实现解耦合设计，所以出现了 AMQP。本视频为读者讲解 AMQP 的基本概念，同时分析 AMQP 的分层以及相关的核心应用概念。|

传统的应用开发一般采用的是快速的"请求-响应"处理模式，即客户端向服务端发出一个请求之后，服务端会立即对该请求进行处理，如图 11-1 所示。但是当请求并发量较大时，这样的处理模式就有可能造成服务端程序的崩溃。那么此时的做法，往往是在客户端和服务端之间追加一个消息队列，客户端的每一次请求都在队列中依次排列，而后服务端依照请求的顺序进行业务处理，如图 11-2 所示。

图 11-1 请求–响应　　　　　　　　图 11-2 消息队列缓存

在项目中使用消息队列可以实现数据缓存的功能，这样即便有再多的请求也不会造成服务端处理性能的下降，这不仅提高了程序的稳定性，也提高了程序的处理性能，但是却牺牲了请求处理的实时性。

> **提示**：不推荐使用 JMS 类型的消息组件。
>
> Java EE 早期标准提出了 JMS（Java Message Service，Java 消息服务），该服务是基于应用层实现的，仅提供了一系列的服务接口，所以性能较差。JMS 主要使用 Apache ActiveMQ 组件提供服务，但是随着技术的发展，该组件的使用范围也在逐步缩减。

消息组件可以提高异步处理模型的稳定性，所以在早期出现了大量的消息组件产品。这样就造成了不同组件的开发标准不统一，既限制了用户的产品选择，又增加了代码的维护成本。为了进一步规范消息产品，2014 年 ISO/IEC 制定了 AMQP 的最终规范。

> **提示**：AMQP 发展历史。
>
> 1. AMQP 最早在 2003 年由 John O'Hara 在摩根大通集团提出。
> 2. 初始设计方案在 2004 年至 2006 年由摩根大通集团发布，由 iMatix 公司编写协议文档和一个 C 语言实现。
> 3. 2005 年摩根大通集团推动思科、红帽、iMatix、IONA 等公司组成了一个工作组。摩根大通集团和红帽公司合作开发了 Apache Qpid，该客户端最初用 Java 编写，后转用 C++。Rabbit 公司独立用 Erlang 开发了 RabbitMQ（后来被 Pivotal 公司收购）。
> 4. 早先版本的 AMQP 包括：版本 0-8，于 2006 年 6 月发布；版本 0-9，于 2006 年 12 月发布；版本 0-9-1，于 2008 年 11 月发布。这些版本与后来的 1.0 系列有很大的不同。
> 5. 2011 年 8 月，AMQP 工作组公布其改组方案，作为 OASIS（Organization for the Advancement of Structured Information Standards，结构化信息标准促进组织）成员运作。AMQP 1.0 在 2011 年 10 月 30 日发布。该版本在 2014 年 4 月成为 ISO（International Organization for Standardization，国际标准化组织）/IEC（International Electrotechnical Commission，国际电工委员会）国际标准。

AMQP（Advanced Message Queuing Protocol，高级消息队列协议）提供统一消息服务的应用层标准，该协议是一种二进制协议，具有多通道、异步、安全、语言中立以及高效等特点。不管使用何种开发语言、何种实现组件，基于此协议的客户端与消息中间件都可以实现消息的传递。从整体来讲 AMQP 可以分为 3 层，如图 11-3 所示。

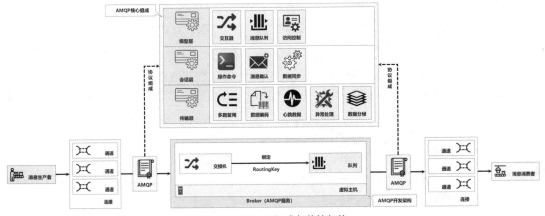

图 11-3 AMQP 组成与传输架构

在 AMQP 中，数据的发送与接收操作依靠传输层处理，数据接收时二进制数据流被交付给会话层处理，而程序的使用者主要关注的是模型层的概念定义。在模型层中一共定义了如下 3 个核心的概念模块。

- **交换机**：实现对消息生产者的消息接收，而后按照一定的规则将消息发送到指定的消息队列中。
- **消息队列**：实现消息的存储，直到该消息已经被安全地投递给了消息消费者。

- 绑定：定义了交换机与消息队列之间的关系，并提供消息路由规则的配置。

AMQP 只提供了一个标准，在实际使用时需要依据此标准提供服务组件。其中最为常用的组件为 RabbitMQ，该组件是由 RabbitMQ Technologies 公司开发并提供商业支持的。该公司在 2010 年 4 月被 SpringSource（VMware 公司的一个部门）收购，并在 2013 年 5 月被并入 Pivotal 公司。开发者可以通过 RabbitMQ 官方网站免费获取该组件，如图 11-4 所示。本次使用的版本为 RabbitMQ 3.10.0 release。

图 11-4　RabbitMQ 官方网站

11.1.1　配置 wxWidgets 组件库

配置 wxWidgets 组件库

视频名称　1102_【掌握】配置 wxWidgets 组件库
视频简介　wxWidgets 是一款开源的图形组件，属于 Erlang 配置的核心组件库。本视频为读者介绍该组件的作用，并且通过具体的步骤讲解如何在 Linux 系统中进行该组件编译所需环境的配置，并具体演示该组件的编译与安装操作。

wxWidgets 是开源的图形组件，基于 C++ 语言，是在 1992 年由 Julian Smart 在英国爱丁堡大学开发的。该组件最大的特点是，用其开发出来的图形界面应用可以在源代码不更改或者少量更改的情况下，在不同的操作系统平台上编译并执行。同时该组件不与任何语言绑定，这样就可以轻松与 Python、Java、Lua、Perl、Ruby、JavaScript 等语言进行整合。由于 RabbitMQ 依赖于 Erlang 组件，而 Erlang 又依赖于 wxWidgets 组件，因此需要首先在当前系统中进行该组件的配置。该组件的信息可以通过 "wxwidgets.org/" 获取，组件的下载地址托管在 GitHub 中，如图 11-5 所示。为了便于后续的 Erlang 与 RabbitMQ 的安装，本次将基于 Linux 系统完成 wxWidgets 组件的安装，具体实现步骤如下。

> 提示：注意版本匹配。
>
> 在使用组件时不要盲目追求新版本。编写本书时编者经过大量测试，最终发现 RabbitMQ 版本为 3.10.0 release 时，对应的 Erlang 版本为 24.3，Erlang 版本对应的是 wxWidgets 3.0.5。如果此时使用最新版本的 wxWidgets 组件则可能会出现程序编译错误。

> 提示：GitHub 可能无法正常访问。
>
> wxWidgets 组件的下载包全部托管在 GitHub 之中，但是考虑到国内互联网的应用现状，有可能该组件是无法正常下载的。为便于读者学习，本书在配套资源内为大家提供了相应的开发包，所以本次讲解不再使用 wget 命令下载开发包，而直接通过文件上传的方式进行配置。

（1）【rabbitmq-server 主机】为系统安装本次配置所需要的组件。
```
dnf -y install gtk3-devel mesa-libGL-devel mesa-libGLU-devel mesa* freeglut*
```
（2）【rabbitmq-server 主机】创建 wxWidgets 编译后的保存目录。
```
mkdir -p /usr/local/wxWidgets
```

(3)【rabbitmq-server 主机】将下载得到的 wxWidgets-3.0.5.tar.bz2 程序包上传到"/usr/local/src"目录之中。

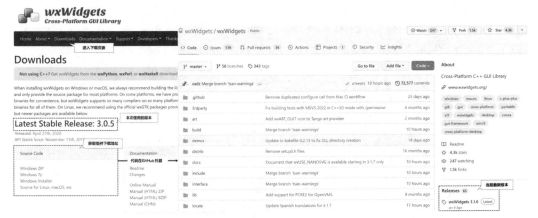

图 11-5 wxWidgets 组件

(4)【rabbitmq-server 主机】将 wxWidgets-3.0.5.tar.bz2 程序包解压缩到"/usr/local/src"目录。

```
tar -jxvf /usr/local/src/wxWidgets-3.0.5.tar.bz2 -C /usr/local/src/
```

(5)【rabbitmq-server 主机】进入 wxWidgets 源代码所在的目录。

```
cd /usr/local/src/wxWidgets-3.0.5/
```

(6)【rabbitmq-server 主机】进行安装配置。

```
./configure --with-regex=builtin --with-gtk --enable-unicode --disable-shared --prefix=/usr/local/wxWidgets
```

(7)【rabbitmq-server 主机】配置完成后进行源代码的编译与安装。

```
make -j4 && make install
```

(8)【rabbitmq-server 主机】wxWidgets 源代码编译完成之后，会将所有编译好的内容保存在"/usr/local/wxwidgets"目录之中。为方便后续使用，可以修改 Profile 配置文件，对这些内容直接设置系统环境。

打开 Profile 配置文件：

```
vi /etc/profile
```

追加 wxWidgets 路径配置：

```
export WX_HOME=/usr/local/wxWidgets
export PATH=$PATH:$JAVA_HOME/bin:$WX_HOME/bin:
```

配置立即生效：

```
source /etc/profile
```

(9)【rabbitmq-server 主机】查看当前的 wxWidgets 版本号。

```
wx-config --version
```

程序执行结果：

```
3.0.5
```

此时可以查询出当前所使用的 wxWidgets 版本号，表示 wxWidgets 安装正确。在后续安装 Erlang 组件时，其内部也会根据当前环境的配置调用 wxWidgets 相关命令。

11.1.2 配置 Erlang 开发环境

配置 Erlang 开发环境

视频名称 1103_【掌握】配置 Erlang 开发环境

视频简介 Erlang 是构建 RabbitMQ 运行服务的基础环境，同时也与 RabbitMQ 的版本紧密绑定。本视频为读者讲解如何获取 Erlang 源代码程序包，并基于 Linux 环境实现该程序源代码的编译处理。

Erlang 是由 Ericsson（爱立信）公司在 1991 年推出的编程语言，是一种通用的面向并发的编程语言。该语言专门针对大型电信系统设计，拥有 3 个主要的特点，即高并发、高容错、软实时，现在主要应用于物联网的开发行业。

RabbitMQ 服务运行需要 Erlang 开发环境支持，每一个 RabbitMQ 版本都有与之匹配的 Erlang 运行环境，当前使用的 RabbitMQ 3.10.0 release 版本对应的 Erlang 版本为 24.3，开发者可以通过 Erlang 官方网站获得所需开发环境，如图 11-6 所示。

图 11-6　下载 Erlang 源代码

按照 RabbitMQ 3.10.0 release 的版本要求，本次我们下载了 Erlang 24.3。由于 Erlang 所给出的是源代码，因此需要开发者在部署的主机中手动进行代码编译。本次的服务将基于 Linux 系统部署，下面来看具体的配置步骤。

（1）【rabbitmq-server 主机】将下载得到的 otp_src_24.3.tar.gz 开发包上传到"/usr/local/src"目录之中。

（2）【rabbitmq-server 主机】Erlang 所给出的是源代码，所以需要对其进行编译，而在编译之前需要保证在当前的系统之中存在 ncurses-devel、unixODBC 等相关程序库，可以直接通过系统仓库进行安装。

```
dnf -y install ncurses-devel openssl openssl-devel unixODBC unixODBC-devel kernel-devel m4 tk tc
```

（3）【rabbitmq-server 主机】创建一个 Erlang 编译后的程序存储目录。

```
mkdir -p /usr/local/erlang
```

（4）【rabbitmq-server 主机】对上传完成的 otp_src_24.3.tar.gz 进行解压缩。

```
tar xzvf /usr/local/src/otp_src_24.3.tar.gz -C /usr/local/src/
```

（5）【rabbitmq-server 主机】进入 Erlang 源代码目录。

```
cd /usr/local/src/otp_src_24.3/
```

（6）【rabbitmq-server 主机】在程序编译前进行程序的配置，主要是设置程序编译后的保存路径。

```
./configure --without-java --with-ssl --enable-kernel-poll --enable-threads --enable-smp-support --enable-jit --enable-webview --prefix=/usr/local/erlang
```

（7）【rabbitmq-server 主机】环境配置完成后进行源代码的编译与安装。

```
make -j4 && make install
```

（8）【rabbitmq-server 主机】Erlang 源代码编译完成之后，会将所有编译好的内容保存在"/usr/local/erlang"目录之中，为方便后续使用，可以修改 Profile 配置文件，对这些内容直接设置系统环境。

打开 Profile 配置文件：

```
vi /etc/profile
```

追加 Erlang 路径配置：

```
export ERLANG_HOME=/usr/local/erlang
export PATH=$PATH:$JAVA_HOME/bin:$WX_HOME/bin:$ERLANG_HOME/bin:
```

配置立即生效：

```
source /etc/profile
```

（9）【rabbitmq-server 主机】此时 Erlang 的运行环境已经配置完成，可以直接输入"erl"命令启动 Erlang 的交互式编程环境，并在该环境中执行如下命令。

```
io:format("www.yootk.com").                    % 【注释】控制台信息输出
```
程序执行结果：
```
www.yootk.comok
```
（10）【rabbitmq-server 主机】退出 erl 交互式编程环境。
```
halt().
```

11.1.3 RabbitMQ 安装与配置

RabbitMQ 安装与配置

视频名称　1104_【掌握】RabbitMQ 安装与配置

视频简介　有了 Erlang 的环境支持，就可以进行 RabbitMQ 的服务部署操作。本视频通过具体的实现步骤，讲解单机环境下的 RabbitMQ 服务搭建，演示基础的服务配置命令，以及 Web 控制台的启动与访问。

RabbitMQ 消息组件实现了 AMQP 标准，由于其基于 Erlang 开发，因此该组件是构建在开放电信平台框架上的。RabbitMQ 最早用于金融行业，提供了稳定、可靠的消息传输机制。本节将进行 RabbitMQ 单机服务的搭建，具体实现步骤如下。

（1）【rabbitmq-server 主机】将 rabbitmq-server-generic-unix-3.10.0.tar 程序包上传到本机"/usr/local/src"目录之中。

（2）【rabbitmq-server 主机】当前的 RabbitMQ 给出的是一个 xz 开发包，首先将其解压缩得到 tar 压缩包。
```
xz -d /usr/local/src/rabbitmq-server-generic-unix-3.10.0.tar.xz
```
（3）【rabbitmq-server 主机】将当前获取到的 rabbitmq-server-generic-unix-3.10.0.tar 压缩包解压缩到"/usr/local"目录之中。
```
tar xvf /usr/local/src/rabbitmq-server-generic-unix-3.10.0.tar -C /usr/local/
```
（4）【rabbitmq-server 主机】为了便于 RabbitMQ 服务管理，将解压缩之后的目录更名为 rabbitmq。
```
mv /usr/local/rabbitmq_server-3.10.0/ /usr/local/rabbitmq
```
（5）【rabbitmq-server 主机】采用后台方式启动 RabbitMQ 消息服务，该进程启动后会占用 5672 端口。
```
/usr/local/rabbitmq/sbin/rabbitmq-server start > /dev/null 2>&1 &
```
（6）【rabbitmq-server 主机】为了方便用户管理，RabbitMQ 组件提供专属的 Web 控制台，但是要想操作这个 Web 控制台，一般都需要由使用者创建相应的账户信息。本次创建一个用户名为 yootk、密码为 hello 的账户。
```
/usr/local/rabbitmq/sbin/rabbitmqctl add_user yootk hello
```
程序执行结果：
```
Adding user "yootk" ...
```
（7）【rabbitmq-server 主机】为新创建的 yootk 账户分配管理员角色。
```
/usr/local/rabbitmq/sbin/rabbitmqctl set_user_tags yootk administrator
```
程序执行结果：
```
Setting tags for user "yootk" to [administrator] ...
```
（8）【rabbitmq-server 主机】wxWidgets 源代码编译完成之后，会将所有编译好的内容保存在"/usr/local/wxwidgets"目录之中，为方便后续使用，可以修改 profile 配置文件，对这些内容直接设置系统环境：

打开 profile 配置文件：
```
vi /etc/profile
```
追加 wxWidgets 路径配置：
```
export WX_HOME=/usr/local/wxWidgets
export PATH=$PATH:$JAVA_HOME/bin:$WX_HOME/bin:
```

配置立即生效：
```
source /etc/profile
```

（9）【rabbitmq-server 主机】此时 RabbitMQ 服务端口为 5672，而 Web 服务端口为 15672，集群服务端口为 25672，Erlang 的服务端口为 4369。修改防火墙规则开放指定端口。

配置访问端口：
```
firewall-cmd --zone=public --add-port=5672/tcp --permanent
firewall-cmd --zone=public --add-port=15672/tcp --permanent
firewall-cmd --zone=public --add-port=25672/tcp --permanent
firewall-cmd --zone=public --add-port=4369/tcp --permanent
```

重新加载配置：
```
firewall-cmd --reload
```

（10）【本地系统】为便于服务访问修改本地的 hosts 主机配置文件，追加映射地址。
```
192.168.190.128 rabbitmq-server
```

（11）【本地系统】通过浏览器进行 RabbitMQ 访问，RabbitMQ 默认的 Web 界面占据的是 15672 端口，访问地址如下。
```
http://rabbitmq-server:15672/
```

Web 界面启动后会出现用户登录界面，输入先前配置的 yootk/hello 的账户信息，随后就可以见到图 11-7 所示的 RabbitMQ 管理界面，同时在该界面中会出现当前已启用的 Broker 节点。

图 11-7 RabbitMQ 管理界面

11.2 RabbitMQ 程序开发

RabbitMQ 开发核心结构

视频名称　1105_【掌握】RabbitMQ 开发核心结构
视频简介　RabbitMQ 实现了 AMQP 中的核心模型，这些模型结构统一在 RabbitMQ 控制台中定义。本视频通过 RabbitMQ 控制台的功能为读者分析这些概念的实现，并配置虚拟主机和项目开发所需环境。

RabbitMQ 是 AMQP 实现组件，所以当打开 RabbitMQ 控制台时，可以发现在导航位置提供了 Connections（连接）、Channel（通道）、Exchanges（交换机）、Queue（队列）、Admin（管理）等导航项，如图 11-8 所示。

图 11-8 RabbitMQ 控制台导航项

第 11 章 Spring 整合 AMQP 消息服务

按照 AMQP 的定义，用户通过程序连接到 RabbitMQ 服务端之后，会自动在 Connections 和 Channels 中进行注册，在使用中用户也可以依据程序动态地创建交换机和队列信息。但是如果想正常进行程序的开发，则需要进入管理界面为当前的账户 yootk 分配默认的虚拟主机的使用权限，否则无法进行消息的收发处理。此时的配置如图 11-9 所示。

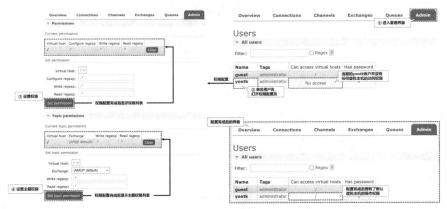

图 11-9 配置用户的虚拟主机权限

为了便于代码的管理，我们将在 yootk-spring 项目下创建一个 rabbitmq 子模块，随后修改 build.gradle 配置文件，并引入 "amqp-client" 依赖库。

范例：rabbitmq 模块依赖配置

```
project(":rabbitmq") {
    dependencies {                                         // 模块依赖配置
        implementation('com.rabbitmq:amqp-client:5.14.2')
    }
}
```

11.2.1 创建消息生产者

创建消息生产者

视频名称　1106_【掌握】创建消息生产者

视频简介　消息服务之中消息数据的发送由生产者实现。本视频将为读者分析 ampq-client 提供的核心程序类的定义结构以及具体应用，并在消息发送完成后通过 RabbitMQ 控制台观察当前的服务状态。

消息生产者主要负责消息数据的生产，所有生产出来的消息在被消费端消费前都会被保留在 RabbitMQ 服务之中，而在进行消息生产时就需要创建连接以及通道。为此 ampq-client 依赖库提供了 ConnectionFactory 工厂类，通过该类可实现 Connection 接口实例的创建，如图 11-10 所示。

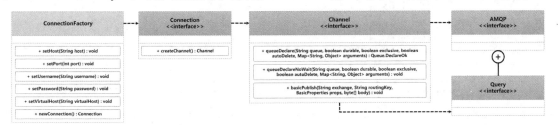

图 11-10 RabbitMQ 通道与连接

考虑到服务器处理性能，AMQP 提供了 I/O 多路复用支持，所以一个连接中会保存若干个不同的通道。在 Channel 接口实例中开发者可以进行所需消息队列的创建，而消息队列的创建中也需要进行各类配置参数的定义。下面以该接口提供的 queueDeclare() 方法为例，说明该方法中的参数作用。

范例：queueDeclare()方法定义

```
/**
 * 创建消息队列，消息生产者与消费者依据消息队列实现消息传递
 * @param queue 消息队列的名称，该队列如果不存在则会自动创建
 * @param durable 如果设置为true则表示当前队列为持久化队列，在服务重新启动后消息依然存在
 * @param exclusive 如果设置为true则表示只创建当前连接的独占队列
 * @param autoDelete 如果设置为true则服务器会自动删除长时间未使用到的消息
 * @param arguments 配置队列相关参数
 * @return 返回队列是否成功定义的确认数据
 * @throws java.io.IOException 程序出现I/O异常
 */
Queue.DeclareOk queueDeclare(String queue, boolean durable, boolean exclusive,
        boolean autoDelete, Map<String, Object> arguments) throws IOException;
```

范例：开发 RabbitMQ 消息生产者

```java
package com.yootk.rabbitmq.producer;
public class MessageProducer {
    private static final String QUEUE_NAME = "yootk.queue.msg";    // 队列名称
    private static final String HOST = "rabbitmq-server";          // 主机名称
    private static final int PORT = 5672;                          // 服务端口
    private static final String USERNAME = "yootk";                // 用户名
    private static final String PASSWORD = "hello";                // 密码
    public static void main(String[] args) throws Exception {
        ConnectionFactory factory = new ConnectionFactory();       // 连接工厂
        factory.setHost(HOST);                                     // 主机名称
        factory.setPort(PORT);                                     // 服务端口
        factory.setUsername(USERNAME);                             // 用户名
        factory.setPassword(PASSWORD);                             // 密码
        Connection connection = factory.newConnection();           // 创建连接
        Channel channel = connection.createChannel();              // 创建通道
        channel.queueDeclare(QUEUE_NAME, false, false, true, null); // 创建消息队列
        long start = System.currentTimeMillis();                   // 获取发送开始时间
        CountDownLatch latch = new CountDownLatch(100);            // 设置同步等待
        for (int x = 0; x < 100; x++) {                            // 循环发送消息
            int temp = x;
            new Thread(() -> {
                String msg = "【沐言科技 - " + temp + "】www.yootk.com"; // 消息内容
                try {
                    channel.basicPublish("", QUEUE_NAME, null, msg.getBytes()); // 发送
                    latch.countDown();                             // 计数减少
                } catch (IOException e) {}
            }).start();                                            // 线程启动
        }
        long end = System.currentTimeMillis();                     // 获取发送的结束时间
        latch.await();
        System.out.println("【消息发送完毕】消息发送耗费的时间：" + (end - start));
        channel.close();                                           // 关闭通道
        connection.close();                                        // 关闭连接
    }
}
```

程序执行结果：

【消息发送完毕】消息发送耗费的时间：31

本程序执行后会向"yootk.queue.msg"消息队列中发送 100 条消息。考虑到消息发送并发性的模拟，本次启动了 100 个线程，每个线程发送 1 条消息，消息发送完成后所有的消息都会保存在 RabbitMQ 服务之中，可以通过控制台进行观察，如图 11-11 所示。

图 11-11 RabbitMQ 队列信息

11.2.2 创建消息消费者

视频名称　1107_【掌握】创建消息消费者

视频简介　RabbitMQ 组件中所保存的数据需要通过消费者应用取出，而为了便于消息的及时获取，消息消费者往往始终处于打开状态。本视频分析 Consumer 接口的作用，并通过实例创建了 RabbitMQ 消费者应用。

在 RabbitMQ 之中，如果要进行消息的消费处理，则需要启动消费端的处理线程，而后通过指定的消息队列来进行消息的接收。为了统一消费处理标准，RabbitMQ 提供了 Consumer 接口，如图 11-12 所示。

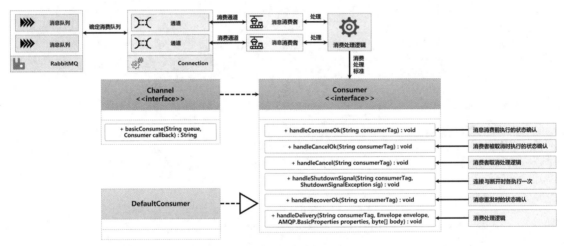

图 11-12 RabbitMQ 消息消费者

Consumer 接口提供了一系列消费状态的处理监听操作，但是其最为重要的处理方法是 handleDelivery()，开发者可以在该方法中编写所需要的消费处理逻辑。由于该接口提供了较多的抽象方法，为了简化实现子类的定义，其内部提供了一个 DefaultConsumer 伪实现类，开发者可以通过继承此类来选择所需的方法进行覆写。下面来观察具体的消息消费实现。

范例：开发消息消费应用

```
package com.yootk.rabbitmq.consumer;
public class MessageConsumer {
    private static final String QUEUE_NAME = "yootk.queue.msg";    // 队列名称
    private static final String HOST = "rabbitmq-server";          // 主机名称
    private static final int PORT = 5672;                          // 服务端口
    private static final String USERNAME = "yootk";                // 用户名
    private static final String PASSWORD = "hello";                // 密码
    public static void main(String[] args) throws Exception {
        ConnectionFactory factory = new ConnectionFactory();       // 连接工厂
        factory.setHost(HOST);                                     // 主机名称
        factory.setPort(PORT);                                     // 服务端口
```

```java
        factory.setUsername(USERNAME);                          // 用户名
        factory.setPassword(PASSWORD);                          // 密码
        Connection connection = factory.newConnection();        // 创建连接
        Channel channel = connection.createChannel();           // 创建通道
        channel.queueDeclare(QUEUE_NAME, false, false,
            true, null);                                        // 创建消息队列
        Consumer consumer = new DefaultConsumer(channel) {      // 消费者
            @Override
            public void handleDelivery(String consumerTag,
                            Envelope envelope,
                            AMQP.BasicProperties properties,
                            byte[] body) throws IOException {
                try {
                    TimeUnit.SECONDS.sleep(1);                  // 延迟操作
                } catch (InterruptedException e) {}
                String message = new String(body);              // 获取消息内容
                System.out.println("【接收消息】message = " + message);
            }
        };
        channel.basicConsume(QUEUE_NAME, consumer);             // 消息监听
    }
}
```

程序执行结果：

【接收消息】message = 【沐言科技 - 26】www.yootk.com
【接收消息】message = 【沐言科技 - 38】www.yootk.com
【接收消息】message = 【沐言科技 - 11】www.yootk.com

本程序配置了与消息生产者相同的队列信息，而在进行 Consumer 接口实例创建时，使用了匿名内部类的方式，对已有的 DefaultConsumer 实现子类中的 handleDelivery()方法进行了业务功能的完善。在 AMQP 中所有的数据都是基于二进制传输的，所以收到的消息内容数据类型为"byte[]"，在接收后将字节数组转为字符串就可以取得原始数据信息。由于消息消费者必须时刻处于消息监听状态，因此在执行"channel.basicConsume(QUEUE_NAME, consumer)"代码后，程序将进入阻塞状态。如果此时 RabbitMQ 中存在未消费的消息，则开始获取消息数据；如果 RabbitMQ 中的消息已经全部消费完成，消息消费者也不会退出，会持续等待新消息的到来。此时通过 RabbitMQ 控制台，可以在 Connections 信息中观察到当前的消息监听者，如图 11-13 所示；在 Channels 信息中可观察到通道状态，如图 11-14 所示。

图 11-13　Connections 信息　　　　　　　图 11-14　Channels 信息

11.2.3　消息应答

消息应答

视频名称　1108_【掌握】消息应答

视频简介　由于消息系统的非实时性，为了保证消息的可靠传输，可以基于应答机制进行防护。本视频为读者分析应答机制的作用，同时基于 RabbitMQ 的消费端实现自动应答处理与手动应答处理。

消息服务器的运转流程依然属于传统的客户-服务器（Client-Server，C/S）开发架构，所以在网络通信的过程中存在不可靠性，在数据传输时难免出现丢失、延迟、错误、重复等各类状况。为了应对此类情况，消费端在每次消费完成后都要返回给服务端一个 ACK（Acknowledge

的简写）应答信息，表示当前的消息处理完成，而后消息组件会将当前消息删除，如图 11-15 所示。如果接收方一直没有应答，服务端则认为该消息传递错误，会重复进行投递，如图 11-16 所示。

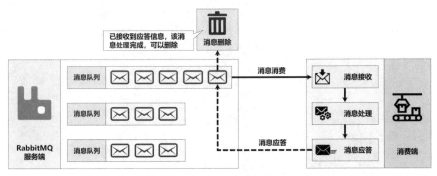

图 11-15　消息正常应答

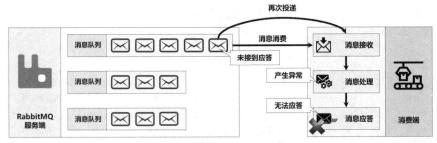

图 11-16　消息重投

在 RabbitMQ 之中，如果某些消息一直没有得到消费端的 ACK 应答信息，那么 RabbitMQ 会将消息重新放回消息队列之中。随着消息的数量越来越多，就有可能带来内存泄漏的致命问题，导致 RabbitMQ 服务崩溃。在 RabbitMQ 之中 ACK 的回应处理有自动应答与手动应答两种方式。

（1）ACK 自动应答

ACK 自动应答是在绑定消费端监听时设置的，Channel 接口对 basicConsumer() 方法进行了重载，其中一个重载的方法可以进行 ACK 的状态配置，该方法如下。

```
public String basicConsume(String queue, boolean autoAck, Consumer callback) throws IOException
```

此时除了绑定要监听的接口和 Consumer 的实例，还需要追加一个布尔型的 autoAck 参数。该参数设置为 true 表示自动应答，代码如下。

```
channel.basicConsume(QUEUE_NAME, true, consumer);           // 消息监听并自动回应
```

（2）ACK 手动应答

手动应答可以在每一次的消息消费处理中根据需要手动调用，在消费处理完成后可以通过 Envelope 类获取一个传送标签（Delivery Tag）。该标签是一个标记数字，直接通过 Channel 接口提供的 basicAck() 方法即可回应。

```
Consumer consumer = new DefaultConsumer(channel) {          // 消费者
    @Override
    public void handleDelivery(String consumerTag,
                    Envelope envelope,
                    AMQP.BasicProperties properties,
                    byte[] body) throws IOException {
        try {
            TimeUnit.SECONDS.sleep(1);                      // 延迟操作
        } catch (InterruptedException e) {}
        String message = new String(body);                  // 获取消息内容
        System.out.println("【接收消息】message = " + message);
```

```
// 方法定义: void basicAck(long deliveryTag, boolean multiple) throws IOException
// 手动回应消息, 需要传递消息的标签, 并且只对当前消息进行回应 (multiple = false)
// 如果要对所有的消息回应, 则将multiple参数设置为true
channel.basicAck(envelope.getDeliveryTag(), false);    // 对当前消息进行确认
    }
};
```

11.2.4 消息持久化

视频名称 1109_【掌握】消息持久化
视频简介 在网络服务的开发中,节点的故障是不可避免的,而为了保证消息数据不丢失,就需要启用消息持久化存储。本视频通过演示分析非持久化存储的消息丢失,以及持久化消息队列的创建。

在 RabbitMQ 之中所有消息数据的存储都是通过 Queue 实现的,而一个稳定、可靠的消息队列要保证在服务停止时未被消费的数据被妥善保管。但是到现在为止,我们创建的消息队列都属于瞬时（Transient）消息队列,如图 11-17 所示,即在 RabbitMQ 服务停止后,所有的消息数据都将消失。

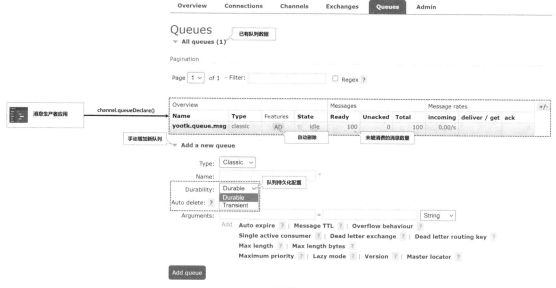

图 11-17 瞬时消息队列

要想创建持久化消息队列,在调用 channel.queueDeclare()方法时就需要将 durable 的参数内容设置为 true,同时还要保证在使用 channel.basicPublish()发布消息时设置持久化的消息标记,具体实现步骤如下。

范例：创建持久化消息队列

```java
package com.yootk.rabbitmq.producer;
public class MessageProducer {
   private static final String QUEUE_NAME = "yootk.queue.msg";    // 队列名称
   private static final String HOST = "rabbitmq-server";// 主机名称
   private static final int PORT = 5672;                 // 服务端口
   private static final String USERNAME = "yootk";       // 用户名
   private static final String PASSWORD = "hello";       // 密码
   public static void main(String[] args) throws Exception {
      ConnectionFactory factory = new ConnectionFactory();   // 连接工厂
      factory.setHost(HOST);                             // 主机名称
      factory.setPort(PORT);                             // 服务端口
      factory.setUsername(USERNAME);                     // 用户名
      factory.setPassword(PASSWORD);                     // 密码
```

```
        Connection connection = factory.newConnection();    // 创建连接
        Channel channel = connection.createChannel();        // 创建通道
        // durable参数设置为true表示该消息队列为持久化队列
        channel.queueDeclare(QUEUE_NAME, true, false,
            true, null);                                     // 创建消息队列
        long start = System.currentTimeMillis();             // 获取发送开始时间
        CountDownLatch latch = new CountDownLatch(100);      // 设置同步等待
        for (int x = 0; x < 100; x++) {                      // 循环发送消息
            int temp = x;
            new Thread(() -> {
                String msg = "【沐言科技 - " + temp + "】www.yootk.com"; // 消息内容
                try {
                    channel.basicPublish("", QUEUE_NAME,
                        MessageProperties.PERSISTENT_TEXT_PLAIN,
                        msg.getBytes());                     // 发送持久化消息
                    latch.countDown();                       // 计数减少
                } catch (IOException e) {}
            }).start();                                      // 线程启动
        }
        long end = System.currentTimeMillis();               // 获取发送的结束时间
        latch.await();
        System.out.println("【消息发送完毕】消息发送耗费的时间：" + (end - start));
        channel.close();                                     // 关闭通道
        connection.close();                                  // 关闭连接
    }
}
```

此时的程序创建了持久化消息队列（channel.queueDeclare()方法中的 durable 参数设置为 true），在进行消息发送时，通过 MessageProperties.PERSISTENT_TEXT_PLAIN 属性将消息设置为持久化存储，程序运行完成后，可以在 RabbitMQ 中观察到消息队列定义的变化，如图 11-18 所示。

Overview				Messages			Message rates			+/-
Name	Type	Features	State	Ready	Unacked	Total	incoming	deliver / get	ack	
yootk.queue.msg	classic	D AD	idle	100	0	100	0.00/s			

图 11-18 持久化消息队列

> **注意：消费端队列配置要与生产端统一。**
>
> 此时消息的生产者创建的是一个持久化的队列，如果此时的消费端在创建队列时与生产端的队列信息不匹配，则程序执行时会出现如下错误信息。
>
> ```
> Caused by: com.rabbitmq.client.ShutdownSignalException: channel error; protocol method:
> #method<channel.close>(reply-code=406, reply-text=PRECONDITION_FAILED - inequivalent arg
> 'durable' for queue 'yootk.queue.msg' in vhost '/': received 'false' but current is 'true',
> class-id=50, method-id=10)
> ```
>
> 该错误信息明确地告诉使用者当前的队列为持久化队列，此时只需要修改消费端中的队列配置为持久化。

11.2.5 虚拟主机

虚拟主机

视频名称　1110_【掌握】虚拟主机

视频简介　为了可以区分不同的应用场景，RabbitMQ 提供了虚拟主机的配置，不同的虚拟主机可以被分配不同的控制权限。本视频为读者分析虚拟主机的创建，并通过具体的代码演示虚拟主机的具体应用。

为了可以区分不同的开发业务，RabbitMQ 的内部有一个逻辑上的虚拟主机划分，一台 RabbitMQ 服务器中可以创建若干个虚拟主机，每一个虚拟主机都拥有自己独立的交换机、队列，如图 11-19 所示，同时每一个虚拟主机也都有独立的权限划分。

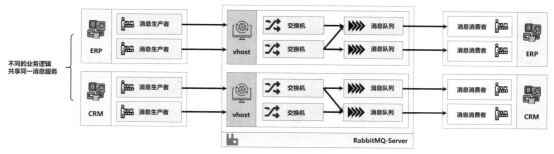

图 11-19 虚拟主机

在 RabbitMQ 控制台中，开发者可以直接通过 RabbitMQ 管理界面进行虚拟主机的创建，如图 11-20 所示，在创建时只需要设置虚拟主机的名称和标签即可。

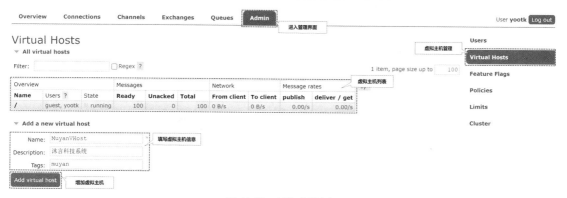

图 11-20 创建虚拟主机

> **提示：命令行配置虚拟主机。**
>
> 除了可以使用图形界面的方式进行虚拟主机的配置，RabbitMQ 还提供了 rabbitmqctl 操作命令，该命令提供了如下虚拟主机管理功能。
>
> 创建 vhost：
> `rabbitmqctl add_vhost [name]`
> 删除 vhost：
> `rabbitmqctl delete_vhost [name]`
> vhost 列表：
> `rabbitmqctl list_vhosts`
> vhost 权限：
> `rabbitmqctl set_permissions -p [vhost_name] [username] [conf] [write] [read]`
>
> 通过当前的命令可以直接在后台进行虚拟主机的定义，但是需要注意的是，通过图形界面方式配置的虚拟主机可以被当前用户默认使用，而通过命令创建的虚拟主机需要开发者手动进行权限分配。

虚拟主机创建完成后，当前用户都拥有该虚拟主机的访问权限。如果要查询当前虚拟主机所拥有的权限，可以通过虚拟主机的列表进行查看，如图 11-21 所示。

虚拟主机创建完成后，在每一个生产者和消费者的程序代码中，利用 ConnectionFactory 类提供的 setVirtualHost()方法即可定义。只有在同一虚拟主机下的队列才可以实现消息的传递。

图 11-21　查询虚拟主机权限

11.3　发布订阅模式

除了基本的消息队列，RabbitMQ 中还有交换机、RoutingKey 等核心概念，同时 Channel 接口提供的 basicPublish()方法之中也对应的参数支持，如图 11-22 所示。本节将基于交换机实现广播模式（fanout）、直连模式（direct）、主题模式（topic）的消息收发。

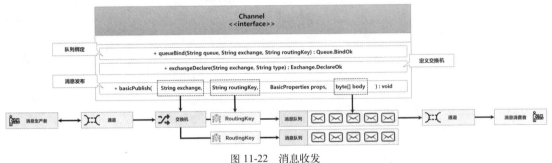

图 11-22　消息收发

11.3.1　广播模式

广播模式

视频名称　1111_【掌握】广播模式
视频简介　广播是消息组件的常见功能，RabbitMQ 中的广播机制主要依靠交换机的配置模式实现。本视频讲解消息广播的特点，以及程序代码的实现。

消息组件一般会绑定多个消费端的应用，如果希望所有的消费端消费同一条数据，就可以基于广播模式来实现，如图 11-23 所示。

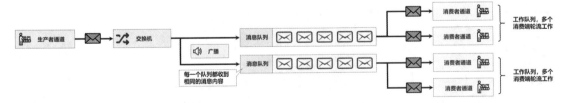

图 11-23　广播模式

广播模式的配置主要是依靠交换机实现的，在进行交换机定义时，可以采用"fanout"的配置模式，这样绑定在该交换机上的所有消息队列都可以对同一条消息进行投递，以保证每一个消费者都可以接收到消息内容。广播的实现需要对生产者应用与消费者应用同时修改，具体的实现步骤如下。

（1）【rabbitmq 子模块】生产者绑定交换机并设置广播模式。

```
package com.yootk.rabbitmq.producer;
public class MessageProducer {
```

```java
    private static final String HOST = "rabbitmq-server";      // 主机名称
    private static final int PORT = 5672;                       // 服务端口
    private static final String USERNAME = "yootk";             // 用户名
    private static final String PASSWORD = "hello";             // 密码
    private static final String EXCHANGE_NAME = "yootk.exchange.fanout";   // 自定义交换机
    private static final String VHOST_NAME = "MuyanVHost";      // 虚拟主机
    public static void main(String[] args) throws Exception {
        ConnectionFactory factory = new ConnectionFactory();    // 连接工厂
        factory.setHost(HOST);                                  // 主机名称
        factory.setPort(PORT);                                  // 服务端口
        factory.setUsername(USERNAME);                          // 用户名
        factory.setPassword(PASSWORD);                          // 密码
        factory.setVirtualHost(VHOST_NAME);                     // 虚拟主机
        Connection connection = factory.newConnection();        // 创建连接
        Channel channel = connection.createChannel();           // 创建通道
        channel.exchangeDeclare(EXCHANGE_NAME, "fanout");       // 定义专属的交换机
        for (int x = 0; x < 3; x++) {                           // 循环发送信息
            String msg = "【沐言科技 - " + x + "】www.yootk.com"; // 消息内容
            channel.basicPublish(EXCHANGE_NAME, "",
                    MessageProperties.PERSISTENT_TEXT_PLAIN,
                    msg.getBytes());                            // 发送持久化消息
        }
        channel.close();                                        // 关闭通道
        connection.close();                                     // 关闭连接
    }
}
```

本程序在生产端创建了一个名称为"yootk.exchange.fanout"的交换机，并通过 Channel 接口提供的 exchangeDeclare()方法将该交换机设置为"fanout"广播模式，随后通过循环的方式发送了 3 条持久化消息，这样绑定在同一个交换机中的所有队列都可以收到相同的消息。

（2）【rabbitmq 子模块】创建"yootk.exchange.fanout"交换机中的"yootk.a.group.queue"队列的第一个消费端应用。

```java
package com.yootk.rabbitmq.consumer;
public class MessageConsumerGroupAFirst {
    private static final String QUEUE_NAME = "yootk.a.group.queue";   // 队列名称
    private static final String HOST = "rabbitmq-server";      // 主机名称
    private static final int PORT = 5672;                       // 服务端口
    private static final String USERNAME = "yootk";             // 用户名
    private static final String PASSWORD = "hello";             // 密码
    private static final String EXCHANGE_NAME = "yootk.exchange.fanout";   // 自定义交换机
    private static final String VHOST_NAME = "MuyanVHost";      // 虚拟主机
    public static void main(String[] args) throws Exception {
        ConnectionFactory factory = new ConnectionFactory();    // 连接工厂
        factory.setHost(HOST);                                  // 主机名称
        factory.setPort(PORT);                                  // 服务端口
        factory.setUsername(USERNAME);                          // 用户名
        factory.setPassword(PASSWORD);                          // 密码
        factory.setVirtualHost(VHOST_NAME);                     // 虚拟主机
        Connection connection = factory.newConnection();        // 创建连接
        Channel channel = connection.createChannel();           // 创建通道
        channel.exchangeDeclare(EXCHANGE_NAME, "fanout");       // 定义专属的交换机
        channel.queueDeclare(QUEUE_NAME, true, false, true, null);  // 创建消息队列
        channel.queueBind(QUEUE_NAME, EXCHANGE_NAME, "");       // 绑定处理
        Consumer consumer = new DefaultConsumer(channel) {      // 消费者
            @Override
            public void handleDelivery(String consumerTag,
                            Envelope envelope,
                            AMQP.BasicProperties properties,
                            byte[] body) throws IOException {
                String message = new String(body);              // 获取消息内容
```

```
                System.out.println("【Consumer-Group-A-First接收消息】message = " + message);
                channel.basicAck(envelope.getDeliveryTag(), false);    // 对当前消息进行确认
            }
        };
        channel.basicConsume(QUEUE_NAME, consumer);                    // 消息监听
    }
}
```
程序执行结果:
```
【Consumer-Group-A-First接收消息】message = 【沐言科技 - 0】www.yootk.com
【Consumer-Group-A-First接收消息】message = 【沐言科技 - 2】www.yootk.com
```

本程序在消费端通过 Channel 接口提供的 queueBind()方法绑定了 "yootk.exchange.fanout" 与 "yootk.a.group.queue" 队列。由于交换机为 fanout 类型，因此即使与生产者不属于同一队列，也可以实现消息接收。

(3)【rabbitmq 子模块】创建 "yootk.exchange.fanout" 交换机中的 "yootk.a.group.queue" 队列的第二个消费端应用。
```
System.out.println("【Consumer-Group-A-Second接收消息】message = " + message);
```
程序执行结果:
```
【Consumer-Group-A-Second接收消息】message = 【沐言科技 - 1】www.yootk.com
```

(4)【rabbitmq 子模块】创建 "yootk.exchange.fanout" 交换机中的 "yootk.b.group.queue" 队列消费应用。
```
private static final String QUEUE_NAME = "yootk.b.group.queue";    // 队列名称
System.out.println("【Consumer-Group-B接收消息】message = " + message);
```
程序执行结果:
```
【Consumer-Group-B接收消息】message = 【沐言科技 - 0】www.yootk.com
【Consumer-Group-B接收消息】message = 【沐言科技 - 1】www.yootk.com
【Consumer-Group-B接收消息】message = 【沐言科技 - 2】www.yootk.com
```

(5)【rabbitmq 子模块】创建 "yootk.exchange.fanout" 交换机中的 "yootk.c.group.queue" 队列消费应用。
```
private static final String QUEUE_NAME = "yootk.c.group.queue";    // 队列名称
System.out.println("【Consumer-Group-C接收消息】message = " + message);
```
程序执行结果:
```
【Consumer-Group-C接收消息】message = 【沐言科技 - 0】www.yootk.com
【Consumer-Group-C接收消息】message = 【沐言科技 - 1】www.yootk.com
【Consumer-Group-C接收消息】message = 【沐言科技 - 2】www.yootk.com
```

以上程序一共定义了 4 个消费端，其中有 2 个消费端属于同一个队列，这样在工作时，同一队列中的多个消费端会交替工作，形成完整的工作队列。

11.3.2 直连模式

直连模式

视频名称 1112_【掌握】直连模式

视频简介 在多系统消息并行的环境之中，为了实现准确的消息投递，可以使用 RoutingKey 的配置模式。本视频通过实例讲解 RoutingKey 的具体应用。

使用广播模式，可以将一个消息在所有的消息队列之中进行传递。如果某个消息只允许在特定的消息队列中进行传递，就可以使用 RoutingKey 进行标记，如图 11-24 所示。

如果要采用 RoutingKey 的方式进行处理，则需要创建 direct 类型的交换机。消费端在消费时会依据其绑定在队列中的 RoutingKey 获取消息，如果 RoutingKey 不匹配则无法进行消费。同一个队列可能有不同的消费端，每个消费端可能绑定不同的 RoutingKey，只要有一个 RoutingKey 匹配则该队列的所有消费端将形成工作队列，依次进行消息的消费处理。下面通过具体的代码进行这一机制的实现。

11.3 发布订阅模式

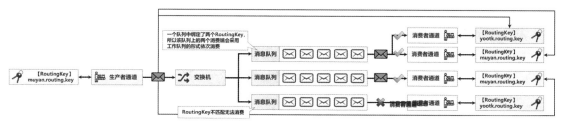

图 11-24 RoutingKey

（1）【rabbitmq 子模块】创建消息生产者，采用直连模式并设置 RoutingKey。

```
package com.yootk.rabbitmq.producer;
public class MessageProducer {
    private static final String ROUTING_KEY = "yootk.routing.key" ;   // RoutingKey
    private static final String HOST = "rabbitmq-server";          // 主机名称
    private static final int PORT = 5672;                          // 服务端口
    private static final String USERNAME = "yootk";                // 用户名
    private static final String PASSWORD = "hello";                // 密码
    private static final String EXCHANGE_NAME = "yootk.exchange.direct";   // 自定义交换机
    private static final String VHOST_NAME = "MuyanVHost";         // 虚拟主机
    public static void main(String[] args) throws Exception {
        ConnectionFactory factory = new ConnectionFactory();       // 连接工厂
        factory.setHost(HOST);                                     // 主机名称
        factory.setPort(PORT);                                     // 服务端口
        factory.setUsername(USERNAME);                             // 用户名
        factory.setPassword(PASSWORD);                             // 密码
        factory.setVirtualHost(VHOST_NAME);                        // 虚拟主机
        Connection connection = factory.newConnection();           // 创建连接
        Channel channel = connection.createChannel();              // 创建通道
        channel.exchangeDeclare(EXCHANGE_NAME, "direct");          // 定义专属交换机
        for (int x = 0; x < 3; x++) {                              // 循环发送信息
            String msg = "【沐言科技 - " + x + "】www.yootk.com";   // 消息内容
            channel.basicPublish(EXCHANGE_NAME, ROUTING_KEY,
                    MessageProperties.PERSISTENT_TEXT_PLAIN,
                    msg.getBytes());                               // 发送持久化消息
        }
        channel.close();                                           // 关闭通道
        connection.close();                                        // 关闭连接
    }
}
```

（2）【rabbitmq 子模块】创建"yootk.exchange.direct"分区中的"yootk.a.group.queue"消息队列中的第一个消费端，在进行队列绑定时，需要明确设置 RoutingKey。

```
package com.yootk.rabbitmq.consumer;
public class MessageConsumerGroupAFirst {
    private static final String ROUTING_KEY = "muyan.routing.key" ;   // RoutingKey
    private static final String QUEUE_NAME = "yootk.a.group.queue";   // 队列名称
    private static final String HOST = "rabbitmq-server";             // 主机名称
    private static final int PORT = 5672;                             // 服务端口
    private static final String USERNAME = "yootk";                   // 用户名
    private static final String PASSWORD = "hello";                   // 密码
    private static final String EXCHANGE_NAME = "yootk.exchange.direct";   // 自定义交换机
    private static final String VHOST_NAME = "MuyanVHost";            // 虚拟主机
    public static void main(String[] args) throws Exception {
        ConnectionFactory factory = new ConnectionFactory();          // 连接工厂
        factory.setHost(HOST);                                        // 主机名称
        factory.setPort(PORT);                                        // 服务端口
        factory.setUsername(USERNAME);                                // 用户名
        factory.setPassword(PASSWORD);                                // 密码
        factory.setVirtualHost(VHOST_NAME);                           // 虚拟主机
```

```
        Connection connection = factory.newConnection();     // 创建连接
        Channel channel = connection.createChannel();         // 创建通道
        channel.exchangeDeclare(EXCHANGE_NAME, "direct");     // 定义专属的交换机
        channel.queueDeclare(QUEUE_NAME, true, false, true, null);
        channel.queueBind(QUEUE_NAME, EXCHANGE_NAME, ROUTING_KEY); // 绑定处理
        Consumer consumer = new DefaultConsumer(channel) {    // 消费者
            @Override
            public void handleDelivery(String consumerTag,
                                Envelope envelope,
                                AMQP.BasicProperties properties,
                                byte[] body) throws IOException {
                String message = new String(body);            // 获取消息内容
                System.out.println("【Consumer-Group-A-First接收消息】message = " + message);
                channel.basicAck(envelope.getDeliveryTag(), false); // 对当前消息进行确认
            }
        };
        channel.basicConsume(QUEUE_NAME, consumer);           // 消息监听
    }
}
```

程序执行结果：

【Consumer-Group-A-First接收消息】message = 【沐言科技 - 1】www.yootk.com

（3）【rabbitmq 子模块】创建 "yootk.exchange.direct" 分区中的 "yootk.a.group.queue" 消息队列中的第二个消费端，并在队列中绑定 RoutingKey。

```
private static final String ROUTING_KEY = "yootk.routing.key" ;  // RoutingKey
private static final String QUEUE_NAME = "yootk.a.group.queue";  // 队列名称
```

程序执行结果：

【Consumer-Group-A-Second接收消息】message = 【沐言科技 - 0】www.yootk.com
【Consumer-Group-A-Second接收消息】message = 【沐言科技 - 2】www.yootk.com

（4）【rabbitmq 子模块】创建 "yootk.exchange.direct" 分区中的 "yootk.b.group.queue" 消息队列中的消费端。

```
private static final String ROUTING_KEY = "muyan.routing.key" ;  // RoutingKey
private static final String QUEUE_NAME = "yootk.b.group.queue";  // 队列名称
```

（5）【rabbitmq 子模块】创建 "yootk.exchange.direct" 分区中的 "yootk.c.group.queue" 消息队列中的消费端。

```
private static final String ROUTING_KEY = "yootk.routing.key" ;  // RoutingKey
private static final String QUEUE_NAME = "yootk.c.group.queue";  // 队列名称
```

程序执行结果：

【Consumer-Group-C接收消息】message = 【沐言科技 - 0】www.yootk.com
【Consumer-Group-C接收消息】message = 【沐言科技 - 1】www.yootk.com
【Consumer-Group-C接收消息】message = 【沐言科技 - 2】www.yootk.com

此时的 4 个消费端分别绑定了两个不同的 RoutingKey，消息发送后会依据队列中绑定的 RoutingKey 进行匹配，匹配成功后才可以进行消息消费处理。

11.3.3 主题模式

视频名称　1113_【掌握】主题模式

视频简介　主题模式是直连模式的拓展应用，基于 RoutingKey 的匹配模式，可以实现不同消息源的数据处理。本视频为读者分析主题模式的特点，并通过具体范例进行展示。

在一个庞大的系统架构中，有可能存在许多类型相同的消息。为了方便消费处理的归类，可以采用主题交换机的处理模式。该模式可以通过 RoutingKey 的模糊匹配，让不同类型的消息通过指定消息队列的消费端进行处理，如图 11-25 所示。

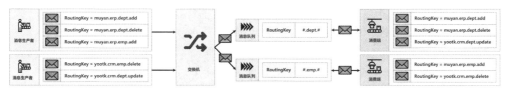

图 11-25 主题模式

在主题模式中,需要在 RoutingKey 中定义匹配模式,而后不同的消息会依据不同的匹配模式被分发给指定队列的消费端。RabbitMQ 提供了两种匹配占位符。
- "*":匹配 0 个或 1 个单词。
- "#":匹配 0 个、1 个或多个单词。

有了匹配模式的支持,就可以在生产端依据一定的规则进行 RoutingKey 的定义。这样生产端只需要配置不同的 RoutingKey 数据,就可以找到不同的消息队列,使得消息的传输更加灵活。为了对这一机制进行说明,下面通过具体的代码进行操作实现。

(1)【rabbitmq 子模块】定义消息生产端,此时的消息会根据不同的逻辑配置不同的 RoutingKey。

```
package com.yootk.rabbitmq.producer;
public class MessageProducer {
    private static final String ROUTING_KEY_DEPT = "muyan.erp.dept.add";  // RoutingKey
    private static final String ROUTING_KEY_EMP = "yootk.crm.emp.delete";   // RoutingKey
    private static final String HOST = "rabbitmq-server";       // 主机名称
    private static final int PORT = 5672;                       // 服务端口
    private static final String USERNAME = "yootk";             // 用户名
    private static final String PASSWORD = "hello";             // 密码
    private static final String EXCHANGE_NAME = "yootk.exchange.topic";  // 自定义交换机
    private static final String VHOST_NAME = "MuyanVHost";      // 虚拟主机
    public static void main(String[] args) throws Exception {
        ConnectionFactory factory = new ConnectionFactory();    // 连接工厂
        factory.setHost(HOST);                                  // 主机名称
        factory.setPort(PORT);                                  // 服务端口
        factory.setUsername(USERNAME);                          // 用户名
        factory.setPassword(PASSWORD);                          // 密码
        factory.setVirtualHost(VHOST_NAME);                     // 虚拟主机
        Connection connection = factory.newConnection();        // 创建连接
        Channel channel = connection.createChannel();           // 创建通道
        channel.exchangeDeclare(EXCHANGE_NAME, "topic");        // 定义专属的交换机
        for (int x = 0; x < 3; x++) {                           // 循环发送信息
            if (x % 2 == 0) {                                   // 模拟业务逻辑
                String msg = "【ERP信息 - " + ROUTING_KEY_DEPT + "】增加部门信息 - " + x;
                channel.basicPublish(EXCHANGE_NAME, ROUTING_EY_DEPT,
                        MessageProperties.PERSISTENT_TEXT_PLAIN,
                        msg.getBytes());                        // 发送持久化消息
            } else {
                String msg = "【CRM信息 - " + ROUTING_KEY_EMP + "】删除雇员信息 - " + x;
                channel.basicPublish(EXCHANGE_NAME, ROUTING_KEY_EMP,
                        MessageProperties.PERSISTENT_TEXT_PLAIN,
                        msg.getBytes());                        // 发送持久化消息
            }
        }
        channel.close();                                        // 关闭通道
        connection.close();                                     // 关闭连接
    }
}
```

(2)【rabbitmq 子模块】创建 DeptConsumer 消费端应用。

```
package com.yootk.rabbitmq.consumer;
public class DeptConsumer {
    private static final String ROUTING_KEY = "#.dept.#" ;      // RoutingKey
```

```java
    private static final String QUEUE_NAME = "yootk.a.group.queue";  // 队列名称
    private static final String HOST = "rabbitmq-server";            // 主机名称
    private static final int PORT = 5672;                            // 服务端口
    private static final String USERNAME = "yootk";                  // 用户名
    private static final String PASSWORD = "hello";                  // 密码
    private static final String EXCHANGE_NAME = "yootk.exchange.topic";  // 自定义交换机
    private static final String VHOST_NAME = "MuyanVHost";           // 虚拟主机
    public static void main(String[] args) throws Exception {
        ConnectionFactory factory = new ConnectionFactory();         // 连接工厂
        factory.setHost(HOST);                                       // 主机名称
        factory.setPort(PORT);                                       // 服务端口
        factory.setUsername(USERNAME);                               // 用户名
        factory.setPassword(PASSWORD);                               // 密码
        factory.setVirtualHost(VHOST_NAME);                          // 虚拟主机
        Connection connection = factory.newConnection();             // 创建连接
        Channel channel = connection.createChannel();                // 创建通道
        channel.exchangeDeclare(EXCHANGE_NAME, "topic");             // 定义专属的交换机
        channel.queueDeclare(QUEUE_NAME, true, false, true, null);
        channel.queueBind(QUEUE_NAME, EXCHANGE_NAME, ROUTING_KEY);   // 绑定处理
        Consumer consumer = new DefaultConsumer(channel) {           // 消费者
            @Override
            public void handleDelivery(String consumerTag,
                        Envelope envelope,
                        AMQP.BasicProperties properties,
                        byte[] body) throws IOException {
                String message = new String(body);                   // 获取消息内容
                System.out.println("【DeptConsumer接收消息】message = " + message);
                channel.basicAck(envelope.getDeliveryTag(), false);  // 对当前消息进行确认
            }
        };
        channel.basicConsume(QUEUE_NAME, consumer);                  // 消息监听
    }
}
```

程序执行结果：

```
【DeptConsumer接收消息】message = 【ERP信息 - muyan.erp.dept.add】增加部门信息 - 0
【DeptConsumer接收消息】message = 【ERP信息 - muyan.erp.dept.add】增加部门信息 - 2
```

(3)【rabbitmq 子模块】创建 EmpConsumer 消费端，该消费端的实现过程与 DeptConsumer 类似，唯一的区别就是在于信息输出的标记以及 RoutingKey 的匹配模式。本处只列出当前配置的 RoutingKey，其他重复代码不再列出。

```java
private static final String ROUTING_KEY = "#.emp.#" ;   // RoutingKey
```

程序执行结果：

```
【EmpConsumer接收消息】message = 【CRM信息 - yootk.crm.emp.delete】删除雇员信息 - 1
```

本程序创建的两个消费端应用在各自的队列上定义了不同的 RoutingKey 的匹配模式，所以可以根据消息生产端绑定的 RoutingKey 实现不同消息的归类消费。

11.4 Spring 整合 RabbitMQ

Spring 整合 RabbitMQ

视频名称　1114_【掌握】Spring 整合 RabbitMQ

视频简介　虽然 RabbitMQ 提供了 amqp-client 客户端依赖，但考虑到代码的维护，其往往需要与 Spring 框架整合，同时 Spring 也提供了对 RabbitMQ 组件的支持。本视频通过范例为读者分析 Spring 整合 RabbitMQ 组件的核心实现，并搭建项目的基础环境。

为了进一步简化 RabbitMQ 的开发，Spring 提供了"spring-rabbit"实现依赖，开发者可以通过该依赖库实现 RabbitMQ 连接管理、AmqpTemplate 发送模板、消费端监听的功能。本次将基于此依赖实现 RabbitMQ 的开发，采用图 11-26 所示的项目结构进行讲解，具体配置步骤如下。

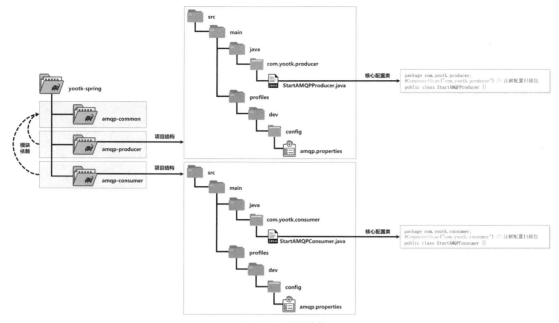

图 11-26 项目结构

（1）【yootk-spring 项目】创建 3 个新的子模块，名称分别为 amqp-common（公共模块）、amqp-producer（消息生产者模块）、amqp-consumer（消息消费者模块）。

（2）【yootk-spring 项目】修改 build.gradle 配置文件，为 amqp 的相关子模块引入所需依赖库。

```
project(":amqp-common") {
    dependencies {}                                              // 模块依赖配置
}
project(":amqp-producer") {
    dependencies {                                               // 模块依赖配置
        implementation('org.springframework.amqp:spring-rabbit:3.0.0-M2')
        implementation('org.apache.commons:commons-pool2:2.11.1') // 对象池管理
        implementation(project(":amqp-common"))                   // 导入公共子模块
    }
}
project(":amqp-consumer") {
    dependencies {                                               // 模块依赖配置
        implementation('org.springframework.amqp:spring-rabbit:3.0.0-M2')
        implementation('org.apache.commons:commons-pool2:2.11.1') // 对象池管理
        implementation(project(":amqp-common"))                   // 导入公共子模块
    }
}
```

（3）【amqp-producer 子模块】创建 com.yootk.producer.StartAMQPProducer 程序启动类，并配置扫描包。

```
package com.yootk.producer;
@ComponentScan("com.yootk.producer")                             // 注解配置扫描包
public class StartAMQPProducer {}
```

（4）【amqp-consumer 子模块】创建 com.yootk.producer.StartAMQPConsumer 程序启动类，并配置扫描包。

```
package com.yootk.consumer;
@ComponentScan("com.yootk.consumer")                             // 注解配置扫描包
public class StartAMQPConsumer {}
```

spring-rabbit 针对 3 种交换机的使用提供不同的配置模式，以上我们主要基于广播模式搭建出基本的生产与消费模型，不同的交换机只需要更换不同的实现子类。

第 11 章 Spring 整合 AMQP 消息服务

> 提示：使用 XML 配置模式讲解 RabbitMQ 的实现。
>
> 在项目中引入 spring-rabbit 的依赖库之后，项目的内部就会有一个新的 XML 命名空间，通过该命名空间可以实现所需 RabbitMQ 服务整合配置项的定义。
>
> 范例：使用 rabbit 命名空间配置
>
> ```xml
> <?xml version="1.0" encoding="UTF-8"?>
> <beans xmlns="http://www.springframework.org/schema/beans"
>     xmlns:xsi="http://www.w3.org/2001/XMLSchema-instance"
>     xmlns:rabbit="http://www.springframework.org/schema/rabbit"
>     xsi:schemaLocation="http://www.springframework.org/schema/beans
>         http://www.springframework.org/schema/beans/spring-beans.xsd
>         http://www.springframework.org/schema/rabbit
>         http://www.springframework.org/schema/rabbit/spring-rabbit.xsd">
>     <rabbit:connection-factory/>           <!-- 配置ConnectionFactory -->
>     <rabbit:admin/>                        <!-- 管理ConnectionFactory -->
>     <rabbit:queue/>                        <!-- 队列配置 -->
>     <rabbit:fanout-exchange/>              <!-- 配置交换机 -->
>     <rabbit:direct-exchange/>              <!-- 配置交换机 -->
>     <rabbit:topic-exchange/>               <!-- 配置交换机 -->
>     <rabbit:listener-container/>           <!-- 配置消费监听 -->
>     <rabbit:template/>                     <!-- 配置消息发送模板 -->
> </beans>
> ```
>
> 此种配置模式在编者早期的 Spring 相关图书中有所讲解，考虑到当前应用的主流形式，本次采用 Bean 配置方式实现 Spring 与 RabbitMQ 的整合。

11.4.1 RabbitMQ 消费端

视频名称 1115_【掌握】RabbitMQ 消费端

视频简介 Spring 对 RabbitMQ 的消费端提供了新的开发结构支持，可以基于监听的操作形式实现消息的消费处理。本视频将基于 Bean 配置的结构讲解 RabbitMQ 消费端的构建，并实现消费端监听程序的启动。

在 Spring 整合 RabbitMQ 的处理操作中，需要通过已有的 "amqp-client" 依赖提供的 ConnectionFactory 实现连接的配置管理，但是此对象实例需要交给 Spring 来管理。用户可以根据自身的需要选择是否采用对象池的方式管理，以提高 RabbitMQ 的处理性能。而后的配置主要围绕着消息队列、交换机、绑定等核心概念展开，如图 11-27 所示。由于此时开发的是消费端应用，因此需要创建一个 MessageListenerContainer 监听容器类，并在此类中配置用户自定义的消息监听器，这样在 Spring 容器启动时就可以自动进行消息的消费处理。下面通过具体的步骤对这一功能进行实现。

图 11-27 Spring 整合 RabbitMQ 配置结构

（1）【amqp-consumer 子模块】在 src/main/profiles/dev 源代码目录中创建 config/amqp.properties 配置文件，该文件主要定义 RabbitMQ 连接与消息处理的相关配置项，同时消费端需要配置队列信息。

RabbitMQ 服务器连接地址：
```
amqp.rabbitmq.host=rabbitmq-server
```
RabbitMQ 服务端口：
```
amqp.rabbitmq.port=5672
```
RabbitMQ 连接用户名：
```
amqp.rabbitmq.username=yootk
```
RabbitMQ 连接密码：
```
amqp.rabbitmq.password=hello
```
虚拟主机名称：
```
amqp.rabbitmq.vhost=MuyanVHost
```
RoutingKey：
```
amqp.rabbitmq.routing.key=muyan.message.key
```
交换机名称：
```
amqp.rabbitmq.exchange.name=yootk.exchange.fanout
```
队列名称：
```
amqp.rabbitmq.queue.name=muyan.consumer.queue
```

(2)【amqp-consumer 子模块】创建一个消息监听处理类。

```java
package com.yootk.consumer.listener;
public class RabbitMQMessageListener implements
            org.springframework.amqp.core.MessageListener {
   private static final Logger LOGGER =
            LoggerFactory.getLogger(RabbitMQMessageListener.class);
   @Override
   public void onMessage(Message message) {
      LOGGER.info("【消息接收】消息内容：{}", new String(message.getBody()));
   }
}
```

(3)【amqp-consumer 子模块】创建 RabbitMQConfig 配置类，定义所需注册的 Bean 实例。

```java
package com.yootk.consumer.config;
@Configuration                                                    // 配置类
@PropertySource("classpath:config/amqp.properties")               // 配置加载
public class RabbitMQConfig {                                     // RabbitMQ配置类
   @Value("${amqp.rabbitmq.host}")                                // 资源文件读取配置项
   private String host;                                           // RabbitMQ主机
   @Value("${amqp.rabbitmq.port}")                                // 资源文件读取配置项
   private Integer port;                                          // RabbitMQ端口
   @Value("${amqp.rabbitmq.username}")                            // 资源文件读取配置项
   private String username;                                       // RabbitMQ用户名
   @Value("${amqp.rabbitmq.password}")                            // 资源文件读取配置项
   private String password;                                       // RabbitMQ密码
   @Value("${amqp.rabbitmq.vhost}")                               // 资源文件读取配置项
   private String vhost;                                          // 虚拟主机名称
   @Value("${amqp.rabbitmq.queue.name}")                          // 资源文件读取配置项
   private String queueName;                                      // 队列名称
   @Value("${amqp.rabbitmq.exchange.name}")                       // 资源文件读取配置项
   private String exchangeName;                                   // 交换机名称
   @Value("${amqp.rabbitmq.routing.key}")                         // 资源文件读取配置项
   private String routingKey;                                     // RoutingKey
   @Bean
   public com.rabbitmq.client.ConnectionFactory amqpConnectionFactory() { // 连接工厂
      com.rabbitmq.client.ConnectionFactory factory = new ConnectionFactory();
      factory.setHost(this.host);                                 // 配置主机信息
      factory.setPort(this.port);                                 // 配置端口信息
      factory.setUsername(this.username);                         // 配置用户名
      factory.setPassword(this.password);                         // 配置密码
      factory.setVirtualHost(this.vhost);                         // 配置虚拟主机
      return factory;
   }
```

```java
@Bean
public org.springframework.amqp.rabbit.connection.ConnectionFactory
   springConnectionFactory(com.rabbitmq.client.
           ConnectionFactory amqpConnectionFactory) {
   org.springframework.amqp.rabbit.connection.ConnectionFactory factory =
           new PooledChannelConnectionFactory(amqpConnectionFactory);   // 对象池管理
   return factory;
}
@Bean
public org.springframework.amqp.core.Queue queue() {   // 创建队列
   return new Queue(this.queueName, true, false, true);
}
@Bean
public RabbitMQMessageListener rabbitMQMessageListener() {   // 消息监听
   return new RabbitMQMessageListener();
}
@Bean
public SimpleMessageListenerContainer listenerContainer(
       RabbitMQMessageListener rabbitMQMessageListener,
       org.springframework.amqp.core.Queue queue,
       org.springframework.amqp.rabbit.connection.
           ConnectionFactory springConnectionFactory) {
   SimpleMessageListenerContainer container =
           new SimpleMessageListenerContainer(springConnectionFactory);   // 监听容器
   container.setConcurrentConsumers(3);                    // 并行的消费者数量
   container.setMaxConcurrentConsumers(10);                // 最大并行的消费者数量
   container.setMessageListener(rabbitMQMessageListener);  // 监听处理类
   container.setAcknowledgeMode(AcknowledgeMode.AUTO);     // 自动回复
   container.addQueues(queue);                             // 处理队列
   container.initialize();                                 // 容器初始化
   return container;
}
@Bean
public RabbitAdmin admin(RetryTemplate retry, Binding binding, Exchange exchange,
       org.springframework.amqp.core.Queue queue,
       org.springframework.amqp.rabbit.connection.
           ConnectionFactory springConnectionFactory) {
   RabbitAdmin admin = new RabbitAdmin(springConnectionFactory);   // 配置管理
   admin.setRetryTemplate(retry);                // 重试模板
   admin.declareQueue(queue);                    // 声明队列
   admin.declareExchange(exchange);              // 声明交换机
   admin.declareBinding(binding);                // 绑定处理
   return admin;
}
@Bean
public RetryTemplate retryTemplate() {
   RetryTemplate template = new RetryTemplate();         // 重试模板
   ExponentialBackOffPolicy backOffPolicy = new ExponentialBackOffPolicy();
   backOffPolicy.setInitialInterval(500);                // 初始重试间隔
   backOffPolicy.setMaxInterval(10000);                  // 最大重试间隔
   // 从初始重试间隔到最大重试间隔的增长倍数
   backOffPolicy.setMultiplier(10.0);                    // 重试倍数
   template.setBackOffPolicy(backOffPolicy);             //策略配置
   return template;
}
@Bean
public Exchange exchange() {
   return new FanoutExchange(this.exchangeName);         // 广播交换机
}
@Bean
```

```
public Binding binding(Exchange exchange, Queue queue) { // 绑定处理
    return BindingBuilder.bind(queue).to(exchange).with(this.routingKey).noargs();
}
}
```

在本配置中最为重要的配置选项就是 RabbitAdmin 配置类，该配置类会对当前使用的 RabbitMQ 消息组件交换机、消息队列进行定义，同时实现绑定处理，而具体的消息监听与应答是由 SimpleMessageListenerContainer 配置类实现的。需要注意的是，交换机在 spring-rabbit 依赖中被设置为一个接口，要想使用不同类型的交换机，只需要更换接口的实现子类，如图 11-28 所示。

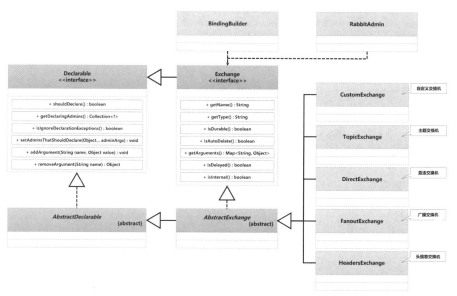

图 11-28 更换交换机类型

(4)【amqp-consumer 子模块】编写一个测试类用于启动 Spring 容器。

```
package com.yootk.test;
@ContextConfiguration(classes = StartAMQPConsumer.class)    // 资源文件定位
@ExtendWith(SpringExtension.class)                          // 使用JUnit 5测试工具
public class TestRabbitMQConsumer {
    @Test
    public void testReceive() throws Exception {
        TimeUnit.SECONDS.sleep(Long.MAX_VALUE);              // 长期休眠
    }
}
```

由于消息监听者需要始终处于打开状态，因此以上测试类使用了长期休眠的配置，消息发送后，程序会自动调用 RabbitMQMessageListener 类提供的 onMessage() 方法进行消息处理。

11.4.2 RabbitMQ 生产端

视频名称　1116_【掌握】RabbitMQ 生产端

视频简介　RabbitMQ 生产端主要与交换机有关联，为了便于消息生产，Spring 提供了 AmqpTemplate 模板接口。本视频为了简化生产操作，基于业务开发的方式进行消息数据的发送，实现与消费端之间的数据传输。

为了简化消息生产的处理过程，Spring 提供了一个 AmqpTemplate 模板接口，在该接口中可以直接发送普通消息，也可以将消息封装在 Message 对象实例中进行发送。为了规范本次的消息发送处理，我们将创建一个 IMessageService 业务接口，并在该业务接口的实现类中注入 AmqpTemplate 接口实例，实现结构如图 11-29 所示，具体实现步骤如下。

第 11 章 Spring 整合 AMQP 消息服务

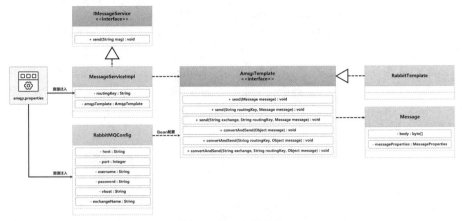

图 11-29 生产端模型

（1）【amqp-producer 子模块】在 src/main/profiles/dev 源代码目录中创建 config/amqp.properties 配置文件，该文件主要定义 RabbitMQ 连接与消息处理的相关配置项。

RabbitMQ 服务器连接地址：
```
amqp.rabbitmq.host=rabbitmq-server
```
RabbitMQ 服务端口：
```
amqp.rabbitmq.port=5672
```
RabbitMQ 连接用户名：
```
amqp.rabbitmq.username=yootk
```
RabbitMQ 连接密码：
```
amqp.rabbitmq.password=hello
```
虚拟主机名称：
```
amqp.rabbitmq.vhost=MuyanVHost
```
RoutingKey：
```
amqp.rabbitmq.routing.key=muyan.message.key
```
交换机名称：
```
amqp.rabbitmq.exchange.name=yootk.exchange.fanout
```

（2）【amqp-producer 子模块】创建 RabbitMQConfig 配置类，实现交换机、AmqpTemplate 等 Bean 的定义。

```java
package com.yootk.producer.config;
@Configuration                                                      // 配置类
@PropertySource("classpath:config/amqp.properties")                 // 配置加载
public class RabbitMQConfig {
    @Value("${amqp.rabbitmq.host}")                                 // 资源文件读取配置项
    private String host;                                            // RabbitMQ主机
    @Value("${amqp.rabbitmq.port}")                                 // 资源文件读取配置项
    private Integer port;                                           // RabbitMQ端口
    @Value("${amqp.rabbitmq.username}")                             // 资源文件读取配置项
    private String username;                                        // RabbitMQ用户名
    @Value("${amqp.rabbitmq.password}")                             // 资源文件读取配置项
    private String password;                                        // RabbitMQ密码
    @Value("${amqp.rabbitmq.vhost}")                                // 资源文件读取配置项
    private String vhost;                                           // 虚拟主机名称
    @Value("${amqp.rabbitmq.exchange.name}")                        // 资源文件读取配置项
    private String exchangeName;                                    // 交换机名称
    @Bean
    public com.rabbitmq.client.ConnectionFactory amqpConnectionFactory() {
        com.rabbitmq.client.ConnectionFactory factory = new ConnectionFactory();
        factory.setHost(this.host);                                 // 服务地址
        factory.setPort(this.port);                                 // 服务端口
```

```java
        factory.setUsername(this.username);                 // 用户名
        factory.setPassword(this.password);                 // 密码
        factory.setVirtualHost(this.vhost);                 // 虚拟主机
        return factory;
    }
    @Bean
    public org.springframework.amqp.rabbit.connection.ConnectionFactory
        springConnectionFactory(com.rabbitmq.client.
                ConnectionFactory amqpConnectionFactory) {
        org.springframework.amqp.rabbit.connection.ConnectionFactory factory =
            new PooledChannelConnectionFactory(amqpConnectionFactory);
        return factory;
    }
    @Bean
    public Exchange exchange() {
        return new FanoutExchange(this.exchangeName);       // 交换机配置
    }
    @Bean
    public AmqpTemplate amqpTemplate(RetryTemplate retry,
            org.springframework.amqp.rabbit.connection.
                ConnectionFactory springConnectionFactory) {
        RabbitTemplate template = new RabbitTemplate(springConnectionFactory); // 消息模板
        template.setExchange(this.exchangeName);            // 交换机名称
        template.setRetryTemplate(retry);                   // 重试模板
        return template;
    }
    @Bean
    public RetryTemplate retryTemplate() {
        RetryTemplate template = new RetryTemplate();       // 重试模板
        ExponentialBackOffPolicy backOffPolicy = new ExponentialBackOffPolicy();
        backOffPolicy.setInitialInterval(500);              // 初始重试间隔
        backOffPolicy.setMaxInterval(10000);                // 最大重试间隔
        // 从初始重试间隔到最大重试间隔的增长倍数
        backOffPolicy.setMultiplier(10.0);                  // 重试倍数
        template.setBackOffPolicy(backOffPolicy);           // 策略配置
        return template;
    }
}
```

(3)【amqp-producer 子模块】创建 IMessageService 消息服务接口。

```java
package com.yootk.producer.service;
public interface IMessageService {
    public void send(String msg);                           // 消息发送
}
```

(4)【amqp-producer 子模块】创建 MessageServiceImpl 业务接口实现子类，并注入 AmqpTemplate 消息模板实例。

```java
package com.yootk.producer.service.impl;
@Service
@PropertySource("classpath:config/amqp.properties")         // 配置加载
public class MessageServiceImpl implements IMessageService {
    @Value("${amqp.rabbitmq.routing.key}")                  // 资源文件读取配置项
    private String routingKey;                              // RoutingKey
    @Autowired
    private AmqpTemplate amqpTemplate;                      // 消息模板
    @Override
    public void send(String msg) {
        this.amqpTemplate.convertAndSend(this.routingKey, msg);
    }
}
```

(5)【amqp-producer 子模块】编写测试类，注入 IMessageService 接口实例并发送消息。

```
package com.yootk.test;
@ContextConfiguration(classes = StartAMQPProducer.class)
@ExtendWith(SpringExtension.class)                          // 使用JUnit 5测试工具
public class TestMessageService {
   @Autowired
   private IMessageService messageService ;                 // 消息业务实例
   @Test
   public void testSend() {
      this.messageService.send("沐言科技：www.yootk.com");   // 消息发送
   }
}
```

消费端数据接收：

【消息接收】消息内容：沐言科技：www.yootk.com

本程序执行后，会通过 AmqpTemplate 的对象实例将消息发送给 RabbitMQ，这样已经启动的消费监听应用就可以收到此消息并进行处理。

11.4.3 消费端注解配置

视频名称 1117_【掌握】消费端注解配置

视频简介 Spring 为了便于消费监听的实现，提供了"@RabbitListener"注解。本视频为读者分析该注解的组成，同时对已有的程序代码进行修改，实现注解配置的启用。

要在 Spring 中启用消息消费端，需要创建 MessageListenerContainer 接口实例，而后在该接口中绑定消息监听类。在默认情况下，所有的消息监听类都需要强制性地实现 MessageListener 父接口，如图 11-30 所示。

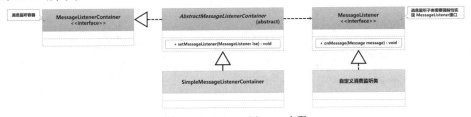

图 11-30 MessageListener 实现

MessageListener 提供了消息监听的处理标准，而 SimpleMessageListenerContainer 子类依据 MessageListener 接口实现监听程序的注册，但是这种强制性的接口实现结构并不是 Spring 所提倡的。为了解决此类问题，Spring 提供了"@RabbitListener"注解，如图 11-31 所示。该注解可以直接在任意方法上使用，以实现消息监听处理。

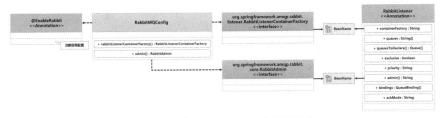

图 11-31 "@RabbitListener"注解组成

在使用注解进行消费配置时，需要在配置类上使用"@EnableRabbit"注解，由于此时不再使用 MessageListener 接口实现消息监听，因此需要在配置类中创建 RabbitListenerContainerFactory 接口实例。这样在"@RabbitListener"注解配置时就可以直接根据 Bean 名称引入所需要的配置项。下面通过具体的步骤对这一操作进行实现。

(1)【amqp-consumer 子模块】修改 RabbitMQMessageListener 实现结构。

```
package com.yootk.consumer.listener;
@Component
public class RabbitMQMessageListener {                    // 不再强制实现父接口
   private static final Logger LOGGER =
               LoggerFactory.getLogger(RabbitMQMessageListener.class);
   @RabbitListener(                                        // 消息监听注解
         queues = "muyan.consumer.queue",                  // 消息队列
         admin = "admin",                                  // Bean注册名称
         containerFactory = "rabbitListenerContainerFactory")   // Bean注册名称
   public void handle(String message) {                    // 自定义方法
      LOGGER.info("【消息接收】消息内容：{}", message);
   }
}
```

（2）【amqp-consumer 子模块】修改 RabbitMQConfig 配置类。

```
package com.yootk.consumer.config;
@Configuration                                              // 配置类
@EnableRabbit                                               // RabbitMQ启用注解
@PropertySource("classpath:config/amqp.properties")         // 配置加载
public class RabbitMQConfig {                               // RabbitMQ配置类
   // 属性定义以及资源注入代码略
   @Bean
   public RabbitListenerContainerFactory rabbitListenerContainerFactory(
         org.springframework.amqp.rabbit.connection.
               ConnectionFactory springConnectionFactory) {
      SimpleRabbitListenerContainerFactory factory =
               new SimpleRabbitListenerContainerFactory();   // 监听容器工厂
      factory.setConnectionFactory(springConnectionFactory); // 设置连接工厂
      factory.setConcurrentConsumers(3);                     // 并行的消费者数量
      factory.setMaxConcurrentConsumers(10);                 // 最大并行的消费者数量
      factory.setAcknowledgeMode(AcknowledgeMode.AUTO);      // 自动应答
      return factory;
   }
   // 删除掉listenerContainer()、listenerContainer()两个方法，其他代码略
}
```

本程序修改了 RabbitMQConfig 类中的监听容器配置，定义了 RabbitListenerContainer Factory 接口的 Bean 实例，这样就可以通过注解的方式实现消息消费。

11.4.4 对象消息传输

视频名称　1118_【掌握】对象消息传输

视频简介　对象是 Java 中的核心组成结构，在进行数据传递时，可以基于序列化的处理结构，实现对象数据的发送与对象数据的消费。本视频通过范例实现这一机制。

RabbitMQ 在进行消息传输时，采用的是二进制数据。这样除了可以实现普通文本数据的传输，也可以基于对象序列化的方式，进行对象消息的传输，如图 11-32 所示。

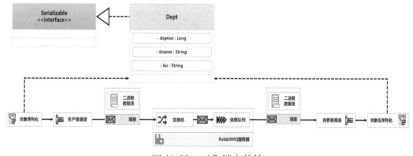

图 11-32　对象消息传输

本次我们将创建一个 Dept 类，并通过该类实现 java.io.Serializable 序列化标记接口，而后在消息发送或接收时的参数类型都采用 Dept。下面将通过具体的步骤对这一功能进行实现。

(1)【amqp-common 子模块】创建一个 Dept 类，以便根据此类实例数据实现生产和消费。

```
package com.yootk.common;
import java.io.Serializable;
public class Dept implements Serializable {               // 序列化接口
    private Long deptno;                                  // 部门编号
    private String dname;                                 // 部门名称
    private String loc;                                   // 部门位置
    // Setter、Getter、无参构造方法、toString()方法略
}
```

(2)【amqp-consumer 子模块】修改 RabbitMQMessageListener 监听类。

```
package com.yootk.consumer.listener;
@Component
public class RabbitMQMessageListener {                    // 消息监听类
    private static final Logger LOGGER =
        LoggerFactory.getLogger(RabbitMQMessageListener.class);
    @RabbitListener(                                      // 消息监听注解
            queues = "muyan.consumer.queue",              // 消息队列
            admin = "admin",                              // Bean注册名称
            containerFactory = "rabbitListenerContainerFactory")   // Bean注册名称
    public void handle(Dept dept) {                       // 消息接收
        LOGGER.info("【消息接收】部门编号：{}、部门名称：{}、部门位置：{}",
                dept.getDeptno(), dept.getDname(), dept.getLoc());
    }
}
```

(3)【amqp-producer 子模块】修改 IMessageService 接口定义。

```
package com.yootk.producer.service;
public interface IMessageService {
    public void send(Dept dept);                          // 消息发送
}
```

(4)【amqp-producer 子模块】修改 MessageServiceImpl 实现子类定义。

```
package com.yootk.producer.service.impl;
@Service
@PropertySource("classpath:config/amqp.properties")       // 配置加载
public class MessageServiceImpl implements IMessageService {
    @Value("${amqp.rabbitmq.routing.key}")                // 资源文件读取配置项
    private String routingKey;                            // RoutingKey
    @Autowired
    private AmqpTemplate amqpTemplate;                    // 消息模板
    @Override
    public void send(Dept dept) {
        this.amqpTemplate.convertAndSend(this.routingKey, dept);
    }
}
```

(5)【amqp-producer 子模块】在生产端测试类中传输 Dept 对象实例。

```
package com.yootk.test;
@ContextConfiguration(classes = StartAMQPProducer.class)
@ExtendWith(SpringExtension.class)                        // 使用JUnit 5测试工具
public class TestMessageService {
    @Autowired
    private IMessageService messageService ;              // 消息业务实例
    @Test
    public void testSend() {
        Dept dept = new Dept();                           // 对象实例化
        dept.setDeptno(10L);                              // 属性设置
        dept.setDname("教学研发部");                        // 属性设置
```

```
        dept.setLoc("北京");                                    // 属性设置
        this.messageService.send(dept);                        // 消息发送
    }
}
```

消费端数据接收：

【消息接收】部门编号：10、部门名称：教学研发部、部门位置：北京

本程序并没有对配置类做任何的修改，在进行对象传输时，所有的序列化和反序列化的处理也都会由 Spring 根据参数的类型自动完成。

11.4.5 消息批处理

视频名称　1119_【掌握】消息批处理

视频简介　实际生产环境中会存在多个消息生产者，为了提高服务器的 I/O 处理性能，Spring AMQP 对 RabbitMQ 的操作机制进行了扩展，提供了消息批处理支持。本视频为读者讲解批处理的作用，同时基于范例分析批处理的实现机制。

传统的消费模型是每一次通过 RabbitMQ 获取单条消息数据，但是如果有大量的消息传递过来，这样的做法势必会造成 I/O 通道的拥挤。为了解决此类问题，就需要实现消息的批处理操作，如图 11-33 所示。

图 11-33　消息批处理

由于此时的消费端不再是接收单一的消息，所以需要开启批量接收的处理模式。同时生产者也存在批量消息的发送需求，这时就需要通过 BatchingRabbitTemplate 类来完成，该类的实现结构如图 11-34 所示。

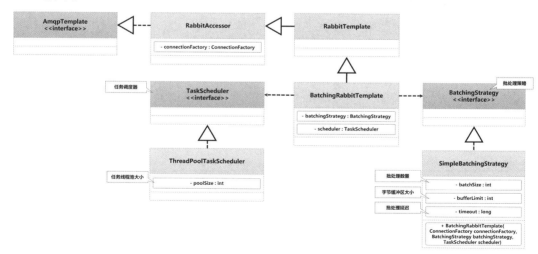

图 11-34　消息批量发送

在进行消息批量发送时，消息会根据配置的批量传输规则（BatchingStrategy 接口实例）进行传输，所以此时需要进行任务线程池（TaskScheduler）的配置。在实际传输时由于消息大小不确定，因此会依据配置的缓存区大小进行批量传输。下面通过具体的步骤对这一机制进行实现。

（1）【amqp-producer 子模块】修改 RabbitMQConfig 配置类，在该配置类中增加新的 TaskScheduler 配置方法，同时修改已有的 AmqpTemplate 配置方法，使用 SimpleBatchingStrategy

子类进行批量操作定义。

```java
@Bean
public TaskScheduler batchQueueTaskScheduler(){           // 任务池
    ThreadPoolTaskScheduler taskScheduler=new ThreadPoolTaskScheduler();
    taskScheduler.setPoolSize(16);                        // 任务池大小
    return taskScheduler;
}
@Bean
public AmqpTemplate amqpTemplate(
        org.springframework.amqp.rabbit.connection.
                ConnectionFactory springConnectionFactory,
        RetryTemplate retry, TaskScheduler scheduler) {
    int batchSize = 20;                                   // 批量传输的消息数
    int bufferLimit = 4096;                               // 缓存区大小为4KB
    long timeout=10000;                                   // 发送延迟
    // 实例化BatchingStrategy接口实例，定义所需的批量传输规则
    BatchingStrategy strategy = new SimpleBatchingStrategy(
            batchSize, bufferLimit, timeout);
    BatchingRabbitTemplate template = new BatchingRabbitTemplate(
            springConnectionFactory, strategy, scheduler); // 消息模板
    template.setExchange(this.exchangeName);              // 交换机名称
    template.setRetryTemplate(retry);                     // 重试模板
    return template;
}
```

（2）【amqp-producer 子模块】修改 TestMessageService 测试类，利用循环方式实现多条信息的发送。

```java
@Test
public void testSend() {
    for (int x = 0 ; x < 100 ; x ++) {
        Dept dept = new Dept();                           // 对象实例化
        dept.setDeptno(1000L + x);                        // 属性设置
        dept.setDname("教学部 - " + x);                    // 属性设置
        dept.setLoc("北京");                              // 属性设置
        this.messageService.send(dept);                   // 消息发送
    }
}
```

（3）【amqp-consumer 子模块】修改 RabbitMQConfig 配置类，在该配置类中进行消息监听的配置。

```java
@Bean
public RabbitListenerContainerFactory rabbitListenerContainerFactory(
        org.springframework.amqp.rabbit.connection.
                ConnectionFactory springConnectionFactory) {
    SimpleRabbitListenerContainerFactory factory =
            new SimpleRabbitListenerContainerFactory();
    factory.setConnectionFactory(springConnectionFactory);
    factory.setConcurrentConsumers(3);                    // 并行的消费者数量
    factory.setMaxConcurrentConsumers(10);                // 最大并行的消费者数量
    factory.setAcknowledgeMode(AcknowledgeMode.AUTO);     // 自动应答
    int batchSize = 20;                                   // 批量传输的消息数
    int bufferLimit = 4096;                               // 缓存区大小为4KB
    long timeout = 10000;                                 // 操作延迟
    BatchingStrategy strategy = new SimpleBatchingStrategy(
            batchSize, bufferLimit, timeout);
    factory.setConsumerBatchEnabled(true);                // 启用批量消费
    factory.setBatchingStrategy(strategy);                // 批处理策略
    factory.setBatchListener(true);                       // 批处理监听
    return factory;
}
```

（4）【amqp-consumer 子模块】修改消息监听处理类。

```
package com.yootk.consumer.listener;
@Component
public class RabbitMQMessageListener {                        // 消息监听处理类
    private static final Logger LOGGER =
           LoggerFactory.getLogger(RabbitMQMessageListener.class);
    @RabbitListener(                                          // 消息监听注解
           queues = "muyan.consumer.queue",                   // 消息队列
           admin = "admin",                                   // Bean注册名称
           containerFactory = "rabbitListenerContainerFactory") // Bean注册名称
    public void batch(List<Dept> allDepts) {                  // 批处理
        LOGGER.info("批量接收消息，当前接收到的消息数量：{}", allDepts.size());
        for (Dept dept : allDepts) {                          // 迭代获取消息
            LOGGER.info("【部门消息】部门编号：{}、部门名称：{}、部门位置：{}",
                   dept.getDeptno(), dept.getDname(), dept.getLoc());
        }
    }
}
```

程序执行结果：

批量接收消息，当前接收到的消息数量：18
【部门消息】部门编号：1054、部门名称：教学部 - 54、部门位置：北京
（后续重复输出略）

此时的消费端由于需要一次性获取多条信息，因此使用了 List 集合进行接收。通过日志信息可以发现，程序会一次性抓取多条数据，用户接收到数据后可以根据自己的需要进行消息处理。

11.5 RabbitMQ 集群服务

视频名称　1120_【掌握】RabbitMQ 集群架构

视频简介　消息组件是整个项目架构的核心，消息服务出现问题，有可能会引起整个业务流程的混乱，所以在实际的项目开发中需要服务集群支持。本视频介绍 RabbitMQ 中的集群实现方案，并分析镜像队列实现集群的特点。

RabbitMQ 组件相较于其他消息组件稳定性更高，可以实现可靠的消息传输，但是这些都建立在 RabbitMQ 服务可以正常提供的前提下。RabbitMQ 服务属于单节点服务，如果当前节点出现了服务崩溃、机房断电、网络瘫痪等情况，那么会导致整个业务应用出现严重问题，甚至项目整体瘫痪。

> 提示：有服务必有集群。
>
> 现代的应用程序为了保证运行的稳定性，都会采用高可用机制，所以在现实的生产环境中，几乎所有可能使用到的服务组件都要进行集群环境的搭建。为了更好地满足读者就业的需要，本系列图书的后续部分会大量讲解服务搭建，对所有的配置也都会给出详细的实现步骤。

为了应对单节点服务的设计局限，需要在 RabbitMQ 之中引入集群服务。RabbitMQ 服务提供了 4 种集群方案，下面分别对这 4 种方案的实现模式进行介绍。

（1）远程模式

远程模式又被称为 Shovel（铲子）模式，它实现了一种双活结构，可以将本地消息服务的数据复制到远程主机，并且可以实现跨地域的连接，如图 11-35 所示。在本地服务访问量过高时，远程服务可以提供支持。要配置远程模式需要安装 amqp_client 与 rabbitmq_shovel 插件。该方案属于 RabbitMQ 早期集群方案，并且架构实现复杂，现在已经不建议使用了。

（2）主备模式

主备模式又被称为 Warren（兔子窝）模式，指的是创建两个不同的 RabbitMQ 节点，每个节点

都保留各自的交换机，并且设置公共的数据存储空间，如图 11-36 所示。集群中的两个 RabbitMQ 节点都通过 HAProxy 代理组件进行访问，当 Master 服务节点出现问题时，HAProxy 可以自动切换到 Backup 节点，继续提供消息服务。此种模式适合于并发量不高的应用场景。

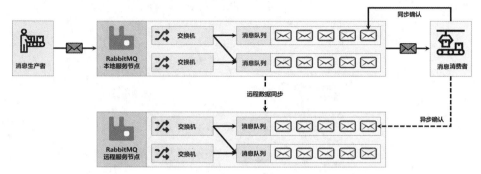

图 11-35　RabbitMQ 远程模式集群架构

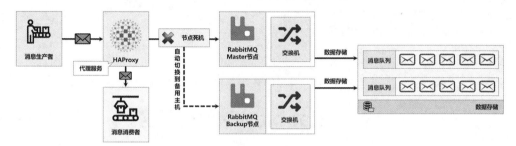

图 11-36　RabbitMQ 主备模式集群架构

（3）多活模式

多活模式可以设置不同的 RabbitMQ 集群，同时基于 Federation 插件实现 AMQP 通信，连接双方可以使用不同的账户以及虚拟主机。在该模式中，每一个集群除了要提供正常的业务支持，还要实现部分的消息数据共享，如图 11-37 所示。

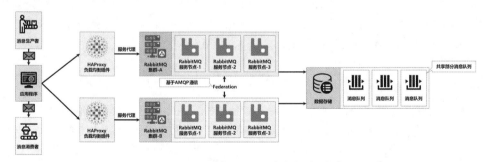

图 11-37　RabbitMQ 多活模式集群架构

（4）镜像模式

镜像（Mirror）模式是实际开发中最为常用的 RabbitMQ 集群解决方案，其实现简单，同时该方案可以实现"100%"的数据可靠存储，集群中的每一个 RabbitMQ 节点都保存相同的数据信息，如图 11-38 所示。如果其中一个节点出现了问题，那么其他的节点可以继续提供服务支持。

在集群服务中一般都会存在若干个节点，生产者与消费者都可以依据自己的需要连接指定的节点。镜像模式所有节点的数据都是同步的，这样一来生产端可以随意发送消息到集群中的任何一个节点，消费端也可以通过任意一个节点获取消息数据，即便有一个节点损坏也不会影响整个服务的正常运行。

11.5 RabbitMQ 集群服务

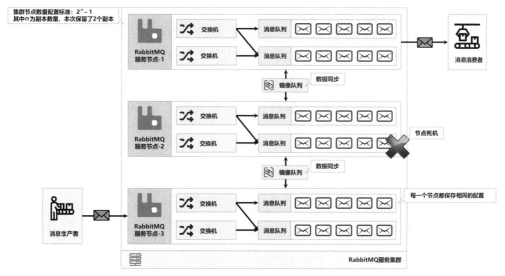

图 11-38 RabbitMQ 镜像模式集群架构

11.5.1 搭建 RabbitMQ 服务集群

搭建 RabbitMQ
镜像集群

视频名称 1121_【掌握】搭建 RabbitMQ 镜像集群
视频简介 RabbitMQ 服务集群需要创建若干个服务节点。本视频基于虚拟机的方式进行节点的配置，同时通过具体的操作实现集群服务的配置启用。

RabbitMQ 中最为常用的就是镜像集群实现方案。由于集群中的每个节点内容相同，因此当有大规模并发消息生产或消费时，RabbitMQ 服务集群可以有效地承担起负载均衡的作用。下面来看一下具体的搭建步骤。

(1)【本地系统】由于本次需要进行集群访问，所以修改本地系统的主机配置文件，添加所有的集群节点。

```
192.168.190.151rabbitmq-cluster-a
192.168.190.152rabbitmq-cluster-b
192.168.190.153rabbitmq-cluster-c
```

(2)【虚拟机】基于已有的 RabbitMQ 虚拟机，复制出 RabbitMQ-Cluster-A、RabbitMQ-Cluster-B、RabbitMQ-Cluster-C，用于表示不同的服务节点。

> 💡 **提示：虚拟机做完整备份。**
>
> 本系列图书中的《Java Web 开发实战（视频讲解版）》一书已经为读者讲解过如何基于虚拟机的方式实现集群的搭建，由于本次的讲解未涉及虚拟化技术，因此采用的是原生方式实现服务配置。如果读者使用的是云服务主机，则可以考虑将 RabbitMQ 的应用复制后分别在不同的端口上启用，或者追加两台新的云主机，分别在两台新云主机中搭建 RabbitMQ 服务。

(3)【rabbitmq-cluster-*主机】由于 3 台虚拟机同时在本地运行，因此需要修改 3 台主机的 IP 地址。

```
vi /etc/sysconfig/network-scripts/ifcfg-ens33
```

RabbitMQ-Cluster-A 主机配置：
```
IPADDR=192.168.190.151
```
RabbitMQ-Cluster-B 主机配置：
```
IPADDR=192.168.190.152
```

RabbitMQ-Cluster-C 主机配置：
```
IPADDR=192.168.190.153
```
（4）【rabbitmq-cluster-*主机】为便于不同主机的标识，可以修改 3 台虚拟机的主机名称。
```
vi /etc/hostname
```
RabbitMQ-Cluster-A 主机配置：
```
rabbitmq-cluster-a
```
RabbitMQ-Cluster-B 主机配置：
```
rabbitmq-cluster-b
```
RabbitMQ-Cluster-C 主机配置：
```
rabbitmq-cluster-c
```
（5）【rabbitmq-cluster-*主机】配置主机映射。
```
vi /etc/hosts
```
主机地址映射列表配置：
```
192.168.190.151 rabbitmq-cluster-a
192.168.190.152 rabbitmq-cluster-b
192.168.190.153 rabbitmq-cluster-c
```
（6）【rabbitmq-cluster-*主机】主机配置完成后需要重新启动当前的虚拟机，重启命令为 reboot。

> **注意：RabbitMQ 集群需要同步 erlang.cookie 数据。**
>
> RabbitMQ 组件的底层依靠 Erlang 提供支持，在进行集群服务搭建时，如果每一个服务节点之中的 erlang.cookie 数据不一致，最终就会导致集群搭建失败。可以通过 "cat ~/.erlang.cookie" 命令查看当前各个节点的数据是否相同，如果不同可以手动配置。

（7）【rabbitmq-cluster-*主机】启动所有 RabbitMQ 集群节点中的 RabbitMQ 服务进程。
```
/usr/local/rabbitmq/sbin/rabbitmq-server start > /dev/null 2>&1 &
```
（8）【rabbitmq-cluster-*主机】随意登录集群中的任意一个服务节点，查看当前的集群状态。
```
/usr/local/rabbitmq/sbin/rabbitmqctl cluster_status
```
程序执行结果（列出部分内容）：
```
Basics: Cluster name: rabbit@rabbitmq-cluster-a
Disk Nodes: rabbit@rabbitmq-cluster-a
Running Nodes: rabbit@rabbitmq-cluster-a
```
（9）【rabbitmq-cluster-b、rabbitmq-cluster-c 主机】本次将通过 rabbitmq-cluster-a 节点进行集群配置，所以需要关闭其他两个节点的 RabbitMQ 服务应用，但是会保留 RabbitMQ 集群配置进程。
```
/usr/local/rabbitmq/sbin/rabbitmqctl stop_app
```
RabbitMQ-Cluster-B 执行结果：
```
Stopping rabbit application on node rabbit@rabbitmq-cluster-b ...
```
RabbitMQ-Cluster-C 执行结果：
```
Stopping rabbit application on node rabbit@rabbitmq-cluster-c ...
```
（10）【rabbitmq-cluster-b、rabbitmq-cluster-c 主机】将两台主机向 rabbitmq-cluster-a 主机上进行注册。
```
/usr/local/rabbitmq/sbin/rabbitmqctl join_cluster rabbit@rabbitmq-cluster-a
```
RabbitMQ-Cluster-B 执行结果：
```
Clustering node rabbit@rabbitmq-cluster-b with rabbit@rabbitmq-cluster-a
```
RabbitMQ-Cluster-C 执行结果：
```
Clustering node rabbit@rabbitmq-cluster-c with rabbit@rabbitmq-cluster-a
```
（11）【rabbitmq-cluster-a 主机】查看当前集群状态。
```
/usr/local/rabbitmq/sbin/rabbitmqctl cluster_status
```
程序执行结果：
```
Disk Nodes
    rabbit@rabbitmq-cluster-a
    rabbit@rabbitmq-cluster-b
```

```
rabbit@rabbitmq-cluster-c
```

（12）【rabbitmq-cluster-a 主机】向 RabbitMQ 集群中添加新的管理员账户。

创建新账户：
```
/usr/local/rabbitmq/sbin/rabbitmqctl add_user yootk hello
```
配置账户权限：
```
/usr/local/rabbitmq/sbin/rabbitmqctl set_user_tags yootk administrator
```
（13）【rabbitmq-cluster-b、rabbitmq-cluster-c 主机】开启 RabbitMQ 服务应用。
```
/usr/local/rabbitmq/sbin/rabbitmqctl start_app
```
RabbitMQ-Cluster-B 执行结果：
```
Starting node rabbit@rabbitmq-cluster-b ...
```
RabbitMQ-Cluster-C 执行结果：
```
Starting node rabbit@rabbitmq-cluster-c ...
```

（14）【RabbitMQ 控制台】随意登录 RabbitMQ 集群中任意一个节点的控制台，本次为"rabbitmq-cluster-a:15672/"，可以看见图 11-39 所示的信息。

图 11-39 RabbitMQ 集群节点列表

11.5.2 RabbitMQ 集群镜像配置

视频名称 1122_【掌握】RabbitMQ 集群镜像配置
视频简介 RabbitMQ 集群除了进行节点的关联配置，还需要在控制台进行虚拟主机定义、更新策略定义。本视频通过具体的步骤进行这些操作的讲解。

经过一系列的配置，我们已经成功实现了 RabbitMQ 集群节点的配置，但是此时所有的节点还无法实现数据的同步处理，所以还需要进行指定虚拟主机同步策略的配置，具体实现步骤如下。

（1）【RabbitMQ 控制台】创建一个新的虚拟主机，名称为 "MuyanVHost"，如图 11-40 所示。

图 11-40 创建新的虚拟主机

（2）【RabbitMQ 控制台】打开策略配置项，对 "MuyanVHost" 虚拟主机进行同步配置，如图 11-41 所示。

> 💡 **提示：RabbitMQ 命令配置同步策略**
>
> 以上操作基于图形化界面实现了同步策略的配置，在 RabbitMQ 应用服务的内部，也可以使用 rabbitmqctl set_policy 命令实现同步策略的配置，该命令的语法如下。
> ```
> rabbitmqctl set_policy [-p Vhost] Name Pattern Definition [Priority]
> ```
> 该命令提供多种配置参数，每一个配置参数的作用如下。
> （1）-p Vhost：可选参数，设置要配置的虚拟主机名称，默认为 "/"。
> （2）Name：配置策略名称。
> （3）Pattern：队列匹配模式（使用正则表达式匹配）。
> （4）Definition：镜像定义，包括如下 3 种模式定义。

① ha-mode：定义队列的模式，包括如下 3 种配置项。
- all：表示在集群中所有的节点上进行镜像。
- exactly：表示在指定个数的节点上进行镜像，节点的个数由 ha-params 指定。
- nodes：表示在指定的节点上进行镜像，节点名称通过 ha-params 指定。

② ha-params：ha-mode 模式需要用到的相关参数。

③ ha-sync-mode：消息队列同步模式，分为自动（automatic）和手动（manual）。

（5）Priority：可选参数，定义该策略的优先级。

范例：通过命令设置默认虚拟主机镜像策略

```
/usr/local/rabbitmq/sbin/rabbitmqctl set_policy ha-all "^" '{"ha-mode":"all"}'
```

程序执行结果：

```
Setting policy "ha-all" for pattern "^" to "{"ha-mode":"all"}" with priority "0" for vhost "/" ...
```

此时通过命令行的方式进行了策略的配置，由于没有使用"-p"参数，因此会对默认的虚拟主机中的全部队列进行同步配置。

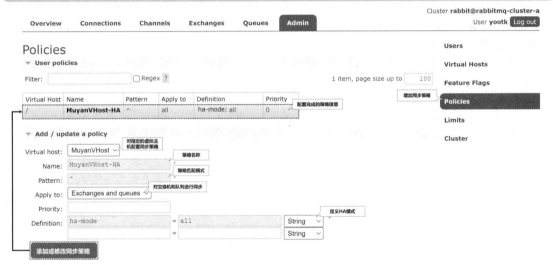

图 11-41 配置虚拟主机同步策略

11.5.3 RabbitMQ 集群程序开发

RabbitMQ 集群程序开发

视频名称　1123_【掌握】RabbitMQ 集群程序开发

视频简介　一个 RabbitMQ 服务中有多个服务节点，所以在程序开发的过程中，需要对这些节点进行配置。本视频通过范例修改生产者与消费者应用，实现集群服务调用，并通过具体的操作演示节点死机时集群的高可用机制。

RabbitMQ 服务集群中会存在若干个节点，消息生产者与消息消费者连接集群中的任何一个节点都可以实现消息的收发处理。而考虑到其中可能会有某个节点突然损坏，可以将全部的节点定义在程序之中，如图 11-42 所示。由程序判断某一节点是否可用，如果该节点不可用则切换到其他的可用节点上。下面通过具体的步骤对先前的程序进行修改。

（1）【amqp-consumer、amqp-producer 子模块】此时的 RabbitMQ 已经基于集群的方式运行，消息的生产者与消费者应用在进行操作时，可以在连接地址的配置中对集群中的全部节点的信息进行定义，也可以直接修改 amqp.properties 中的指定配置项。

```
amqp.rabbitmq.addresses=
rabbitmq-cluster-a:5672,rabbitmq-cluster-b:5672,rabbitmq-cluster-c:5672
```

（2）【amqp-consumer、amqp-producer 子模块】在进行配置时需要采用"主机名称:端口"的方式进行定义，这样在创建 ConnectionFactory 时，就不需要在该类实例中配置 host 和 port 属性内容，将此地址注入 PooledChannelConnectionFactory 实例即可。修改 RabbitMQConfig 配置类的部分定义。

```
// 增加一个保存RabbitMQ集群地址的属性，此时的配置类已经不再使用host与port属性定义
@Value("${amqp.rabbitmq.addresses}")                    // 资源文件读取配置项
private String addresses;                               // RabbitMQ集群列表
    @Bean
    public com.rabbitmq.client.ConnectionFactory amqpConnectionFactory() {
        com.rabbitmq.client.ConnectionFactory factory = new ConnectionFactory();
        // factory.setHost(this.host);                  // 删除服务器主机配置
        // factory.setPort(this.port);                  // 删除服务端口配置
        factory.setUsername(this.username);             // 用户名
        factory.setPassword(this.password);             // 密码
        factory.setVirtualHost(this.vhost);             // 虚拟主机
        return factory;
    }
@Bean
public org.springframework.amqp.rabbit.connection.ConnectionFactory
springConnectionFactory(com.rabbitmq.client.ConnectionFactory amqpConnectionFactory) {
    org.springframework.amqp.rabbit.connection.PooledChannelConnectionFactory factory =
            new PooledChannelConnectionFactory(amqpConnectionFactory);    // 对象池管理
    factory.setAddresses(this.addresses);               // 集群地址
    return factory;
}
```

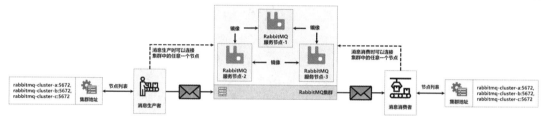

图 11-42 RabbitMQ 集群开发

配置完成后，程序会以集群的方式运行。由于全部节点已经在程序中给出，即使在消息收发过程中哪个节点出了问题，也会自动切换到其他节点，因此保证了服务的高可用。

> **提问：如何实现消息服务的动态扩充？**
> 在当前的程序实现过程中，生产者和消费者都需要编写全部的节点。但是在实际的项目生产环境中，如果当前的服务器主机不够用了，那么肯定需要进行服务节点的扩充。这样一来程序应用端也需要同时修改主机列表，无法实现消息服务集群的动态扩充。

> **回答：可以引入代理实现扩充。**
> 配置节点地址列表是 RabbitMQ 集群访问最简单的实现形式，因为不需要再引入其他的服务组件，但是缺点在于程序的维护不方便，所以在开发中可以在用户和集群服务之间引入一个 HAProxy 代理组件，如图 11-43 所示。

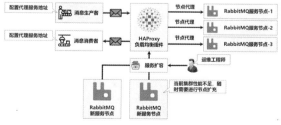

图 11-43 HAProxy 代理 RabbitMQ 集群

引入 HAProxy 代理组件后，应用程序的开发人员只需要访问代理地址即可实现 RabbitMQ 集群的访问，同时也可以让该集群支持动态扩充，提供高并发访问下的负载均衡支持，以及性能监控支持，但是会出现单节点局限。一旦代理出了问题，整个集群就无法进行访问。为了解决这样的问题，需要在代理的结构之上引入一个 VIP（Virtual Internet Protocol，虚拟 IP）的概念，如图 11-44 所示。

图 11-44　高可用组件

引入高可用组件后需要设置两个 HAProxy 代理组件，分别为 Master 代理与 Back 代理。在正常访问时，使用 Master 代理提供服务，而在 Master 死机后自动切换为 Back 代理提供服务，从而保证代理服务的高可用。这样也就保证了整个集群架构的服务稳定性，但是实现的成本较高。

实际的开发中有产生各种问题的场景，但是现代化应用项目的设计都需要满足 3 点要求，分别是高可用、高性能与分布式。本系列图书也会为读者充分分析这 3 点的实现机制，关于 HAProxy 与 Keepalived 组件的配置和使用，读者也可以通过本系列图书学习。

11.6　本章概览

1．RabbitMQ 基于 AMQP 开发，可以提供高效、稳定、可靠的消息服务，被广泛地应用于金融领域。

2．RabbitMQ 服务构建需要依靠 Erlang 开发环境，新版本的 Erlang 安装需要 wxWidgets 支持。

3．RabbitMQ 自带了管理控制台，可以实现交换机、队列、虚拟主机、策略管理。

4．在 RabbitMQ 中消息被消费后都需要进行确认，以防止消息重投所带来的性能损耗。

5．为了便于不同业务的开展，RabbitMQ 提供了虚拟主机支持。

6．交换机是消息处理的核心，在 RabbitMQ 中分为广播模式、直连模式、主题模式。

7．Spring 提供了 spring-rabbit 依赖库实现 RabbitMQ 消息服务开发。

8．RabbitMQ 采用二进制传输消息，基于 Spring 可以轻松地实现对象消息的发送。

9．为了提高消息消费的处理性能，可以采用消息批处理模式，该模式需要定义批量接收消息的缓存区大小。

10．RabbitMQ 中最为广泛使用的集群方案为镜像模式，该方案可以在全部的集群节点中实现交换机与队列共享。